Manfred Mitschke

Dynamik der Kraftfahrzeuge

Zweite, völlig neubearbeitete Auflage

Band C: Fahrverhalten

Mit 182 Abbildungen

Springer-Verlag Berlin Heidelberg New York
London Paris Tokyo Hong Kong 1990

Dr.-Ing. **Manfred Mitschke**
o. Professor, Direktor des Instituts für Fahrzeugtechnik
Technische Universität Braunschweig

ISBN 978-3-642-86471-1   ISBN 978-3-642-86470-4 (eBook)
DOI 10.1007/978-3-642-86470-4

CIP-Kurztitelaufnahme der Deutschen Bibliothek
Mitschke, Manfred: Dynamik der Kraftfahrzeuge / Manfred Mitschke.
Berlin ; Heidelberg ; New York ; London ; Paris ; Tokyo ; Hong Kong : Springer.
Bd. C. Fahrverhalten. — 2., völlig neubearb. Aufl. — 1990
ISBN 978-3-642-86471-1

2068/3020-543210 — Gedruckt auf säurefreiem Papier

Vorwort zur zweiten Auflage

Die zweite Auflage der „Dynamik der Kraftfahrzeuge" ist eine völlige Neubearbeitung. Gegenüber der ersten Auflage, die es inzwischen auch in polnischer und chinesischer Übersetzung gibt, wurden wichtige Punkte stärker herausgearbeitet und entsprechend den Fortschritten in Forschung und Entwicklung erweitert. Für die Neufassung gab es darüber hinaus zwei formale Gründe: Die bisherigen Formelzeichen wurden auf die heute üblichen und in Normen stehenden umgeschrieben (soweit sie sich nicht selber widersprechen), und bei den Beispielen, insbesondere in den Diagrammen, wurde auf die SI-Einheiten umgestellt. „Dynamik der Kraftfahrzeuge" wurde in drei Bände aufgeteilt: Band A „Antrieb und Bremsung", erschien 1982 und im Nachdruck 1988, Band B „Schwingungen" 1984, und Band C „Fahrverhalten" wird hiermit vorgelegt.

Gegenüber der 1. Auflage, dort „Vierter Teil: Lenkung und Kurshaltung" wird jetzt in „Fahrverhalten" mit der relativ einfachen linearen Theorie begonnen und danach erst über einige Zwischenschritte der letztlich interessierende Fall des zweiachsigen, zweispurigen Kraftfahrzeugs behandelt. Weiterhin wird stärker als früher auf Fahrzeugdaten, Kennwerte, Kenngrößen, Definitionen und auf den Regelkreis Fahrer — Kraftfahrzeug eingegangen.

Ich danke besonders den Herren Dr. K. H. Deppermann und Dr. F.-J. Laermann, die mir aufgrund ihrer Tätigkeiten — früher in meinem Institut, jetzt in der Industrie — wesentliche Anregungen gaben, z. B. zur Gliederung des Buches, zur Verdeutlichung des Inhaltes und wie man gleichzeitig Studenten und in der Praxis stehende Ingenieure anspricht. Weiterhin danke ich Herrn H.-J. Risse für das Lesen des Manuskriptes, für die Kontrolle der Gleichungen und die Erstellung vieler Diagramme in Kap. I und II, Herrn E. Schwartz für Diagramme in Kap. III und IV, Herrn W. Halupka für die Mitkorrektur der Druckfahnen, Frau I. Tschawdaroff und Frau H. Martin für das Schreiben und Herrn U. Schrader für das Zeichnen der Bilder und Diagramme.

Schließlich möchte ich dem Springer-Verlag danken und dabei wieder die reibungslose Zusammenarbeit hervorheben.

Braunschweig, im März 1990   Manfred Mitschke

Inhaltsverzeichnis

Bd. A: Antrieb und Bremsung

Bd. B: Schwingungen

Zusammenstellung häufig vorkommender Formelzeichen

Formelzeichen	Einheit	Bedeutung
Lateinische Buchstaben		
A	m^2	Querspantfläche
C	Nm/rad	Wanksteifigkeit
C_I	Nm/rad	Lenkungssteifigkeit
C_{St}	Nm/rad	Wanksteifigkeit durch Stabilisator
c_α	N/rad	Seitenkraft-Schräglaufwinkel-Beiwert
$c'_{\alpha V}$	N/rad	Seitensteifigkeit der Vorderachse
c_γ	N/rad	Seitenkraft-Sturzwinkel-Beiwert
$c_{M\gamma}$	Nm/rad	Rückstellmoment-Sturzwinkel-Beiwert
c_{Mz}	1	Luftmomentenbeiwert um die Fahrzeug-Hochachse
c_y	1. N/m	Luftseitenbeiwert, seitliche Reifenfederkonstante
c_z	1	Luftauftriebsbeiwert
D, D_f	1	Dämpfungsmaß, — für fixed control
e_0, e_{SP}	m	Abstand Druckmittelpunkt-Bezugspunkt bzw. -Gesamtschwerpunkt
$F(s)$		Übertragungsfunktion des Fahrzeuges
F_K	N	Kurven- oder Krümmungswiderstand
F_{Lx}	N	Luftwiderstand
F_{Ly}	N	Luftseitenkraft
F_{Lz}	N	Auftriebskraft
F_R	N	Rollwiderstand
F_W	1	Störungsübertragungsfunktion
F_x	N	Umfangskraft am Rad bzw. an der Achse
F_y	N	Seitenkraft am Rad bzw. an der Achse
F_z	N	Rad- bzw. Achslast (in Kap. I … III gleich statischer Rad- bzw. Achslast)
f_K	1	Kurvenwiderstandsbeiwert
f_R	1	Rollwiderstandsbeiwert
G	N	Gewichtskraft, Gesamtgewicht
$G(s)$		Übertragungsfunktion des offenen Kreises
g	m/s^2	Erdbeschleunigung
h	m	Schwerpunktshöhe
h'	m	Abstand Momentanachse-Aufbauschwerpunkt
h_V, h_H	m	Abstand Achsschwerpunkt — Straße, vorn bzw. hinten
i	m	Trägheitsradius
i_I	1	Lenkübersetzung
J_A	kgm^2	Trägheitsmoment beider Vorderräder um die Lenkachse
J_L	kgm^2	Trägheitsmoment des Lenkrades
J_z	kgm^2	Trägheitsmoment des Fahrzeuges um die durch den Schwerpunkt gehende Hochachse

Formelzeichen	Einheit	Bedeutung
K	Nms/rad	Wankdämpfungskonstante
K_A	Nms/rad	Konstante für das Moment am Lenkungsdämpfer
K_M	1	Verstärkungsfaktor des Menschen (Fahrers)
$K_{\ddot{y}}$	1	Fahrzeug-Verstärkungsfaktor für Seitenbeschleunigung
k_y	1	Proportionalitätskonstante der Luftseitenkraft
l	m	Radstand
l_V, l_H	m	Abstand Gesamtschwerpunkt — Vorder-, Hinterachse
l_{VA}, l_{HA}	m	Abstand Vorder-, Hinterachse zum Aufbauschwerpunkt
l_P	m	Abstand Vorderachse zum Vorausschaupunkt für idealen Fahrer
M_F	Nm	Wankfedermoment
$M_L, M_L{}^*$	Nm	Lenkradmoment, bezogenes —
$M(s)$		Übertragungsfunktion des Menschen (Fahrers)
M_{Lz}	Nm	Luftmoment um die Fahrzeughochachse
M_z	Nm	Rückstellmoment des Reifens
m	kg	Masse, Gesamtmasse
n_K	m	konstruktiver Nachlauf
n_R	m	Reifennachlauf
n_V	m	Gesamtnachlauf an Vorderrad bzw. -achse
$Pr(s)$		Übertragungsfunktion der „prediction"
p_V, p_H	m	Abstand Momentanzentrum — Straße, vorn bzw. hinten
p_q	1	Querneigung
R_L	Nm	Konstante für das Moment der Lenkungsreibung
r	m	statischer Reifenhalbmesser
r_L	m	Lenkrollradius
S	1	Schlupf
SQ	1	Steifigkeitskoeffizient
s		Laplace-Operator
s_V, s_H	m	Spurweite vorn, hinten
T	s	Reaktionsdauer
T_A	s	Antizipationszeit
TB	grd $\cdot$ s	Peak-Response-Time multipliziert mit stationärem Schwimmwinkel (TB-Wert)
T_D	s	Vorhaltzeitkonstante des Fahrers
T_I	s	Verzögerungszeitkonstante des Fahrers
T_P	s	Vorausschauzeit (prediction time)
T_{1s}, T_{2s}	s	Zeitkonstanten
$T_{\ddot{\psi}max}$	s	Peak-Response-Time
t	s	Zeit
$U_{\dot{\psi}}$	1	auf den Stationärwert $\dot{\psi}_{stat}$ bezogene Überschwingweite
V_L	1	Lenkungsverstärkung
$v = \dot{x}$	m/s	Fahrgeschwindigkeit
$\dot{v} = \ddot{x}$	m/s²	Tangentialbeschleunigung des Fahrzeugschwerpunktes
v^2/ϱ	m/s²	Zentripetalbeschleunigung des Fahrzeugschwerpunktes
v_{ch}	m/s	charakteristische Fahrgeschwindigkeit
v_{krit}	m/s	kritische Fahrgeschwindigkeit
v_r	m/s	Anströmgeschwindigkeit der Luft
v_W	m/s	Windgeschwindigkeit
V_L	1	Lenkungsverstärkung
V_{MS}	1	Verstärkungsfaktor bei Steuerung
w_y	m/s	Seitenwindgeschwindigkeit
$\ddot{y}$	m/s²	Seitenbeschleunigung
y_{SP}	m	Schwerpunktsabweichung
Z	N	Zugkraft

Formelzeichen	Einheit	Bedeutung

Griechische Buchstaben

Formelzeichen	Einheit	Bedeutung
α	grd, rad	Schräglaufwinkel
β	grd, rad	Schwimmwinkel, ohne Index bezogen auf den Fahrzeug-schwerpunkt
$\beta + \psi$	grd, rad	Kurswinkel
γ	grd, rad	Sturzwinkel
$\Delta\delta(F_y)$	grd, rad	Seitenkraftlenken
$\Delta\delta(F_x)$	grd, rad	Umfangskraftlenken
$\Delta\delta(\varkappa)$	grd, rad	Wank- bzw. Rollenken
δ_I, δ_L^*	grd, rad	Lenkradwinkel, bezogener —
δ_0	grd, rad	Vorspurwinkel
δ_V, δ_H	grd, rad	Vorderrad-, Hinterradeinschlagwinkel
δ_{VL}	grd, rad	Einschlagwinkel eines Zwischenhebels am Lenkgestänge
δ_{VO}	grd, rad	Ackermannwinkel
ε	grd, rad	Phasenverschiebungswinkel
$\varkappa$	grd, rad	Wankwinkel
μ	1	Kraftschlußbeanspruchung
μ_h	1	Haftbeiwert
ν, $\nu/2\pi$	1/s, Hz	Eigenkreisfrequenz, Eigenfrequenz
ν_f, ν_{fd}	1/s	ungedämpfte, gedämpfte Eigenkreisfrequenz für fixed control
ϱ	m, kg/m³	Krümmungsradius der Bahnkurve, Luftdichte
$1/\varrho$	1/m	Krümmung der Bahnkurve
σ	grd, rad	Spreizungswinkel
σ, σ_f	1	Abklingkonstante, — für fixed control
τ	s	Totzeit
τ	grd, rad	Nachlaufwinkel
τ_L	grd, rad	Anströmwinkel der Luft
φ	rad	Drehbewegung des Rades
$\varphi(\omega)$	grd, rad	Phasenwinkel beim Regelkreis
φ_R	grd, rad	Phasenrand beim Regelkreis
$\Phi_{wy}(\omega)$	grdm²/s²	Spektrale Dichte der Seitenwindgeschwindigkeit
ψ	grd, rad	Gierwinkel
ω, $\omega/2\pi$	1/s, Hz	Erregerkreisfrequenz, Erregerfrequenz
ω_C	1/s	Schnitt-, Durchtrittsfrequenz (cross-over-frequency)
ω_E	1/s	Eckfrequenz

Indizes

Formelzeichen	Einheit	Bedeutung
A		Aufbau, antizipatorisch
a		außen
eff		Effektivwert
Fa		Fahrer
H		hinten, Hinterachse
i		Zählvariable, innen
id		idealer Fahrer
ist		Istwert
L		Lenkung
l		links
lin		linearisiert
M		Mensch (Fahrer)
r		rechts
soll		Sollwert
St		Torsionsstabilisator
stat		statisch, stationär

Formelzeichen	Einheit	Bedeutung
V		vorn, Vorderachse
w		Störung
x		in x-Richtung, Umfangsrichtung
y		in y-Richtung, Seitenrichtung
z		in z-Richtung

Abkürzungen

Formelzeichen	Einheit	Bedeutung
DP		Druckmittelpunkt
M		Krümmungsmittelpunkt
MP		Momentanpol
MZ		Momentanzentrum, Rollzentrum
$\dot{q}$		dq/dt
$\ddot{q}$		dq^2/dt^2
$\underline{\hat{q}}, \hat{q}$		komplexe, reelle Amplitude von q
$|q|$		Betrag von q
$\bar{q}$		linearer Mittelwert von q
$\tilde{q}$		linearisierte Werte in III, 2
SP		Gesamtschwerpunkt
SP, A		Aufbauschwerpunkt
SP, R		Radschwerpunkt
IfF		Institut für Fahrzeugtechnik, Technische Universität Braunschweig
Δ		Differenz

1 Einführung

Das *Fahrverhalten eines Kraftfahrzeugs* ist die Reaktion des Fahrzeugs auf das Lenken des Fahrers, auf das Beschleunigen und Verzögern über Fahr- und Bremspedal während der Kurvenfahrt und auf äußere Störungen.

Die Auslegung und Bewertung des Fahrverhaltens von Fahrzeugen erfolgt zum großen Teil durch Vergleich von simulierten bzw. realen Verkehrssituationen und durch subjektive Urteile der Versuchsingenieure. Dabei werden Bewertungskriterien verwendet, die sich etwa folgendermaßen beschreiben lassen:

Das Fahrzeug

— muß leicht kontrollierbar sein (darf den Fahrer nicht überfordern),
— darf den Fahrer auch bei Störungen nicht überraschen,
— muß die Fahrgrenzen deutlich erkennen lassen.

Änderungen des Fahrverhaltens z. B. durch Beladung, Bereifung oder auf verschiedenen Fahrbahnen sollen möglichst klein sein.

Diese Kriterien lassen sich — wie in Band B „Schwingungen" — in die beiden Hauptgruppen Komfort und Sicherheit unterteilen.

Bei der *aktiven Sicherheit* mit dem Ziel der Verringerung der Unfallzahlen wird gefordert, das Kraftfahrzeug dem Fahrer anzupassen oder — anders ausgedrückt — Fahrer und Fahrzeug als Regelkreis gemeinsam zu betrachten. Im Versuch geschieht das schon immer (denn Fahrer beurteilen schließlich das Fahrzeug), in der Theorie hingegen selten. In Bild 1.1a ist der Regelkreis vereinfacht dargestellt: Das Fahrzeug soll auf einem Sollkurs y_{soll} entlangfahren, in Wirklichkeit fährt es auf einem Istkurs y_{ist}. Auf die Seitenabweichung $\Delta y = y_{\text{soll}} - y_{\text{ist}}$ reagiert der Fahrer mit einem Lenkradeinschlag δ_{L}, so daß sich ein neuer Istkurs y_{ist} und eine neue — hoffentlich kleinere — Seitenabweichung Δy einstellt. Gleichzeitig wirkt auf das Kraftfahrzeug noch eine Störung, z. B. Seitenwind, ein.

Um den Regelkreis theoretisch beurteilen zu können, müssen die Blöcke „Fahrer" und „Kraftfahrzeug" in Gleichungsform vorliegen, und erst dann kann man versuchen, die obige Forderung zu verwirklichen, nämlich das Fahrzeug dem Fahrer anzupassen. Nun zeigt sich aber aus den bisherigen Arbeiten mit dem Regelkreis Fahrer—Fahrzeug, daß die Fahrer in der Lage sind, sich den verschiedenen Fahrzeugen und den verschiedenen Fahrsituationen (z. B. Einparken mit mehreren Lenkradumdrehungen oder Geradeausfahrt bei hoher Fahrgeschwindigkeit mit nur wenigen Winkelgraden oder -minuten Einschlag am Lenkrad) anzupassen, zumindestens in der normalen, unfallfreien Fahrsituation. Das

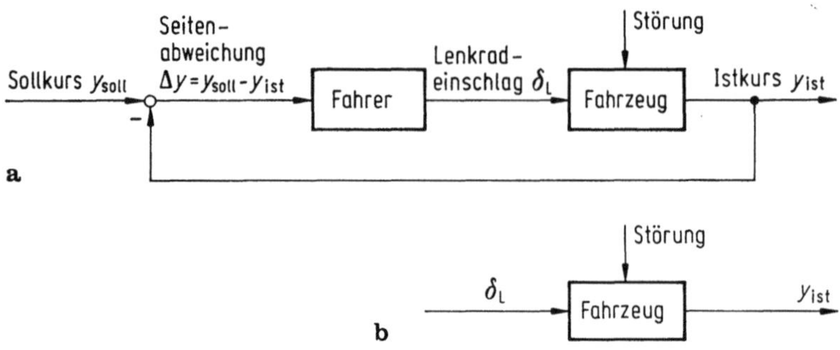

Bild 1.1. a Vereinfachter Regelkreis Fahrer—Kraftfahrzeug;
b Teilsystem für das Kraftfahrzeug

heißt, die Gleichungen für den Fahrer sehen in den verschiedenen Situationen verschieden aus, bzw. die Konstanten in den Fahrergleichungen ändern sich. Abgesehen davon gibt es *den* Fahrer nicht. Aus diesem Grund lohnt es sich eigentlich kaum, sich mit dem Regelkreis Fahrer—Fahrzeug—Normalsituation zu befassen. Anders sieht es aus mit Fahrer—Fahrzeug—kritische Situation, weil der Fahrer in diesen unfallträchtigen Situationen nicht mehr die Zeit hat sich anzupassen.

Da über den Fahrer in diesen kritischen Situationen wenig bekannt ist, wird das Kraftfahrzeug meistens allein betrachtet. Die Arbeit ist damit nicht vergeblich, da man seine Eigenschaften ohnehin kennen muß. Andererseits kann man diese Eigenschaften bei isolierter Betrachtung des Kraftfahrzeugs zunächst nicht bewerten. Man hilft sich mit Erfahrungswerten und Vergleichsversuchen, mit sog. Subjektivurteilen.

Das Teilsystem Fahrzeug aus dem Regelkreis zeigt Bild 1.1 b. Es werden nur am Kraftfahrzeug der Eingang δ_L, die Störung und der Ausgang, z. B. y_ist, betrachtet. Es hat sich eingebürgert, bei $\delta_\mathrm{L} = $ const, speziell bei $\delta_\mathrm{L} = 0$, von *fixed control* (festgehaltenes Lenkrad) zu sprechen. Es gibt noch eine andere, mit *free control* bezeichnete Möglichkeit, das Kraftfahrzeug ohne den Fahrer zu betrachten, indem das Lenkrad z. B. am Ausgang einer Kurve losgelassen und das Verhalten des Kraftfahrzeugs betrachtet wird. Neben den oben angedeuteten Situationen gibt es noch eine Fülle von anderen. Bild 1.2 gibt einen Überblick über diese Fahrsituationen, die teilweise genormt sind.

Dabei wird das Fahrverhalten von Fahrzeugen nicht nur nach der Unfallrelevanz beurteilt — Unfälle kommen erfreulicherweise nur alle 560 000 km[1] vor —, sondern auch im Normalbetrieb. Dafür sind offensichtlich ein angemessenes Informationsangebot und die Ausgewogenheit der motorischen und sensorischen Anforderungen von Bedeutung. Wird der Fahrer zuwenig gefordert, so verhält er sich wie ein Ermüdeter (day-dreaming), bei Überforderung schaltet er ab.

Die erste Aufgabe dieses Buches ist, das Fahrverhalten des Kraftfahrzeugs

---

[1] Errechnet aus: Verkehr in Zahlen 1987, 16. Jahrgang, Bundesministerium für Verkehr. Für die Bundesrepublik Deutschland gelten für 1986 folgende Zahlen: 26,917 Mill. Pkw und Kombi, Gesamtfahrleistung 336,2 Mrd. km/a, 600 100/a Straßenverkehrsunfälle mit Personenschaden und Sachschaden über 3 000,— DM.

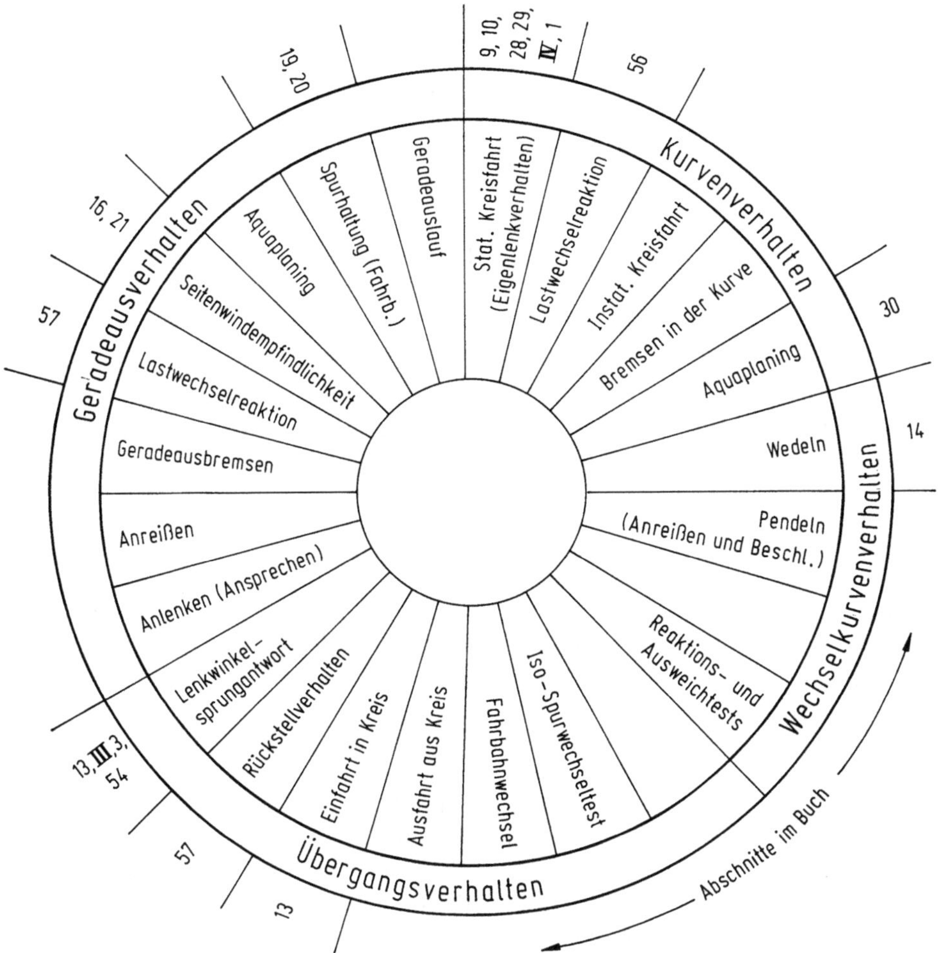

Bild 1.2. Prüfverfahren zum Fahrverhalten, geordnet nach Haupt-Fahrsituationen (Verfahren und Kriterien zur Bewertung des Fahrverhaltens von Personenkraftwagen. Rönitz, R.; Braess, H.-H.; Zomotor, A.: Automobil-Industrie 1/1977, S. 29—39 und 3/1977, S. 39—48)

qualitativ dem Leser verständlich zu machen sowie die Ursachen für beobachtete Phänomene zu finden. Die zweite Aufgabe ist die quantitative ingenieurmäßige Bewertung.

Der Autor versucht mit diesem Band, zwei Gruppen der Leserschaft anzusprechen. Einmal die Gruppe, die das Buch von vorn nach hinten durcharbeitet (z. B. Studenten), zum anderen die zweite Gruppe, die sich jeweils nur über begrenzte Themen unterrichten will. Für den zweiten Leserkreis zu schreiben ist schwierig, da er — vom Inhalts- oder Sachwortverzeichnis oder von Kap. VI kommend — in einem Abschnitt möglichst umfassend unterrichtet werden möchte, ohne durch zu viele Hinweise auf vorangegangene oder nachfolgende Seiten blättern zu müssen. Zum anderen auch deshalb, weil das Wissen um die Fahrzeugtechnik der in der Fahrzeugtechnik Beschäftigten verschieden groß ist.

2 Gliederung des Bandes C

Das Fahrzeug ist in Bild 2.1 (vgl. Bild 2.1/Band A) mit den hier wichtigsten Koordinaten dargestellt. x_0, y_0, z_0 bilden ein raumfestes Koordinatensystem; im Aufbauschwerpunkt SP_A und im Schwerpunkt des linken Vorderrades SP_R sind körperfeste Koordinatensysteme gezeichnet. Die wichtigen Bewegungsgrößen sind neben der Fahrgeschwindigkeit v

— Lenken (Vorderradeinschlag δ_V bzw. Lenkradwinkel δ_L),
— seitliche Bewegung,
— Drehbewegung um die Hochachse, sog. Gieren ψ,
— Drehbewegung[2] um die Längsachse, Wanken $\varkappa$.

Die gegenseitige Beeinflussung dieser Größen wird in verschiedenen Fahrsituationen behandelt. (In Bild 1.2 sind die zugehörigen Abschnitte vermerkt.) Beschränkt wird sich auf zweiachsige Kraftfahrzeuge, in den Rechenbeispielen meistens auf Pkw.

In Kap. I wird mit einem einfachen, linearisierten Fahrzeugmodell begonnen, bei dem der Freiheitsgrad Wanken vernachlässigt wird. Es werden fahrzeugtechnische Kennwerte und objektiven Kenngrößen genannt, und es wird auf Subjektivurteile eingegangen.

In Kap. II werden einige Grundlagen des Regelkreises Fahrer—Fahrzeug beschrieben. Dadurch werden manche objektive Kenngrößen und Subjektivurteile aus Kap. I verständlich.

In den folgenden Kapiteln wird dann wieder nur das Fahrzeug allein behandelt. In Kap. III wird der Einfluß der nichtlinearen Reifeneigenschaften gezeigt, die Auswirkungen von Vorder-, Hinter-, Allradantrieb abgeleitet und das Fahrverhalten an der Kraftschlußgrenze besprochen.

In Kap. IV kommt zusätzlich der Einfluß der Radlaständerung an den kurvenäußeren und -inneren Rädern, der Radaufhängung sowie des Wankens hinzu.

In Kap. V wird free control und Allradlenkung behandelt.

Kap. VI gibt zum Abschluß einen Überblick.

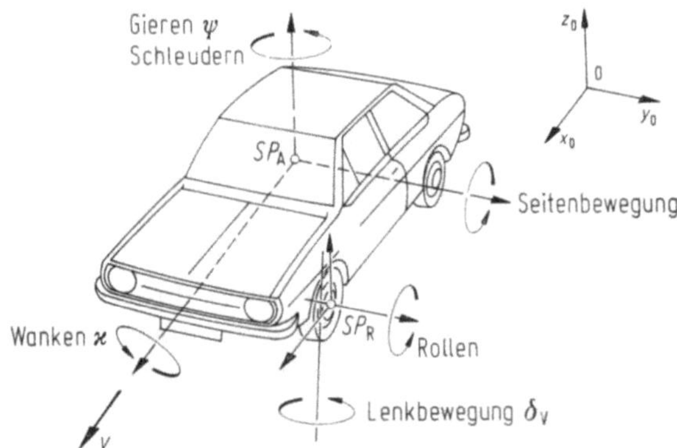

Bild 2.1. Fahrzeug mit den für das „Fahr- und Lenkverhalten" wichtigen Koordinaten

---

[2] Sehr häufig wird in der Literatur der Wankwinkel mit φ bezeichnet. Da aber auch die Drehbewegung des Rades mit φ bezeichnet wird, also eine Drehbewegung um eine zum Wanken senkrecht stehende Achse, schien das dem Verfasser nicht sinnvoll.

I. Lineares Einspurmodell, objektive Kenngrößen, Subjektivurteile

Dieses Kapitel dient zur Einführung in das komplizierte Gebiet des Fahrverhaltens. Um den Einblick zu erleichtern, wird ein theoretisches Fahrzeugmodell mit im wesentlichen zwei vereinfachenden Annahmen vorausgesetzt:

1. Der Schwerpunkt des Fahrzeugs liegt in Fahrbahnhöhe. Damit verändert z. B. die im Schwerpunkt angreifende Zentrifugalkraft nicht die Radlasten. (Die zusätzliche Belastung der kurvenäußeren und die Entlastung der kurveninneren Räder wird vernachlässigt). Außerdem soll kein Wanken auftreten.
2. Es liegt ein lineares System vor, das heißt z. B. die Reifenseitenkraft ist proportional dem Schräglaufwinkel, oder die seitliche Luftkraft ist proportional dem Anströmwinkel.

Mit diesen Vereinfachungen kann das Fahrverhalten eines Fahrzeugs nur in Normalsituationen beschrieben werden (nicht für Fahrten an der Kraftschlußgrenze), dennoch ist diese Einführung wichtig für das Verständnis.

Parallel zur Theorie werden sog. objektive Kenngrößen wie Unter-/Übersteuern, Stabilität, Peak-Response-Time usw. definiert und sog. Subjektivurteile vorgestellt, die die Güte eines Fahrzeugs kennzeichnen.

3 Bewegungsgleichungen eines zweiachsigen Kraftfahrzeugs

Bild 3.1a zeigt das ebene Modell eines zweiachsigen, vierrädrigen Kraftfahrzeugs, dessen Schwerpunkt in Fahrbahnhöhe liegt. Damit sind — wie oben gesagt — die Radlaständerungen an den Achsen zu vernachlässigen; die Räder an Vorder- und Hinterachse werden durch je ein Einzelrad ersetzt, das Fahrzeug schrumpft zum sog. Einspurmodell. Die Geschwindigkeit $v_{SP} = v$ des Schwerpunkts SP ist tangential zur Bahnkurve gerichtet, ebenso die Tangentialbeschleunigung $\dot{v}$, während die Zentripetalbeschleunigung v^2/ϱ zum Krümmungsmittelpunkt M der Bahnkurve hinzeigt. Der Abstand $\overline{MSP}$ ist der Krümmungsradius ϱ der Bahnkurve. Den Winkel zwischen v und der Fahrzeugmittellinie nennt man Schwimmwinkel β; das Fahrzeug hat sich gegenüber dem ortsfesten Koordinatensystem x_0, y_0 um den Gierwinkel ψ gedreht, und der Winkel zwischen v und der Parallelen zu x_0 wird ohne eigenes Formelzeichen mit

$$\text{Kurswinkel} = \beta + \psi \tag{3.1}$$

bezeichnet.

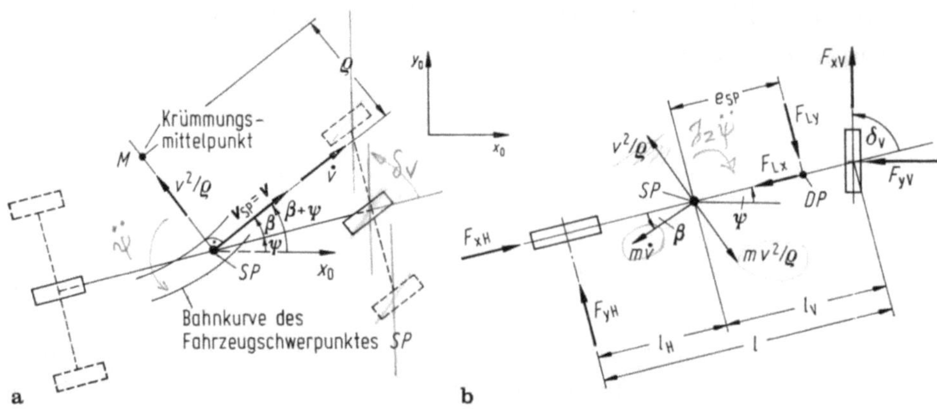

Bild 3.1. Kinematische Größen (a) und Kräfte (b) an einem Einspurmodell

In Bild 3.1 b) sind die Kräfte am Kraftfahrzeug eingezeichnet. F_{xV} und F_{xH} —
in Richtung der Räder zeigend — sind die Umfangskräfte vorn und hinten, F_{yV}
und F_{yH} — senkrecht auf die Räder wirkend — sind die Seitenkräfte. Im Druckmittelpunkt DP, dessen Abstand zu SP mit e_{SP} bezeichnet wird, greift die seitliche Luftkraft F_{Ly} an, der Luftwiderstand ist F_{Lx}.

Die Bewegungsgleichungen lauten mit der Masse des Kraftfahrzeugs m, dem
Trägheitsmoment um die durch den SP gehende Hochachse J_z und dem Vorderradeinschlagwinkel δ_V

— Kräftegleichgewicht in Fahrzeuglängsrichtung

$$m\,\frac{v^2}{\varrho}\sin\beta - m\dot{v}\cos\beta + F_{xH} - F_{Lx} + F_{xV}\cos\delta_V - F_{yV}\sin\delta_V = 0,$$

$$(3.2)$$

— Kräftegleichgewicht senkrecht zur Fahrzeuglängsrichtung

$$m\,\frac{v^2}{\varrho}\cos\beta + m\dot{v}\sin\beta - F_{yH} + F_{Ly} - F_{xV}\sin\delta_V - F_{yV}\cos\delta_V = 0,$$

$$(3.3)$$

— Momentengleichgewicht um SP

$$J_z\ddot{\psi} - (F_{yV}\cos\delta_V + F_{xV}\sin\delta_V)\,l_V + F_{yH}l_H + F_{Ly}e_{SP} = 0. \qquad (3.4)$$

Hinzu kommen noch die Achslasten für das ebene Modell

$$\text{vorn}\quad F_{zV} = G\,\frac{l_H}{l} - F_{LzV} \qquad\qquad (3.5)$$

$$\text{hinten}\ F_{zH} = G\,\frac{l_V}{l} - F_{LzH}$$

mit dem Fahrzeuggewicht $G = mg$ und den Auftriebskräften an Vorder- und Hinterachse F_{LzV} und F_{LzH}.

3.1 Krümmungsmittelpunkt und Momentanpol

Nach Bild 3.1a bewegt sich der Schwerpunkt SP um den Krümmungsmittelpunkt M, das gesamte Fahrzeug dreht sich im allgemeinen Fall hingegen nicht um M, sondern um einen sog. Momentanpol MP. Der Unterschied soll im folgenden erläutert werden.

Nach Bild 3.2a bewegt sich das Fahrzeug innerhalb des Zeitelements dt von der ausgezogenen zu der gestrichelten Lage, und zwar verschiebt sich ein bestimmter Punkt P_1 um du translatorisch, und das Fahrzeug dreht sich außerdem mit dem Winkel dψ um die durch P_1 gehende Hochachse. Beide Bewegungen kann man als alleinige Drehung um einen ausgezeichneten Punkt auffassen, den man als momentanen Drehpol oder Momentanpol MP bezeichnet.

Wenn in zwei Punkten P_1 und P_2 die Geschwindigkeitsrichtungen bekannt sind, dann erhält man die Lage des Momentanpols MP im Schnittpunkt der Senkrechten auf den Geschwindigkeiten (Bild 3.2b). Der Schwenkradius ϱ_P zum Momentanpol errechnet sich aus der Winkelgeschwindigkeit $\dot{\psi}$ des Fahrzeugs um die Hochachse (ψ beschreibt nach Bild 3.2 die Schwenkung der fahrzeugfesten x- gegenüber der raumfesten x_0-Koordinatenachse) zu

$$\varrho_P = v_1/\dot{\psi}. \tag{3.6}$$

Dieser Schwenkradius ist wohl zu unterscheiden vom Krümmungsradius ϱ. Er errechnet sich, wie später an Hand von (7.3) gezeigt wird, zu

$$\varrho = v_1/(\dot{\psi} + \dot{\beta}). \tag{3.7}$$

Das heißt, Schwenkhalbmesser ϱ_P des Fahrzeugs um den Momentanpol MP und Krümmungshalbmesser ϱ um den Kurvenmittelpunkt M der Bahnkurve sind dann verschieden, wenn sich der Schwimmwinkel β mit der Zeit ändert.

Um den Unterschied zu verdeutlichen, werden drei Spezialfälle erwähnt:

a) $\varrho_P = \varrho \rightarrow \dot{\beta} = 0, \qquad \beta = \text{const.}$

Das Fahrzeug bewegt sich stationär auf einem Kreisbogen.

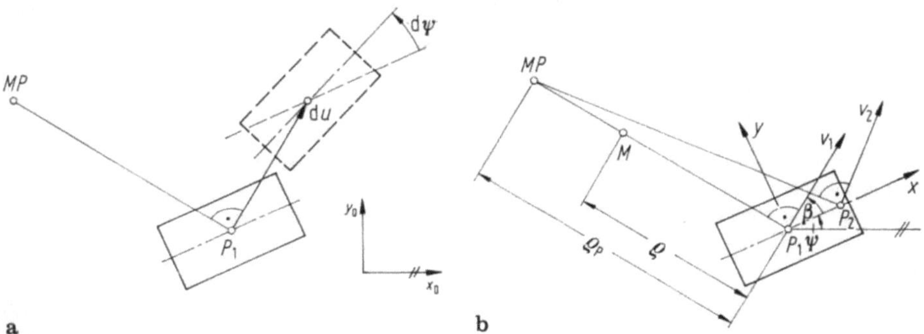

Bild 3.2.a Schwenkung des Fahrzeugs im Grundriß um den Momentanpol MP; **b** zur Erklärung der unterschiedlichen Lage von Momentanpol MP des Fahrzeugs und von Krümmungsmittelpunkt M der Bahnkurve des Fahrzeugpunkts P_1

b) $\varrho = \infty \to \dot{\psi} + \dot{\beta} = 0, \qquad \dot{\psi} = -\dot{\beta}$.

Ein Punkt des Fahrzeugs, z. B. Punkt P_1 in Bild 3.2a, bewegt sich auf einer Geraden, und das Fahrzeug schwenkt zugleich um P_1. Dann dreht es mit dem Radius $\varrho_P = -v_1/\dot{\beta} = v_1/\dot{\psi}$ um einen Momentanpol.

c) $\varrho_P = \infty \to \dot{\psi} = 0$.

Das Fahrzeug schwenkt nicht, sondern bewegt sich parallel zur Ausgangslage, wobei sich dennoch die Richtung von v_1 ändern kann. Dabei wird $\varrho = v_1/\dot{\beta}$.

4 Reifeneigenschaften

In diesem Abschnitt werden nur die Reifeneigenschaften behandelt, die für das Grundverständnis und für die Theorie des linearen Einspurmodells unbedingt wichtig sind, nämlich der Zusammenhang zwischen Vertikallast, Seitenkraft, Rückstellmoment und Schräglaufwinkel.

Später werden noch weitere Einflußgrößen behandelt, und zwar

— Einfluß der Umfangskraft in Abschn. 27,
— Einfluß der Witterung in Abschn. 29 und 30,
— Schwenkmoment des Reifens im Stand in Abschn. 47.4,
— Einfluß des Sturzes in Abschn. 50,
— Einlaufverhalten des Reifens in Abschn. 53.2.

4.1 Seitenkraft, Rückstellmoment, Schräglaufwinkel

Bild 4.1 zeigt eine seitliche Kraft Y zwischen Fahrzeug und Rad sowie als Reaktion die mit Seitenkraft bezeichnete Kraft F_y zwischen Reifen und Straße. Durch sie rollt das Rad nach Bild 4.2 nicht geradeaus in die x_R-Richtung[3], sondern seitlich weg. Den Winkel α zwischen der Richtung von x_R und der Geschwindigkeit v_R nennt man Schräglaufwinkel. Er wird umso größer, je größer $F_y = Y$ wird.

F_y ist wie die Umfangskraft F_x eine Horizontalkraft, so daß wie in Band A wieder Betrachtungen über Kraftschlußbeanspruchungen und Schlupfe angestellt werden können. So wie die Umfangskraft F_x bzw. die Kraftschlußbeanspruchung in Umfangsrichtung $\mu_x = F_x/F_z$ eine Funktion des Umfangsschlupfes S_x ist (Bild 4.3a), so ist die seitliche Kraftschlußbeanspruchung

$$\mu_y = \frac{F_y}{F_z} \tag{4.1}$$

eine Funktion des Seitenschlupfes S_y. Er wird meistens nach Bild 4.2 definiert als das Verhältnis zwischen der Geschwindigkeitskomponente $|v_R| \sin \alpha = v_R \sin \alpha$, die in y_R-Richtung zeigt und durch die Kraft $Y = F_y$ hervorgerufen wurde, und $|v_R| \cos \alpha = v_R \cos \alpha$, die in die x_R-Richtung, also in die kräftefreie Rollrichtung zeigt,

$$S_y = \frac{v_R \sin \alpha}{v_R \cos \alpha} = \tan \alpha. \tag{4.2}$$

Die Funktion $\mu_y = f(S_y)$ zeigt Bild 4.3b.

---

[3] Das x_R-y_R-z_R-System ist mit der Radachse fest verbunden.

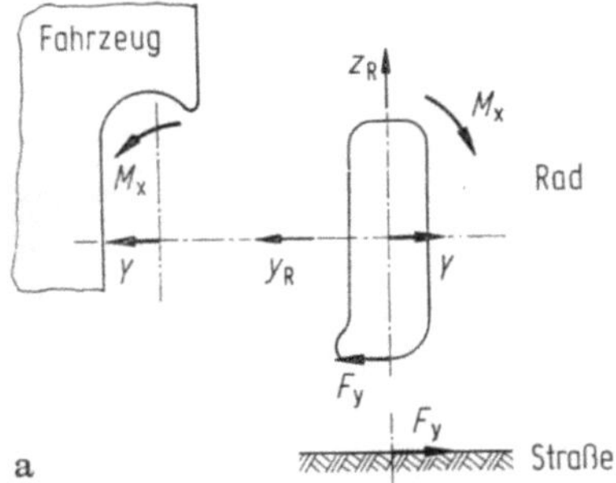

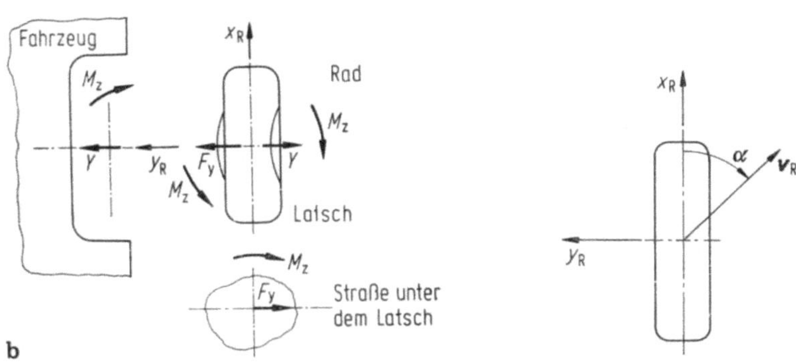

Bild 4.1. Fahrzeug, Rad und Straße unter seitlicher Belastung. **a** in Fahrtrichtung gesehen; **b** in der Draufsicht

Bild 4.2. Bewegungsrichtung eines schrägrollenden Rades (von oben gesehen)

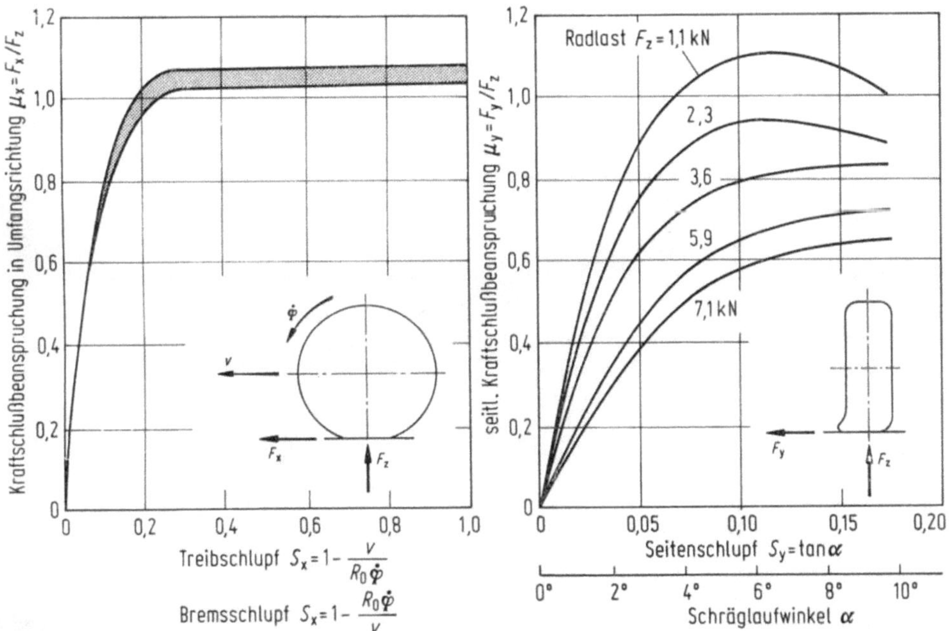

Bild 4.3. Kraftschlußbeanspruchungs-Schlupf-Kurven. **a** in Umfangsrichtung, s. Band A, Bild 6.6; **b** in seitlicher Richtung, errechnet aus Bild 4.4a

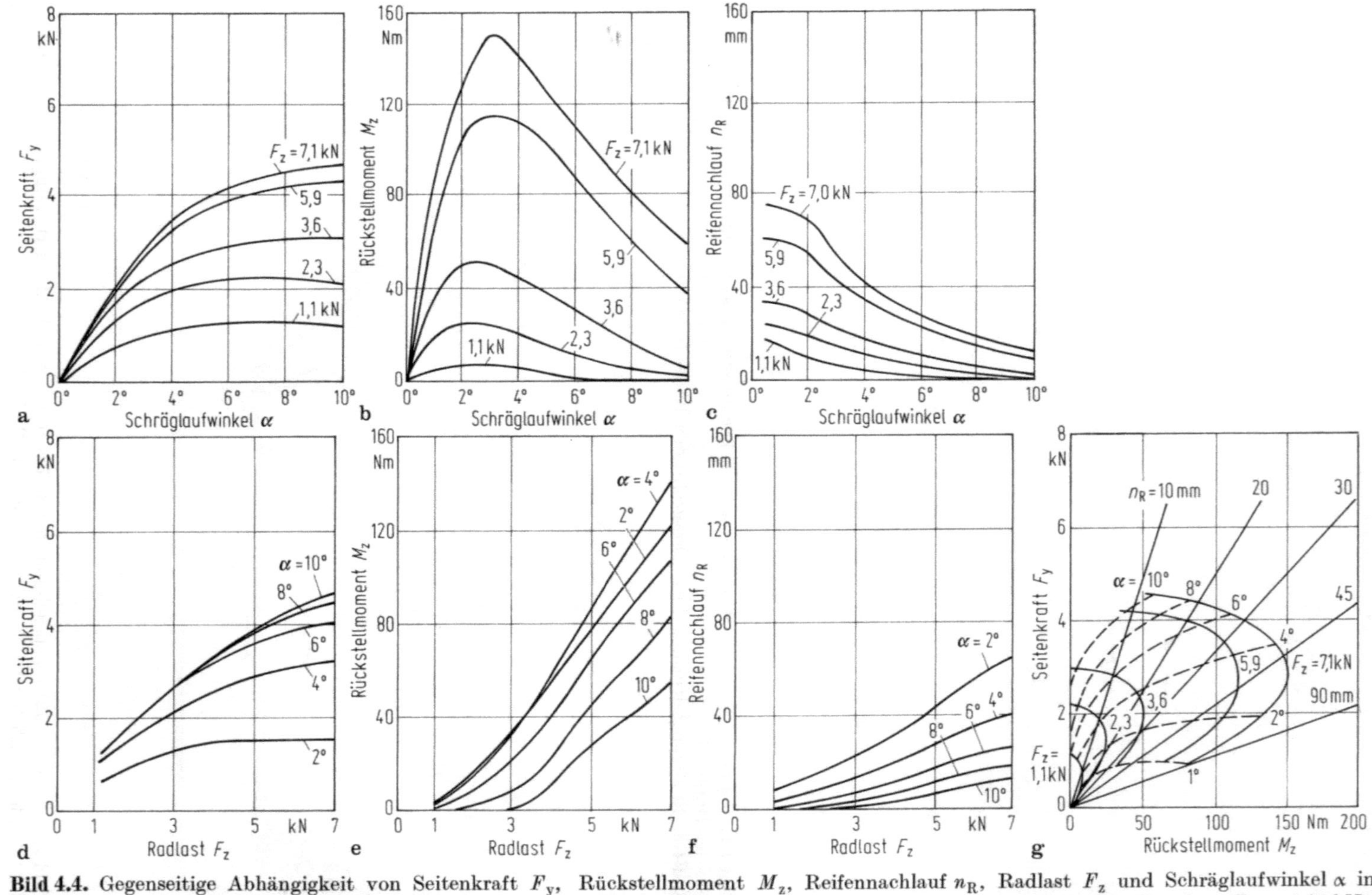

Bild 4.4. Gegenseitige Abhängigkeit von Seitenkraft F_y, Rückstellmoment M_z, Reifennachlauf n_R, Radlast F_z und Schräglaufwinkel α in verschiedenen Darstellungsformen. Daten: Reifen: 175/70 R 13 T, Felge: 5 1/2 J × 13, Luftdruck: 2,1 bar (gilt für Nennlast F_z = 4,15 kN), Sturz: 0°

Wenn man die Analogie zwischen Seiten- und Umfangskräften bzw. Schlupfen weiter treibt, müßte man nun einen Haft- bzw. Höchstbeiwert in seitlicher Richtung (Werte hierzu s. Bild 8.1)

$$\mu_{\text{yh}} = \frac{F_{\text{ymax}}}{F_{\text{z}}} \tag{4.3}$$

und einen Gleitbeiwert μ_{yg} beim Seitenschlupf $S_{\text{y}} = 1$ definieren. Aber dies ist aus mehreren Gründen nicht möglich und auch nicht notwendig. Zunächst ergäbe der Wert $S_{\text{y}} = \tan \alpha$ $= 1$ einen Winkel $\alpha = 45°$, in Wirklichkeit ist nach Bild 4.2 ein größerer Wert, nämlich das seitlich wegrutschende Rad mit $\alpha = 90°$ denkbar. Weiterhin ist die Messung der Kraftschlußbeanspruchung μ_{y} bei hohen α-Werten nicht reproduzierbar, und letztlich ist ein Fahrzeug nur bei kleinen Winkeln α (10° ist schon ein hoher Wert) beherrschbar.

Es ist deshalb üblich, nicht über dem Seitenschlupf S_{y}, also nicht über $\tan \alpha$, sondern direkt über dem Schräglaufwinkel α aufzutragen. (Die Diagramme enden meistens unterhalb 10°). Weiterhin wird nicht die dimensionslose Kraftschlußbeanspruchung μ_{y} verwendet, weil sich nach Bild 4.3b bei den verschiedenen Radlasten nicht eine Kurve oder ein enges Kurvenband ergibt, sondern eine ziemlich breite Kurvenschar.

Man trägt deshalb die Seitenkraft F_{y} direkt über dem Schräglaufwinkel α nach Bild 4.4a auf, mit der Radlast F_{z} als Parameter.

Durch die seitliche Kraft Y entsteht nach Bild 4.1b nicht nur die Seitenkraft F_{y}, sondern auch das sog. Rückstellmoment M_{z}. Das Vorhandensein von M_{z} besagt, daß die Seitenkraft F_{y} nicht in Latschmitte angreift. Man kann zum Beweis (Bild 4.5) F_{y} und M_{z} zusammenfassen, indem man $M_{\text{z}} = F_{\text{y}}n_{\text{R}}$ setzt. Entsprechend wurde bei der Betrachtung des Rollwiderstands in Abschn. 5, Band A vorgegangen und dort bewiesen, daß die Radlast F_{z} vor Latschmitte wirkt. Die Seitenkraft F_{y} hingegen greift um den Abstand n_{R} hinter Latschmitte an und versucht damit, den Schräglaufwinkel zu verkleinern, n_{R} nennt man den Reifennachlauf. Seine Größe ergibt sich aus

$$\frac{M_{\text{z}}}{F_{\text{y}}} = \frac{F_{\text{y}}n_{\text{R}}}{F_{\text{y}}} = n_{\text{R}} . \tag{4.4}$$

Rückstellmoment M_{z} und Reifennachlauf n_{R} sind nach Bild 4.4b und c ebenfalls vom Schräglaufwinkel α abhängig.

Neben der Darstellung über dem Schräglaufwinkel α ist auch die Darstellung über der Radlast F_{z}, mit α als Parameter, üblich (Bilder 4.4d bis f). Die Darstellung $M_{\text{z}} = f(F_{\text{z}})$ ist allerdings wegen der sich kreuzenden Kurven nicht gebräuchlich.

Es gibt noch eine Darstellung nach Gough, in der $F_{\text{y}} = f(M_{\text{z}})$ aufgetragen wird (Bild 4.4g). Es treten hier allerdings zwei Parameter auf, nämlich der Schräglaufwinkel α und die Radlast F_{z}. Die Linien für konstanten Reifennachlauf sind nach der Definitionsgleichung (4.4) Geraden.

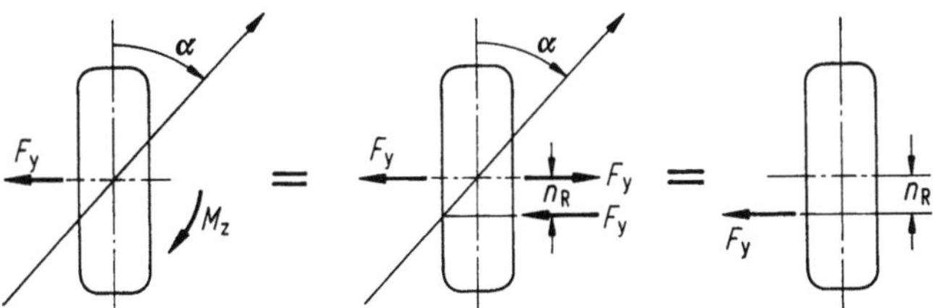

Bild 4.5. Rückstellmoment M_{z} und Reifennachlauf n_{R} am schrägrollenden Rad

4.2 Zum Verständnis der Schräglaufcharakteristiken

Um den Mechanismus von Seitenkraft, Rückstellmoment und Reifennachlauf zu verstehen, wird eine Erklärung mit Hilfe von Elementarfedern gegeben. Dazu wird angenommen, daß die Reifenachse stillsteht und sich die Fahrbahn in Form einer großen Lauftrommel bewegt, siehe Bild 4.6a. Der Reifen wird gegenüber der Laufrichtung der Trommel um den Winkel α geschwenkt auf die Trommel aufgesetzt.

Ein Punkt auf dem Reifenumfang, der in den Latsch einläuft, heiße A. Dreht sich die Trommel um das Stück du weiter, dann bewegt sich dieser Punkt nicht in der Felgenebene, sondern in der Bewegungsrichtung der Fahrbahn und gelangt von A nach A'. Wie die Elementarfeder andeutet, wird damit eine Kraft aufgebracht. Bei weiterer Bewegung bewegt sich der Punkt im Latsch immer weiter von der Felgenebene weg, und die zugehörige Kraft wird immer größer. Sie ist am größten am Latschende, und wird außerhalb des Latsches wieder zu Null. Die Summe aller Kräfte an den Elementarfedern ergibt die Seitenkraft F_y. Je größer der Schräglaufwinkel α wird, um so größer muß auch F_y werden. Solange die Latschpunkte auf der Trommel haften und unter der Annahme einer linearen Kennung der Elementarfedern, besteht zwischen der Seitenkraft F_y und dem Schräglaufwinkel α ein proportionaler Zusammenhang mit c_α als Proportionalitätskonstante

$$F_y = c_\alpha \alpha . \tag{4.5}$$

Dies wird durch das Diagramm in Bild 4.4a für kleine Winkel bestätigt, der Vorgang liegt im Bereich des sog. Formänderungsschlupfes.

Weiterhin erkennt man aus Bild 4.6a deutlich, daß die Resultierende aller Kräfte der Elementarfedern nicht in Latschmitte angreift, sondern dahinter. Für kleine Schräglaufwinkel, gleichbedeutend mit den beiden o. g. Voraussetzungen Nichtgleiten der Latschpunkte und lineare Elementarfedern, bleibt das seitliche Verformungsbild immer ein Dreieck. Damit bleibt der Angriffspunkt der

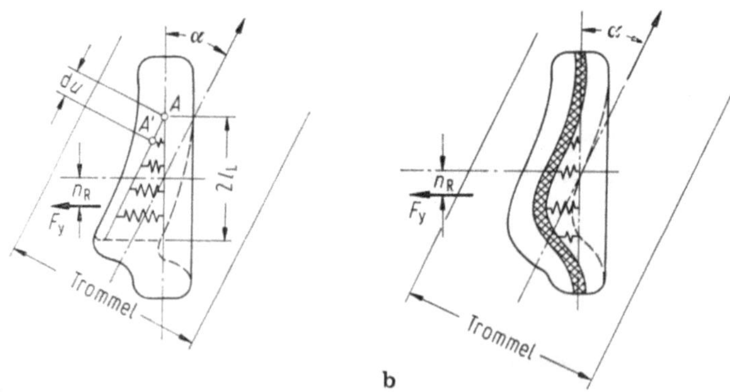

Bild 4.6. Entstehung von Seitenkraft F_y und Reifennachlauf n_R. **a** erklärt am Federmodell eines Reifens; **b** erweitert durch ein Umfangsband

Seitenkraft immer der gleiche, und der Reifennachlauf ist

$$n_{\mathrm{R}} = \text{const.} \tag{4.6}$$

Der Anstieg des Rückstellmomentes M_z ist für kleine Schräglaufwinkel α deshalb ebenfalls linear (s. Bild 4.4 b), und aus (4.5) und (4.6) folgt

$$M_z = c_\alpha n_{\mathrm{R}} \alpha \,. \tag{4.7}$$

Die Größe des Nachlaufs läßt sich nach Bild 4.6 a abschätzen. Der Schwerpunkt des Dreiecks liegt, von vorn gemessen, bei $(4/3)\,l_{\mathrm{L}}$ mit $2l_{\mathrm{L}}$ der Latschlänge. Also ist der Nachlauf von Latschmitte aus gerechnet

$$n_{\mathrm{R}} \approx \frac{4}{3}\,l_{\mathrm{L}} - l_{\mathrm{L}} = \frac{1}{3}\,l_{\mathrm{L}} \tag{4.8}$$

(mit $2l_{\mathrm{L}} = 240$ mm ist $n_{\mathrm{R}} \approx 40$ mm).

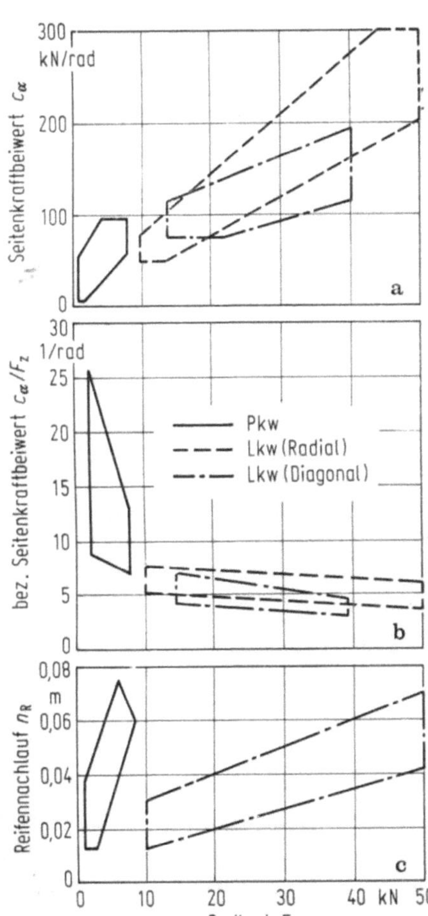

Bild 4.7. Linearisierte Reifendaten auf trockener Fahrbahn in Abhängigkeit von der statischen Radlast F_z. (Ermittlung nach Bild 4.8)

Daß die o. g. Darstellung mit den Elementarfeldern einen großen Fehler enthalten muß, sieht man nach Bild 4.6b daran, daß die Reifenverformung nach Latschende nicht schlagartig auf Null zurückgehen kann. Dadurch werden hinter dem Latschende noch zusätzliche Elementarfedern gespannt, die resultierende Kraft, die Seitenkraft F_y, rückt nach hinten, und der Reifennachlauf n_R wird größer als nach (4.8) berechnet. (Allerdings werden, wie Bild 4.6b verdeutlicht, die Reifenpunkte auch schon vor der Berührung mit der Fahrbahn ausgelenkt.)

Bei weiterer Vergrößerung des Schräglaufwinkels werden nicht mehr alle Latschpunkte auf der Fahrbahn haften, sondern die hinteren werden nach Bild 4.6 zu gleiten beginnen. Die Seitenkraft wird trotz des Teilgleitens weiter ansteigen, nur nicht mehr proportional α, sondern degressiv.

Damit rückt aber auch gleichzeitig der Schwerpunkt der Seitenkraftfläche, d. h. die Lage der resultierenden Seitenkraft F_y, nach vorn, der Nachlauf n_R wird kleiner (vgl. Bild 4.4c). Der degressive Anstieg der Seitenkraft und der Abfall

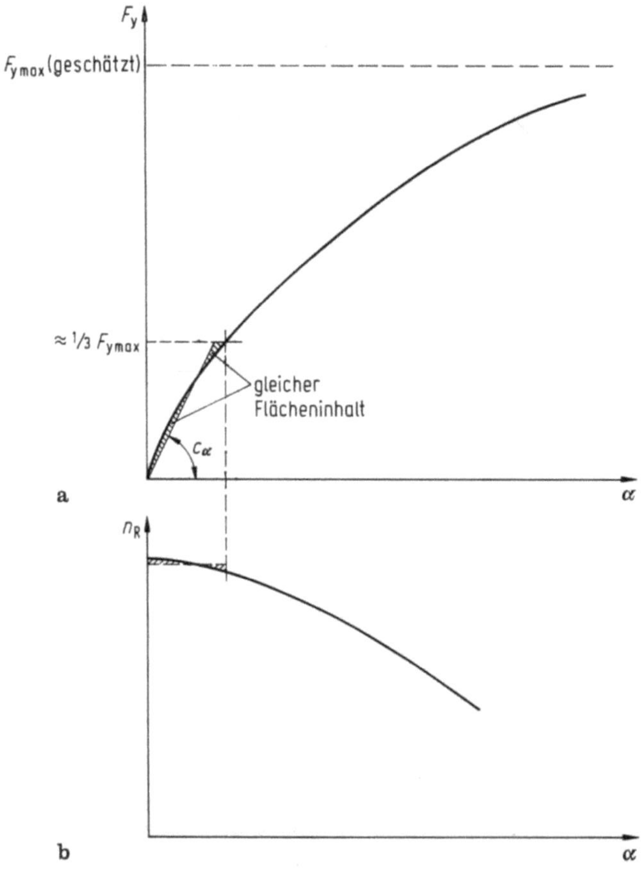

Bild 4.8. Zur Bestimmung des Reifenseitenkraftbeiwerts c_α (a) und des Reifennachlaufs n_R (b)

des Reifennachlaufs über dem Schräglaufwinkel bewirken, daß der Rückstellmomentenverlauf nach Bild 4.4b bei relativ niedrigen α-Werten ein Maximum besitzt.

4.3 Seitenkraftbeiwert, Reifennachlauf

Für die späteren Rechnungen mit dem linearisierten Fahrzeugmodell sind in Bild 4.7 Seitenkraftbeiwerte c_α (engl. cornering stiffness) und Reifennachläufe n_R einiger Reifen nach (4.5) und (4.6) zusammengestellt.

Dabei wurde für c_α nicht die Anfangssteigung im F_y-α-Diagramm genommen, sondern, um einen größeren Gültigkeitsbereich zu bekommen, eine Sekante zwischen $F_y = 0$ und $1/3\,F_{y\max}$ gezogen (Bild 4.8a). Den Reifennachlauf n_R für den linearisierten Bereich erhält man aus Bild 4.8b. Auf trockener Fahrbahn läßt sich bis zum Schräglaufwinkel von 3° gut linearisieren, was ungefähr einer Querbeschleunigung von 0,4g entspricht.

Je schwerer die Fahrzeuge sind, um so größer sind die Radlasten und die Reifen und damit auch die c_α-Werte. Um einen engeren Zahlenbereich zu erhalten, wurden sie auf die statische Radlast F_z bezogen (Bild 4.7b). Innerhalb einer

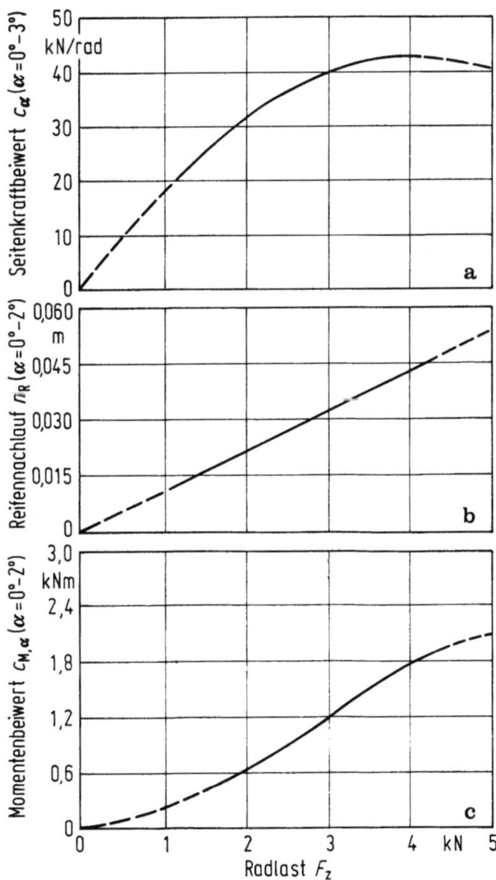

Bild 4.9. a Der Seitenkraftbeiwert hängt näherungsweise parabolisch von der Radlast ab; **b** der Reifennachlauf ist der Radlast proportional; **c** Momentenbeiwert = Seitenkraftbeiwert × Reifennachlauf

Fahrzeugkategorie wird der Reifen mit einem kleineren Höhen-Breiten-Verhältnis seitensteifer, sein c_α/F_z-Wert ist größer, oder anders ausgedrückt, bei gleicher Radlast F_z und gegebener Seitenkraft F_y wird der Schräglaufwinkel α kleiner.

Für einen bestimmten Reifen mit einem bestimmten Reifenluftdruck und damit (nach Reifentabellen) zugehöriger Radlast $F_{z\,\mathrm{Nenn}}$ läßt sich die Änderung der Radlast F_z auf den Seitenkraftbeiwert c_α durch ein parabolisches Gesetz

$$c_\alpha|_{\alpha=0-3^0} = \left(c_{\alpha 1} - c_{\alpha 2}\,\frac{F_z}{F_{z\,\mathrm{Nenn}}}\right) F_z \tag{4.9}$$

und für den Reifennachlauf durch ein lineares

$$n_{\mathrm{R}}|_{\alpha=0-2^0} = n_{\mathrm{R}0}\,\frac{F_z}{F_{z\,\mathrm{Nenn}}} \tag{4.10}$$

angeben, siehe Bild 4.9.

5 Lenkungseigenschaften

Wie für den Reifen im vorigen Abschnitt werden hier für die Lenkung nur die wichtigsten Eigenschaften erläutert. Weitere Angaben folgen in den Abschnitten 46 und 47.

In Bild 3.1b, an Hand dessen die Bewegungsgleichungen aufgestellt wurden, ist der Vorderradeinschlagwinkel δ_{V} eingezeichnet. Dieser ist für den Fahrer unmittelbar nicht wichtig, denn er betätigt das Lenkrad um den Winkel δ_{L}. Im folgenden muß deshalb eine Beziehung zwischen δ_{V} und δ_{L} hergestellt werden.[4]

Dazu ist in Bild 5.1 das vereinfachte Schema einer Achsschenkelvorderradlenkung mit Lenkrad, Lenkgetriebe, Lenkgestänge, Lenkachse und den Rädern gezeichnet. Der Abstand von Radmitte zum Durchstoßpunkt der Lenkachse in die Fahrbahn besteht einmal aus dem Lenkrollradius r_{L} und in der Seitenansicht aus dem konstruktiven Nachlauf n_{K}. Mit den Seitenkräften am linken (l) und rechten (r) vorderen (V) Rad (Umfangskräfte vernachlässigt) ergibt sich ein Moment am lenkgestängeseitigen Eingang des Lenkgetriebes von

$$M_{\mathrm{L}}^* = (F_{y\,\mathrm{Vl}} + F_{y\,\mathrm{Vr}})\,(n_{\mathrm{K}} + n_{\mathrm{R}}). \tag{5.1}$$

Das vom Fahrer aufzubringende bzw. zu haltende Moment beträgt mit der gesamten Lenkübersetzung i_{L} von Lenkgetriebe und Lenkgestänge und mit der Lenkungsverstärkung V_{L} bei vorhandener Hilfskraftlenkung

$$M_{\mathrm{L}} = \frac{M_{\mathrm{L}}^*}{i_{\mathrm{L}} V_{\mathrm{L}}}. \tag{5.2}$$

M_{L}^* läßt sich auch über δ_{L}, δ_{V} und die Lenkungssteifigkeit C_{L} ausdrücken. Diese ist über das Lenkgestänge, das Lenkgetriebe, dessen Befestigung an der Karosserie und über die Lenkwelle verteilt, wurde aber in Bild 5.1 nur durch eine einzige

---

[4] Im englischen wird meistens δ_{L} mit δ_{H} bezeichnet. Der Index H steht für „hand". Dies mußte hier entfallen, da im deutschen H für „hinten" steht.

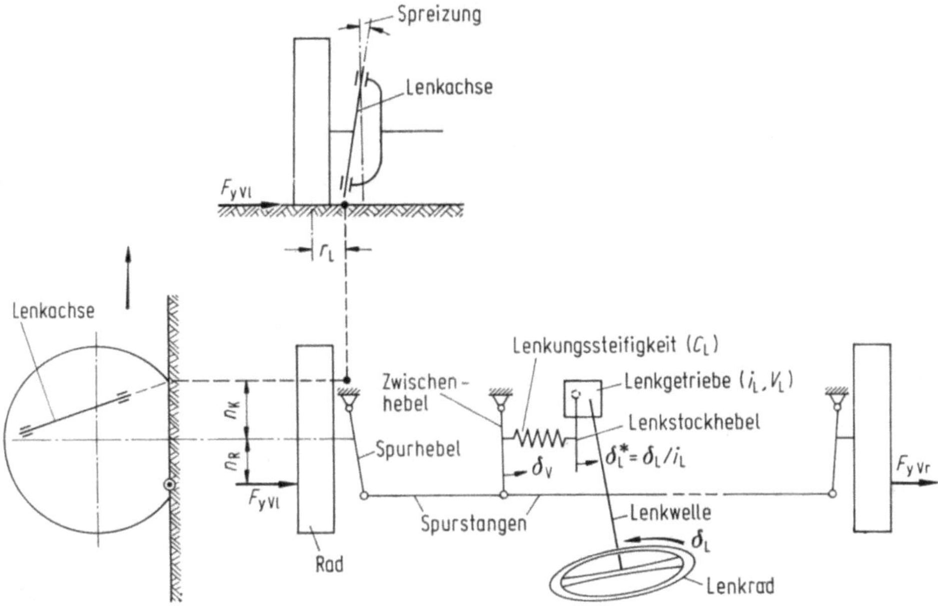

Bild 5.1. Schematischer Aufbau einer Lenkung

Ersatzfeder dargestellt. Bei einer proportionalen Beziehung wird

$$M_L^* = C_L(\delta_L^* - \delta_V);\tag{5.3}$$

dabei wurde als „bezogener Lenkradeinschlagwinkel" δ_L^* der Winkel des Lenkstockhebels

$$\delta_L^* = \frac{\delta_L}{i_L}\tag{5.4}$$

eingeführt.

Damit ist die gesuchte Beziehung zwischen δ_L und δ_V gefunden:

$$\frac{\delta_L}{i_L} = \delta_L^* = \delta_V + \frac{M_L^*}{C_L} = \delta_V + \frac{(F_{yVl} + F_{yVr}')\,(n_K + n_R)}{C_L}.\tag{5.5}$$

In Tabelle 5.1 sind einige wichtige Lenkungsdaten zusammengestellt.

Tabelle 5.1. Wichtige Daten für die Lenkung (Zusammenstellung aus Industriedaten und IfF-Messungen)

	Lenkungssteifigkeit stat. Vorderachslast, leer $C_L/F_{zV \text{ stat leer}}$ m/rad	Lenkungs- übersetzung i_L —	Konstruktiver Nachlauf n_K mm
Pkw	0,9$\cdots$4,1	16,5$\cdots$22,0	1$\cdots$27
Nutzfahrzeuge, Omnibusse > 20 t zul. Gesamtmasse	1,2$\cdots$1,9	23,0$\cdots$27,0	20$\cdots$30

Bei der Herleitung der einfachen Gleichungen wurden die Reibung (Hysterese) und das Spiel in der Lenkung vernachlässigt. Beide beeinflussen die Stoßanfälligkeit der Lenkung, das Gefühl für den Fahrbahnkontakt und den Geradeauslauf.

Der Faktor der Lenkungsverstärkung V_L — definiert nach (5.2) — ist bei Pkw nicht konstant. Bei kleinen Momenten M_L^* am Getriebeausgang ist wegen des guten Fahrbahnkontaktes bei Geradeausfahrt, z. B. auf der Autobahn, $V_L = 1$, d. h. das gesamte Moment am Lenkrad M_L wird über die Muskelkraft aufgebracht, und bei großen M_L^*, z. B. beim Parken[5], ist $V_L > 1$, (Bild 5.2a). Da Parken mit niedrigen, Autobahnfahrt mit hohen Geschwindigkeiten verknüpft ist, gibt es auch geschwindigkeitsabhängige Lenkverstärkung, siehe Bild 5.2b.

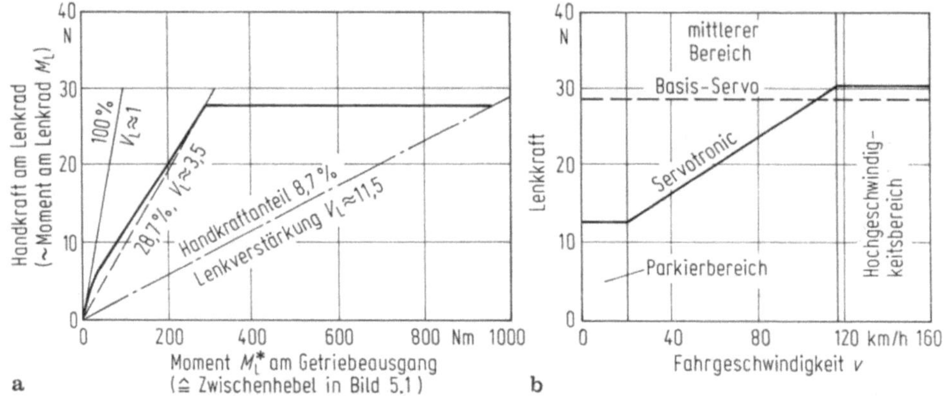

a   b

Bild 5.2. Kennlinien von Hilfskraftlenkungen.
a Kennlinie zwischen Lenkgetriebe-Ein- und -Ausgang bei einer Pkw-Hilfskraftlenkung (Förster, H. J.: Mercedes-Benz Servolenkungen, ATZ 74 (1972) S. 55—63, 151—155); **b** Geschwindigkeitsabhängige Verstärkung (Lohr, F. W.: Der neue Opel Senator, ATZ 90 (1988), S. 55)

6 Aerodynamische Kennwerte bei Seitenwind

In Bild 3.1 wurde die seitliche Luftkraft F_{Ly} im Druckmittelpunkt DP angreifend gezeichnet. Beide bestimmen sehr wesentlich die Seitenwindempfindlichkeit eines Kraftfahrzeugs, die in Abschn. 16 behandelt wird. Im folgenden wird hauptsächlich auf die Größen von F_{Ly} und auf die Lage von DP eingegangen.

Zunächst wird — wie bei den Kraftfahrzeug-Aerodynamikern üblich[6] — F_{Ly} in den in der Mitte des Radstandes und auf der Straße liegenden Bezugspunkt 0 verschoben (Bild 6.1). Dann muß neben der Kraft auch auf zwei Momente, einmal um die Längsachse, $(M_{Lx})_0$, zum anderen um die Hochachse, $(M_{Lz})_0$, eingegangen werden.

Diese drei Luftbelastungen sind auch, wie der Luftwiderstand und der Auftrieb, proportional dem Staudruck $\varrho v_r^2/2$ (ϱ = Luftdichte, v_r = resultierende Anströmgeschwindigkeit, siehe Bild 6.1) und der Querspantfläche A (nicht die

---

[5] Siehe Zomotor in Bussien: Automobiltechnisches Handbuch, Ergänzungsband zur 18. Auflage, Walter de Gruyter, Berlin, New York 1979.

[6] So geschah es auch in Abschn. 25, Band A, bei der Behandlung des Auftriebs.

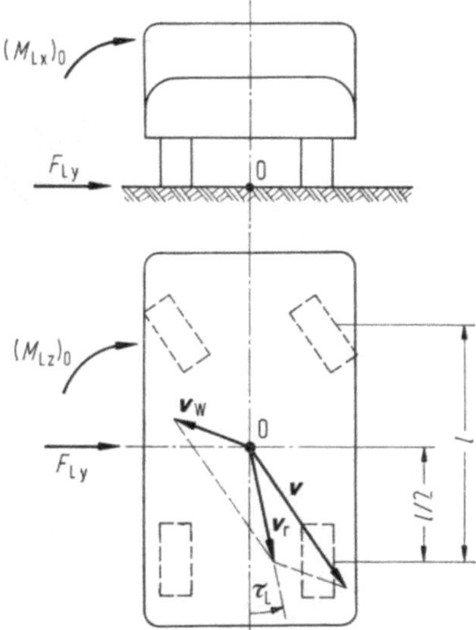

Bild 6.1. Luftkraft F_{Ly} und Luftmomente $(M_{\mathrm{Lx}})_0$ und $(M_{\mathrm{Lz}})_0$ bezogen auf Punkt 0 sowie geometrische Addition der Fahrgeschwindigkeit v und der Windgeschwindigkeit v_{W} zur Anströmgeschwindigkeit v_{r}; Anströmwinkel τ_{L} zwischen Fahrzeuglängsachse und v_{r}

seitliche Projektionsfläche!). Sie lauten mit dem dimensionslosen Seitenbeiwert c_{y}, dem Giermomentenbeiwert $(c_{\mathrm{Mz}})_0$ und dem Wankmomentenbeiwert $(c_{\mathrm{Mx}})_0$

$$F_{\mathrm{Ly}} = c_{\mathrm{y}} A \, \frac{\varrho}{2} \, v_{\mathrm{r}}^2 \tag{6.1}$$

$$(M_{\mathrm{Lz}})_0 = (c_{\mathrm{Mz}})_0 \, A l \, \frac{\varrho}{2} \, v_{\mathrm{r}}^2, \tag{6.2}$$

$$(M_{\mathrm{Lx}})_0 = (c_{\mathrm{Mx}})_0 \, A l \, \frac{\varrho}{2} \, v_{\mathrm{r}}^2. \tag{6.3}$$

Die Luftbeiwerte sind nach Bild 6.2 vom Anströmwinkel τ_{L} abhängig. Bei $\tau_{\mathrm{L}} = 0$ sind sie selbstverständlich Null, denn bei fehlender Seitenanströmung (und um die Längsachse symmetrischem Fahrzeug) gibt es auch keine seitliche Luftkraft und keins der beiden Momente.

Faßt man das Moment $(M_{\mathrm{Lz}})_0$ als Kräftepaar der Seitenkraft F_{Ly} im Abstand e_0 auf, dann ist die seitliche Belastung allein durch die in einem bestimmten Punkt angreifende Seitenkraft F_{Ly} darstellbar (Bild 6.3a, b). Diesen Punkt nennt man Druckmittelpunkt DP, und sein Abstand vom Bezugspunkt 0 ist

$$e_0 = \frac{(M_{\mathrm{Lz}})_0}{F_{\mathrm{Ly}}} = \frac{(c_{\mathrm{Mz}})_0 \, l}{c_{\mathrm{y}}}. \tag{6.4}$$

In Bild 6.2 ist dieser auf den halben Radstand $l/2$ bezogene Abstand eingezeichnet. Man erkennt am Beispiel der Pkw, daß bei kleinen Anströmwinkeln der Abstand Druckmittelpunkt—Radstandsmitte etwa konstant bleibt und daß seine Größe von der Heckform abhängt. Bei stumpfen Hecks sind im allgemeinen die Abstände kleiner, wodurch die Fahrzeuge seitenwindunempfindlicher werden.

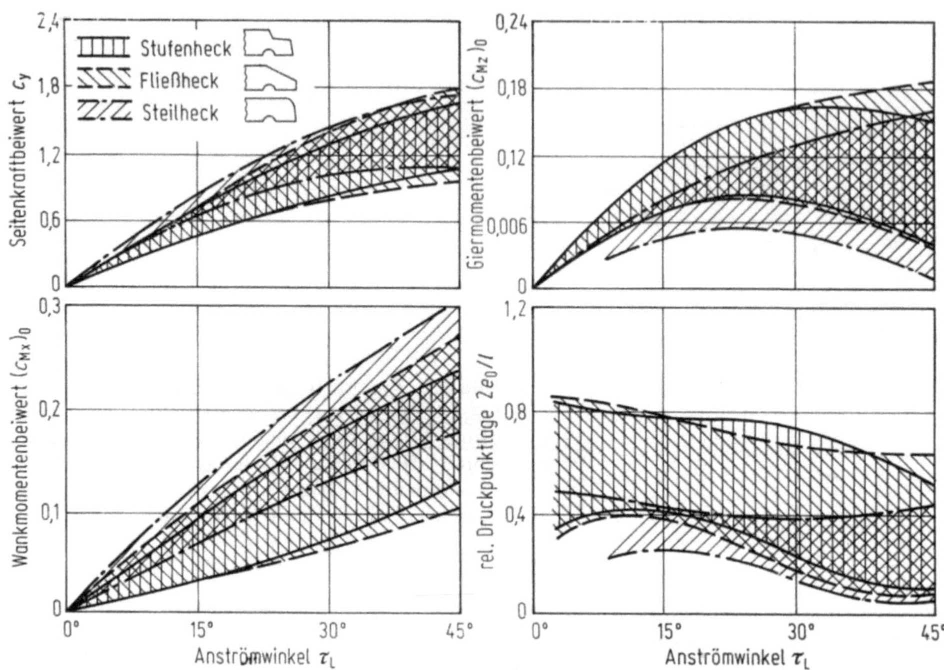

Bild 6.2. Einfluß des Anströmwinkels τ_L auf die Luftbeiwerte c_y, $(c_{Mz})_0$, $(c_{Mx})_0$ und auf die relative Druckpunktlage $2e_0/l$ für Pkw (Messungen im VW-Windkanal)

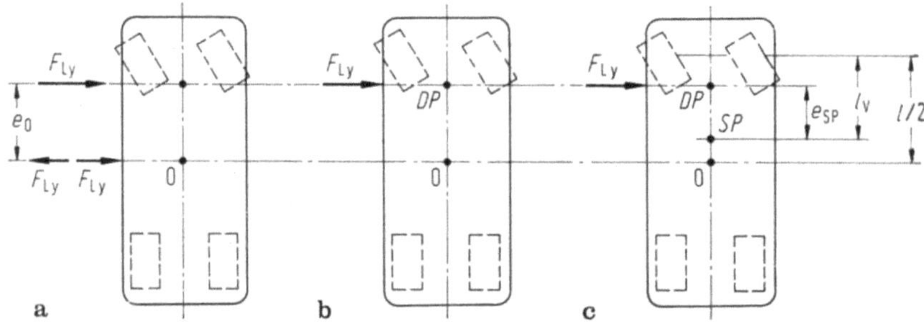

Bild 6.3. Reduktion des auf den Koordinatenursprung 0 bezogenen Momentes $(M_{Lz})_0$ $= F_{Ly}e_0$ und der Luftseitenkraft F_{Ly} auf die Kraft F_{Ly} im Druckmittelpunkt DP

Der für die Dynamik wichtige Abstand zwischen Schwerpunkt SP und Druckmittelpunkt DP beträgt nach Bild 6.3c

$$e_{SP} = e_0 - \left(\frac{l}{2} - l_V\right). \tag{6.5}$$

Der Anstieg der Luftbeiwerte über dem Anströmwinkel kann häufig bis $\tau_L \approx 20°$ durch eine Sekante linearisiert werden, so daß für diesen Bereich gesetzt werden kann:

$$F_{\mathrm{Ly}} = c_{\mathrm{y\,lin}} A\,\frac{\varrho}{2}\,v_{\mathrm{r}}^2 \tau_{\mathrm{L}} = k_{\mathrm{y}} v_{\mathrm{r}}^2 \tau_{\mathrm{L}},$$

$$(M_{\mathrm{Lz}})_0 = F_{\mathrm{Ly}} e_0 = k_{\mathrm{y}} e_0 v_{\mathrm{r}}^2 \tau_{\mathrm{L}},$$

$$(M_{\mathrm{Lz}})_{\mathrm{SP}} = F_{\mathrm{Ly}} e_{\mathrm{SP}} = k_{\mathrm{y}} e_{\mathrm{SP}} v_{\mathrm{r}}^2 \tau_{\mathrm{L}}$$

(6.6)

mit dem Seitenluftbeiwert

$$k_{\mathrm{y}} = c_{\mathrm{y\,lin}} A\,\frac{\varrho}{2}.$$

(6.7)

Anhaltswerte für den Anströmwinkel τ_{L} und die Anströmgeschwindigkeit v_{r} sind Abschn. 9.1, Band A zu entnehmen.

7 Differentialgleichungen des linearen Einspurmodells

Für die dynamische Betrachtung müssen die Bewegungsgleichungen (3.2) bis (3.4) aufbereitet werden.

Statt des in der Zentripetalbeschleunigung v^2/ϱ vorkommenden Reziprokwertes des Krümmungsradius ϱ der Bahnkurve wird die Krümmung $1/\varrho$ mit der Beziehung[7]

$$\frac{1}{\varrho} = \frac{\mathrm{d}(\beta + \psi)}{\mathrm{d}u}$$

(7.1)

eingeführt (Änderung des Kurswinkels $(\beta + \psi)$ mit der Bogenlänge u, vgl. Bild 7.1). Da weiterhin die Geschwindigkeit

$$v = \frac{\mathrm{d}u}{\mathrm{d}t}$$

(7.2)

ist, wird die Zentripetalbeschleunigung

$$\frac{v^2}{\varrho} = v^2\,\frac{(\dot{\beta} + \dot{\psi})}{v} = v(\dot{\beta} + \dot{\psi}).$$

(7.3)

Die Schwerpunktswege im raumfesten Koordinatensystem ergeben sich nach Bild 7.1 über

$$\mathrm{d}y_0 = \sin\,(\beta + \psi)\,\mathrm{d}u;\qquad \mathrm{d}x_0 = \cos\,(\beta + \psi)\,\mathrm{d}u,$$

$$\frac{\mathrm{d}y_0}{\mathrm{d}u} = \frac{\mathrm{d}y_0}{\mathrm{d}t}\cdot\frac{\mathrm{d}t}{\mathrm{d}u} = \frac{\dot{y}_0}{v} = \sin\,(\beta + \psi);\qquad \frac{\dot{x}_0}{v} = \cos\,(\beta + \psi)$$

---

[7] Siehe z. B. Dubbel 1981, S. 66. Die Krümmung wird in der deutschsprachigen Literatur meistens mit $\varkappa$ bezeichnet. Da aber $\varkappa$ für den Wankwinkel vergeben wurde, wird die Krümmung wie in der englischsprachigen Literatur mit $1/\varrho$ bezeichnet. Weiterhin wird die Wegkoordinate nicht wie üblich mit s, sondern mit u bezeichnet, da der Buchstabe s für die Laplace-Transformation benutzt wird.

zu

$$y_0 = \int v \sin(\beta + \psi)\, \mathrm{d}t + \text{const}; \quad x_0 = \int v \cos(\beta + \psi)\, \mathrm{d}t + \text{const}. \quad (7.4)$$

Weiterhin müssen die Seitenkräfte an Vorder- und Hinterachse — entsprechend (4.5) linearisiert — eingesetzt werden:

$$F_{\mathrm{yV}} = c_{\alpha\mathrm{V}}\alpha_\mathrm{V},$$
$$F_{\mathrm{yH}} = c_{\alpha\mathrm{H}}\alpha_\mathrm{H} \qquad\qquad (7.5)$$

mit den Schräglaufwinkeln α_V ind α_H und den Seitenkraftbeiwerten aller Reifen an Vorder- und Hinterachse $c_{\alpha\mathrm{V}}$ und $c_{\alpha\mathrm{H}}$.

Die Schräglaufwinkel α_V und α_H werden durch Schwimmwinkel β und Gierwinkel ψ ausgedrückt. Nach Bild 7.2, in dem die Geschwindigkeitsvektoren eingetragen sind, müssen die Geschwindigkeitskomponenten in Fahrzeuglängsrichtung gleich sein (Fahrzeug dehnt sich nicht)

$$v \cos\beta = v_\mathrm{H} \cos\alpha_\mathrm{H}; \quad v \cos\beta = v_\mathrm{V} \cos(\delta_\mathrm{V} - \alpha_\mathrm{V}).$$

Die Geschwindigkeitskomponenten senkrecht zur Fahrzeuglängsachse unterscheiden sich durch die Gierwinkelgeschwindigkeit

$$v_\mathrm{H} \sin\alpha_\mathrm{H} = l_\mathrm{H}\dot\psi - v \sin\beta; \quad v_\mathrm{V} \sin(\delta_\mathrm{V} - \alpha_\mathrm{V}) = l_\mathrm{V}\dot\psi + v \sin\beta.$$

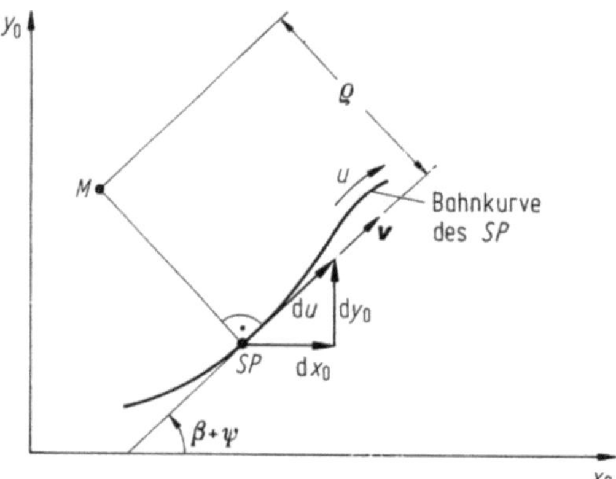

Bild 7.1. Darstellung der SP-Bahnkurve zur Herleitung der Beziehung (7.1), Krümmungsmittelpunkt M der Bahnkurve des SP, s. Bild 3.1a

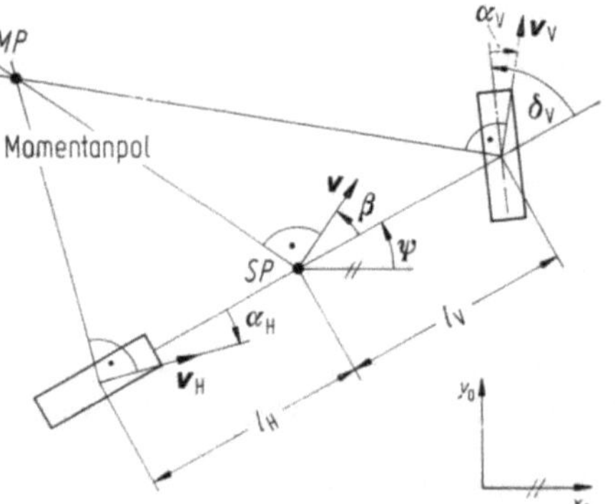

Bild 7.2. Kinematische Größen am Einspurmodell

Aus diesen zwei Gleichungspaaren ergibt sich

$$\tan \alpha_{\mathrm{H}} = \frac{l_{\mathrm{H}}\dot\psi - v \sin\beta}{v \cos\beta}; \qquad \tan(\delta_{\mathrm{V}} - \alpha_{\mathrm{V}}) = \frac{l_{\mathrm{V}}\dot\psi + v \sin\beta}{v \cos\beta} \tag{7.6}$$

und bei kleinen Winkeln

$$\alpha_{\mathrm{V}} = -\beta + \delta_{\mathrm{V}} - l_{\mathrm{V}}\frac{\dot\psi}{v}, \tag{7.7a}$$

$$\alpha_{\mathrm{H}} = -\beta + l_{\mathrm{H}}\frac{\dot\psi}{v}. \tag{7.7b}$$

Werden nun (7.3), (7.5), (7.7) und (6.6) in die Bewegungsgleichungen (3.2) bis (3.4) eingesetzt und dabei linearisiert, so ist

$$m\dot v = F_{\mathrm{xV}} + F_{\mathrm{xH}} - F_{\mathrm{Lx}}, \tag{7.8}$$

$$mv(\dot\beta + \dot\psi) + m\dot v\beta = c_{\mathrm{aV}}\left(-\beta + \delta_{\mathrm{V}} - l_{\mathrm{V}}\frac{\dot\psi}{v}\right)$$
$$+ c_{\mathrm{aH}}\left(-\beta + l_{\mathrm{H}}\frac{\dot\psi}{v}\right) - k_{\mathrm{y}}v_{\mathrm{r}}^2\tau_{\mathrm{L}}, \tag{7.9}$$

$$J_{\mathrm{z}}\ddot\psi = c_{\mathrm{aV}}l_{\mathrm{V}}\left(-\beta + \delta_{\mathrm{V}} - l_{\mathrm{V}}\frac{\dot\psi}{v}\right) - c_{\mathrm{aH}}l_{\mathrm{H}}\left(-\beta + l_{\mathrm{H}}\frac{\dot\psi}{v}\right) - k_{\mathrm{y}}e_{\mathrm{SP}}v_{\mathrm{r}}^2\tau_{\mathrm{L}}. \tag{7.10}$$

(Glieder zweiter Ordnung, z. B. $\beta \cdot \beta$, wurden vernachlässigt, ebenfalls der Term $F_{\mathrm{xV}}\delta_{\mathrm{V}}$.)

Als letzte kommt noch die Lenkungsgleichung (5.5) hinzu. Sie lautet, wenn für F_{yV} (7.5) und (7.7) eingesetzt werden,

$$\delta_{\mathrm{V}} = \delta_{\mathrm{L}}^* - \frac{c_{\mathrm{aV}}n_{\mathrm{V}}}{C_{\mathrm{L}}}\left(-\beta + \delta_{\mathrm{V}} - l_{\mathrm{V}}\frac{\dot\psi}{v}\right),$$
$$\delta_{\mathrm{V}} = \frac{1}{1 + \dfrac{c_{\mathrm{aV}}n_{\mathrm{V}}}{C_{\mathrm{L}}}}\left[\delta_{\mathrm{L}}^* + \frac{c_{\mathrm{aV}}n_{\mathrm{V}}}{C_{\mathrm{L}}}\left(\beta + l_{\mathrm{V}}\frac{\dot\psi}{v}\right)\right]. \tag{7.11}$$

Hierbei ist

$$n_{\mathrm{V}} = n_{\mathrm{K}} + n_{\mathrm{R}} \tag{7.12}$$

der Gesamtnachlauf, bestehend aus konstruktivem und Reifen-Nachlauf.

In Tabelle 7.1 sind Trägheitsmomente J_{z} bzw. auf den Radstand l bezogene Trägheitsradien $i = \sqrt{J_{\mathrm{z}}/m}$ zusammengestellt.

Bei PKW wird mit $i/l = 0{,}5$ näherungsweise $J_{\mathrm{z}} \approx 0{,}25 \, ml^2$. Manchmal setzt man auch $J_{\mathrm{z}} = ml_{\mathrm{V}}l_{\mathrm{H}}$, das bei mittiger Schwerpunktslage den gleichen Wert ergibt.

Tabelle 7.1. Trägheitsmomente von Pkw, Transporter und Lkw, alle Angaben beziehen sich auf m_{leer}

	J_z kgm²	i m	i/l 1
Pkw (31 Fahrzeuge)	851 ··· 2 628	1,01 ··· 1,37	0,43 ··· 0,53
Transporter (12)	2 629 ··· 5 791	1,31 ··· 1,83	0,50 ··· 0,61
Lkw, Bus (5)	28 850 ··· 127 530	2,06 ··· 3,72	0,48 ··· 0,78

7.1 Spezialfall: Fahrt mit konstanter Fahrgeschwindigkeit

Das Problem wird einfacher, die Bewegungsgleichungen um eine reduziert, wenn die Fahrgeschwindigkeit konstant, also

$$\dot{v} = 0$$

ist.

Mit Einführung der Gleichung (7.11) in (7.9) und (7.10) wird

$$mv\dot{\beta} + (c'_{\alpha V} + c_{\alpha H})\,\beta + [mv^2 - (c_{\alpha H}l_H - c'_{\alpha V}l_V)]\,\frac{\dot{\psi}}{v} = c'_{\alpha V}\delta_L^* - k_y v_r^2 \tau_L ,$$

$$\tag{7.13}$$

$$J_z\ddot{\psi} + (c'_{\alpha V}l_V^2 + c_{\alpha H}l_H^2)\,\frac{\dot{\psi}}{v} - (c_{\alpha H}l_H - c'_{\alpha V}l_V)\,\beta = c'_{\alpha V}l_V\delta_L^* - k_y e_{SP}v_r^2 \tau_L .$$

$$\tag{7.14}$$

Mit diesen beiden Differentialgleichungen gelingt der Einstieg in das Gebiet des Fahrverhaltens. Deren Lösungen werden in diesem Kap. I ausführlich diskutiert.

Dabei ist als Abkürzung für die Seitensteifigkeit der Vorderachse

$$c'_{\alpha V} = \frac{c_{\alpha V}}{1 + \dfrac{c_{\alpha V}n_V}{C_L}} \tag{7.15}$$

eingeführt worden. In der Schreibweise

$$\frac{1}{c'_{\alpha V}} = \frac{1}{c_{\alpha V}} + \frac{1}{C_L/n_V} \tag{7.16}$$

erkennt man klarer, daß es sich um die Hintereinanderschaltung der Reifenseitensteifigkeit $c_{\alpha V}$ und der auf den Gesamtnachlauf bezogenen Lenkungssteifigkeit C_L/n_V handelt.

Die beiden Differentialgleichungen (7.13) und (7.14) werden — in ähnlicher Form, häufig mit Vernachlässigung der Lenkungssteifigkeit — in einer Vielzahl von Veröffentlichungen aus allen an der Fahrzeugwissenschaft interessierten Ländern[8] behandelt. Die erste Veröffentlichung stammt von Riekert, P.; Schunck, T. E.: Zur Fahrmechanik des gummibereiften Kraftfahrzeuges, Ingenieur-Archiv 11 (1940), S. 210—224.

---

[8] In der englischsprachigen Literatur wird statt $\dot{\psi}$ die Größe r gesetzt.

7.2 Berücksichtigung der Reifennachläufe

In Bild 3.1 wurde angenommen, daß die Seitenkräfte F_{yV} und F_{yH} jeweils in Latschmitte angreifen. Aus Abschn. 4.1., Bild 4.5, ist aber inzwischen bekannt, daß sie um den Reifennachlauf n_R nach hinten versetzt wirken. Möchte man genauer rechnen, so müssen die Reifennachläufe vorn und hinten n_{RV}, n_{RH} berücksichtigt werden.[9]

Aus (3.4) wird

$$J_z\ddot{\psi} - (F_{yV}\cos\delta_V + F_{xV}\sin\delta_V)\,l'_V + F_{yH}l'_H + F_{Ly}e_{SP} = 0 \tag{7.17}$$

mit

$$l'_V = l_V - n_{RV}, \tag{7.18a}$$

$$l'_H = l_H + n_{RH}, \tag{7.18b}$$

und für $\dot{v} = 0$ wird aus (7.13) und (7.14)

$$mv\dot{\beta} + (c'_{\alpha V} + c_{\alpha H})\,\beta + [mv^2 - (c_{\alpha H}l'_H - c'_{\alpha V}l'_V)]\,\frac{\dot{\psi}}{v} = c'_{\alpha V}\delta^*_L - k_y v_r^2 \tau_L, \tag{7.19}$$

$$J_z\ddot{\psi} + (c'_{\alpha V}l_V l'_V + c_{\alpha H}l_H l'_H)\,\frac{\dot{\psi}}{v} - (c_{\alpha H}l'_H - c'_{\alpha V}l'_V)\,\beta = c'_{\alpha V}l'_V\delta^*_L - k_y e_{SP}v_r^2\tau_L. \tag{7.20}$$

Diese beiden Differentialgleichungen beschreiben das Fahrverhalten etwas genauer als (7.13) und (7.14), aber nicht um so viel mehr, als daß sich die kompliziertere Schreibweise lohnte. Im folgenden wird deshalb mit (7.13) und (7.14) weitergearbeitet.

I.A Kreisfahrt bei konstanter Fahrgeschwindigkeit

Nach Aufstellung der Gleichungen wird zunächst ein einfacher Fall betrachtet, nämlich die Kreisfahrt auf einem bestimmten Radius ϱ mit konstanter Fahrgeschwindigkeit v, d. h. die Fahrt mit konstanter Zentripetalbeschleunigung v^2/ϱ. (Dabei liegen nach Abschn. 3.1 Krümmungsmittelpunkt der Bahnkurve = Kreismittelpunkt und Momentanpol zusammen.) Dieser Fall der stationären Kreisfahrt ist auch ein genormter Testversuch, aus dem die Größe des Lenkradeinschlags, des Schwimmwinkels und dergleichen bestimmt werden.

In diesem Abschn. I.A wird auf die Theorie der stationären Kreisfahrt eingegangen. Sie wird mit Versuchsergebnissen verglichen, es werden Kenngrößen genannt, und sie wird durch Subjektivurteile bewertet.

8 Zentripetalbeschleunigung

Begonnen wird mit der wichtigsten Variablen, mit der Zentripetalbeschleunigung. Es werden einige Werte für diese Größe angegeben, einmal der fahrzeugtechnische Grenzwert, zum zweiten die von Normalfahrern üblicherweise erzielten Seitenbeschleunigungen und zuletzt die der Linienführung von Straßen zugrunde liegenden Werte. Damit wird auch leicht abschätzbar, bis zu welchen Werten der Zentripetalbeschleunigung das hier in Kap. I betrachtete Lineare Einspurmodell gültig ist.

---

[9] Strackerjan, B.: Fahrversuche und Berechnungen zur Kurshaltung von Personenkraftwagen. Dissertation TU Braunschweig (1973).

8.1 Maximalwerte (einfache Betrachtung)

Nach (3.3) ist, falls keine seitliche Luftkraft wirkt, Umfangskräfte vernachlässigt und die Winkel als klein angesehen werden, die Summe der Seitenkräfte an Vorder- und Hinterachse gleich der Fliehkraft

$$F_{yV} + F_{yH} = m\,\frac{v^2}{\varrho}. \tag{8.1}$$

Führt man die Kraftschlußbeanspruchung μ_{yV} und μ_{yH} an den Rädern der Achsen nach (4.1) in (8.1) ein, so ergibt sich

$$\mu_{yV} F_{zV} + \mu_{yH} F_{zH} = m\,\frac{v^2}{\varrho}. \tag{8.2}$$

Bei gleichen Kraftschlußbeanspruchungen an den Achsen

$$\mu_{yV} = \mu_{yH} = \mu_y \tag{8.3}$$

und mit (3.5) bei Vernachlässigung der Auftriebskräfte

$$F_{zV} + F_{zH} = mg$$

wird

$$\mu_y = \frac{v^2/\varrho}{g}. \tag{8.4}$$

Da die Kraftschlußbeanspruchung durch den Haftbeiwert μ_h begrenzt wird, ergibt sich die höchste Zentripetalbeschleunigung zu

$$\mu_h = \frac{(v^2/\varrho)_{max}}{g}. \tag{8.5}$$

Wird der Haftbeiwert überschritten, dann gleitet das Fahrzeug seitlich weg, manchmal verbunden mit einer Drehbewegung um die Hochachse (sog. Rutsch- oder Schleudergrenze)

Bild 8.1 gibt einen Überblick über die erreichbaren bezogenen maximalen Zentripetalbeschleunigungen in Abhängigkeit von den Haftbeiwerten und bei unterschiedlichen Witterungsbedingungen. Danach kann die höchste Zentripetalbeschleunigung bei üblichen Reifen auf trockener Straße je nach Geschwindigkeit von 0,7 bis 1,0g und die niedrigste auf nassem Eis von 0,15g erreicht werden.

In Tabelle 8.1 sind einige gemessene Maximalwerte zusammengestellt. Für normale Fahrzeuge, also keine Rennfahrzeuge, liegen die erreichten Seitenbeschleunigungen unter den in Bild 8.1 genannten Werten, weil die zu der Gleichung (8.5) führenden Vereinfachungen alle auf der „günstigen Seite" liegen.

Die hohen Querbeschleunigungen bei Rennwagen werden hauptsächlich durch Spezialreifen mit hohen Haftbeiwerten und durch aerodynamische Abtriebshilfen (Spoiler) erreicht. (Genauere Betrachtung in Abschn. 41.)

Durch Überhöhung der Straße um einen Querneigungswinkel α_q kann die

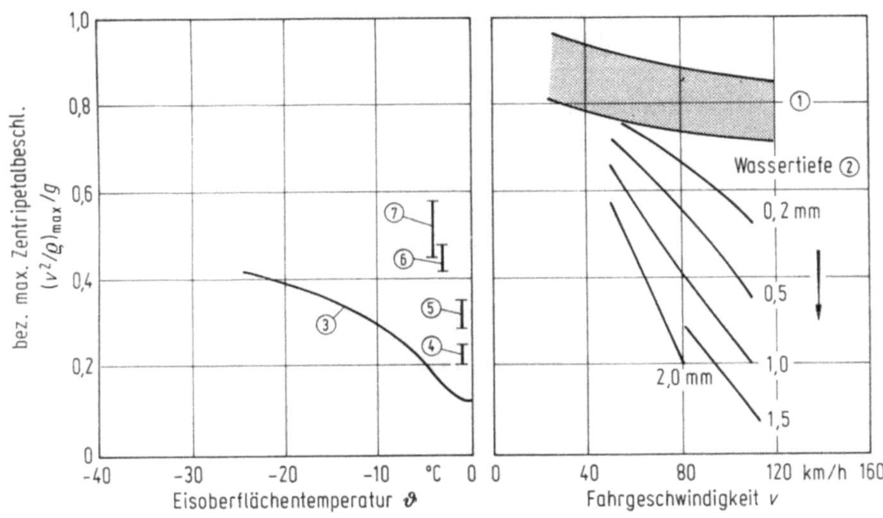

	Fahrbahn	Reifen-Dimension	Profil	Betriebs-zustand	Quelle
①	trocken Zement- und Asphaltfein-beton	6.40-13 bis 6.00-15	Diagonal Sommer	bremsend	Messungen vom Inst. für Fahrzeugtechnik, TU Braunschweig, 1968
②		5.60-15	Diagonal Sommer		Diss. Gengenbach, Universität Karlsruhe, 1967
③	Glatteis	5.60-15	Diagonal M + S	bremsend	Diss. R. Weber, Universität Karlsruhe, 1970
④ ⑤	} Glatteis		Sommer, M + S M + S/E		Messungen vom Inst. für Fahrzeugtechnik, TU Braunschweig, 1970
⑥	Neuschnee 10 cm	} 5.60-15		} Anfahren aus dem Stand	
⑦	Hartschnee		Sommer, M + S, M + S/E		

Bild 8.1. Auf die Erdbeschleunigung g bezogene maximale Zentripetalbeschleunigung $(v^2/\varrho)_{max}$ bei unterschiedlichen Witterungsbedingungen. (Es wurde das Bild 6.8 aus Bd. A verwendet.)

Zentripetalbeschleunigung erhöht werden. Die Gleichungen nach Bild 8.2 lauten

$$\sum F_y = F_{yV} + F_{yH} = G\,\frac{v^2}{\varrho g}\cos\alpha_q - G\sin\alpha_q,$$

$$\sum F_z = F_{zV} + F_{zH} = G\,\frac{v^2}{\varrho g}\sin\alpha_q + G\cos\alpha_q.$$

Tabelle 8.1. Maximalwerte von Zentripetalbeschleunigungen $(v^2/\varrho)_{max}$ bezogen auf die Erd-beschleunigung g, gemessen auf trockenen Straßen

Fahrzeug	$\dfrac{(v^2/\varrho)_{max}}{g}$	Bemerkung
Pkw	0,73···0,8	gemessen im Kreis mit $\varrho \approx 100$ m, IfF 1984/85
Formel 1 — Rennwagen	2,5	ATZ 1982, S. 260
Sattel-Kfz	0,34···0,36	durch Kippen begrenzt; Isermann, Deutsche Kraftfahrtforschung und Straßenverkehrstechnik, Heft 200, 1970
schwere Lkw	0,35···0,4	Dissertation Grubisic, München 1970
leichte Lkw	0,5···0,6	

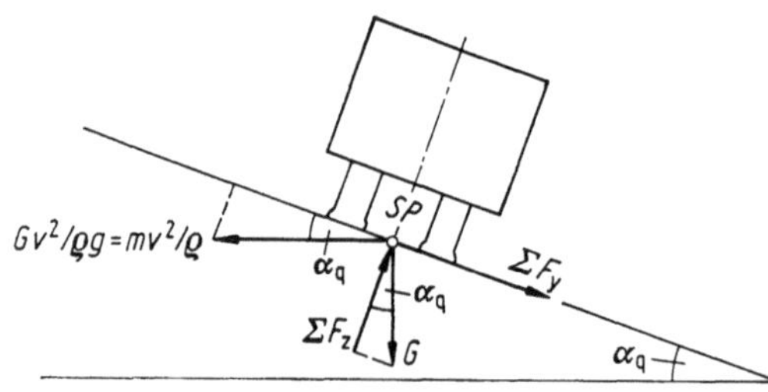

Bild 8.2. Fahrzeug auf einer überhöhten Straße mit dem Querneigungswinkel α_q

Daraus folgt die Kraftschlußbeanspruchung zu

$$\mu_y = \frac{\sum F_y}{\sum F_z} = \frac{\dfrac{v^2}{\varrho g}\cos\alpha_q - \sin\alpha_q}{\dfrac{v^2}{\varrho g}\sin\alpha_q + \cos\alpha_q} = \frac{\dfrac{v^2}{\varrho g} - \tan\alpha_q}{1 + \dfrac{v^2}{\varrho g}\tan\alpha_q}.$$

Nach Einführung der Querneigung p_q

$$\tan\alpha_q = p_q \tag{8.6}$$

wird

$$\mu_y = \frac{v^2/\varrho g - p_q}{1 + \dfrac{v^2}{\varrho g}p_q} \tag{8.7}$$

oder die maximale bezogene Zentripetalbeschleunigung

$$(v^2/\varrho g)_{max} = \frac{\mu_{yh} + p_q}{1 - \mu_{yh}p_q}. \tag{8.8}$$

Zum Beispiel ist bei $\mu_{\mathrm{yh}} = 1{,}0$ und $p_{\mathrm{q}} = 0{,}1$ ($\cong 10\%$ Überhöhung)

$$\frac{v^2/\varrho}{g} = \frac{1{,}0 + 0{,}1}{1 - 1{,}0 \cdot 0{,}1} = \frac{1{,}1}{0{,}9} = 1{,}21$$

oder bei $\mu_{\mathrm{h}} = 0{,}1$ und $p_{\mathrm{q}} = 0{,}1$

$$\frac{v^2/\varrho}{g} = \frac{0{,}1 + 0{,}1}{1 - 0{,}1 \cdot 0{,}1} = 0{,}2 .$$

Das heißt, bei trockener Fahrbahn wird hier die mögliche Zentripetalbeschleunigung um 21%, bei vereister Straße sogar um 100%, die Fahrgeschwindigkeit um 10% bzw. 41% gesteigert.

Die Querneigung darf nicht zu groß werden, weil sonst ein langsam fahrendes Fahrzeug ($v^2/\varrho = 0$) auf vereister Straße quer abrutscht. Die Bedingung für die maximale Querneigung p_{q} bei bekanntem minimalem Haftwert $\mu_{\mathrm{yh\,min}}$ ist

$$p_{\mathrm{q}} \leq \mu_{\mathrm{yh\,min}} . \tag{8.9}$$

Bei $\mu_{\mathrm{yh\,min}} = 0{,}15$ (Eis bei $\approx 0\,^{\circ}\mathrm{C}$) ist $p_{\mathrm{q}} \leq 0{,}15$ (15%).

8.2 Werte aus der Linienführung von Straßen

Beim Entwurf[10] der Linienführung von Straßen geht man von fahrdynamischen Grundsätzen aus. Bei der Zuordnung von Fahrgeschwindigkeit und Kurvenradius ϱ benutzt man (8.7), die bei normalerweise gefahrenen Zentripetalbeschleunigungen v^2/ϱ und üblichen Querneigungen p_{q} sich vereinfacht zu

$$\mu_{\mathrm{y}} \approx \frac{v^2}{\varrho g} - p_{\mathrm{q}} . \tag{8.10}$$

Die für den Straßenbau festgelegten Kurvenmindestradien ϱ_{min} sind eine Funktion der Ausnutzung n des seitlichen Kraftschlusses

$$n = \frac{\mu_{\mathrm{y}}}{\mu_{\mathrm{y\,max}}} , \tag{8.11}$$

der sog. Entwurfsgeschwindigkeit v_{e} und der Querneigung p_{q}, sowie bei Straßen mit Gegenverkehr eine Funktion der Fahrbahnbreite und der Kurvigkeit ($=$ Summe der auf die Länge bezogenen absoluten Richtungsänderungen).

Als maximaler seitlicher Kraftschluß wird in den genannten Richtlinien angesetzt

$$\mu_{\mathrm{y\,max}} = 0{,}198 \left(\frac{v_{\mathrm{e}}/100}{\mathrm{km/h}}\right)^2 - 0{,}592 \left(\frac{v_{\mathrm{e}}/100}{\mathrm{km/h}}\right) + 0{,}569 , \tag{8.12}$$

siehe Bild 8.3. Die für den Entwurf festgelegte Ausnutzungszahl n ist bei den einzelnen Straßenkategorien verschieden groß, Beispiele siehe Bild 8.3. Danach nehmen die Kraftschlußbeanspruchung und somit auch die Zentripetalbeschleunigung mit zunehmender Geschwindigkeit ab.

---

[10] Richtlinien für die Anlage von Straßen RAS, Teil Linienführung (RAS-L), Abschn. 1 Elemente der Linienführung RAS-L-1, Forschungsgesellschaft für Straßen- und Verkehrswesen, Köln 1984.

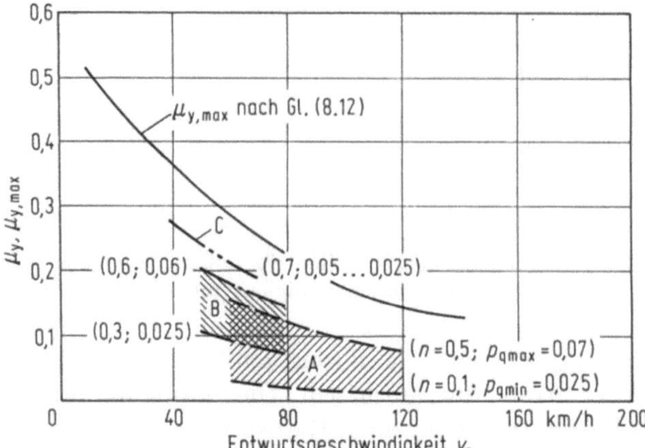

Bild 8.3. Maximaler seitlicher Kraftschluß $\mu_{y,max}$ und für die Berechnung von Kurvenmindestradien zugrunde gelegte Kraftschlußbeiwerte μ_y als Funktion der Entwurfsgeschwindigkeit v_e bei verschiedenen Straßenkategorien[10] mit verschiedenen Ausnutzungsgraden n und Querneigungen p_q. (A = Straßen außerhalb bebauter Gebiete, B = im Vorfeld und innerhalb, C = innerhalb, jeweils mit maßgebenden Verbindungsfunktionen)

8.3 Zentripetalbeschleunigung bei normaler Kurvenfahrt

Der Normalfahrer erreicht selten die in Abschn. 8.1 angegebenen Maximalwerte, überschreitet aber häufiger die in Abschn. 8.2 genannten Werte.

Die in der Literatur angegebenen, von normalen Fahrern erreichten Querbeschleunigungswerte schwanken sehr stark, so daß nur ein paar Anhaltswerte gegeben werden sollen:

85% der Fahrer blieben bei der Fahrt auf einer trockenen Bundesstraße[11] unter $0,45g$, auf der nassen unter $0,34g$. Durchschnittsfahrer[12] erreichten nur in 0,2% der zurückgelegten Strecke eines Straßenkurses $0,3g$. Die erzielte seitliche Kraftschlußbeanspruchung ist eine Funktion des Krümmungsradius[13]: In 85% der Fälle war $\mu_u < 0,35$ bei $\varrho = 100$ m und $\mu_h < 0,2$ für $\varrho > 300$ m. Die Zahl der Unfälle nimmt bei kleineren Reibbeiwerten zu.[14]

8.4 Grenze für die lineare Betrachtung

Nach Abschn. 4.3 wurden die Seitenkraft-Schräglauf-Kurven allgemein bis zu einem Drittel von $F_{ymax} = \mu_h F_z$ linearisiert. Daraus ergibt sich nach (8.5) eine Zentripetalbeschleunigung von

$$\left(\frac{v^2}{\varrho g}\right)_{lin} < \frac{1}{3}\,\mu_h. \tag{8.13}$$

[11] Lamm, R.: Fahrdynamik und Streckencharakteristik. Institut für Straßenbau und Eisenbahnwesen. Universität Karlsruhe, H. 11, 1972.

[12] Smith, J. G.; Smith, J. E.: Lateral forces on vehicle during driving. Automobil Engineer 1967, S. 510—515.

[13] Spindler, W.: Wege, Querbeschleunigungen und die Wahl der Überholwege bei Kurvenfahrt von Kraftfahrzeugen. Dissertation TH München 1963.

[14] Schulze, K.-H.; Dames, J.; Lange, H.: Untersuchungen über die Verkehrssicherheit bei Nässe. Straßenbau und Straßenverkehrstechnik, Teil I, H. 189, 1975.

Auf trockener Fahrbahn kann nach der Bemerkung in Abschn. 4.3 sogar bis $v^2/\varrho g = 0{,}4$ linearisiert werden.

Vergleicht man die beiden Werte mit denen in den Abschnitten 8.2 und 8.3, so können Normalfahrten oder Fahrten von Normalfahrern mit dem Linearen Einspurmodell beschrieben werden. Eine Ausnahme ist die Fahrt auf Eis; hier nutzen die Fahrer den Kraftschluß stärker aus (sicherlich unbewußt, was dann auch zu vermehrten Unfällen führt), wodurch auch die Linearisierungsgrenze überschritten wird.

9 Abhängigkeiten von der Zentripetalbeschleunigung, Kreisfahrtwerte

In diesem Abschnitt werden die Zusammenhänge bei der Kreisfahrt theoretisch erläutert und bilden die Grundlagen für die kommenden Abschnitte 10 und 11. Außerdem zeigen einige Versuchsergebnisse die Brauchbarkeit der Theorie.

Bei der stationären Kreisfahrt auf konstantem Radius ϱ mit konstanter Fahrgeschwindigkeit v sind

$$\dot{\beta} = 0, \qquad \ddot{\psi} = 0 \tag{9.1}$$

und damit nach (7.3)

$$\frac{v^2}{\varrho} = v(\dot{\beta} + \dot{\psi}) = v\dot{\psi} \quad \text{bzw.} \quad \dot{\psi} = \frac{v}{\varrho}. \tag{9.2}$$

Damit werden aus den Differentialgleichungen (7.13) und (7.14) bei gleichzeitiger Vernachlässigung des Seitenwindeinflusses ($k_\mathrm{y} = 0$) die den Stationärzustand beschreibenden Gleichungen

$$(c'_{\alpha\mathrm{V}} + c_{\alpha\mathrm{H}})\,\beta + [mv^2 - (c_{\alpha\mathrm{H}}l_\mathrm{H} - c'_{\alpha\mathrm{V}}l_\mathrm{V})]\,\frac{\dot{\psi}}{v} = c'_{\alpha\mathrm{V}}\delta^*_\mathrm{L}, \tag{9.3}$$

$$-(c_{\alpha\mathrm{H}}l_\mathrm{H} - c'_{\alpha\mathrm{V}}l_\mathrm{V})\,\beta + (c'_{\alpha\mathrm{V}}l^2_\mathrm{V} + c_{\alpha\mathrm{H}}l^2_\mathrm{H})\,\frac{\dot{\psi}}{v} = c'_{\alpha\mathrm{V}}l_\mathrm{V}\delta^*_\mathrm{L}. \tag{9.4}$$

Aus diesen beiden Gleichungen lassen sich zwei Gruppen von Funktionen berechnen:

a) Von der Zentripetalbeschleunigung v^2/ϱ und zum Teil von der Krümmung $1/\varrho$ (bzw. Kreisradius ϱ) sind die absoluten Werte von Lenkradeinschlagwinkel δ_L, Lenkradmoment M_L usw. abhängig (Zusammenstellung der Gleichungen in Tabelle 9.1).

b) Nur von der Fahrgeschwindigkeit v, also nicht von ϱ, sind relative Werte abhängig. Meistens bezieht man sie auf den Lenkradeinschlagwinkel δ_L und erhält z. B. β/δ_L, $\dot{\psi}/\delta_\mathrm{L}$ usw., die man als „Kreisfahrtwerte" bezeichnet (Zusammenstellung der Gleichungen in Tabelle 9.2). Sie erscheinen als „Verstärkungsfaktoren" wieder bei der dynamischen Betrachtung in Kap. I.B und II.

Tabelle 9.1. Abhängigkeiten von der Zentripetalbeschleunigung. Daten für die Diagramme: Fzg. 7 in Tab. 11.1. Kreisradius $\varrho = 100$ m

	Abkürzungen	
Lenkradeinschlag $$\delta_L = \frac{i_L l}{\varrho}$$ $$+ m i_L \; \frac{c_{\alpha H} l_H - c'_{\alpha V} l_V}{c'_{\alpha V} c_{\alpha H} l} \; \frac{v^2}{\varrho} \qquad (9.5\,a)$$ $$\delta_L = \delta_{L0} + \frac{i_L l}{v_{ch}^2} \frac{v^2}{\varrho} \qquad (9.5\,b)$$	$$\delta_L(v^2/\varrho = 0) = \delta_{L0} = \frac{i_L l}{\varrho} \qquad (9.6)$$ charakteristische Fahrgeschwindigkeit v_{ch} aus $$v_{ch}^2 = \frac{c'_{\alpha V} c_{\alpha H} l^2}{m(c_{\alpha H} l_H - c'_{\alpha V} l_V)} \qquad (9.7\,a)$$ $$= gl \frac{c_{\alpha H}}{F_{zH}} \frac{SQ}{1 - SQ} \qquad (9.7\,b)$$ Steifigkeitsquotient $$SQ = \frac{c'_{\alpha V}/F_{zV}}{c_{\alpha H}/F_{zH}} \qquad (9.8)$$	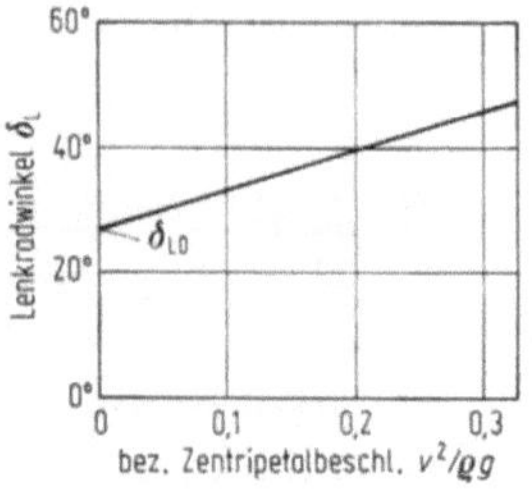
Vorderradeinschlag $$\delta_V = \frac{l}{\varrho} + m \; \frac{c_{\alpha H} l_H - c_{\alpha V} l_V}{c_{\alpha V} c_{\alpha H} l} \; \frac{v^2}{\varrho} \qquad (9.9)$$	**Ackermann-Winkel** $$\delta_V(v^2/\varrho = 0) = \delta_{V0} = l/\varrho \qquad (9.10)$$	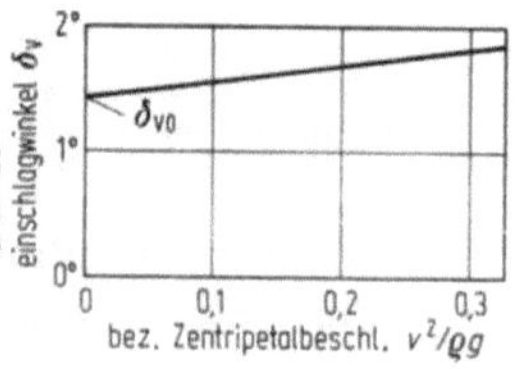
Schwimmwinkel $$\beta = \frac{l_H}{\varrho} - \frac{m l_V}{c_{\alpha H} l} \frac{v^2}{\varrho} \qquad (9.11\,a)$$ $$\beta = \beta_0 - \frac{F_{zH}}{c_{\alpha H}} \frac{v^2}{\varrho g} \qquad (9.11\,b)$$	$$\beta(v = 0) = \beta_0 = \frac{l_H}{\varrho} \qquad (9.12)$$	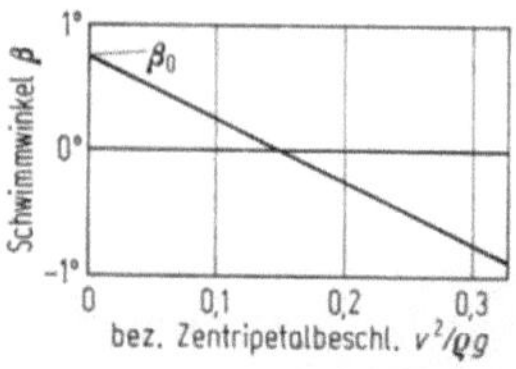
Moment am Lenkrand $$M_L = \frac{m n_V l_H}{i_V V_L l} \frac{v^2}{\varrho} \qquad (9.13\,a)$$ $$= \frac{F_{zV} n_V}{i_L V_L} \frac{v^2}{\varrho g} \qquad (9.13\,b)$$		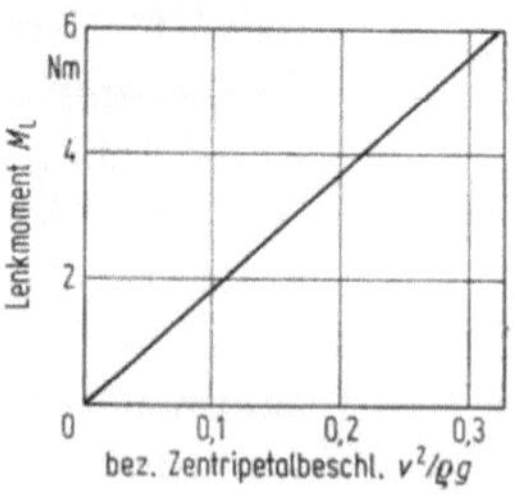

Tabelle 9.2. Kreisfahrtwerte. Daten für die Diagramme: Fzg. 1 in Tabelle 11.1, $v_{\mathrm{ch}}^2 > 0$ (untersteuerndes Fahrzeug)

$\dfrac{\text{Gierwinkelgeschwindigkeit}}{\text{Lenkradeinschlagwinkel}}$ $$\left(\frac{\dot\psi}{\delta_{\mathrm{L}}}\right) = \frac{1}{i_{\mathrm{L}}l}\,\frac{v}{1+(v/v_{\mathrm{ch}})^2} \qquad (9.14)$$ v_{ch} s. (9.7) in Tab. 9.1	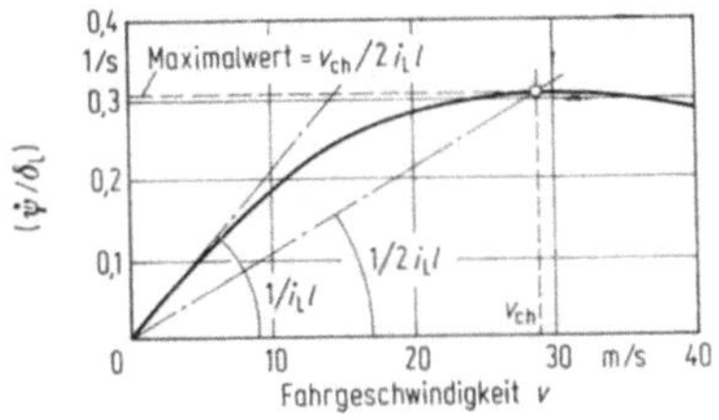
$\dfrac{\text{Schwimmwinkel}}{\text{Lenkradeinschlagwinkel}}$ $$\left(\frac{\beta}{\delta_{\mathrm{L}}}\right) = \frac{l_{\mathrm{H}}}{i_{\mathrm{L}}l}\,\frac{1-\dfrac{ml_{\mathrm{V}}}{c_{\alpha\mathrm{H}}l_{\mathrm{H}}l}\,v^2}{1+(v/v_{\mathrm{ch}})^2} \qquad (9.15\,\mathrm{a})$$ $$= \frac{l_{\mathrm{H}}}{i_{\mathrm{L}}l}\,\frac{1-\dfrac{F_{z\mathrm{H}}}{c_{\alpha\mathrm{H}}}\,\dfrac{v^2}{gl}}{1+(v/v_{\mathrm{ch}})^2} \qquad (9.15\,\mathrm{b})$$	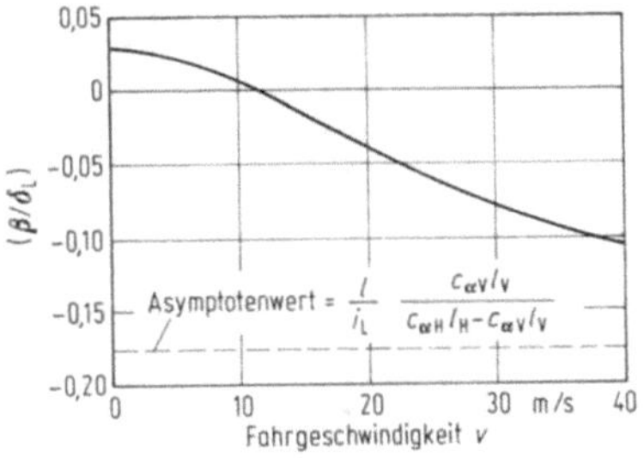
$\dfrac{\text{Querbeschleunigung}}{\text{Lenkradeinschlagwinkel}}$ $$\left(\frac{\ddot y}{\delta_{\mathrm{L}}}\right) = \frac{1}{i_{\mathrm{L}}l}\,\frac{v^2}{1+(v/v_{\mathrm{ch}})^2} \qquad (9.16)$$	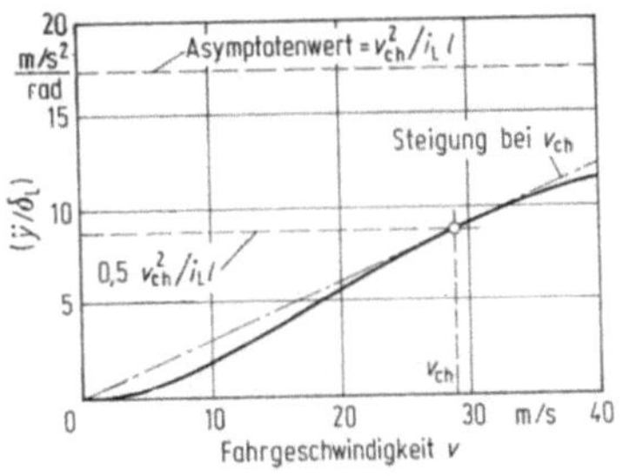
$\dfrac{\text{Lenkradmoment}}{\text{Lenkradeinschlagwinkel}}$ $$\left(\frac{M_{\mathrm{L}}}{\delta_{\mathrm{L}}}\right) = \frac{ml_{\mathrm{H}}n_{\mathrm{V}}}{i_{\mathrm{L}}^2 l^2 V_{\mathrm{L}}}\,\frac{v^2}{1+(v/v_{\mathrm{ch}})^2} \qquad (9.17\,\mathrm{a})$$ $$= \frac{F_{z\mathrm{V}}n_{\mathrm{V}}}{i_{\mathrm{L}}^2 V_{\mathrm{L}}}\,\frac{v^2/gl}{1+(v/v_{\mathrm{ch}})^2} \qquad (9.17\,\mathrm{b})$$	

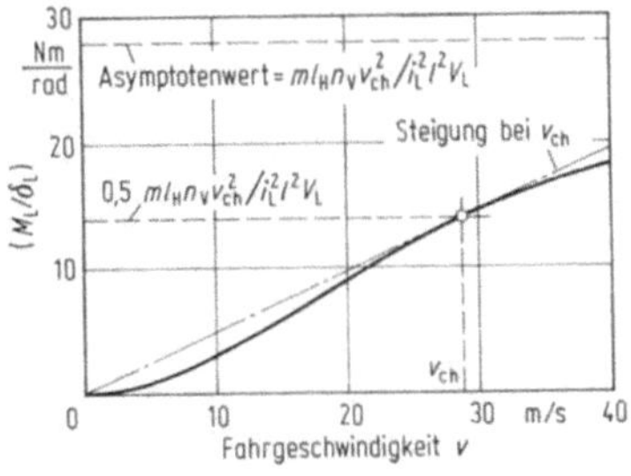

Die Größe dieser Funktionen wird bestimmt von den Fahrzeugdaten Masse m, Radstand l, Schwerpunktslage l_V bzw. l_H, den Reifen-Seitenkraftbeiwerten $c_{\alpha\mathrm{V}}$, $c_{\alpha\mathrm{II}}$ und den Lenkungsdaten C_L, i_L, V_L, n_V. Ein Teil der Werte läßt sich in der „charakteristischen Fahrgeschwindigkeit" v_ch (9.7) zusammenfassen, deren Bedeutung in den folgenden Abschnitten erläutert wird. In den Gleichungen der Tabellen 9.1 und 9.2 wurden auch bezogene Daten, wie der auf die statische Radlast bezogene Seitenkraftbeiwert $c_{\alpha\mathrm{H}}/F_{z\mathrm{H}}$, eingeführt, wodurch die Schwerpunktslage nicht mehr erscheint (Ausnahme beim Schwimmwinkel β bzw. β/δ_L).

In den folgenden Abschnitten werden die einzelnen Funktionen behandelt, deren Bedeutung in Abschn. 10 diskutiert wird.

9.1 Lenkradeinschlag

Nach (9.5), Tabelle 9.1, ergibt sich der Lenkradeinschlag zu

$$\delta_\mathrm{L} = \frac{i_\mathrm{L} l}{\varrho} + m i_\mathrm{L} \frac{c_{\alpha\mathrm{H}} l_\mathrm{H} - c'_{\alpha\mathrm{V}} l_\mathrm{V}}{c'_{\alpha\mathrm{V}} c_{\alpha\mathrm{H}} l} \frac{v^2}{\varrho} = \delta_\mathrm{L0} + \frac{i_\mathrm{L} l}{v_\mathrm{ch}^2} \frac{v^2}{\varrho}; \tag{9.5}$$

er verändert sich linear mit v^2/ϱ (Bild 9.1).

Bei der Zentripetalbeschleunigung $v^2/\varrho = 0$ (das Fahrzeug fährt sehr langsam im Kreis) ist

$$\delta_\mathrm{L}(v^2/\varrho = 0) = \delta_\mathrm{L0} = \frac{i_\mathrm{L} l}{\varrho}. \tag{9.6}$$

Dieses Ergebnis kann man sich leicht über Bild 9.2 klarmachen. Bei der Zentripetalbeschleunigung $v^2/\varrho = 0$ sind als Folge die Fliehkraft, die Seitenkräfte an den Rädern und auch ihre Schräglaufwinkel Null. Der Kreismittelpunkt M liegt damit auf der Senkrechten zu den Hinterrädern, und der Kreisradius ist

$$\varrho = \frac{l}{\delta_\mathrm{V}(v^2/\varrho = 0)} = \frac{l}{\delta_\mathrm{V0}}.$$

Da an der Lenkung keine Momente wirken, ist nach (5.1) und (5.4)

$$\delta_\mathrm{V0} = \delta_\mathrm{L0}^* = \delta_\mathrm{L0}/i_\mathrm{L},$$

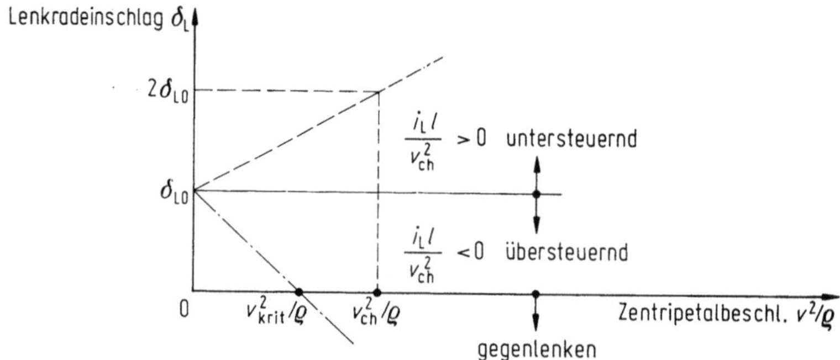

Bild 9.1. Lenkwinkel über der Zentripetalbeschleunigung

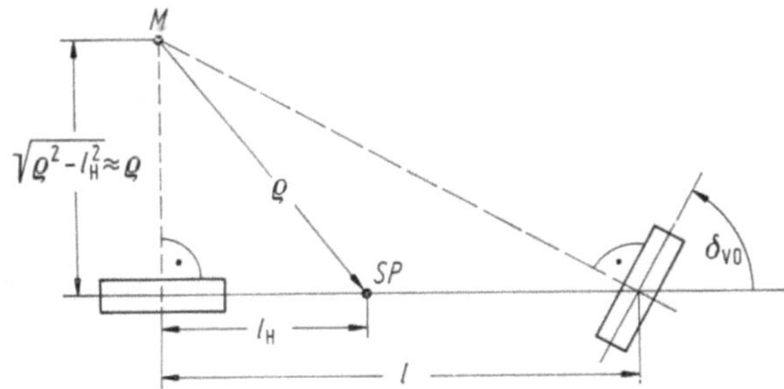

Bild 9.2. Zusammenhang zwischen Vorderradeinschlag δ_{V0}, Krümmungsradius ϱ und Radstand l für sehr kleine Fahrgeschwindigkeiten

so daß aus beiden Gleichungen

$$\varrho = \frac{i_L l}{\delta_{L0}}$$

wird, was identisch mit (9.6) ist.

Befährt das Fahrzeug den Kreis nun schneller, dann bestimmt der Faktor vor v^2/ϱ in (9.5), wie der Fahrer lenken muß, um auf dem Kreisradius zu bleiben. Ist der Faktor positiv und damit auch die Steigung in Bild 9.1, dann muß der Fahrer mit zunehmender Fahrgeschwindigkeit den Lenkradeinschlag vergrößern. Genau den doppelten statischen Lenkradeinschlag, also $2\delta_{L0}$, muß er bei der „charakteristischen Fahrgeschwindigkeit" v_{ch} aufbringen. Deren Quadrat ist definiert nach (9.7a), Tabelle 9.1.

Diesen positiven linearen Anstieg von δ_L über v^2/ϱ bestätigen die Meßergebnisse[15] in Bild 9.3a, natürlich nur in dem Bereich von Null bis etwa 4 m/s², für die nach Abschn. 8.4 auch die lineare Theorie bei Fahrten auf trockener Fahrbahn gilt. Man erkennt aus den Versuchen weiterhin, daß der doppelte statische Lenkradeinschlag $2\delta_{L0}$, der hier ungefähr 60° beträgt, außerhalb des linearen Bereichs liegt. Das bedeutet, daß die obige Aussage, $2\delta_{L0}$ und v_{ch} gehören zusammen, nur begrenzt gilt. Deshalb sollte man mit v_{ch} keine große Vorstellung verbinden, sondern darin mehr eine die Schreibarbeit vereinfachende Abkürzung sehen.

Ist der Faktor von v^2/ϱ in (9.5) hingegen negativ (also $v_{ch}^2 < 0$) und damit auch die Steigung in Bild 9.1, muß der Lenkradwinkel mit zunehmender Zentripetalbeschleunigung verkleinert werden. Er kann bei der „kritischen Fahrgeschwindigkeit" v_{krit} Null werden. Diese ergibt sich aus

$$v_{krit}^2 = \frac{c'_{\alpha V} c_{\alpha H} l^2}{m(c'_{\alpha V} l_V - c_{\alpha H} l_H)}. \tag{9.18}$$

Kann die Fahrgeschwindigkeit noch weiter gesteigert werden, dann muß der Fahrer gegenlenken (z. B. beim Rechtskreis nach links einschlagen).

$v_{ch}^2 < 0$ bedeutet imaginäres v_{ch} und, wie in Abschn. 12 bewiesen wird, instabiles Fahrzeug.

---

[15] Diese fünf Fahrzeuge sind, wie die meisten Pkw, untersteuernd, siehe Abschn. 10.1.

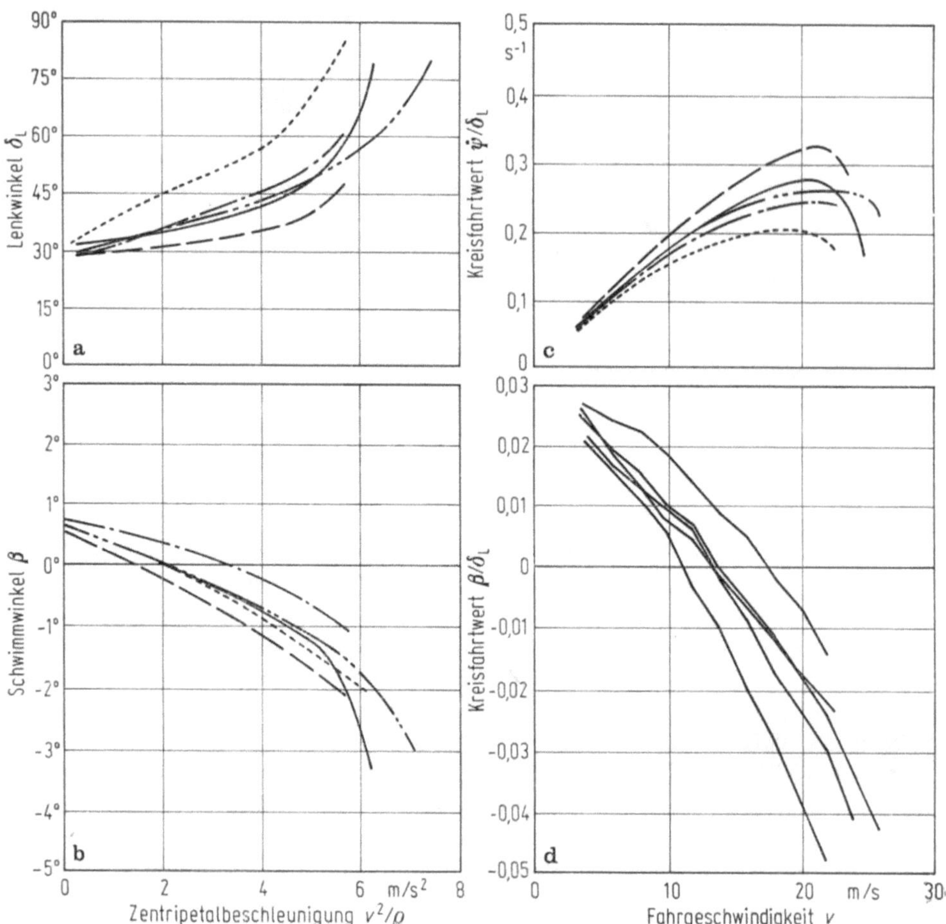

Bild 9.3. Meßergebnisse an fünf frontangetriebenen Pkw ($m \approx 1\,000$ kg) bei stationärer Kreisfahrt, Kreisradius $\varrho = 100$ m, trockene Fahrbahn, IfF 1985

9.2 Vorderradeinschlag, Schräglaufwinkel

Der Unterschied zwischen dem Lenkradeinschlagwinkel δ_L und dem Vorderradeinschlagwinkel δ_V liegt in der Lenkungsübersetzung i_L und der Lenkungssteifigkeit C_L, siehe Abschn. 5. Formelmäßig ergibt sich der Unterschied zwischen $\delta_L^* = \delta_L/i_L$ und δ_V nach (9.5a) und (9.9) in Tabelle 9.1 einfach aus $c'_{\alpha V}$ und $c_{\alpha V}$, d. h. bei δ_L^* gehen Reifenseiten- und Lenkungssteifigkeit ein, bei δ_V nur die Reifenseitensteifigkeit.

Das gleiche gilt auch für die Differentialgleichungen (7.13) und (7.14). Wird statt $\delta_L^* = \delta_L/i_L$ jetzt δ_V geschrieben, dann muß $c'_{\alpha V}$ durch $c_{\alpha V}$ ersetzt werden. Formelmäßig ist der Unterschied gering, fahrzeugtechnisch hingegen bedeutend!

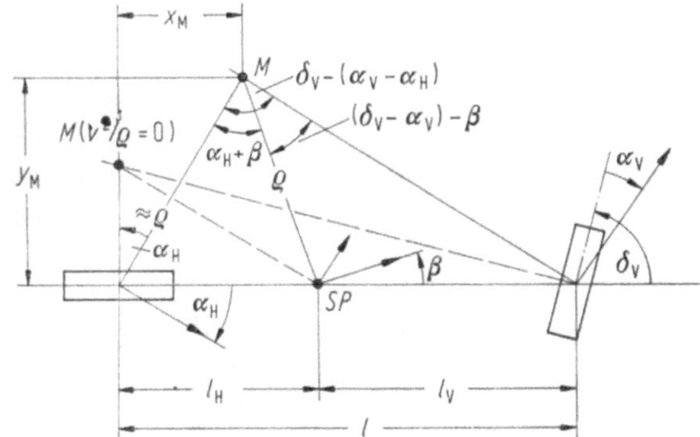

Bild 9.4. Schematische Skizze eines Einspurmodells zur Ermittlung der Winkelbeziehungen

Wie δ_L ist auch δ_V nach (9.9) linear von v^2/ϱ abhängig. Den Vorderradeinschlag bei $v^2/\varrho = 0$

$$\delta_\text{V}(v^2/\varrho = 0) = \delta_\text{V0} = l/\varrho \tag{9.10}$$

nennt man Ackermannwinkel[16], siehe (9.10), Tabelle 9.1.

Eine häufig benutzte Beziehung zwischen δ_V und den Schräglaufwinkeln α_V und α_H kann aus Bild 9.4 (eine ausführlichere Darstellung des Bildes 7.2) abgeleitet werden. Aus dem großen, ausgezogenen Dreieck ergibt sich über

$$\varrho = l\,\frac{\sin\left[90° - (\delta_\text{V} - \alpha_\text{V})\right]}{\sin\left[\delta_\text{V} - (\alpha_\text{V} - \alpha_\text{H})\right]} \approx \frac{l}{\delta_\text{V} - (\alpha_\text{V} - \alpha_\text{H})}$$

der Vorderradeinschlag zu

$$\delta_\text{V} = \frac{l}{\varrho} + (\alpha_\text{V} - \alpha_\text{H}). \tag{9.19}$$

Die letzte Gleichung besagt nun, daß bei $v^2/\varrho > 0$ der Radius ϱ nicht mehr allein von Radstand l und Vorderradeinschlag δ_V, sondern auch von der Schräglaufwinkeldifferenz $\alpha_\text{V} - \alpha_\text{H}$ abhängt. Je nach Vorzeichen von $\alpha_\text{V} - \alpha_\text{H}$ wird bei konstantem δ_V der Radius ϱ größer oder kleiner als bei $v^2/\varrho = 0$.

Die Schräglaufwinkeldifferenz $\alpha_\text{V} - \alpha_\text{H}$ berechnet sich über (7.5)

$$\alpha_\text{V} = \frac{F_{\text{y}\text{V}}}{c_{\alpha\text{V}}} = \frac{1}{c_{\alpha\text{V}}}\,\frac{l_\text{H}}{l}\,m\,\frac{v^2}{\varrho}, \tag{9.20}$$

$$\alpha_\text{H} = \frac{F_{\text{y}\text{H}}}{c_{\alpha\text{H}}} = \frac{1}{c_{\alpha\text{H}}}\,\frac{l_\text{V}}{l}\,m\,\frac{v^2}{\varrho} \tag{9.21}$$

zu

$$\alpha_\text{V} - \alpha_\text{H} = \frac{c_{\alpha\text{H}}l_\text{H} - c_{\alpha\text{V}}l_\text{V}}{c_{\alpha\text{V}}c_{\alpha\text{H}}l}\,m\,\frac{v^2}{\varrho}. \tag{9.22}$$

---

[16] Ackermann war ein englischer Wagnermeister, der 1917 für den Münchener Lankensperger, den Erfinder der Achsschenkellenkung, ein englisches Patent anmelden ließ.

9.3 Schwimmwinkel

In Tabelle 9.1 sind Gleichung und Diagramm für den Schwimmwinkel β als Funktion der Zentripetalbeschleunigung v^2/ϱ aufgeführt, β ist bei $v^2/\varrho = 0$ positiv definiert, wird mit wachsender Zentripetalbeschleunigung zunächst Null und dann negativ. Den linearen Abfall bestätigen die Versuchsergebnisse in Bild 9.3b, natürlich nur wieder in dem für die Linearität maßgebenden Bereich von 0 bis $\approx 4 \ \mathrm{m/s^2}$.

Die Veränderung von β mit v^2/ϱ hängt nach (9.11b) nur von der bezogenen Seitensteifigkeit $c_{\alpha\mathrm{H}}/F_{z\mathrm{H}}$ der Hinterräder ab, nicht von der der Vorderräder und von den Lenkungsdaten. Dies ergibt sich auch aus dem kleinen linken ausgezogenen Dreieck in Bild 9.4 über

$$\varrho = l_{\mathrm{H}} \, \frac{\sin\,(90^\circ - \beta)}{\sin\,(\alpha_{\mathrm{H}} + \beta)} \approx \frac{l_{\mathrm{H}}}{\alpha_{\mathrm{H}} + \beta}$$

zu

$$\beta = \frac{l_{\mathrm{H}}}{\varrho} - \alpha_{\mathrm{H}} = \beta_0 - \alpha_{\mathrm{H}} \,. \tag{9.23}$$

β verändert sich nur mit dem hinteren Schräglaufwinkel α_{H}.

9.4 Stellung des Kraftfahrzeugs im Kreis

Die Lage des Kreismittelpunktes M, relativ zur Hinterachse des Kraftfahrzeuges gesehen, beträgt nach Bild 9.4

$$y_{\mathrm{M}} \approx \varrho \cos \alpha_{\mathrm{H}} \approx \varrho \,, \tag{9.24}$$

$$x_{\mathrm{M}} \approx \varrho \sin \alpha_{\mathrm{H}} \approx \varrho \alpha_{\mathrm{H}} = \varrho \, \frac{F_{y\mathrm{H}}}{c_{\alpha\mathrm{H}}} = \frac{m}{c_{\alpha\mathrm{H}}} \, \frac{l_{\mathrm{V}}}{l} \, v^2 \,. \tag{9.25}$$

y_{M} ist bei dem linearisierten Modell, d. h. bei kleinen Winkeln, oder anders ausgedrückt, bei großen Radien ϱ zum Radstand l, ungefähr ϱ. x_{M}, also die Lage von M in Fahrzeuglängsrichtung gesehen, ist hingegen unabhängig von ϱ!

9.5 Moment am Lenkrad

Nach (9.13), Tabelle 9.1, ist M_{L} linear von v^2/ϱ abhängig. Die Größe wird von der vorderen Seitenkraft $F_{y\mathrm{V}} = (l_{\mathrm{H}}/l) \, m v^2/\varrho$, vom Gesamtnachlauf n_{V}, von der Lenkübersetzung i_{L} und der Lenkverstärkung V_{L} bestimmt.

9.6 Kreisfahrtwerte

Wie zu Beginn von Abschn. 9 erläutert, sind Kreisfahrtwerte bezogene Werte, z. B. $\dot{\psi}/\delta_{\mathrm{L}}$, $\beta/\delta_{\mathrm{L}}$, die nur von der Fahrgeschwindigkeit v, aber nicht vom Kreisradius ϱ abhängen. Die Gleichungen stehen in Tabelle 9.2.

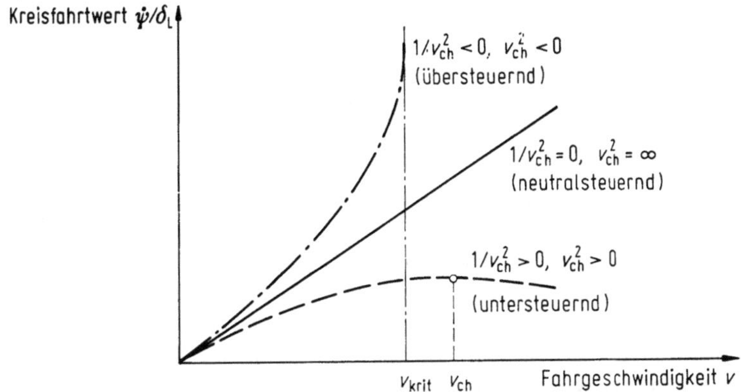

Bild 9.5. Schematischer Verlauf des Kreisfahrtwerts $\dot{\psi}/\delta_L$ als Funktion der Fahrgeschwindigkeit v für reelle, imaginäre und unendlich große v_{ch}-Werte

Begonnen wird mit der Erklärung für den am häufigsten benutzten Kreisfahrtwert, nämlich Gierwinkelgeschwindigkeit $\dot{\psi}$ zu Lenkradeinschlagwinkel δ_L. Den Kurvenverlauf für positive und negative v_{ch}^2-Werte zeigt Bild 9.5. Für $v_{ch}^2 < 0$ wird $\dot{\psi}/\delta_L$ bei der nach (9.18) definierten kritischen Fahrgeschwindigkeit v_{krit} unendlich groß, bei $v_{ch}^2 > 0$ erreicht $\dot{\psi}/\delta_L$ bei dieser charakteristischen Fahrgeschwindigkeit v_{ch}, definiert in (9.7), Tabelle 9.1, den Maximalwert. Diesen theoretisch gewonnenen Kurvenverlauf findet man in den Meßkurven des Bildes 9.3c wieder.

Für den fast nur interessierenden Fall $v_{ch}^2 > 0$, später mit „untersteuerndem" Fahrverhalten bezeichnet, kann man den Verlauf $\dot{\psi}/\delta_L = f(v)$ schnell skizzieren, wenn i_L, l und v_{ch} bekannt sind, siehe oberes Diagramm in Tabelle 9.2. Der Kehrwert des Produkts von Lenkübersetzung i_L und Radstand l (beide leicht zu bestimmen, meistens sogar bekannt) ergibt die Nullpunkttangente. Auf der Geraden mit der halben Steigung liegt der Maximalwert von $\dot{\psi}/\delta_L$.

Umgekehrt kann man aus einer gemessenen $\dot{\psi}/\delta_L$-Kurve näherungsweise die in Prüfstandsversuchen schwieriger zu bestimmenden Reifenseitenkraft-Beiwerte c_α und die Lenkungssteifigkeit C_L errechnen, wenn i_L, l und m (mittels Wägung) bekannt sind.

Die Kurvenverläufe für die anderen Kreisfahrtwerte bei untersteuerndem Fahrzeug mit Asymptotenwerten und den Steigungen bei v_{ch} sind Tabelle 9.2 zu entnehmen, $\ddot{y}/\delta_L$ und M_L/δ_L sind einander proportional. Für β/δ_L zeigt Bild 9.3d auch Meßkurven.

10 Kenngrößen, subjektive Aussagen

Der übliche Versuchsablauf [17,18] bei der stationären Kreisfahrt vollzieht sich in der Weise, daß das Fahrzeug auf einer Kreisbahn mit vorgegebenem Radius, also $\varrho = \text{const}$, und einer Geschwindigkeit v geführt wird; v wird stufenweise von

---

[17] Straßenfahrzeuge, Stationäre Kreisfahrt. DIN, ISO 4138. Ausgabe 1982-08-01.
[18] Rompe, K.; Heißing, B.: Objektive Testverfahren für die Fahreigenschaften von Kraftfahrzeugen — Quer- und Längsdynamik. Hrsg.: Mitschke, M.; Frederich, F.: Verlag TÜV Rheinland 1984.

der nahezu fliehkraftfreien Fahrt mit geringer Geschwindigkeit bis zur unter stationären Bedingungen maximal erreichbaren Zentripetalbeschleunigung gesteigert. Gemessen werden Lenkradwinkel, Querbeschleunigung und, zusätzlich empfohlen, Schwimmwinkel, Gierwinkelgeschwindigkeit, Lenkradmoment, Wankwinkel. Meßergebnisse einiger dieser genannten Größen zeigen die Bilder 9.3 und 10.2.

Aus den Versuchsergebnissen wird eine Vielzahl von Kenngrößen berechnet, die, verglichen mit dem subjektiven Eindruck, die Güte des stationären Kurvenverhaltens von Kraftfahrzeugen charakterisieren sollen. Die zahlreichen Definitionen deuten einmal die Komplexität der menschlichen Empfindungen, zum anderen aber auch die Unsicherheit an, die zwischen subjektiver Bewertung und den meßtechnisch erfaßbaren Ergebnissen besteht. Ein Teil der Definitionen ist nur aus der linearen Theorie zu verstehen, gilt also nach (8.14) nur z. B. auf trockener Straße für Querbeschleunigungen bis 0,4g.

Im folgenden werden einige Kenngrößen behandelt, die Wertebereiche für den linearen Teil der Kennlinien genannt und mit den Ergebnissen aus der linearen Theorie nach Abschn. 9 verglichen.

10.1 Unter-/Übersteuern

Unter-/Übersteuern sind die bekanntesten Begriffe, mit denen auf der Basis des Kreisfahrttests das fahrdynamische Verhalten beschrieben wird. (Sie gelten also nur für die stationäre Kreisfahrt, obgleich in der Umgangssprache auch Unter- oder Übersteuern bei instationären Fahrmanövern genannt werden.)

In den Normen[17, 19] gibt es verschiedene Kenngrößen, die alle etwa das gleiche aussagen. Sie sind in Tabelle 10.1 zusammengefaßt. In der zweiten Spalte sind die in den Normen genannten Formeln angegeben, in der dritten Spalte die vereinfachte Form, die nur für die Fahrt auf konstantem Radius ϱ gilt.

Man definiert als

$$\text{untersteuernd} \quad \frac{d(\delta_\mathrm{L} - \delta_\mathrm{L0})}{d(v^2/\varrho)} > 0. \tag{10.6a}$$

Anschaulich bedeutet das: Steigert man langsam die Fahrgeschwindigkeit v und damit die Zentripetalbeschleunigung v^2/ϱ, so muß der Lenkradeinschlag δ_L vergrößert werden, damit das Fahrzeug auf dem vorgesehenen Kreisradius ϱ bleibt. Würde der Fahrer dies nicht tun, würde das Fahrzeug einen größeren Radius befahren, es würde *untersteuern* (engl. to understeer).

Das Gegenteil heißt

$$\text{übersteuernd} \quad \frac{d(\delta_\mathrm{L} - \delta_\mathrm{L0})}{d(v^2/\varrho)} < 0. \tag{10.6b}$$

Hier muß der Fahrer den Lenkradeinschlag verkleinern, um auf dem Kreisradius zu bleiben. Hält er das Lenkrad fest, dann befährt das Fahrzeug einen kleineren Kreis, es *übersteuert* (engl. to oversteer).

---

[19] Straßenfahrzeuge, Begriffe der Fahrdynamik. DIN 70000, August 1983 und Road vehicles — Vehicle dynamics and road holding ability — Vocabulary, ISO/TC 22/SC 9 N 302 Rev. 3, July 1988.

Tabelle 10.1. Verschiedene Definitionen für Unter-/Übersteuern, allgemein in den ersten drei Spalten und speziell für den linearen Bereich in der 4. Spalte

Definitionen		Für $\varrho = $ const, d. h. für $\delta_{L0} = $ const	Nach linearer Theorie
Lenkradwinkel-gradient	$= \dfrac{d\delta_L}{d(v^2/\varrho)}$ (10.1a)		$= \dfrac{i_L l}{v_{ch}^2}$ (10.1b)
Unter-/Übersteuer-gradient	$= \dfrac{1}{i_L} \dfrac{d(\delta_L - \delta_{L0})}{d(v^2/\varrho)}$ (10.2a)	$= \dfrac{1}{i_L} \dfrac{d\delta_L}{d(v^2/\varrho)}$ (10.2b)	$= \dfrac{l}{v_{ch}^2}$ (10.2c)
Eigenlenkkoeffizient	$= \dfrac{1}{i_L l} \dfrac{d(\delta_L - \delta_{L0})}{d(v^2/\varrho)}$ (10.3a)	$= \dfrac{1}{i_L l} \dfrac{d\delta_L}{d(v^2/\varrho)}$ (10.2b)	$= \dfrac{1}{v_{ch}^2}$ (10.3c)
Lenkempfindlichkeit	$= \dfrac{d(1/\varrho)}{d\delta_L}$ $= \dfrac{1}{v^2} \dfrac{1}{d\delta_L/d(v^2/\varrho)}$ (10.4a)		$= \dfrac{v_{ch}^2}{i_L l} \dfrac{1}{v^2}$ (10.4b)
	oder steering sensitivity[19] $= \dfrac{d(v^2/\varrho)}{d\delta_L}$ $= \dfrac{1}{d\delta_L/d(v^2/\varrho)}$ (10.5a)		$= \dfrac{v_{ch}^2}{i_L l}$ (10.5b)

Der dazwischen liegende Grenzwert heißt

$$\text{neutralsteuernd} \quad \frac{d(\delta_L - \delta_{L0})}{d(v^2/\varrho)} = 0. \tag{10.6c}$$

(Er bildet die Stabilitätsgrenze, siehe Abschn. 12).

In Bild 10.1 sind alle drei Begriffe erläutert. Bei diesem Fahrzeug (es könnte ein Pkw mit Hinterradantrieb auf vereister Fahrbahn sein) nimmt der Lenkradeinschlag δ_L mit wachsender Zentripetalbeschleunigung v^2/ϱ bei Fahrt auf konstantem Kreisradius ϱ zunächst linear, später progressiv zu, danach ab. Bis zum

Maximum ist das Fahrzeug untersteuernd, im Maximum neutral —, dann übersteuernd.

In Bild 10.2 sind die Bereiche für insgesamt 25 Pkw, in Bild 9.3 für fünf gezeichnet. Sie sind nicht nur bei kleineren Querbeschleunigungen untersteuernd, sondern auch — auf trockener Fahrbahn gemessen — bei höheren. Außerdem liegt der Kurvenverlauf für alle Fahrzeuge in einem relativ engen Bereich.

Daraus kann man folgern: Fahrzeuge werden in ihrem Kreisfahrtverhalten als gut, zumindestens nicht als schlecht bezeichnet, wenn

— sie untersteuernd sind und
— die Kurvenverläufe in dem angegebenen Bereich liegen.

Aus den Kurvenverläufen wurden für den linearen Bereich Kennwerte nach den in Tabelle 10.1 genannten Definitionen gesammelt. Sie sind in Tabelle 10.2 zusammengestellt und geben damit Anhaltswerte.

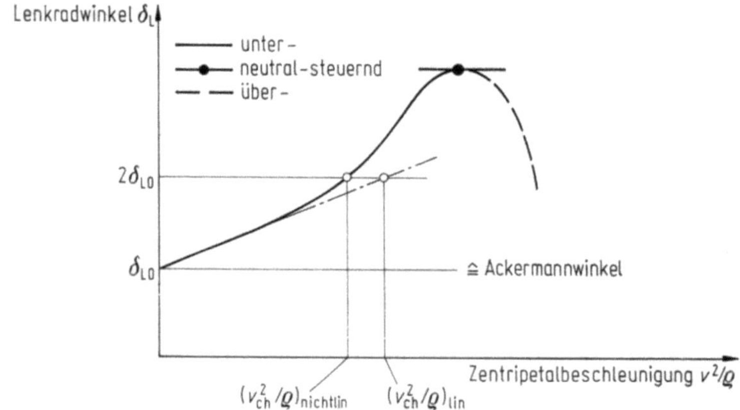

Bild 10.1. Zur Definition von Unter-/Übersteuern bei Kreisfahrt auf konstantem Radius

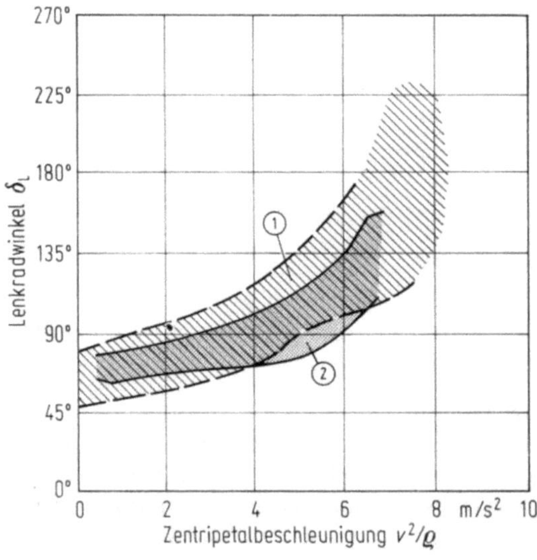

Bild 10.2. Ergebnisse aus Kreisfahrtversuchen auf einem Radius von $\varrho = 40$ m und auf trockener Fahrbahn. ① 15 Fahrzeuge aus: Rompe/ Heißing[18]; ② 10 Pkw nach IfF-Messungen 1984/85

Tabelle 10.2. Charakteristische Größen zur Beschreibung des Kreisfahrtverhaltens im linearen Bereich (zusammengestellt aus fremden und eigenen Versuchsergebnissen)

Kenngrößen	Einheit	Fahrzeuge					
		Pkw mit Frontantrieb	Pkw mit Standardantrieb	Pkw mit Heckblock	Pkw mit Allradantrieb	Transporter	Lkw
Lenkwinkelgradient $d\delta_{\mathrm{L}}/d(v^2/\varrho)$	$\dfrac{\text{Grad}}{\text{m/s}^2}$	2,3···7,8 (9 Fahrzeuge)	2,5···7,3 (6)	6,3 (1)	5,3 (1)	11,0 (1)	10,4···20,3 (4)
Unter-/Übersteuergradient $\dfrac{1}{i_{\mathrm{L}}}\dfrac{d\delta_{\mathrm{L}}}{d(v^2/\varrho)}$	$\dfrac{\text{Grad}}{\text{m/s}^2}$	(11···40) $\cdot 10^{-2}$ (14)	(15···52) $\cdot 10^{-2}$ (9)	(21···34) $\cdot 10^{-2}$ (2)	13,3 $\cdot 10^{-2}$ (1)	(13···53) $\cdot 10^{-2}$ (4)	(28···55) $\cdot 10^{-2}$ (4)
Eigenlenkkoeffizient $\dfrac{1}{i_{\mathrm{L}}l}\dfrac{d\delta_{\mathrm{L}}}{d(v^2/\varrho)}$	$\dfrac{\text{Grad}}{\text{m}^2/\text{s}^2}$	(5···18) $\cdot 10^{-2}$ (14)	(5···16) $\cdot 10^{-2}$ (9)	(9···15) $\cdot 10^{-2}$ (1)	5,3 $\cdot 10^{-2}$ (1)	(5···22) $\cdot 10^{-2}$ (4)	(6···11) $\cdot 10^{-2}$ (4)
charakteristische Fahrgeschwindigkeit v_{ch}	m/s (km/h)	18···35 (65···124)	19···31 (68···112)	20···25 (70···90)	21,7 (78)	16,7 (60)	20···32 (70···100)

Nach der Theorie erhält man für den linearen Bereich durch Differentiation von (9.5b), Tabelle 9.1,

$$\frac{d\delta_{\mathrm{L}}}{d(v^2/\varrho)} = \frac{i_{\mathrm{L}}l}{v_{\mathrm{ch}}^2} \tag{10.1b}$$

(siehe 4. Spalte, Tabelle 10.1), also einen konstanten Wert, ebenso wie für fast alle anderen Definitionen. Kombiniert man die Aussagen von (10.6) mit (10.1b), so ergibt sich für die Steuertendenz

$$\frac{d\delta_{\mathrm{L}}}{d(v^2/\varrho)} \sim \frac{1}{v_{\mathrm{ch}}^2} \begin{array}{l} > \\ = 0 \\ < \end{array} \begin{array}{l} \text{unter-} \\ \text{neutral-steuernd.} \\ \text{über-} \end{array} \tag{10.7}$$

Nach (10.3c), Tabelle 10.1, kann aus dem Eigenlenkkoeffizienten die charakteristische Fahrgeschwindigkeit v_{ch} berechnet werden, bei der nach Bild 9.1 der Lenkradeinschlag doppelt so groß ist wie bei $v^2/\varrho = 0$. Werte stehen in der letzten Spalte von Tabelle 10.2.

In v_{ch}^2 stecken die Fahrzeugdaten. Bezogen auf Erdbeschleunigung g und Radstand l ist nach (9.7b) und (9.8) in Tabelle 9.1

$$\frac{v_{\mathrm{ch}}^2}{gl} = \frac{c_{\alpha\mathrm{H}}}{F_{z\mathrm{H}}}\frac{SQ}{1 - SQ} \tag{10.8}$$

mit

$$SQ = \frac{c'_{\alpha V}/F_{zV}}{c_{\alpha H}/F_{zH}}, \tag{9.8}$$

siehe (9.8), Tabelle 9.1.

Damit ist der Unter-/Übersteuergradient l/v_{ch}^2 nach (10.2c), Tabelle 10.1, nur von bezogenen Fahrzeugwerten abhängig und da wiederum nur von der bezogenen Reifenseitensteifigkeit hinten $c_{\alpha H}/F_{zH}$ und vom Steifigkeitsquotienten SQ. In ihm drückt sich das Verhältnis von bezogener Reifen- und Lenkungssteifigkeit an der Vorderachse zur bezogenen Reifensteifigkeit der Hinterachse aus. SQ ist bei Pkw kleiner Eins.

Man unterschied früher die Fahrzeugeigenschaft mit den Bezeichnungen $\alpha_V - \alpha_H > 0$ als untersteuernd, $\alpha_V - \alpha_H < 0$ als übersteuernd. Diese nach (9.13) auf den Radeinschlag δ_V orientierten Definitionen[20] verlieren heute an Bedeutung, denn der Fahrer betätigt nur indirekt die Vorderräder, direkt aber das Lenkrad. Vorderradeinschlag δ_V und Lenkradeinschlag δ_L sind, wie (5.5) zeigte, neben der Lenkübersetzung i_L noch durch den Einfluß der Lenkungssteifigkeit C_L verschieden.

10.2 Schwimmwinkel, Lenkwinkel-Schwimmwinkel-Gradient

Obgleich der Schwimmwinkel β, wie die Versuchsergebnisse in Bild 9.3b zeigen nur wenige Winkelgrade, die Änderungen im Normalfahrbereich nur Winkelminuten betragen, und obgleich β meßtechnisch genau nur schwer erfaßbar ist, wird er als für das Fahrgefühl wichtige Größe angesehen. Die Aussage, daß kleine Schwimmwinkel eine gute subjektive Beurteilung des Fahrers ergeben, findet man häufig, aber nur selten gibt es eine meßtechnische Bestätigung.[21] Neuerdings wird bei der Allradlenkung, d. h. bei der Auslegung der zusätzlichen Hinterradlenkung, $\beta = 0$ gefordert.[22]

Wenn der Schwimmwinkel wirklich eine wichtige Größe ist und damit der Unterschied in den Richtungen zwischen Fahrzeuglängsachse und Fahrgeschwindigkeit für den Fahrer eine wichtige Information darstellt, dann darf man nicht β nehmen, der für den Fahrzeugschwerpunkt definiert ist, sondern den Schwimmwinkel β_{Fa} des Fahrers nach Bild 10.3. Er berechnet sich mit (9.23) zu

$$\beta_{Fa} = \frac{l/2 + l_s}{\varrho} - \alpha_H = \frac{l/2 + l_s}{\varrho} - \frac{ml_V}{c_{\alpha H}l}\frac{v^2}{\varrho} = \frac{l/2 + l_s}{\varrho} - \frac{F_{zH}}{c_{\alpha H}}\frac{v^2}{\varrho g} \tag{10.9}$$

Bei Pkw befindet sich sowohl der Schwerpunkt SP als auch der Fahrer etwa in Radstandsmitte, so daß

$$\beta \approx \beta_{Fa} \tag{10.10}$$

ist.

---

[20] Olley, M.: National influences on American passenger car. Design. Proc. Inst. Aut. Engrs Vol. XXXII 1938.

[21] Bergmann, W.: Considerations in determining vehicle handling requirements. SAE-Paper 690 234 (1969).

[22] N. Irle; Y. Shibahata; H. Ito: Hicas — improvement of vehicle stability and controllability by rear suspension steering characteristics. SAE-865114.

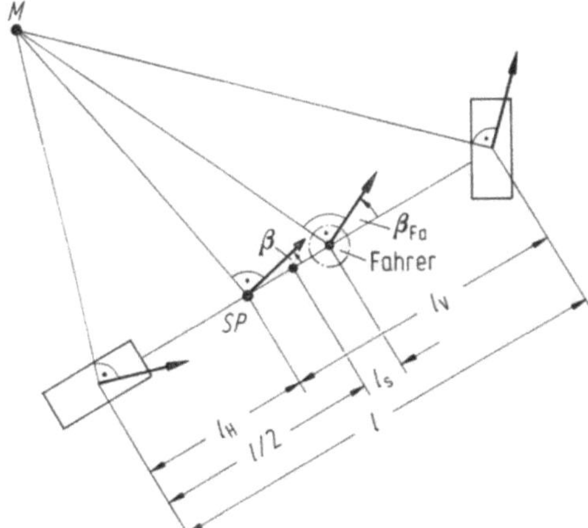

Bild 10.3. Zur Berechnung des Schwimmwinkels β_{Fa} am Fahrer (vgl. Bild 7.2, Definition von l_s s. Abschn. 30, Bd. B)

Weitere Aussagen in bezug auf den Schwimmwinkel lauten:

— Der Schwimmwinkelgradient

$$\mathrm{d}\beta/\mathrm{d}(v^2/\varrho) \tag{10.11}$$

soll klein sein[17] (genauer gesagt der Absolutwert).

Tabelle 10.3. Verschiedene Forderungen an den Schwimmwinkel mit den zugehörigen Gleichungen aus der linearen Theorie

Forderung	Gleichungen aus der linearen Theorie	
Schwimmwinkel β_{Fa} soll klein sein	$\beta_{Fa} = \dfrac{l/2 + l_s}{\varrho} - \dfrac{ml_V}{c_{\alpha H}l}\dfrac{v^2}{\varrho}$	
	$= \dfrac{l/2 + l_s}{\varrho} - \dfrac{F_{zH}}{c_{\alpha H}}\dfrac{v^2}{\varrho g}$	(10.9)
Schwimmwinkelgradient soll klein sein	$\dfrac{\mathrm{d}\beta}{\mathrm{d}(v^2/\varrho)} = -\dfrac{ml_V}{c_{\alpha H}l} = -\dfrac{1}{g}\dfrac{F_{zH}}{c_{\alpha H}}$	(10.13)
Lenkwinkel-Schwimmwinkelgradient ist wichtig	$\dfrac{\mathrm{d}\delta_L}{\mathrm{d}\beta} = \dfrac{\mathrm{d}\delta_L}{\mathrm{d}(v^2/\varrho)}\dfrac{\mathrm{d}(v^2/\varrho)}{\mathrm{d}\beta}$	
	$= -\dfrac{i_L l}{v_{ch}^2}\dfrac{c_{\alpha H}l}{ml_V} = -\dfrac{i_L l}{v_{ch}^2}g\dfrac{c_{\alpha H}}{F_{zH}}$	(10.14)
Richtungshaltungskoeffizient[17]	$\dfrac{1}{i_L l}\dfrac{\mathrm{d}\delta_L}{\mathrm{d}\beta} = -\dfrac{1}{v_{ch}^2}\dfrac{c_{\alpha H}l}{ml_V} = -\dfrac{1}{v_{ch}^2}g\dfrac{c_{\alpha H}}{F_{zH}}$	(10.15)

— Dem Lenkwinkel-Schwimmwinkel-Gradienten

$$\frac{\mathrm{d}\delta_\mathrm{L}}{\mathrm{d}\beta} \tag{10.12}$$

wird von Experten ein enger Zusammenhang zum subjektiven Empfinden des Fahrers zugeschrieben.[17]

Alle in diesem Abschn. 10.2 aufgestellten Forderungen und die Definition des Richtungshaltungskoeffizienten sind in Tabelle 10.3 mit den zugehörigen Gleichungen für den linearen Bereich zusammengestellt. Anhaltswerte sind aus Tabelle 10.4 zu entnehmen.

Tabelle 10.4. Meßergebnisse von Schwimmwinkelgradienten zur Beschreibung des Kreisfahrtverhaltens (IfF-Messungen: 5 frontangetriebene Fahrzeuge mit Massen (beim Test) $\approx 1\,150$ kg, Radstand $\approx 2{,}5$ m, Schwerpunktslage $l_\mathrm{V}/l \approx 0{,}5$, $i_\mathrm{L} \approx 20$, Fahrt auf trockener Fahrbahn mit $\varrho = 100$ m, 1984/85)

Kenngrößen im linearen Bereich	Einheit	Meßwerte
Schwimmwinkelgradient $-\mathrm{d}\beta/\mathrm{d}(v^2/\varrho)$	$\dfrac{\mathrm{Grad}}{\mathrm{m/s^2}}$	$0{,}23\cdots0{,}48$
Lenkwinkel- Schwimmwinkelgradient $-\mathrm{d}\delta_\mathrm{L}/\mathrm{d}\beta$	1	$4{,}9\cdots19{,}8$
$-\dfrac{1}{i_\mathrm{L}}\dfrac{\mathrm{d}\delta_\mathrm{L}}{\mathrm{d}\beta}$	1	$0{,}24\cdots0{,}95$
Richtungshaltungskoeffizient $-\dfrac{1}{i_\mathrm{L}l}\dfrac{\mathrm{d}\delta_\mathrm{L}}{\mathrm{d}\beta}$	$\dfrac{1}{\mathrm{m}}$	$0{,}10\cdots0{,}39$

Nun zur fahrzeugtechnischen Verwirklichung dieser Forderungen: β_Fa soll klein sein, bedeutet zunächst auch, $\beta_\mathrm{Fa}(v^2/\varrho = 0) = (l/2 + l_\mathrm{s})/\varrho$ soll klein sein. Dieser Winkel hängt aber nur vom Radius ϱ und vom Abstand zur Hinterachse $l/2 + l_\mathrm{s}$ ab, der bei größeren Fahrzeugen größer als bei kleinen ist, β_Fa läßt sich also nicht beeinflussen (zumindest nicht bei Vorderradlenkung, bei der o. g. Allradlenkung doch).

Der Schwimmwinkel β_Fa wird nach (10.9), Tabelle 10.3, nur bei einer bestimmten Fahrgeschwindigkeit zu Null.

$$v(\beta_\mathrm{Fa} = 0) = \sqrt{(l/2 + l_\mathrm{s})\,\frac{c_{\alpha\mathrm{H}}l}{ml_\mathrm{V}}} = \sqrt{(l/2 + l_\mathrm{s})\,g\,\frac{c_{\alpha\mathrm{H}}}{F_{z\mathrm{H}}}}. \tag{10.16}$$

Sie ist unabhängig von ϱ. Dies bedeutet nach Bild 9.4 und Bild 10.3 anschaulich: $\beta_\mathrm{Fa} = 0$, wenn $x_\mathrm{M} = l/2 + l_\mathrm{s}$.

Kleiner absoluter Schwimmwinkelgradient — nach (9.23) identisch dem negativen Schräglaufwinkel-Gradienten an der Hinterachse — wird nach (10.13), Tabelle 10.3, durch großen $c_{\alpha H}/F_{zH}$-Wert erreicht, also durch seitensteife Reifen an den Hinterrädern. Dies ergibt nach (10.16) aber andererseits hohe Geschwindigkeiten, für die $\beta_{Fa} = 0$ ist.

Der Lenkwinkel-Schwimmwinkel-Gradient bzw. der durch i_L dividierte Wert beträgt nach (10.14), Tabelle 10.3,

$$\frac{1}{i_L}\frac{\mathrm{d}\delta_L}{\mathrm{d}\beta} = -\frac{l}{v_{ch}^2}\cdot\frac{c_{\alpha H}l}{ml_V} = -\frac{gl}{v_{ch}^2}\frac{c_{\alpha H}}{F_{zH}}.$$

Mit (10.8) wird

$$\frac{1}{i_L}\frac{\mathrm{d}\delta_L}{\mathrm{d}\beta} = -\frac{1-SQ}{SQ} = 1 - \frac{1}{SQ}. \tag{10.17}$$

Der Wert ist nicht nur von der bezogenen Reifensteifigkeit der Hinterachse abhängig.

10.3 Moment am Lenkrad

Das Moment am Lenkrad M_L, genauer gesagt die Handkraft, darf aus physischen Gründen nicht zu groß (wichtig vor allem beim Parken) und wegen der Feinfühligkeit bei höheren Fahrgeschwindigkeiten nicht zu klein sein. Beide Grenzen verwirklicht eine Hilfskraftlenkung mit veränderlicher Verstärkung nach Bild 5.2a.

Bei der Kreisfahrt wird entsprechend den anderen Kenngrößen ein

Lenkradmoment-Querbeschleunigungs-Gradient $\dfrac{\mathrm{d}M_L}{\mathrm{d}(v^2/\varrho)}$ (10.18)

definiert. In Bild 10.4 sind einige Literaturangaben zusammengestellt. Der Gradient soll wegen zu geringer (sog. haptischer, d. h. den Tastsinn betreffende)

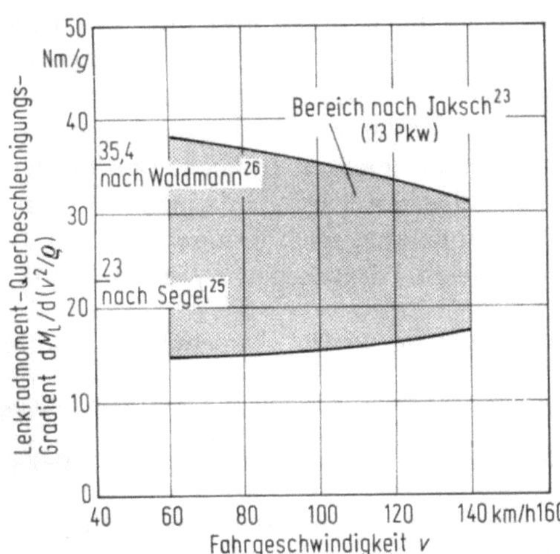

Bild 10.4. Literaturangaben über den Lenkmomenten-Querbeschleunigungs-Gradienten auf trockener Fahrbahn

Information über den Fahrzustand nicht unter 15 Nm/g liegen[23] und nicht oberhalb des in Bild 10.4 angegebenen Bereichs, weil dann die Fahrer Schwierigkeiten
beim Fahrspurwechsel und bei der schnellen Einfahrt in eine Kurve bekommen[24].
Für den linearen Bereich gilt (9.13) in (10.18) eingesetzt:

$$\frac{\mathrm{d}M_{\mathrm{L}}}{\mathrm{d}(v^2/\varrho)} = \frac{mn_{\mathrm{V}}l_{\mathrm{H}}}{i_{\mathrm{L}}V_{\mathrm{L}}l} = \frac{1}{g}\,\frac{1}{i_{\mathrm{L}}V_{\mathrm{L}}}\,F_{z\mathrm{V}}n_{\mathrm{V}}\,.$$

Der Gradient ist nur von Lenkübersetzung i_{L}, Lenkverstärkung V_{L}, statischer
Vorderachslast $F_{z\mathrm{V}}$ und Gesamtnachlauf n_{V} und nicht wie die zuvor behandelten
Kennwerte noch von Reifenseiten- und Lenkungssteifigkeit abhängig.

11 Einfluß von Fahrzeugdaten auf das Kreisfahrtverhalten

Die in den beiden letzten Abschnitten abgeleiteten Funktionen und Kenngrößen
werden nun anhand von Beispielen erläutert und dabei die Auswirkungen einzel-
ner Fahrzeugdaten auf das Kreisfahrtverhalten gezeigt. Die absoluten und nach
Tabelle 9.1 wichtigen, bezogenen Fahrzeugdaten stehen in Tabelle 11.1. Die
Reifen- und Lenkungsdaten wurden aus den Tabellen 4.1 und 5.1 entnommen.
Die Aussagen bleiben — wie in dem gesamten Kap. I — auf den linearen Bereich
beschränkt. Alle Ergebnisse sind in Bild 11.1 zusammengestellt.

11.1 Grundmodell für die Rechnungen

Ausgegangen wird von einem Pkw mit der Schwerpunktslage in Mitte Radstand
und gleichen Reifen an allen Rädern (*Fahrzeug 1*, Tabelle 11.1). In den Diagrammen I a bis e, Bild 11.1, sind die verschiedenen Größen über der bezogenen Zentripetalbeschleunigung $v^2/\varrho g$ aufgetragen, und zwar bis zum Wert 0,3, für den nach
Abschn. 8.4 auf der trockenen Straße die Linearisierung immer gilt.

Die Schräglaufwinkel sind wegen gleicher Radlasten und gleicher Reifen vorn
und hinten $\alpha_{\mathrm{V}} = \alpha_{\mathrm{H}}$ und bleiben — errechnet nach (9.20) und (9.21) — nach
Diagramm I a unterhalb 2°. Der Schwimmwinkel β, siehe (9.23), beträgt bei
$v^2/\varrho g = 0$ nach Diagramm I c 0,7°, wird bei 1,25 m/s² Null und bei 3 m/s² ungefähr
$-1°$. Der Schwimmwinkelgradient beträgt $\mathrm{d}\beta/\mathrm{d}(v^2/\varrho) = -0{,}567°/\mathrm{ms}^{-2}$ und liegt
gegenüber dem in Tabelle 10.4 genannten absolut gesehen zu hoch. Der Vorder-
radeinschlag δ_{V} bleibt nach (9.19) wegen der gleichen Schräglaufwinkel vorn und
hinten über der Zentripetalbeschleunigung konstant, nach Diagramm I b 1,4°.
Der Lenkradeinschlag, siehe (9.5a), wächst nach I d zwischen $v^2/\varrho g = 0$ bis 0,3

---

[23] Jaksch, F. O.: Vehicle parameter influence on steering control characteristics. I. J. of
Vehicle Design, 1983, S. 171—194.

[24] Jacksch, F. O.: The steering characteristics of the Volvo concept car VIII. ESV-Con-
ference, Wolfsburg, Oktober 1980.

[25] Segel, L.: The variable stability automobile concept and design. SAE-Paper 275 (1965),
S. 1—10.

[26] Waldmann, D.: Untersuchungen zum Lenkverhalten von Kraftfahrzeugen, Deutsche
Kraftfahrtforschung und Straßenverkehrstechnik. H. 218 (1971).

Tabelle 11.1. Fahrzeugdaten für Beispielrechnungen. Radstand $l = 2{,}5$ m, Lenkübersetzung $i_L = 19$, Lenkverstärkung $V_L = 1$ und bezogener Trägheitsradius $i/l = 0{,}46$ ($J_z = mi^2$)

Fahrzeug	Fahrzeugmasse	Schwerpunktsrücklage	Seitenkraftschräglaufbeiwert der		Gesamtnachlauf	Lenkungssteifigkeit					
			Vorderachse	Hinterachse							
	m	l_V/l	$c_{\alpha V}$	$c_{\alpha H}$	n_V	C_L	$\dfrac{c_{\alpha V}}{F_{zV}}$	$\dfrac{c_{\alpha H}}{F_{zH}}$	$\dfrac{c'_{\alpha V}}{F_{zV}}$	SQ	v_{ch}
	kg	1	N/rad	N/rad	m	Nm/rad	1/rad	1/rad	1/rad	1	m/s
1	1 000	0,5	50 000	50 000	0,06	10 000	10	10	7,69	0,769	29
2	1 000	0,5	75 000	75 000	0,06	10 000	15	15	10,34	0,690	29
3	1 000	0,5	25 000	25 000	0,06	10 000	5	5	4,35	0,870	29
4	1 000	0,5	50 000	50 000	0,04	20 000	10	10	9,09	0,909	50
5	1 000	0,5	50 000	50 000	0,08	5 000	10	10	5,56	0,556	18
6	1 000	0,6	45 000	55 000	0,06	10 000	11,25	9,17	8,86	0,966	81
7	1 000	0,4	55 000	45 000	0,06	10 000	9,17	11,25	6,89	0,613	21
8	1 400	0,6	50 000	50 000	0,06	10 000	8,93	5,95	6,86	1,154	imaginär[a]

[a]) $v_{krit} = 33{,}4$ m/s

von $27°$ auf $37°$ an, das Kraftfahrzeug ist also untersteuernd. Der Lenkradwinkel-Gradient mit $\mathrm{d}\delta_L/\mathrm{d}(v^2/\varrho) = 3{,}33°/\mathrm{ms}^{-2}$ liegt in dem in Tabelle 10.2 angegebenen Bereich. Der doppelte Lenkradeinschlag $2 \cdot 27° = 54°$ würde — Linearisierung vorausgesetzt — bei $v^2/\varrho g \approx 0{,}75$ erreicht, was einer charakteristischen Fahrgeschwindigkeit $v_{ch} \approx 29$ m/s entspricht.

Der Lenkwinkel-Schwimmwinkel-Gradient mit $\mathrm{d}\delta_L/\mathrm{d}\beta = -5{,}87$ liegt am unteren Ende des in Tabelle 10.4 angegebenen Bereichs. Das Moment am Lenkrad M_L ist bei $v^2/\varrho g = 0{,}3$ fast 5 Nm. Der Lenkmomenten-Querbeschleunigungs-Gradient liegt mit $\mathrm{d}M_L/\mathrm{d}(v^2/\varrho) = 16{,}7$ Nm/g im unteren Teil des Bereiches von Bild 10.4.

11.2 Einfluß des Seitenkraftbeiwerts, Bedeutung des Schwimmwinkels

Gegenüber Fahrzeug 1 werden bei den *Fahrzeugen 2 und 3* an allen Rädern die Seitenkraftbeiwerte $c_{\alpha V} = c_{\alpha H}$ um 50% erhöht bzw. verringert. Dadurch verändert sich nach Bild 11.1, Diagramme Ia und c, nur die Größe der Schräglaufwinkel $\alpha_V = \alpha_H$ und des Schwimmwinkels β, nicht hingegen die des Vorderradeinschlags δ_V, des Lenkradeinschlags δ_L und des Momentes am Lenkrad M_L und damit auch nicht die Größe der charakteristischen Fahrgeschwindigkeit v_{ch} und des Untersteuergradienten.

An diesen einfachen Beispielen erkennt man, daß die Größe des Untersteuerns allein kein Maß für die Kreisfahrteigenschaft sein kann, sondern daß auch der Schwimmwinkel mit beurteilt werden muß. Gegenüber dem Ausgangsfahrzeug 1 verändert sich beim Fahrzeug 2 mit dem seitensteiferen Reifen der Schwimm-

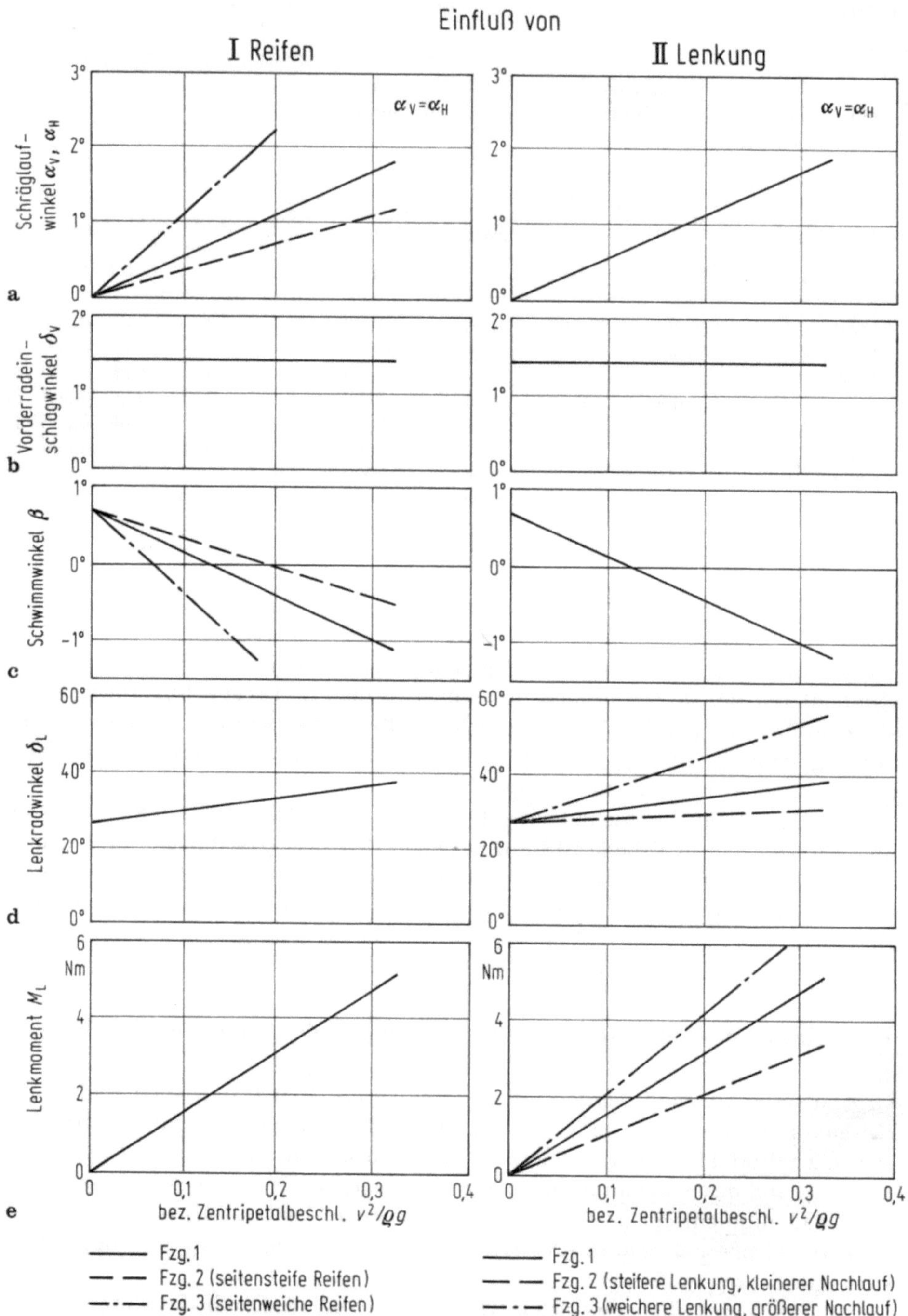

Bild 11.1. Einfluß von Fahrzeugdaten auf das Kreisfahrtverhalten (Fahrzeugdaten siehe

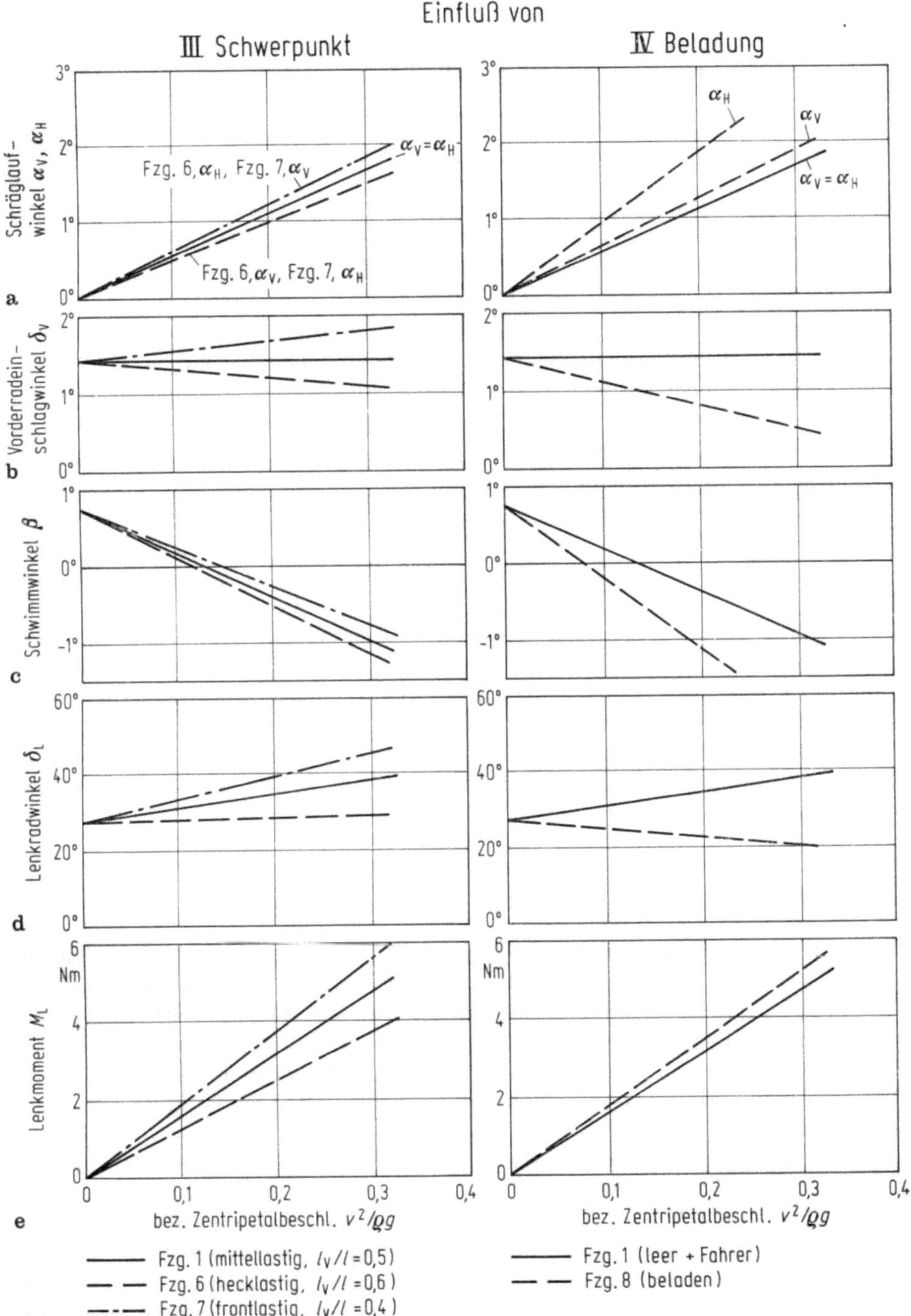

Tabelle 11.1, Kreisradius $\varrho = 100$ m)

winkelgradient auf $\mathrm{d}\beta/\mathrm{d}(v^2/\varrho) = -0{,}379°/\mathrm{ms}^{-2}$ und bei konstantem $\mathrm{d}\delta_\mathrm{L}/\mathrm{d}(v^2/\varrho)$ $= 3{,}33°/\mathrm{ms}^{-2}$ der Lenkwinkel-Schwimmwinkel-Gradient auf $\mathrm{d}\delta_\mathrm{L}/\mathrm{d}\beta = -8{,}79$. Nach den Aussagen von Abschn. 10.2 dürfte Fahrzeug 2 besser als Fahrzeug 1 sein.

11.3 Einfluß von Lenkungsdaten

Nach den Gleichungen in Tabelle 9.1 ist für den Lenkradeinschlag δ_L das Verhältnis $n_\mathrm{V}/C_\mathrm{L}$ aus Gesamtnachlauf n_V sowie Lenkungssteifkeit C_L und für das Lenkmoment M_L nur n_V maßgebend. In beide geht die Lenkübersetzung i_L ein.

Nach Bild 11.1, Diagramm IId vermindert sich beim *Fahrzeug 4* mit der gegenüber Fahrzeug 1 um 100% steiferen Lenkung und dem kleineren Gesamtnachlauf der Lenkradeinschlagwinkel δ_L mit der bezogenen Zentripetalbeschleunigung $v^2/\varrho g$, v_ch liegt bei 50 m/s, $\mathrm{d}\delta_\mathrm{L}/\mathrm{d}(v^2/\varrho) = 1{,}21°/\mathrm{ms}^{-2}$. Bei dem gleichzeitig verminderten Nachlauf ist auch M_L kleiner (Diagramm IIe). Schräglaufwinkel, Vorderradeinschlag und Schwimmwinkel verändern sich durch die Variation der Lenkungsdaten nicht. Bei *Fahrzeug 5* mit der weichen Lenkung ist δ_L größer, $v_\mathrm{ch} \approx 18$ m/s, $\mathrm{d}\delta_\mathrm{L}/\mathrm{d}(v^2/\varrho) = 8{,}47°/\mathrm{ms}^{-2}$, und mit der Vergrößerung des Nachlaufs steigt auch M_L an.

Würde man nur C_L bei konstantem n_V verändern, so wirkte sich das nur auf den Lenkradeinschlag, also auf die Untersteuertendenz aus, nicht auf das Lenkmoment M_L. Wird hingegen nur n_V bei konstantem $n_\mathrm{V}/C_\mathrm{L}$ variiert, so ändert sich nur die Größe des Lenkmomentes.

Damit gibt es neben dem Lenkradeinschlag und dem Schwimmwinkel bzw. den zugehörigen Kennwerten nach den Abschnitten 10.2 und 10.4 eine dritte Größe, die in die Beurteilung des Fahrverhaltens eingehen muß, nämlich das vom Fahrer aufzubringende Lenkmoment. Die dabei zu beachtenden Gesichtspunkte wurden in Abschn. 10.3 behandelt.

11.4 Einfluß der Schwerpunktslage

Im Vergleich zu dem bisherigen mittellastigen Fahrzeug ($l_\mathrm{V}/l = 0{,}5$) sollen ein frontlastiges ($l_\mathrm{V}/l = 0{,}4$) und ein hecklastiges ($l_\mathrm{V}/l = 0{,}6$) betrachtet werden. Durch die Verschiebung des Schwerpunkts ändern sich die Achslasten und damit auch die Seitenkraftbeiwerte, bei gleichen Reifen und Luftdruckanpassung jedoch nicht proportional. Nach Erfahrung vergrößern sich bei einer zehnprozentigen Radlasterhöhung die c_α-Werte nur um ungefähr 5%, bei der Verminderung entsprechend.

Die Schräglaufwinkel sind deshalb nach Bild 11.1, Diagramm IIIa an den höher belasteten Rädern größer, d. h. $\alpha_\mathrm{H} > \alpha_\mathrm{V}$ beim hecklastigen, $\alpha_\mathrm{V} > \alpha_\mathrm{H}$ beim frontlastigen Kraftfahrzeug. Dadurch wird die Schräglaufwinkeldifferenz $\alpha_\mathrm{V} - \alpha_\mathrm{H}$ beim hecklastigen negativ; der Vorderradeinschlag δ_V wird nach IIIb mit steigender Seitenbeschleunigung kleiner, dagegen beim frontlastigen größer. Der Lenkradeinschlag δ_L steigt durch die Lenkungssteifigkeit auch beim hecklastigen mit der Zentripetalbeschleunigung an, d. h. dieses Fahrzeug ist, wenn auch nur leicht, untersteuernd; das mittel- und das frontlastige Fahrzeug sind stärker untersteuernd.

In Diagramm III c wurde nicht wie bisher der Schwimmwinkel β, also der auf den Schwerpunkt definierte Wert, aufgetragen, sondern nach den Erläuterungen von Abschn. 10.2 der am Fahrer auftretende Winkel β_{Fa}. Unter der Annahme, daß die Fahrer in den drei Fahrzeugen 1, 6 und 7 an der gleichen Stelle, und zwar in Radstandsmitte, sitzen, ist ihr $\beta_{Fa}(v^2/\varrho = 0)$ gleich. Nur die Änderung der Größe des Schwimmwinkels in Abhängigkeit von der Zentripetalbeschleunigung wird durch die Schwerpunktslage beeinflußt. Beim hecklastigen Fahrzeug ist die Änderung am größten.

Das Lenkradmoment ist beim frontlastigen Fahrzeug wegen der höheren Belastung der Vorderräder am größten, siehe III e.

Zusammenfassend ist also festzustellen, daß die Fahreigenschaften der drei Fahrzeuge mit unterschiedlichen Schwerpunktslagen unterschiedlich sind (siehe Tabelle 11.2).

Man kann nun fragen, ob durch Anpassung der Fahrzeugdaten die Eigenschaften angeglichen werden können. Wenn beim frontlastigen Fahrzeug die vorderen Reifen seitensteifer, die hinteren seitenweicher werden, beim hecklastigen umgekehrt, dann könnten die Schräglaufwinkel $\alpha_V = \alpha_H$ sein, und das entspräche in Diagramm III a dem mittellastigen Pkw. Die Folge wäre durch $\alpha_V - \alpha_H = 0$, daß der Vorderradeinschlagwinkel δ_V über $v^2/\varrho g$ für alle drei Fahrzeuge konstant bliebe und daß auch der Anstieg des Lenkradeinschlags über $v^2/\varrho g$ gleich wäre, wenn i_L und n_V/C_L gleich sind. Das heißt, der Untersteuergradient wäre für alle drei Fahrzeuge gleich.

Das Lenkradmoment M_L hingegen wäre unterschiedlich. Beim frontlastigen Fahrzeug z. B. ist die Seitenkraft an den Vorderrädern größer als bei den anderen Fahrzeugen, und das ergibt bei gleichem Gesamtnachlauf n_V und gleicher Lenkübersetzung i_L ein größeres Lenkradmoment M_L. Um dieses zu verkleinern, muß entweder n_V verkleinert und/oder i_L vergrößert und/oder die Lenkungsverstärkung V_L vergrößert werden. Die Änderung des Nachlaufs n_V wirkt sich aber verändernd auf den Untersteuergradienten aus, was über die Lenkungssteifigkeit C_L kompensiert werden müßte.

Tabelle 11.2. Abhängigkeit der Kenngrößen von der Schwerpunktslage

Fahrzeug	$\dfrac{d\delta_L}{d(v^2/\varrho)}$ in $\dfrac{\text{Grad}}{\text{m/s}^2}$	$\dfrac{d\beta}{d(v^2/\varrho)}$ in $\dfrac{\text{Grad}}{\text{m/s}^2}$	$\dfrac{d\delta_L}{d\beta}$	M_L in Nm bei $v^2/\varrho = 3$ m/s^2
7 frontlastig	6,05	−0,500	−12,1	5,6
1 mittellastig	3,33	−0,567	−5,87	4,7
6 hecklastig	0,61	−0,59	−1,03	3,7

Der Schwimmwinkelgradient als dritte Größe wäre für alle drei Fahrzeuge nur dann gleich, wenn der hintere Schräglaufwinkel für alle Fahrzeuge gleich ist. Dies hingegen widerspricht gleichem Untersteuergradienten.

Demnach ist es also nicht möglich, Fahrzeugen mit unterschiedlichen Schwerpunktslagen gleiche Fahreigenschaften, ausgedrückt durch gleichen Lenkradwinkel-, Lenkradmomenten- und Schwimmwinkelverlauf, zu geben.

11.5 Einfluß der Beladung

Von den für die Kreisfahrt wichtigen Größen ändern sich durch eine veränderliche Beladung drei, nämlich die Masse m, die Schwerpunktslage l_V/l und die Seitenkraftbeiwerte $c_{\alpha V}$, $c_{\alpha H}$. (Bei front- und mittellastigen Pkw, gleichbedeutend mit Motor vorn und Kofferraum hinten, verschiebt sich mit zunehmender Beladung der Schwerpunkt nach hinten. Beim hecklastigen Pkw mit Motor hinten und Kofferraum vorn rückt der Schwerpunkt bei Besetzung der Fondsitze nach hinten und bei Beladung des Kofferraums nach vorn, insgesamt gesehen verändert sich seine Lage relativ wenig.)

Am Beispiel des im leeren Zustand mittellastigen Fahrzeugs soll die Veränderung der Fahreigenschaften durch Beladung gezeigt werden. Dabei wird vereinfachend angenommen, daß die Seitenkraftbeiwerte $c_{\alpha V}$ und $c_{\alpha H}$ konstant bleiben. (Der Luftdruck wird nicht oder falsch der Beladung angepaßt.)

Nach Bild 11.1, Diagramme IV a bis e, ändern sich entscheidend die Schräglaufwinkel, die Schräglaufwinkeldifferenz und damit der Vorderradeinschlagwinkel δ_V und der Lenkradeinschlag δ_L. Aus dem leeren, untersteuernden Fahrzeug wird durch die Beladung ein übersteuerndes! Um diese Änderung zu verringern, müssen die Seitenkraftbeiwerte der Reifen — besser als bei diesem Beispiel — der Beladung angepaßt werden.

Durch den größeren Schräglaufwinkel an der Hinterachse ändert sich der Schwimmwinkelgradient ebenfalls stark. Das Lenkradmoment vergrößert sich kaum, da die Beladung die Vorderachslast nur wenig vergrößert.

I.B Dynamisches Verhalten

Nach der Betrachtung der stationären Kreisfahrt, eines quasistatischen Zustands, soll nun das dynamische Verhalten des zweiachsigen Kraftfahrzeugs betrachtet werden. Mathematisch gesehen wird zunächst mit der Lösung der homogenen Differentialgleichungen (7.13) und (7.14) begonnen, die hier wesentlich wichtiger ist als bei den Fahrzeugschwingungen (siehe Band B, Abschn. 3.1), da bei der Kurshaltung auch Instabilität auftreten kann. Später wird die Lösung der inhomogenen Gleichungen abgeleitet und auf Übertragungsfunktionen und Frequenzgänge eingegangen.

Fahrzeugtechnisch gesehen wird das Fahrverhalten bei Lenkwinkeleingabe und bei Seitenwindstörung beschrieben sowie der Zusammenhang zu weiteren Subjektivurteilen.

12 Stabilität, Eigenfrequenz, Dämpfung

Die homogenen Gleichungen von (7.13) und (7.14) lauten ohne Seitenwindeinfluß $(k_y = 0)$

$$mv\dot{\beta} + (c'_{\alpha V} + c_{\alpha H})\,\beta + [mv^2 - (c_{\alpha H}l_H - c'_{\alpha V}l_V)]\frac{\dot{\psi}}{v} = 0, \tag{12.1}$$

$$J_z\ddot{\psi} + (c'_{\alpha V}l_V^2 + c_{\alpha H}l_H^2)\,\frac{\dot{\psi}}{v} - (c_{\alpha H}l_H - c'_{\alpha V}l_V)\,\beta = 0. \tag{12.2}$$

Mit den Ansätzen

$$\beta = \underline{\hat{\beta}}\, e^{st}, \qquad \dot{\psi} = \underline{\hat{\psi}}\, e^{st} \tag{12.3}$$

wird

$$[mvs + (c'_{\alpha V} + c_{\alpha H})]\,\underline{\hat{\beta}} + [mv^2 - (c_{\alpha H}l_H - c'_{\alpha V}l_V)]\,\frac{\underline{\hat{\psi}}}{v} = 0,$$

$$-(c_{\alpha H}l_H - c'_{\alpha V}l_V)\,\underline{\hat{\beta}} + [vJ_z s + (c'_{\alpha V}l_V^2 + c_{\alpha H}l_H^2)]\,\frac{\underline{\hat{\psi}}}{v} = 0.$$

Abgekürzt geschrieben ist

$$a_1\underline{\hat{\psi}} + b_1\underline{\hat{\beta}} = 0,$$

$$a_2\underline{\hat{\psi}} + b_2\underline{\hat{\beta}} = 0.$$

Nach der Cramerschen Regel läßt sich z. B. $\underline{\hat{\psi}}$ bestimmen aus

$$\underline{\hat{\psi}} = \frac{\begin{vmatrix} 0 & b_1 \\ 0 & b_2 \end{vmatrix}}{\begin{vmatrix} a_1 & b_1 \\ a_2 & b_2 \end{vmatrix}}.$$

Da die Zählerdeterminante $0b_2 - 0b_1 = 0$ ist, kann es nur dann eine Lösung geben, wenn auch die Nennerdeterminante

$$a_1b_2 - a_2b_1 = 0$$

ist.

Daraus errechnet sich die sogenannte charakteristische Gleichung

$$s^2 + 2\sigma_f s + v_f^2 = 0 \tag{12.4}$$

mit

$$2\sigma_f = \frac{m(c'_{\alpha V}l_V^2 + c_{\alpha H}l_H^2) + J_z(c'_{\alpha V} + c_{\alpha H})}{J_z m v} \tag{12.5}$$

und

$$v_f^2 = \frac{c'_{\alpha V}c_{\alpha H}l^2 + mv^2(c_{\alpha H}l_H - c'_{\alpha V}l_V)}{J_z m v^2}. \tag{12.6}$$

Die charakteristische Gleichung entscheidet darüber, ob die Lösungen negative oder auch positive Realteile besitzen, d. h., ob das System stabil oder instabil ist. Bei der quadratischen Gleichung (12.4) ist das einfach abzulesen. Die Eigenbewegungen nehmen ab (das Fahrzeugsystem ist damit stabil), wenn die beiden Konstanten

$$\sigma_f > 0 \quad \text{und} \quad v_f^2 > 0 \tag{12.7}$$

sind. Nach (12.5) ist immer $\sigma_f > 0$, während je nach Vorzeichen des Zählers von (12.6) $v_f^2 \gtrless 0$ sein kann.

Stabilität bedeutet nach (12.3), daß der Schwimmwinkel β oder die Gierwinkelgeschwindigkeit $\dot{\psi}$ nach einem Lenkradeinschlag oder einer Störung wieder von selbst in einem Beharrungszustand endet, wobei dieser Zustand nicht unbedingt mit demjenigen vor der Störung gleich zu sein braucht. Wird z. B. von der Geradeausfahrt das Lenkrad von $\delta_L = 0$ auf einen bestimmten Wert eingeschlagen, so stellt sich auch die Gierwinkelgeschwindigkeit von $\dot\psi = 0$ nach einer Übergangsfunktion auf einen Wert $\dot\psi = $ const ein (siehe Bild 13.6), d. h., daß das Fahrzeug einen Kreis befährt. Der Gierwinkel ψ selber wächst proportional mit der Zeit. Oder ein anderes Beispiel: Ein geradeaus fahrendes Fahrzeug wird durch einen Seitenwind erfaßt, dann stellt sich nach einer gewissen Zeit eine konstante Querbeschleunigung $\ddot y = v^2/\varrho = v(\dot\psi + \dot\beta)$ ein (siehe Bild 16.6i). Die Querabweichung $y = \int\int \ddot y\ \mathrm{d}t^2$ wächst, wenn der Fahrer nicht am Lenkrad korrigiert, quadratisch mit der Zeit ins Unendliche (siehe Bild 16.6h). Das Fahrzeug wäre also streng genommen instabil, dem Fahrer gelingt es aber leicht, das Fahrzeug zu stabilisieren. Deshalb wird im folgenden immer von Instabilität gesprochen, wenn $v_f^2 < 0$ ist.[27]

12.1 Stabilität und Unter-/Übersteuern

Die Stabilitätsbedingung läßt sich über die charakteristische Fahrgeschwindigkeit v_{ch} (definiert in (9.7), Tabelle 9.1) bzw. über die Definition des Eigenlenkkoeffizienten (nach (10.3c), Tabelle 10.1) in einen Zusammenhang zu der Kreisfahrt bringen. In (12.8) eingesetzt, wird

$$v_f^2 = \frac{c'_{\alpha V}c_{\alpha H}l^2}{J_z mv^2}\left(1 + \frac{v^2}{v_{ch}^2}\right) = \frac{c'_{\alpha V}c_{\alpha H}l^2}{J_z mv^2}\left(1 + \frac{v^2}{i_L l}\frac{\mathrm{d}(\delta_L - \delta_{L0})}{\mathrm{d}(v^2/\varrho)}\right). \tag{12.8}$$

Danach ist das Kraftfahrzeug dann ein stabiles System, wenn $(1 + v^2/v_{ch}^2) > 0$ bzw. $\mathrm{d}(\delta_L - \delta_{L0})/\mathrm{d}(v^2/\varrho) > 0$ ist.

Das ist immer der Fall, wenn $v_{ch}^2 > 0$ oder die charakteristische Geschwindigkeit v_{ch} reell oder $\mathrm{d}(\delta_L - \delta_{L0})/\mathrm{d}(v^2/\varrho) > 0$ ist. Dies ist gleichbedeutend mit der Aussage: Das Kraftfahrzeug muß *untersteuernd* sein.

Ist aber $v_{ch}^2 < 0$, d. h., v_{ch} ist imaginär, dann ist das Kraftfahrzeug nur bis zu einer bestimmten Geschwindigkeit — nach (9.18) mit der kritischen Geschwindigkeit v_{krit} bezeichnet — stabil. Das heißt, ein *übersteuerndes* Fahrzeug ist nur bis zu einer bestimmten Geschwindigkeit stabil, darüber instabil.

Den Zusammenhang zwischen Stabilität nach (12.8) und Kreisfahrt nach Bild 9.1 und 9.4 zeigen Bild 12.1 und später die Tabelle 13.2.

12.2 Eigenfrequenz, Dämpfungsmaß

Über die Stabilität hinaus ist aber noch wichtig zu wissen, wie die Bewegungen abklingen, ob das „monoton" oder „oszillierend" geschieht. Eine detaillierte Behandlung erfolgt in Abschn. 13.2. In Band B, Schwingungen, wurde die charakteristische Gleichung zweiten Grades, die nach (12.4) auch hier vorliegt, ausführlich behandelt. Danach ist v_f die ungedämpfte Eigenkreisfrequenz, σ_f die Abkling-

---

[27] Stabilität nach der sog. Momenten-Methode kann auch zeichnerisch überprüft werden, siehe Milliken, W. F.; Dell'Amico, F.; Rice, R. S.: The static directional stability and control of an automobile. SAE 760712 und Maretzke, J., Richter, B.: Einfluß der Aerodynamik auf die Richtungsstabilität von Pkw, VDI-Berichte 546 (1984).

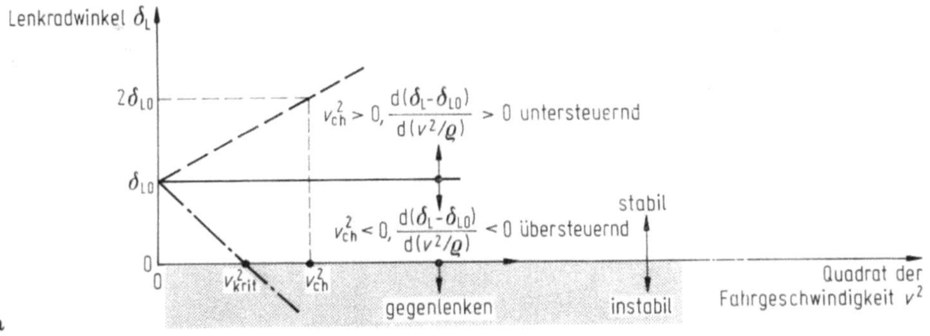

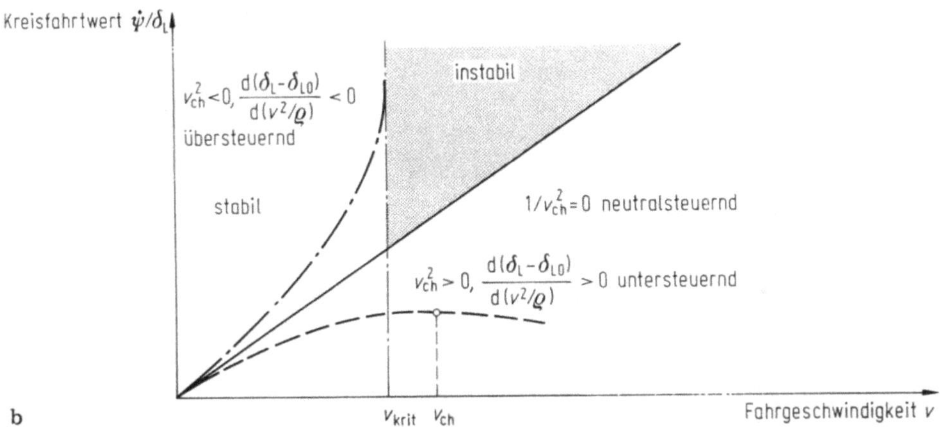

Bild 12.1. Stabilitätsbereiche dargestellt für den Lenkradeinschlag δ_L über dem Quadrat der Fahrgeschwindigkeit (**a**) und für den Kreisfahrtwert $\dot\psi/\delta_L$ über der Fahrgeschwindigkeit v (**b**)

konstante. Aus beiden berechnet man das Dämpfungsmaß zu

$$D_f = \frac{\sigma_f}{\nu_f} \tag{12.9}$$

und die gedämpfte Eigenkreisfrequenz zu

$$\nu_{fd} = \nu_f\sqrt{1 - D_f^2}. \tag{12.10}$$

Aus Bild 12.2 können Verlauf und Zahlenwerte für $\nu_f/2\pi$, D_f und $\nu_{fd}/2\pi$ entnommen werden. Alle drei Größen sind geschwindigkeitsabhängig. Die ungedämpfte Eigenkreisfrequenz ν_f ist bei $v = 0$ unendlich groß und geht für die untersteuernden Fahrzeuge 1 bis 7 bei $v \to \infty$ gegen den Grenzwert nach (12.11). Die Dämpfungsmaße D_f dieser Fahrzeuge sind bis auf ganz geringe Fahrgeschwindigkeiten kleiner als Eins, d. h., die Bewegungen der Pkw klingen fast immer nach einer Störung oszillierend ab. Die gedämpften Eigenfrequenzen gehen von Null gegen den o. g. Asymptotenwert der ungedämpften Eigenkreisfrequenz ν_f. Die Zahlenwerte liegen

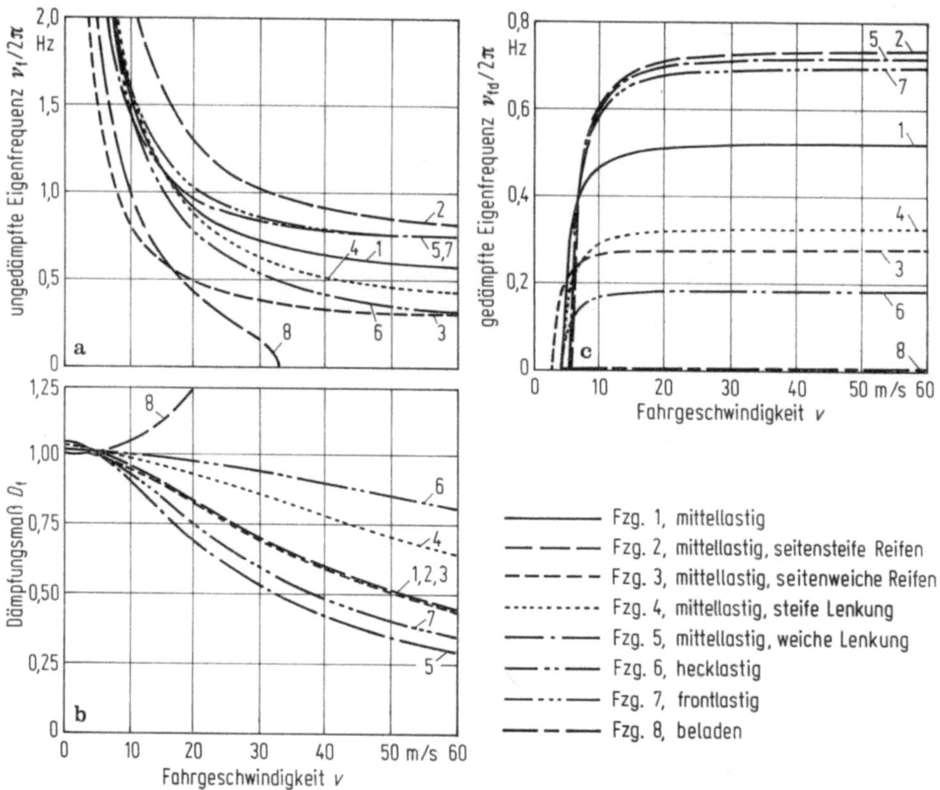

Bild 12.2. Charakteristische Werte für das Fahrverhalten verschiedener Fahrzeuge nach Tabelle 11.1

bei höheren Fahrgeschwindigkeiten nach Bild 12.2c zwischen 0,2 und 0,7 Hz. wobei die größeren Werte bei den heutigen Pkw vorkommen. Diese Eigenfrequenzen $\nu_{fd}/2\pi$ für die Bewegung um die Fahrzeughochachse liegen niedriger als die der Fahrzeugschwingungen. (Nach Band B liegen die Aufbau-Eigenfrequenzen bei 1,4 Hz, Sitz-Eigenfrequenzen bei 2,5 und Motor- sowie Rad-Eigenfrequenzen bei etwa 15 Hz.) Die Dämpfungsmaße D_f für die Bewegung um die Hochachse liegen hingegen höher als die der Fahrzeugschwingungen, zumindest für Fahrgeschwindigkeiten bis etwa 30 m/s.

In Bild 12.2 ist auch der Einfluß der Fahrzeugdaten auf die beiden Eigenfrequenzen und auf das Dämpfungsmaß dargestellt. Die untersteuernden und immer stabilen Fahrzeuge 1 bis 7 klingen — bis auf niedrige Fahrgeschwindigkeiten v — oszillierend ab, das übersteuernde Fahrzeug 8 bis $v = v_{\mathrm{krit}} \approx 33$ m/s (siehe Bild 12.2a) dagegen monoton. Das erkennt man an $D_f > 1$. Über $v \approx 33$ m/s ist es instabil.

Untersteuernde Fahrzeuge werden dann als gut eingestuft, wenn sie auf eine Lenkradbewegung schnell reagieren, wenn die sog. Peak-Response-Time kurz ist. Dies ist gleichbedeutend mit hoher Eigenkreisfrequenz ν_{fd} (ausführlicher siehe

Abschn. 13.4). Die Abhängigkeit der Eigenkreisfrequenz von den Fahrzeugdaten erkennt man am leichtesten aus dem Asymptotenwert. Nach (12.8) und (12.10) ist

$$\lim_{v \to \infty} v_{\mathrm{f}}^2 = \lim_{v \to \infty} v_{\mathrm{fd}}^2 = \frac{c_{\alpha \mathrm{V}}' c_{\alpha \mathrm{H}} l^2}{J_z m v_{\mathrm{ch}}^2} = \frac{c_{\alpha \mathrm{V}}' c_{\alpha \mathrm{H}} l}{J_z m i_{\mathrm{L}}} \frac{\mathrm{d}\delta_{\mathrm{L}}}{\mathrm{d}(v^2/\varrho)}. \tag{12.11}$$

Wird für v_{ch}^2 die Gleichung (9.7b), Tabelle 9.1, und näherungsweise nach Abschn. 7 für $J_z/m = i^2 \approx l_{\mathrm{V}} l_{\mathrm{H}}$ gesetzt, so wird

$$\lim_{v \to \infty} v_{\mathrm{f}}^2 = \lim_{v \to \infty} v_{\mathrm{fd}}^2 \approx \frac{g}{l} \frac{c_{\alpha \mathrm{H}}}{F_{z\mathrm{H}}} (1 - SQ) \tag{12.12}$$

mit dem Steifigkeitsquotienten SQ nach (9.8), Tabelle 9.1.

Für ein Fahrzeug bestimmter Größe, ausgedrückt durch Radstand l, wird v_{fd} groß, wenn die hintere bezogene Reifenseitensteifigkeit $c_{\alpha \mathrm{H}}/F_{z\mathrm{H}}$ groß ist. Auf $(1 - SQ)$ wird in Abschn. 13 eingegangen.

12.3 Berücksichtigung der seitlichen Eigenanströmung

Im ersten Satz von Abschn. 12 wurde angenommen $k_{\mathrm{y}} = 0$, d. h. auf das Fahrzeug wirkt keine seitliche Luftkraft. Dies ist nicht exakt, denn auch wenn keine Seitenwindgeschwindigkeit vorhanden ist, wird das Fahrzeug durch den Schwimmwinkel β schräg angeströmt, und damit wirkt doch eine seitliche Luftkraft. Exakt muß in (7.13) und (7.14) für $v_{\mathrm{r}}^2 \tau_{\mathrm{L}}$ nach (16.9)

$$v_{\mathrm{r}}^2 \tau_{\mathrm{L}} = v^2 \beta \tag{12.13}$$

eingesetzt werden, und die homogenen Gleichungen lauten

$$mv\dot{\beta} + (c_{\alpha \mathrm{V}}' + c_{\alpha \mathrm{H}} + k_{\mathrm{y}} v^2)\, \beta + [mv^2 - (c_{\alpha \mathrm{H}} l_{\mathrm{H}} - c_{\alpha \mathrm{V}}' l_{\mathrm{V}})]\, \frac{\dot{\psi}}{v} = 0, \tag{12.14}$$

$$J_z \ddot{\psi} + (c_{\alpha \mathrm{V}}' l_{\mathrm{V}}^2 + c_{\alpha \mathrm{H}} l_{\mathrm{H}}^2)\, \frac{\dot{\psi}}{v} - [(c_{\alpha \mathrm{H}} l_{\mathrm{H}} - c_{\alpha \mathrm{V}}' l_{\mathrm{V}}) - k_{\mathrm{y}} e_{\mathrm{SP}} v^2]\, \beta = 0, \tag{12.15}$$

sowie die doppelte Abklingkonstante

$$2\sigma_{\mathrm{f}} = \frac{m(c_{\alpha \mathrm{V}}' l_{\mathrm{V}}^2 + c_{\alpha \mathrm{H}} l_{\mathrm{H}}^2) + J_z(c_{\alpha \mathrm{V}}' + c_{\alpha \mathrm{H}} + k_{\mathrm{y}} v^2)}{J_z m v} \tag{12.16}$$

und das Quadrat der ungedämpften Eigenkreisfrequenz

$$v_{\mathrm{f}}^2 = \frac{c_{\alpha \mathrm{V}}' c_{\alpha \mathrm{H}} l^2 + mv^2(c_{\alpha \mathrm{H}} l_{\mathrm{H}} - c_{\alpha \mathrm{V}}' l_{\mathrm{V}}) + k_{\mathrm{y}} v^2 [c_{\alpha \mathrm{H}} l_{\mathrm{H}}(l_{\mathrm{H}} + e_{\mathrm{SP}}) + c_{\alpha \mathrm{V}}' l_{\mathrm{V}}(l_{\mathrm{V}} - e_{\mathrm{SP}})] - k_{\mathrm{y}} e_{\mathrm{SP}} m v^4}{J_z m v^2}. \tag{12.17}$$

Den Vergleich mit und ohne Eigenanströmung zeigt Bild 12.3. Die Unterschiede sind nicht sehr groß (bis $v \approx 30$ m/s bei diesem Beispiel vernachlässigbar), so daß mit den einfachen Gleichungen (12.1), (12.3), (12.5), (12.6) zu rechnen empfohlen werden kann.

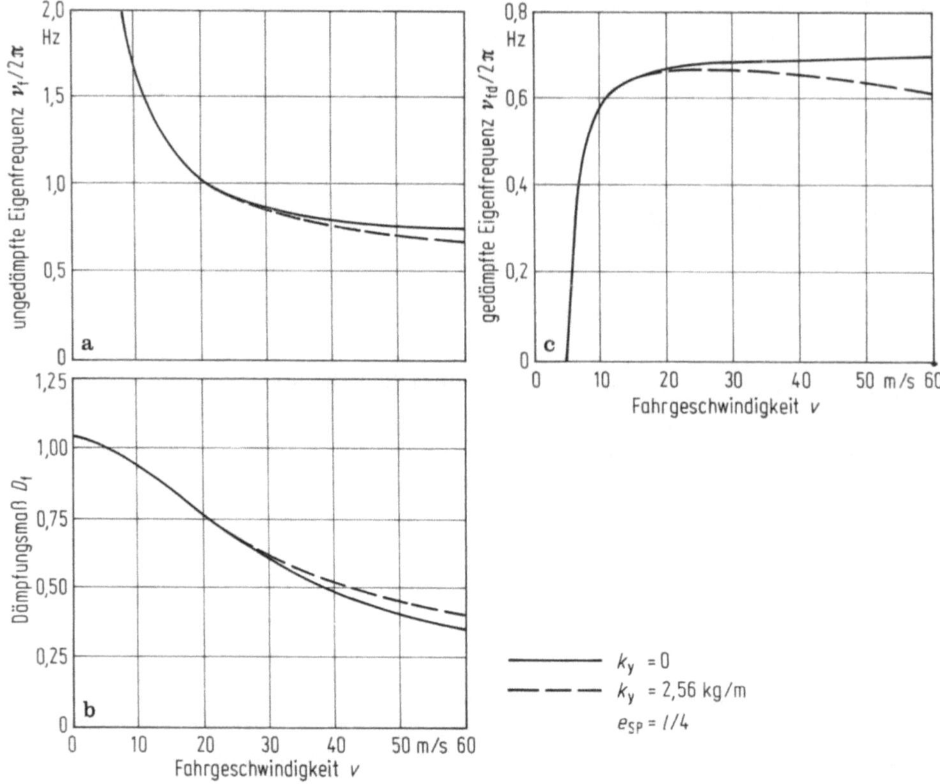

Bild 12.3. Vergleich mit und ohne Eigenanströmung (durch Schwimmwinkel β), Fzg. 7, siehe Tab. 11.1

13 Lenkverhalten, Lenkwinkelrampe

Nachdem im letzten Abschnitt die Lösung der homogenen Differentialgleichung untersucht wurde, wird nun die der inhomogenen betrachtet, und zwar wird jetzt die Frage beantwortet, wie das Kraftfahrzeug auf einen Lenkradeinschlag reagiert. Man unterscheidet, wie auch sonst bei der allgemeinen Beurteilung irgendeines technischen Systems, zwischen zwei Arten von Eingangsfunktionen:

— spezielle Einzelfunktionen,
— harmonische Anregung.

Von den Einzelfunktionen wird bei Pkw-Versuchen häufig die Sprungfunktion bzw. die im Test nur zu verwirklichende Rampenfunktion (siehe Bild 13.1a und b) angewendet, bei Versuchen mit Pkw und (Wohn-) Anhängern die Impulsfunktion bzw. deren Annäherung. In Abschn. 13 wird die Fahrzeugantwort auf Sprung- und Rampenfunktion behandelt, in Abschn. 14 die auf harmonische Anregung.

Wird die seitliche Luftanströmung vernachlässigt ($k_y = 0$), so lauten die

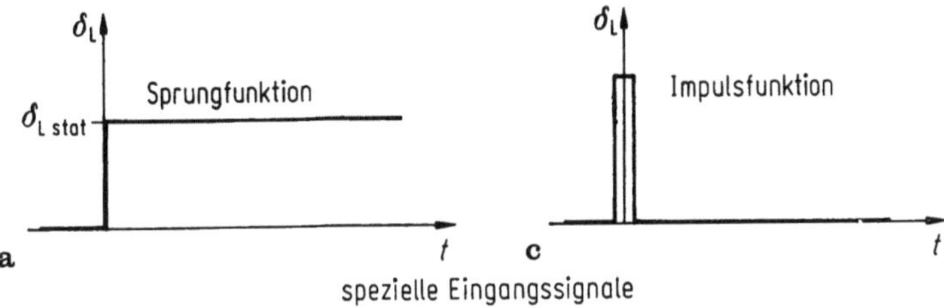

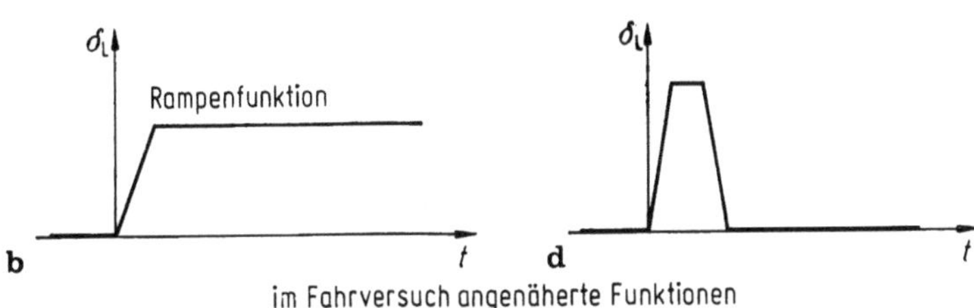

Bild 13.1. Spezielle Eingangssignale am Beispiel des Lenkradwinkeleinschlags δ_L als Funktion der Zeit t

Differentialgleichungen (7.13) und (7.14)

$$mv\dot{\beta} + (c'_{\alpha V} + c_{\alpha H})\,\beta + [mv^2 - (c_{\alpha H}l_H - c'_{\alpha V}l_V)]\,\frac{\dot{\psi}}{v} = c'_{\alpha V}\delta_L^*. \tag{13.1}$$

$$J_z\ddot{\psi} + (c'_{\alpha V}l_V^2 + c_{\alpha H}l_H^2)\,\frac{\dot{\psi}}{v} - (c_{\alpha H}l_H - c'_{\alpha V}l_V)\,\beta = c'_{\alpha V}l_V\delta_L^*. \tag{13.2}$$

13.1 Laplace-Transformation und Übertragungsfunktion

Zur Berechnung der Fahrzeugantwort steht, soweit lineare Differentialgleichungen mit konstanten Koeffizienten vorliegen, die *Laplace-Transformation* zur Verfügung — ein spezielles Verfahren, „welches sowohl die Rechen- als auch die Gedankenarbeit erheblich erleichtert."[28]

Die Laplace-Transformierte $\delta_L(s)$ der Zeitfunktion des Lenkradeinschlags $\delta_L(t)$ ist

$$\delta_L(s) = \int\limits_0^\infty e^{-st}\delta_L(t)\,\mathrm{d}t,$$

entsprechend die des Schwimmwinkels β und die der Giergeschwindigkeit $\dot{\psi}$

$$\beta(s) = \int\limits_0^\infty e^{-st}\beta(t)\,\mathrm{d}t,$$

$$\dot{\psi}(s) = \int\limits_0^\infty e^{-st}\dot{\psi}(t)\,\mathrm{d}t.$$

---

[28] Pestel, E.; Kollmann, E.: Grundlagen der Regelungstechnik. Vieweg, Braunschweig, 1968.

Die zugehörigen Ableitungen lauten

$$s\beta(s) = \int_0^\infty e^{-st} \dot{\beta}(t)\,dt,$$

$$s\dot{\psi}(s) = \int_0^\infty e^{-st} \ddot{\psi}(t)\,dt.$$

Setzt man die obigen fünf Gleichungen in die beiden Differentialgleichungen (13.1) und (13.2) ein, so ergeben sich zwei — leichter zu bearbeitende — algebraische Gleichungen

$$[mvs + (c'_{\alpha V} + c_{\alpha H})]\,\beta(s) + [mv^2 - (c_{\alpha H}l_H - c'_{\alpha V}l_V)]\,\frac{1}{v}\,\dot{\psi}(s) = c'_{\alpha V}\delta_L^*(s), \quad (13.3)$$

$$-(c_{\alpha H}l_H - c'_{\alpha V}l_V)\,\beta(s) + [vJ_z s + (c'_{\alpha V}l_V^2 + c_{\alpha H}l_H^2)]\,\frac{1}{v}\,\dot{\psi}(s) = c'_{\alpha V}l_V\delta_L^*(s). \quad (13.4)$$

Daraus ergibt sich z. B. die Laplace-Transformierte der Gierwinkelgeschwindigkeit zu

$$\dot{\psi}(s) = \left(\frac{\dot{\psi}}{\delta_L}\right)_{\text{stat}} \frac{1 + T_{z1}s}{1 + \dfrac{2\sigma_f}{v_f^2}\,s + \dfrac{1}{v_f^2}\,s^2}\,\delta_L(s).$$

Das Verhältnis $\dot{\psi}(s)/\delta_L(s)$ nennt man Übertragungsfunktion. Sie ist eine Funktion von s und wurde so geschrieben, daß nicht v_f auftaucht, weil dieser Wert beim instabilen Fahrzeug imaginär ist, sondern nur v_f^2. Für $s = 0$ wird die Übertragungsfunktion gleich dem sog. Verstärkungsfaktor $(\dot{\psi}/\delta_L)_{\text{stat}}$, er ist identisch dem Kreisfahrtwert nach (9.14), Tabelle 9.2. Die wichtigsten Übertragungsfunktionen sind in Tabelle 13.1 zusammengestellt.

13.2 Sprungantwort

Als Anwendungsbeispiel wird für den Lenkradeinschlag $\delta_L(t)$ die Sprungfunktion nach Bild 13.1a genommen, d. h. das Lenkrad wird schlagartig auf den Stationärwert $\delta_{L\text{stat}}$ eingeschlagen. Die Laplace-Transformierte lautet dann[28,29]

$$\delta_L(s) = \frac{\delta_{L\,\text{stat}}}{s} \qquad\qquad (13.9)$$

und die Antwort am Beispiel der Gierwinkelgeschwindigkeit nach (13.5)

$$\frac{\dot{\psi}(s)}{\delta_{L\,\text{stat}}} = \left(\frac{\dot{\psi}}{\delta_L}\right)_{\text{stat}} \frac{1 + T_{z1}s}{1 + \dfrac{2\sigma_f}{v_f^2}\,s + \dfrac{1}{v_f^2}\,s^2}\,\frac{1}{s}$$

oder

$$\frac{\dot{\psi}(s)}{\delta_{L\,\text{stat}}} = \left(\frac{\dot{\psi}}{\delta_L}\right)_{\text{stat}} v_f^2\,\frac{1 + T_{z1}s}{s(s^2 + 2\sigma_f s + v_f^2)}.$$

---

[29] Vgl. z. B. Doetsch, G.: Anleitung zum praktischen Gebrauch der Laplace-Transformation, Oldenbourg, München, 1961.

Die Lösung geschieht über die Partialbruchzerlegung des dritten Faktors der obigen Gleichung

$$\frac{1 + T_{z1}s}{s(s^2 + 2\sigma_f s + \nu_f^2)} = \frac{1 + T_{z1}s}{s(s - s_1)(s - s_2)} = \frac{A}{s} + \frac{B}{s - s_1} + \frac{C}{s - s_2} \, .$$

Aus dem Koeffizientenvergleich ergibt sich

$$A + B + C = 0; \qquad A2\sigma_f - Bs_2 - Cs_1 = T_{z1}; \qquad A\nu_f^2 = 1 \, ,$$

wobei die Lösung der quadratischen Gleichung nach (12.4) lautet

$$s_{1,2} = -\sigma_f \pm \sqrt{\sigma_f^2 - \nu_f^2} \, . \tag{13.10}$$

Nach Rücktransformation[28,29] in den Zeitbereich errechnet sich die Sprungantwort zu

$$\frac{\dot\psi(t)}{\delta_{L\,stat}} = \left(\frac{\dot\psi}{\delta_L}\right)_{stat} \left[1 + \frac{s_1 + 2\sigma_f - T_{z1}\nu_f^2}{-s_1 + s_2} e^{s_1 t} + \frac{-s_2 - 2\sigma_f + T_{z1}\nu_f^2}{-s_1 + s_2} e^{s_2 t} \right] . \tag{13.11}$$

Zur Zeit $t = 0$ gilt

$$\frac{\dot\psi(0)}{\delta_{L\,stat}} = 0 \tag{13.12}$$

und

$$\frac{\ddot\psi(0)}{\delta_{L\,stat}} = \left.\frac{d\dot\psi}{dt}\right|_{t=0} \cdot \frac{1}{\delta_{L\,stat}} = \frac{c'_{\alpha V} l_V}{J_z i_L} , \tag{13.13}$$

(aus (13.2) auch direkt ablesbar).

Diese Funktion (13.11) hat unter Beachtung der in Abschn. 12 getroffenen Aussage $\sigma_f > 0$, $\nu_f^2 \gtreqless 0$ drei verschiedenartige Zeitverläufe:

Fall 1. Für $\sigma_f > 0$ und $\nu_f^2 > 0$ ist das Fahrzeug stabil. Bei $\sigma_f^2 - \nu_f^2 > 0$ sind nach (13.10) beide Werte s_1 und s_2 negativ reell, nach (12.9) $D_f > 1$ und (12.10) $\nu_{fd} = 0$. Den Zeitverlauf zeigt Bild 13.2, die drei gestrichelten Kurven sind die einzelnen Summanden in (13.11), die ausgezogene Kurve ist die Summe, $\dot\psi(t)$ nähert sich „kriechend" an die Asymptote

$$\lim_{t\to\infty} \frac{\dot\psi(t)}{\delta_{L\,stat}} = \left(\frac{\dot\psi}{\delta_L}\right)_{stat} , \tag{13.14}$$

also an den in (9.14), Tabelle 9.2, definierten Kreisfahrtwert. Das Fahrzeug befährt nach einiger Zeit einen Kreis.

Fall 2. Für $\sigma_f > 0$ und $\nu_f^2 > 0$, aber $\sigma_f^2 - \nu_f^2 < 0$ sind s_1 und s_2 nach (13.10) konjugiert komplex. Das Fahrzeug ist auch stabil, die Übergangsfunktion ist aber eine abklingende Schwingung ($D_f < 1$). Aus (13.11) wird

$$\frac{\dot\psi(t)}{\delta_{L\,stat}} = \left(\frac{\dot\psi}{\delta_L}\right)_{stat} \left[1 - e^{-\sigma_f t}\left(\cos \nu_{fd} t + \frac{D_f - T_{z1}\nu_f}{\sqrt{1 - D_f^2}} \sin \nu_{fd} t\right)\right] . \tag{13.15}$$

Tabelle 13.1. Übertragungsfunktionen und Frequenzgänge ($F(0)$ entsprechen den Kreisfahrtwerten in Tabelle 9.2, $|F(\omega)|$ $\triangle$ Amplitudenverhältnis, $\varepsilon(\omega) = \arg(F(\mathrm{j}\omega))$ $\triangle$ Phasenwinkel, $T(\omega) = \varepsilon(\omega)/\omega$ $\triangle$ Phasenverschiebungszeit, v_{f}^2 siehe (12.6), σ_{f} siehe (12.5), v_{ch} siehe (9.9). Daten für die Diagramme siehe Fzg. 1 in Tabelle 11.1, $i/l = 0{,}46$.)

Übertragungsfunktion $F(s)$ für	Abkürzungen	Beispiele für Frequenzgänge ($s = \mathrm{j}\omega$)
$\dfrac{\text{Gierwinkelgeschwindigkeit}}{\text{Lenkradeinschlagwinkel}}$ $F(s) = \dot{\psi}(s)/\delta_{\mathrm{L}}(s)$ $= \left(\dfrac{\dot\psi}{\delta_{\mathrm{L}}}\right)_{\mathrm{stat}} \cdot \dfrac{1 + T_{z1}s}{1 + \dfrac{2\sigma_{\mathrm{f}}}{v_{\mathrm{f}}^2}s + \dfrac{1}{v_{\mathrm{f}}^2}s^2}$ (13.5)	$T_{z1} = \dfrac{mvl_{\mathrm{V}}}{c_{\alpha\mathrm{H}}l}$ $F(0) = (\dot\psi/\delta_{\mathrm{L}})_{\mathrm{stat}}$ $= \dfrac{1}{i_{\mathrm{L}}l}\ \dfrac{v}{1 + (v/v_{\mathrm{ch}})^2}$	
$\dfrac{\text{Schwimmwinkel}}{\text{Lenkradeinschlagwinkel}}$ $F(s) = \beta(s)/\delta_{\mathrm{L}}(s)$ $= \left(\dfrac{\beta}{\delta_{\mathrm{L}}}\right)_{\mathrm{stat}} \cdot \dfrac{1 + T_{z1}s}{1 + \dfrac{2\sigma_{\mathrm{f}}}{v_{\mathrm{f}}^2}\ \dfrac{1}{v_{\mathrm{f}}^2}s^2}$ (13.6)	$T_{z1} = \dfrac{J_z v}{c_{\alpha\mathrm{H}}l_{\mathrm{H}}l - l_{\mathrm{V}}mv^2}$ $F(0) = (\beta/\delta_{\mathrm{L}})_{\mathrm{stat}}$ $= \dfrac{l_{\mathrm{H}}}{i_{\mathrm{L}}l}\ \dfrac{1 - \dfrac{ml_{\mathrm{V}}}{c_{\alpha\mathrm{H}}l_{\mathrm{H}}l}v^2}{1 + (v/v_{\mathrm{ch}})^2}$	

Seitenbeschleunigung
Lenkradeinschlagwinkel

$$F(s) = \ddot{y}(s)/\delta_L(s)$$

$$= \left(\frac{\ddot{y}}{\delta_L}\right)_{stat} \cdot \frac{1 + T_{z1}s + T_{z2}s^2}{1 + \frac{2\sigma_f}{v_f^2}s + \frac{1}{v_f^2}s^2}$$

$$(13.7)$$

$$T_{z1} = \frac{l_H}{v}$$

$$T_{z2} = \frac{J_z}{c_{\alpha H}l}$$

$$F(0) = (\ddot{y}/\delta_L)_{stat}$$

$$= \frac{1}{i_L l}\frac{v^2}{1 + (v/v_{ch})^2}$$

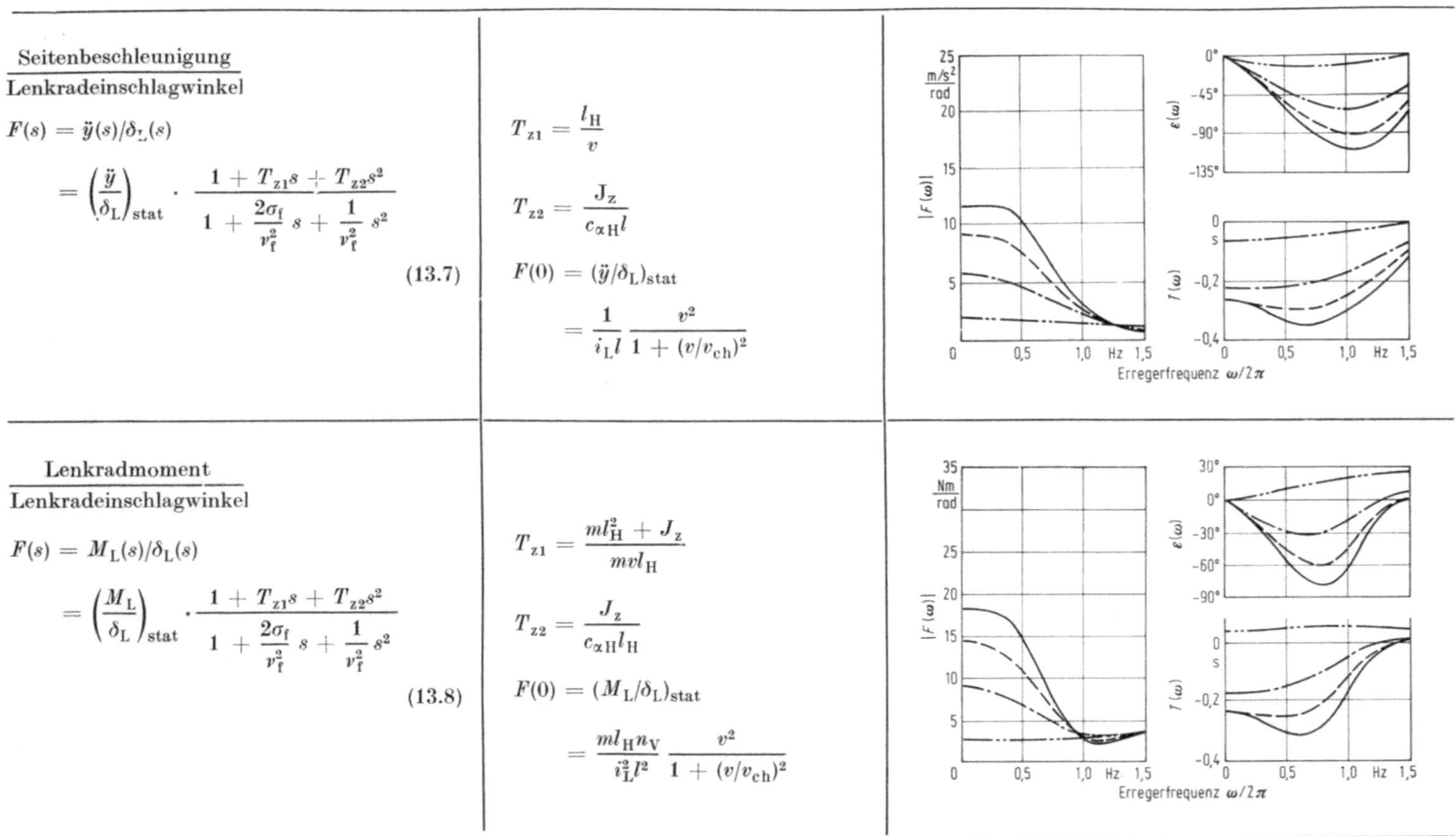

Lenkradmoment
Lenkradeinschlagwinkel

$$F(s) = M_L(s)/\delta_L(s)$$

$$= \left(\frac{M_L}{\delta_L}\right)_{stat} \cdot \frac{1 + T_{z1}s + T_{z2}s^2}{1 + \frac{2\sigma_f}{v_f^2}s + \frac{1}{v_f^2}s^2}$$

$$(13.8)$$

$$T_{z1} = \frac{ml_H^2 + J_z}{mvl_H}$$

$$T_{z2} = \frac{J_z}{c_{\alpha H}l_H}$$

$$F(0) = (M_L/\delta_L)_{stat}$$

$$= \frac{ml_H n_V}{i_L^2 l^2}\frac{v^2}{1 + (v/v_{ch})^2}$$

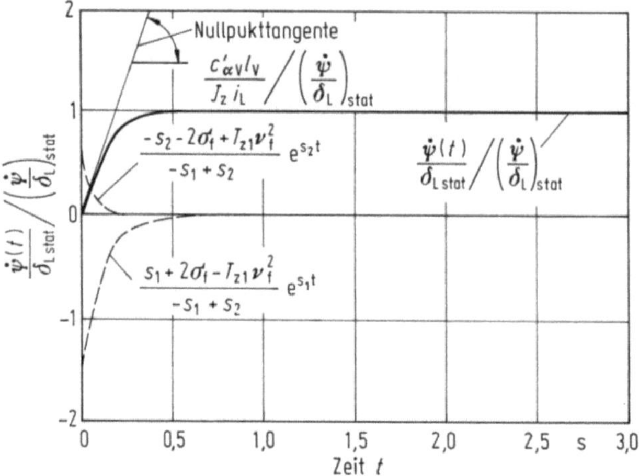

Bild 13.2. Gierwinkelgeschwindigkeitsverlauf $\dot\psi(t)$ auf Lenkradsprung δ_{Lstat}, bezogen auf den Kreisfahrtwert $(\dot\psi/\delta_{\mathrm{L}})_{\mathrm{stat}}$ für den Fall $\sigma_{\mathrm{f}} > 0$, $\nu_{\mathrm{f}}^2 > 0$, $\sigma_{\mathrm{f}}^2 - \nu_{\mathrm{f}}^2 > 0$, siehe (13.11)

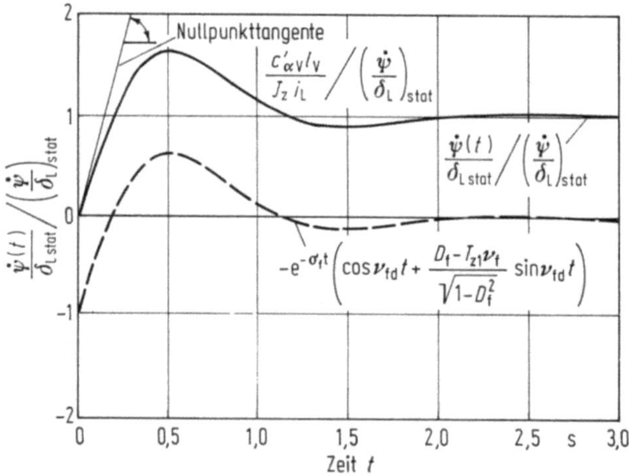

Bild 13.3. Gierwinkelgeschwindigkeitsverlauf $\dot\psi(t)$ auf Lenkradsprung δ_{Lstat}, bezogen auf den Kreisfahrtwert $(\dot\psi/\delta_{\mathrm{L}})_{\mathrm{stat}}$ für den Fall $\sigma_{\mathrm{f}} > 0$, $\nu_{\mathrm{f}}^2 > 0$, $\sigma_{\mathrm{f}}^2 - \nu_{\mathrm{f}}^2 < 0$, siehe (13.15)

Dabei ist ν_{fd} die gedämpfte Eigenkreisfrequenz nach (12.10). Den Zeitverlauf zeigt Bild 13.3, die Asymptote und die Anfangssteigung sind die gleichen wie in (13.14) und (13.13) bzw. in Bild 13.2.

Fall 3. Für $\sigma_{\mathrm{f}} > 0$ und $\nu_{\mathrm{f}}^2 < 0$, d. h. $\sqrt{\sigma_{\mathrm{f}}^2 - \nu_{\mathrm{f}}^2} > \sigma_{\mathrm{f}}$, wird s_1 positiv, s_2 negativ. Durch s_1 wird das Fahrzeug instabil, eine der e-Funktionen wird unendlich und damit auch die Gesamtfunktion, siehe Bild 13.4 und vgl. (13.11). In diesem Fall ist $(\dot\psi/\delta_{\mathrm{L}})_{\mathrm{stat}}$ negativ.

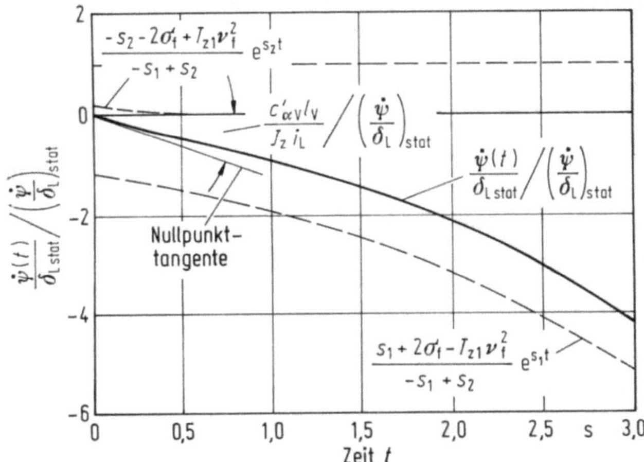

Bild 13.4. Gierwinkelgeschwindigkeitsverlauf $\dot{\psi}(t)$ auf Lenkradsprung $\delta_{\mathrm{L\,stat}}$, bezogen auf den Kreisfahrtwert $(\dot{\psi}/\delta_{\mathrm{L}})_{\mathrm{stat}}$ für den Fall $\sigma_{\mathrm{f}} > 0$, $v_{\mathrm{f}}^2 < 0$, siehe (13.11)

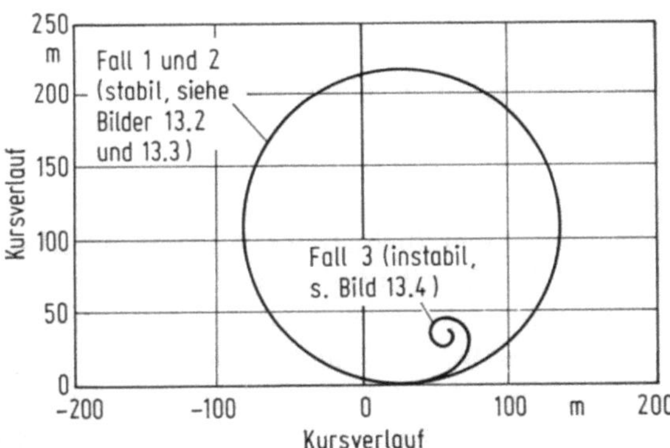

Bild 13.5. Bahnkurven von Fahrzeugen für die in Abschn. 13.2 genannten drei Fälle

Zur Verdeutlichung der Stabilität und Instabilität sind in Bild 13.5 die Bahnkurven von Fahrzeugen zu den eben drei diskutierten Fällen gezeichnet. Alle drei Fahrzeuge fahren zunächst, von links kommend (negative Abszissenachse), geradeaus. Bei „0m" wird das Lenkrad sprungartig eingeschlagen. In den beiden stabilen Fällen 1 und 2 befahren die Fahrzeuge nach den Übergangsfunktionen einen Kreis, im instabilen Fall 3 eine Kurve mit immer enger werdender Krümmung. Im letzteren Fall muß der Fahrer durch Korrigieren am Lenkrad versuchen, das Fahrzeug auf der Straße zu halten und das instabile Fahrzeug zu stabilisieren.

Verbindet man die Aussagen über die drei Fälle mit denen über die Stabilität/ Instabilität sowie mit den Definitionen für Unter-/Übersteuern nach den Abschnitten 12.10 und besonders 12.1, so ergibt sich Tabelle 13.2.

Tabelle 13.2. Zusammenhang zwischen dynamischem Verhalten nach den Abschnitten 13.2 und 12 sowie der Kreisfahrt nach den Abschnitten 9 und 10

	Dynamisches Verhalten	Kreisfahrt
stabil	(Fall 1)	
$\sigma_f > 0$	$\sigma_f^2 - \nu_f^2 > 0$	übersteuerndes Fahrzeug $d\delta_L/d(v^2/\varrho) < 0$
$\nu_f^2 > 0$	$D_f > 1$	für $v < v_{krit}$
	monotoner Verlauf	
	(Fall 2)	
	$\sigma_f^2 - \nu_f^2 < 0$	untersteuerndes Fahrzeug $d\delta_L/d(v^2/\varrho) > 0$
	$D_f < 1$ (bis auf niedrige v)	
	oszillierender Verlauf	(fast alle Pkw)
instabil	(Fall 3)	
		übersteuerndes Fahrzeug $d\delta_L/d(v^2/\varrho) < 0$
$\sigma_f > 0$	monotoner Verlauf	für $v > v_{krit}$
$\nu_f^2 < 0$		

13.3 Lenkwinkelrampe, Peak-Response-Time, Kreisfahrtwert (Verstärkungsfaktor)

Wie schon zu Beginn von Abschn. 13 erwähnt, kann der eben behandelte Lenkwinkelsprung bei Fahrversuchen wegen des unendlich steilen Anstiegs nicht verwirklicht werden, man nimmt deshalb die Rampenfunktion nach Bild 13.1b.

Da dieser Fahrversuch relativ häufig angewendet wird, ist er genormt.[30] Danach wird bei einer vorgegebenen Fahrgeschwindigkeit das Lenkrad möglichst schnell auf einen solch großen Wert δ_{Lstat} bewegt, daß eine bestimmte stationäre Querbeschleunigung $\ddot{y}_{stat}$ erzielt wird. In Bild 13.6 sind einige Meßschriebe dargestellt. Die Lenkwinkelrampe (a) entspricht gut der theoretischen Forderung, die Gierwinkelgeschwindigkeit (b) schwingt über den Stationärwert, ebenso, aber etwas schwächer, die Querbeschleunigung (c), während Schwimmwinkel (d) und Wankwinkel (e) fast asymptotisch einlaufen.

Aus der Antwortfunktion des Fahrzeugs, z. B. aus der Gierwinkelgeschwindigkeit-Zeit-Funktion nach Bild 13.7b, werden zur Beurteilung einige Werte entnommen.

Nach subjektiven Aussagen[31] wird das Fahrverhalten eines Pkw als gut bezeichnet, wenn

1. der Kreisfahrtwert = Verstärkungsfaktor $(\dot{\psi}/\delta_L)_{stat}$ groß und
2. die Zeit bis zum ersten Maximum, die sog. Peak-Response-Time $T_{\dot{\psi}\,max}$, klein

---

[30] ISO 7401: Road vehicles — Lateral transient response, test methods, 1988-05-01: $v = 80$ km/h, $\ddot{y}_{stat} = 4$ m/s², $d\delta_L/dt > 200°/s$.

[31] Bisimis, E., u. a.: Lenkwinkelsprung und Übergangsverhalten von Kraftfahrzeugen, ATZ 79 (1977) S. 577—586.

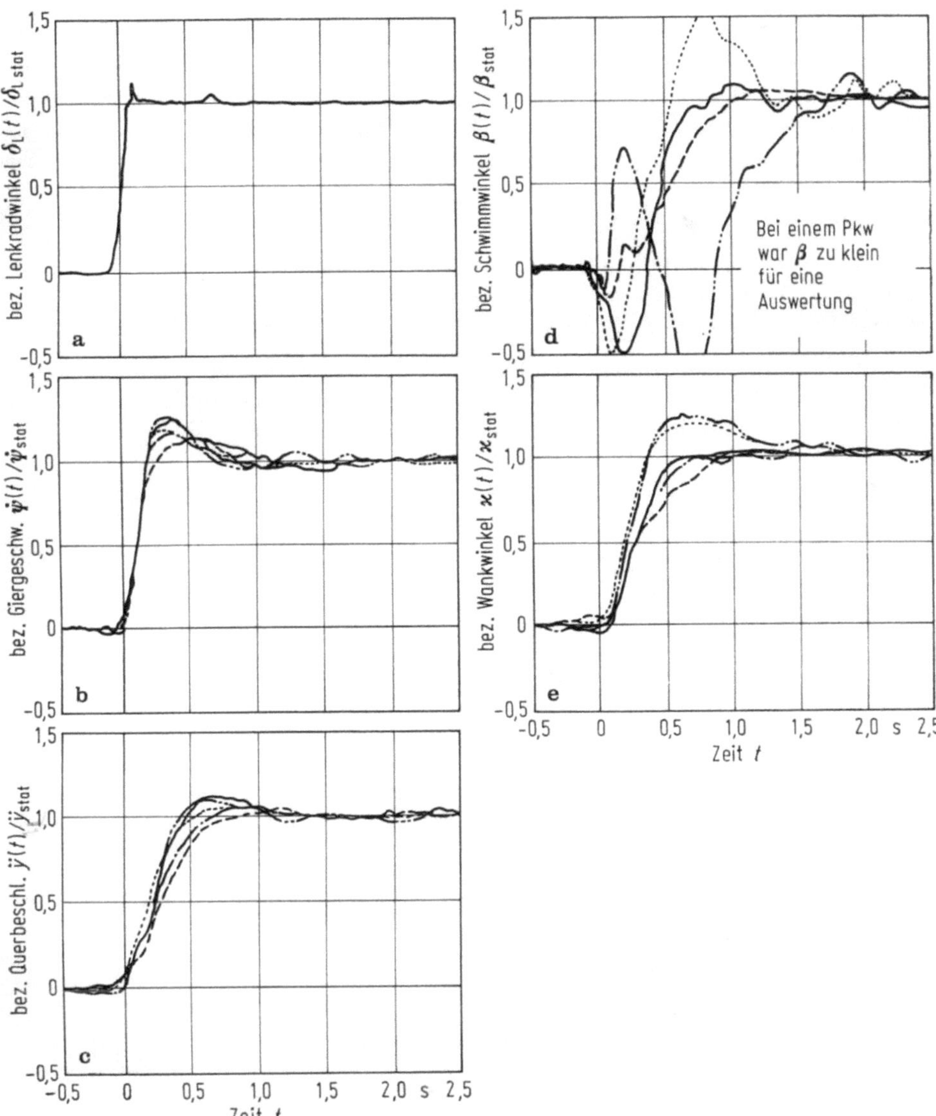

Bild 13.6. Vergleich der auf die Stationärwerte normierten Zeitschriebe von **a** Lenkradwinkel; **b** Gierwinkelgeschwindigkeit; **c** Querbeschleunigung; **d** Schwimmwinkel und
e Wankwinkel beim Lenkwinkelsprung-Versuch für fünf PkW (Messungen von IfF:
Linkskurve, $v \approx 100$ km/h, $\ddot{y}_{\mathrm{stat}} \approx 0{,}4g$)

ist, d. h., wenn das Fahrzeug stark und schnell auf die Bewegung am Lenkrad
reagiert. Angaben über Grenzwerte oder gewünschte Bereiche gibt es noch nicht.
Man kann nur allgemein sagen, $(\dot{\psi}/\delta_{\mathrm{L}})_{\mathrm{stat}}$ sollte nicht zu groß sein, weil dann eine
kleine, vielleicht vom Fahrer unbewußt ausgeführte Lenkbewegung schon eine
zu große Fahrzeugreaktion ergibt, andererseits nicht zu klein, damit nicht eine

gewollte Fahrzeugbewegung zu große, unhandliche Lenkbewegungen erfordert. Bei einem zu großen $T_{\dot\psi\text{max}}$ antwortet das Fahrzeug zu träge, bei einem zu kleinen vielleicht zu schnell. In Bild 13.8 sind einige Versuchsergebnisse in einem, die beiden o. g. Forderungen enthaltenen Diagramm eingezeichnet.

Neben dem o. g. $T_{\dot\psi\text{max}}$ gibt es noch einen, um den Schwimmwinkel aus der stationären Kreisfahrt β_{stat} erweiterten, sog. TB-Wert[32]

$$TB = T_{\dot\psi\text{max}} \cdot \beta_{\text{stat}}. \tag{13.16}$$

Auch der TB-Wert soll klein sein. Danach kommt als weitere, schon aus Abschn. 10.2 bekannte Forderung hinzu, der stationäre Schwimmwinkel soll klein sein. (Während der Verstärkungsfaktor und die Peak-Response-Time in erster Näherung von der Größe des Kreisradius ϱ und des Lenkradeinschlags δ_L unabhängig sind, hängt der TB-Wert wegen β_{stat} davon ab! Da β_{stat} sehr klein und überhaupt ungenau zu messen ist, ist auch die Angabe des TB-Wertes nicht sehr genau.)

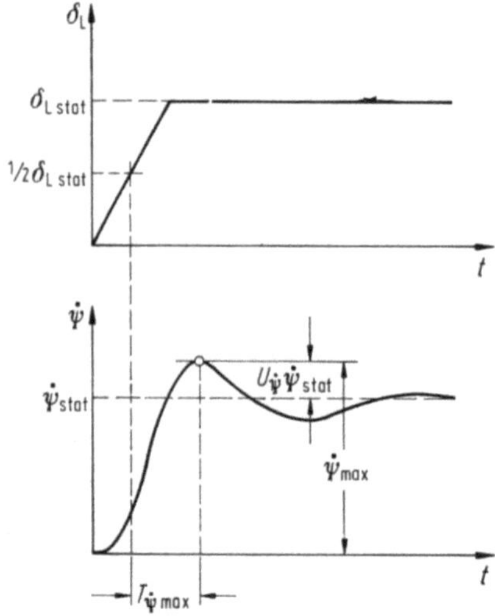

Bild 13.7. Definition einiger Kennwerte der Übergangsfunktion am Beispiel der Giergeschwindigkeit. Index stat bezieht sich auf Kreisfahrtwerte, $T_{\dot\psi\,\text{max}}$ = Peak-Response-Time, $U_{\dot\psi}$ = auf den Stationärwert $\dot\psi_{\text{stat}}$ bezogene Überschwingweite

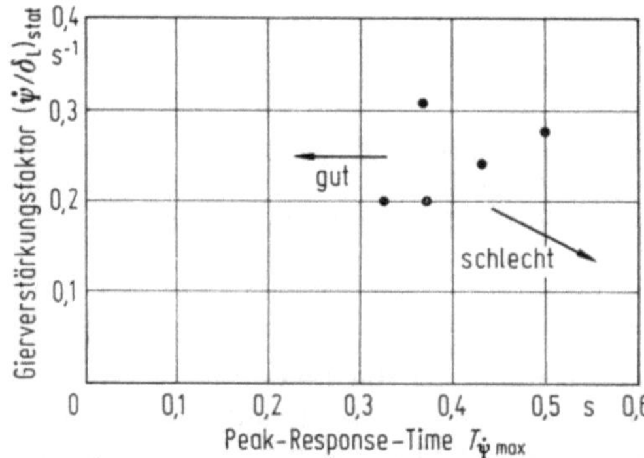

Bild 13.8. Gierverstärkungsfaktor $(\dot\psi/\delta_L)_{\text{stat}}$ über Peak-Response-Time $T_{\dot\psi\,\text{max}}$ für einige Pkw. (Messungen des IfF, 1984/85, $v \approx 100$ km/h, $\ddot y_{\text{stat}} \approx 0{,}4g$, trockene Straße, $d\delta_L/dt \approx 200°/$s, Mittelwerte aus mehreren Versuchen bei Links- und Rechtskurven)

---

[32] Linke, W., Richter, B., Schmidt, R.: Simulation and measurement of driver vehicle handling performance, SAE-Paper 730489 (1973).

Bei der Untersuchung von Fahrzeugen mit Allradlenkung[33] wurde ein modifizierter Wert

$$TK = CT_{\dot\psi\,\text{max}} + \beta_{\text{stat}}^2$$

aufgestellt, bei dem im Gegensatz zum TB-Wert auch ein $\beta_{\text{stat}} = 0$ zu einem von Null verschiedenen Kennwert führt.

Manchmal wird auch die bezogene Überschwingweite (hier für die Gierwinkelgeschwindigkeit)

$$U_{\dot\psi} = \frac{\dot\psi_{\text{max}} - \dot\psi_{\text{stat}}}{\dot\psi_{\text{stat}}} \qquad (13.17)$$

zur Beurteilung herangezogen, obgleich deren Bedeutung für das Subjektivurteil gering ist.[31]

In Tabelle 13.3 sind einige Werte für heutige Pkw auch für die Querbeschleunigung $\ddot y$ zusammengestellt.

Die Bestimmung von $T_{\dot\psi\,\text{max}}$ und des TB-Wertes ist nur bei Fahrzeugen möglich, die auf die Asymptote einschwingen, also nach Tabelle 13.2 bei allen untersteuernden Fahrzeugen, und das sind fast alle Pkw.

Tabelle 13.3. Kennwerte aus Messungen des IfF 1984/85 ($v \approx 100$ km/h, $\ddot y_{\text{stat}} \approx 0{,}4g$, trockene Straße, $d\delta_{\text{L}}/dt \approx 200°/$s. Mittelwerte aus mehreren Versuchen bei Links- und Rechtskurven)

Meßgröße		Einheit	Bereich für Pkw
Verstärkungsfaktor	$(\dot\psi/\delta_{\text{L}})_{\text{stat}}$	$\dfrac{1}{\text{s}}$	0,20···0,30
Peak-Response-Time	$T_{\dot\psi\,\text{max}}$	s	0,33···0,50
	$T_{\ddot y\,\text{max}}$	s	0,67···0,95
bez. Überschwingweiten	$\dfrac{\dot\psi_{\text{max}} - \dot\psi_{\text{stat}}}{\dot\psi_{\text{stat}}}$	%	13···27
	$\dfrac{\ddot y_{\text{max}} - \ddot y_{\text{stat}}}{\ddot y_{\text{stat}}}$	%	3···14
TB-Wert	$T_{\dot\psi\,\text{max}} \cdot \beta_{\text{stat}}$	Grad · s	$(-0{,}04) + 0{,}17···0{,}53$

13.4 Diskussion der Zeitfunktionen, Einfluß von Fahrzeugdaten

Die Antwort eines Fahrzeugs auf die Eingabe der Lenkradwinkelrampe ist aus Bild 13.9 zu entnehmen. Die Gierwinkelgeschwindigkeit $\dot\psi$ steigt nach Diagramm b schnell an, erreicht ihren Maximalwert, nachdem der Lenkradwinkelanstieg beendet ist (die Zeitverschiebung wird durch die Peak-Response-Time $T_{\dot\psi\,\text{max}}$ ausgedrückt) und schwingt dann auf den Stationärwert $\dot\psi_{\text{stat}}$ ein. Das Einschwingen ist

---

[33] Vierradlenkung am Simulator, Studienarbeit am IfF von Schmidtchen, J. T. (1985).

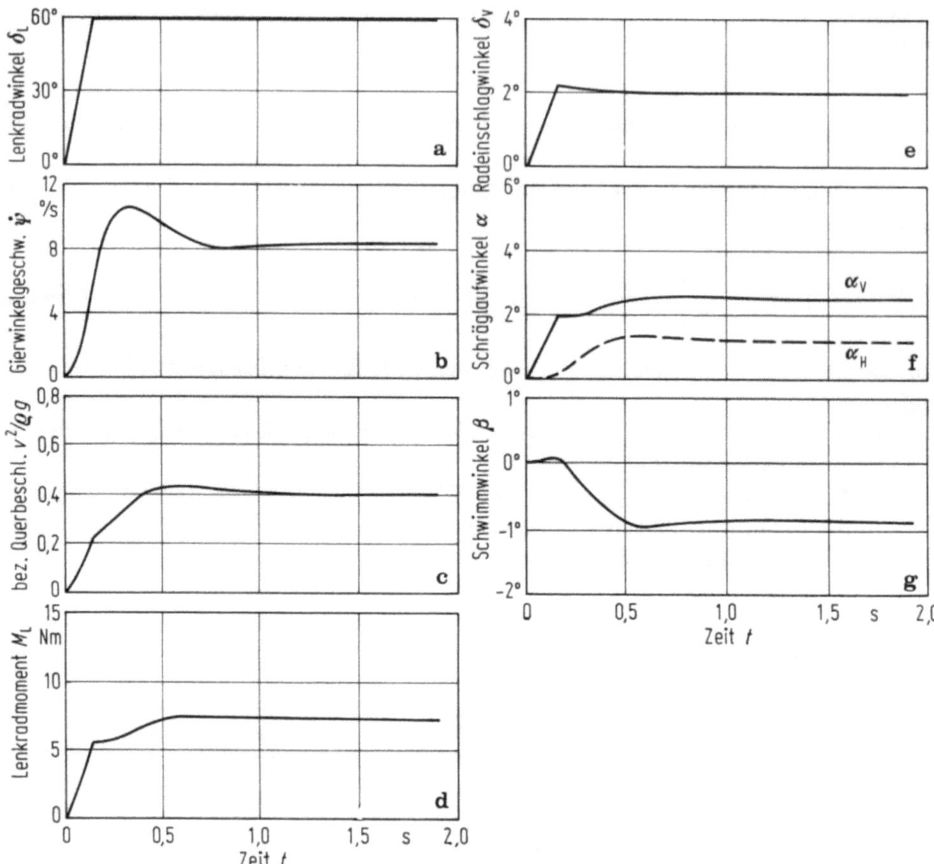

Bild 13.9. Zeitfunktionen bei Eingabe einer Lenkwinkelrampe für einen untersteuernden frontlastigen Pkw, $v = 100$ km/h

kaum sichtbar, weil bei dieser Geschwindigkeit $v = 100$ km/h das Dämpfungsmaß D_{f} relativ hoch ist, siehe Bild 12.2b. Dieser errechnete Kurvenverlauf entspricht den gemessenen Verläufen nach Bild 13.6b. Der Querbeschleunigungs-Zeit-Verlauf nach Diagramm c entspricht dem der Gierwinkelgeschwindigkeit mit drei Ausnahmen: Der Anstieg ist nicht so steil, die Peak-Response-Time ist größer, und die bezogene Überschwingweite ist kleiner. Dieses wird durch die Meßergebnisse in Bild 13.6c und nach Tabelle 13.3 bestätigt. Beim Querbeschleunigungsanstieg gibt es zum Zeitpunkt der Beendigung des Lenkradwinkelanstiegs bei der theoretischen Kurve nach Bild 13.9c einen Knick, bei den experimentellen Kurven nach Bild 13.6c ist er verschliffen.

Der Schräglaufwinkel vorn α_{V} steigt, da die Vorderräder gelenkt werden, schneller an als hinten α_{H}, (Bild 13.9f). Der Stationärwert von α_{V} ist wegen der Frontlastigkeit des Fahrzeugs größer als α_{H}. Das Lenkradmoment (d) ist proportional der Vorderachs-Seitenkraft und die wiederum proportional dem vorderen Schräglaufwinkel α_{V}, wodurch sich die Ähnlichkeit erklärt.

Der Vorderradeinschlag δ_V (e) schwingt im Gegensatz zu δ_L etwas über den Stationärwert. Dies ist der Einfluß der Lenkungssteifigkeit C_L und des Gesamtnachlaufes n_V (nicht der Massen der Vorderräder, denn die wurden nicht berücksichtigt).

Der Schwimmwinkel β (g) bewegt sich mit geringem Überschwingen auf den bei dieser relativ hohen Querbeschleunigung negativen Stationärwert (vgl. Definition nach Bild 3.1a).

Im folgenden wird der Einfluß der Fahrzeugdaten auf die in Abschn. 13.3 genannten wichtigen Beurteilungsmaßstäbe Verstärkungsfaktor und Peak-Response-Time der Gierwinkelgeschwindigkeit besprochen. Zunächst werden in Bild 13.10 drei Fahrzeuge mit verschiedenen Schwerpunktslagen verglichen.

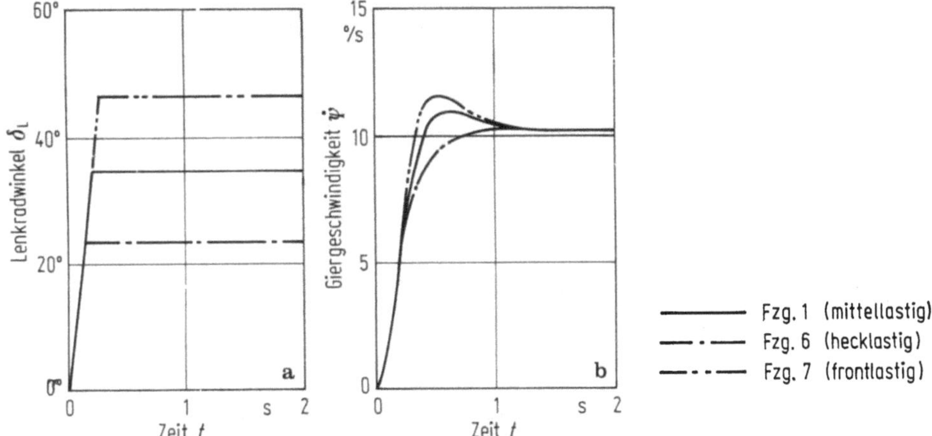

Bild 13.10. Beispiele für den Einfluß von Fahrzeugdaten auf Gierwinkelgeschwindigkeit-Zeit-Verlauf bei Eingabe von Lenkwinkelrampen. Fahrzeugdaten siehe Tabelle 11.1, $v = 22{,}2$ m/s $= 80$ km/h, $\ddot{y}_{stat} = 4$ m/s², $d\delta_L/dt = 200°/$s, entspricht ISO[30]

Das hecklastige Fahrzeug 6 fällt zweifach auf: Erstens braucht es für den nach Norm[30] durchzuführenden Fahrversuch den kleinsten Lenkradeinschlagwinkel $\delta_L = 23{,}7°$, um eine stationäre Querbeschleunigung von $0{,}4g$ zu erreichen, und zweitens zeigt der Gierwinkelgeschwindigkeit-Zeit-Verlauf kein Überschwingen. Die erste Aussage bedeutet, daß Fahrzeug 6 einen großen Verstärkungsfaktor $(\dot{\psi}/\delta_L)_{stat}$ hat, was auf den kleinen Untersteuergradienten zurückzuführen ist, siehe Bild 11.1, IIId. Formelmäßig ergibt sich der Zusammenhang nach Gleichung (13.18). Die zweite Aussage bedeutet: das fehlende Überschwingen, das „Herankriechen" an die Asymptote steht dafür, daß das Fahrzeug nur langsam auf den Lenkradeinschlag reagiert. Die Ursache hierfür ist nach Bild 12.2b das große Dämpfungsmaß mit D_f ($v = 22{,}2$ m/s) ≈ 1. $T_{\dot{\psi}max}$ kann hier nicht bestimmt werden.

Beim mittellastigen Fahrzeug 1 muß der Lenkradeinschlag, um die o. g. Querbeschleunigung zu erzielen, $\delta_L = 35{,}1°$ betragen; der Verstärkungsfaktor ist kleiner, der Untersteuergradient größer als bei Fahrzeug 6. Beim $\dot{\psi}(t)$-Verlauf tritt ein Überschwingen auf, da nach Bild 12.2b D_f ($v = 22{,}2$ m/s) $\approx 0{,}82$, also kleiner Eins ist; es ist $T_{\dot{\psi}\text{max}} \approx 0{,}54$ s. Beim frontlastigen Fahrzeug 7 ist $\delta_\text{L} = 46{,}5°$, also noch größer als bei Fahrzeug 1 und 6, der Verstärkungsfaktor ist noch kleiner, der Untersteuergradient noch größer, das Fahrzeug reagiert mit $T_{\dot{\psi}\text{max}} = 0{,}50$ s am schnellsten, allerdings auch mit einem stärkeren Überschwingen, da $D_t(v = 22{,}2 \text{ m/s}) = 0{,}70$ kleiner ist als bei Fahrzeug 1.

An diesen drei Beispielen, bei denen die Schwerpunktslage verändert wurde, erkennt man, daß eine Verringerung von $T_{\dot{\psi}\text{max}}$ auch eine Verkleinerung des Verstärkungsfaktors $(\dot{\psi}/\delta_\text{L})_\text{stat}$ ergibt. Da aber nach Abschn. 13.3 eine Verkleinerung des Verstärkungsfaktors nicht gewünscht wird, muß man z. B. beim frontlastigen Fahrzeug die Lenkübersetzung i_L verkleinern und zwar, um den gleichen $(\dot{\psi}/\delta_\text{L})_\text{stat}$-Wert zu erreichen wie bei Fahrzeug 1, von $i_\text{L} = 19$ auf 14,3. Dies bewirkt allerdings nach den Abschnitten 9.5, 10.3 und 11.3 höhere Momente am Lenkrad und macht zu dessen Reduzierung den Einbau einer Servolenkung notwendig.

In Tabelle 13.4 sind auch die Ergebnisse der anderen Fahrzeuge zusammengestellt.

Tabelle 13.4. Ergebnisse aus Lenkwinkelrampe. Fahrzeugdaten siehe Tab. 11.1 (bis auf die letzte Spalte). Rechenbedingungen: $v = 22{,}2$ m/s $= 80$ km/h, $\ddot{y}_\text{stat} = 4$ m/s², $\mathrm{d}\delta_\text{L}/\mathrm{d}t = 200°$/s entspricht ISO[30]

Fahrzeug	$\delta_{\text{L stat}}$	$\left(\dfrac{\dot{\psi}}{\delta_\text{L}}\right)_\text{stat}$	$T_{\dot{\psi}\text{max}}$	$\dfrac{\dot{\psi}_\text{max} - \dot{\psi}_\text{stat}}{\dot{\psi}_\text{stat}}$	i_L für $(\dot{\psi}/\delta_\text{L})_\text{stat} = 0{,}297$ 1/s
1	35,1°	0,297 1/s	0,54 s	8,9°/s	19
2	35,1°	0,297 1/s	0,46 s	5,4°/s	19
3	35,1°	0,297 1/s	0,96 s	10,7°/s	19
4	26,4°	0,395 1/s	0,79 s	3,6°/s	25,3
5	56,9°	0,184 1/s	0,50 s	21,4°/s	11,7
6	23,7°	0,440 1/s	—	0	28,1
7	46,5°	0,225 1/s	0,50 s	14,3°/s	14,3
8	12,3°	0,849 1/s	—	0	—

(weil beladenes Fahrzeug)

13.5 Zusammenhang von Beurteilungs- und Fahrzeuggrößen

Nach den Beispielen wird im folgenden ermittelt, wie die beiden Forderungen erstens bestimmter, nicht zu kleiner Gierverstärkungsfaktor $(\dot{\psi}/\delta_\text{L})_\text{stat}$ und zweitens kleine Gier-Peak-Response-Time $T_{\dot{\psi}\text{max}}$ fahrzeugtechnisch verwirklicht werden können. Die formelmäßige Ableitung gilt näherungsweise.

Nach (9.14), Tabelle 9.2 und (9.7), Tabelle 9.1, sowie (10.3c), Tabelle 10.1, ist

$$\left(\frac{\dot{\psi}}{\delta_\text{L}}\right)_\text{stat} = \frac{1}{i_\text{L}l}\,\frac{v}{1 + (v/v_\text{ch})^2} = \frac{1}{i_\text{L}l}\,\frac{v}{1 + \dfrac{v^2}{i_\text{L}l}\,\dfrac{\mathrm{d}\delta_\text{L}}{\mathrm{d}(v^2/\varrho)}}$$

$$= \frac{1}{i_\text{L}l}\,\frac{v}{1 + \dfrac{v^2}{gl}\,\dfrac{F_{\text{zH}}}{c_{\text{aH}}}\,\dfrac{1 - SQ}{SQ}} \tag{13.18}$$

mit dem Steifigkeitsquotienten SQ nach (9.8), Tabelle 9.1.

Nach Bild 13.3 kann die Peak-Response-Time bei sprungförmigem Lenkradeinschlag ungefähr gleich einem Viertel der Schwingungsdauer gesetzt werden

$$T_{\dot\psi\mathrm{max}} \approx \frac{1}{4}\left(\frac{2\pi}{\nu_{\mathrm{fd}}}\right). \tag{13.19}$$

Die gedämpfte Eigenfrequenz $\nu_{\mathrm{fd}}/2\pi$ nähert sich nach Bild 12.2c schon ab relativ kleinen Fahrgeschwindigkeiten (ab $v \approx 20$ m/s) dem Asymptotenwert, so daß für ν_{fd} näherungsweise (12.11) oder (12.12) eingesetzt werden kann.

Damit wird

$$T_{\dot\psi\mathrm{max}} \approx \frac{\pi}{2}\sqrt{\frac{J_z m v_{\mathrm{ch}}^2}{c'_{\alpha\mathrm{V}}c_{\alpha\mathrm{H}}l^2}} = \frac{\pi}{2}\sqrt{\frac{J_z m i_{\mathrm{L}}}{c'_{\alpha\mathrm{V}}c_{\alpha\mathrm{H}}l}\frac{\mathrm{d}(v^2/\varrho)}{\mathrm{d}\delta_{\mathrm{L}}}}$$

$$\approx \frac{\pi}{2}\sqrt{\frac{l}{g}\frac{i^2}{l_{\mathrm{V}}l_{\mathrm{H}}}\frac{1}{c_{\alpha\mathrm{H}}/F_{\mathrm{yH}}(1-SQ)}}. \tag{13.20}$$

Damit ist der gewünschte Zusammenhang zwischen Beurteilungs- und Fahrzeuggrößen gefunden. Beide Beurteilungen (13.18) und (13.20) hängen vom Radstand

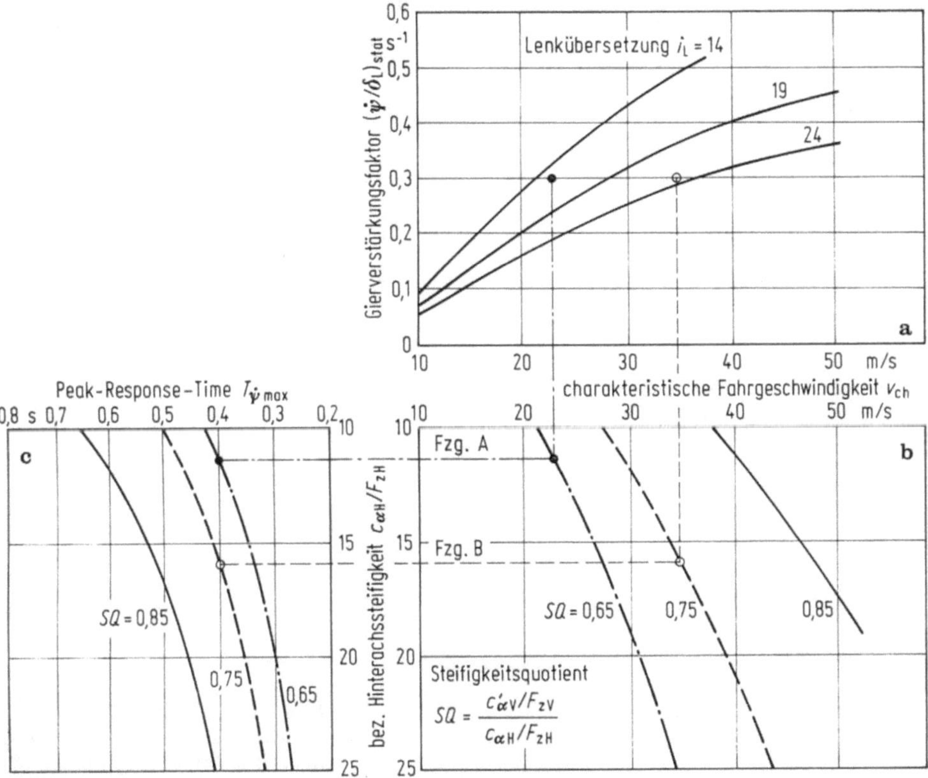

Bild 13.11. Zusammenhang zwischen Beurteilungsgrößen $(\dot\psi/\delta_\mathrm{L})_\mathrm{stat}$ und $T_{\dot\psi\,\mathrm{max}}$ und Fahrzeugdaten v_ch, $c_{\alpha\mathrm{H}}/F_{z\mathrm{H}}$, i_L, SQ.
$(J_z = mi^2$, $i^2/(l_\mathrm{V}l_\mathrm{H}) = 1$, $v = 100$ km/h $= 27{,}8$ m/s); sonstige Fahrzeugdaten siehe Fzg. 1, Tabelle 11.1

l, der bezogenen Reifenseitensteifigkeit hinten $c_{\alpha H}/F_{zH}$ und dem Steifigkeits-
quotienten $SQ = (c'_{\alpha V}/F_{zV})/(c_{\alpha H}/F_{zH})$ ab. Nur $(\dot{\psi}/\delta_L)_{stat}$ ist noch eine Funktion der
Fahrgeschwindigkeit v und der Lenkübersetzung i_L. $T_{\dot{\psi}max}$ hängt näherungsweise
allein von dem Verhältnis $i^2/(l_V l_H)$ ab, d. h. vom Trägheitsradius $i = J_z/m$ des
Fahrzeugs um die Hochachse und den Schwerpunktabständen l_V, l_H.

In Bild 13.11 sind für gegebene Werte Masse m, Trägheitsmoment J_z, Radstand l und Testgeschwindigkeit v die Fahrzeugeinflüsse erkennbar. Daraus ergeben sich die grundlegenden Ergebnisse:

— Ein Fahrzeug reagiert auf den Lenkradeinschlag stark, d. h. der Kreisfahrtwert (Verstärkungsfaktor) $(\dot{\psi}/\delta_L)_{stat}$ ist groß, wenn Lenkübersetzung i_L klein
  und charakteristische Fahrgeschwindigkeit v_{ch} groß sind, (Diagramm a); v_{ch}
  wiederum wird nach Diagramm b groß, wenn die bezogene Reifenseitensteifigkeit hinten $c_{\alpha H}/F_{zH}$ und der Steifigkeitsquotient SQ groß sind.
— Ein Fahrzeug reagiert schnell, d. h. die Peak-Response-Time $T_{\dot{\psi}max}$ ist klein,
  wenn $c_{\alpha H}/F_{zH}$ groß und — nicht ganz so wichtig — SQ klein sind.

Zwei Beispiele zeigen in Bild 13.11 die Anwendung. Beide Fahrzeuge sollen
den gleichen Gierverstärkungsfaktor $(\dot{\psi}/\delta_L)_{stat} = 0{,}3$ und die Peak-Response-Time
$T_{\dot{\psi}max} = 0{,}4$ s erreichen. Fahrzeug A erreicht die Werte mit $c_{\alpha H}/F_{zH} \approx 11{,}5$.
$SQ = 0{,}65$ und $i_L \approx 14$. Fahrzeug B mit $c_{\alpha H}/F_{zH} \approx 21$. $SQ = 0{,}75$, $i_L \approx 24$.

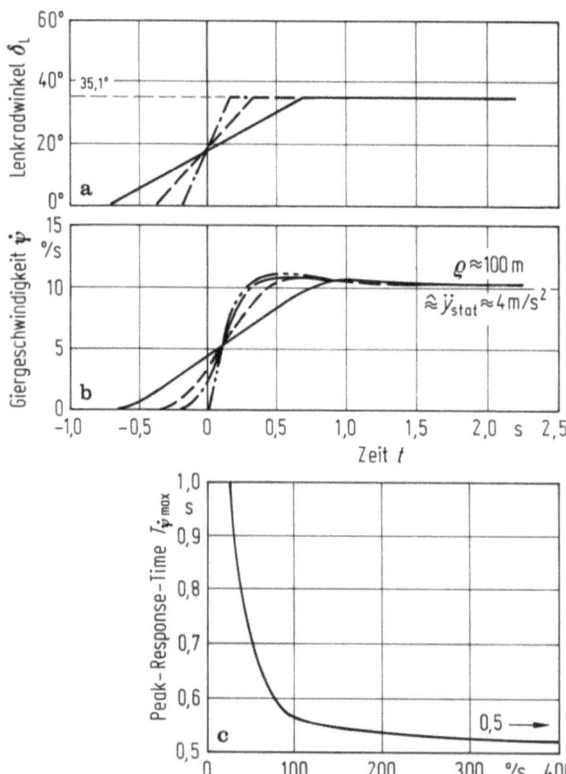

Bild 13.12. Einfluß von verschieden schnellem δ_L-Anstieg
(a) auf $\dot{\psi}$ (b), c Einfluß des δ_L-
Anstiegs auf $T_{\dot{\psi}max}$. Fahrzeugdaten: siehe Fzg. 1 in Tabelle
11.1, $v = 22{,}2$ m/s $= 80$ km/h

13.6 Einfluß von Lenkwinkelrampe und Fahrgeschwindigkeit

Wie sich die Ergebnisse mit der Steilheit der Lenkwinkelrampe und mit der Fahrgeschwindigkeit ändern, soll an einigen Beispielen gezeigt werden.

In Bild 13.12 ist der Einfluß verschieden schnellen δ_L-Anstiegs (a) auf die Gierwinkelgeschwindigkeit $\dot\psi$ (b) zu sehen. Je schneller der Anstieg, um so schneller folgt — ganz selbstverständlich — $\dot\psi$, die Peak-Response-Time $T_{\dot\psi\mathrm{max}}$ wird kürzer (c). Die bezogene Überschwingweite $U_{\dot\psi}$ ist nicht sehr stark vom δ_L-Anstieg abhängig.

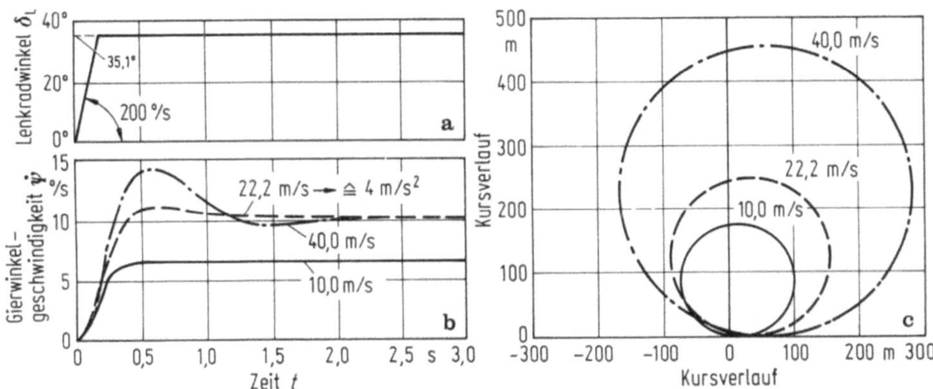

Bild 13.13. Einfluß der Fahrgeschwindigkeit auf das Übergangsverhalten. Fahrzeugdaten: siehe Fzg. 1 in Tabelle 11.1

Wesentlich stärker wirkt sich der Einfluß der Fahrgeschwindigkeit auf das Übergangsverhalten aus (Bild 13.13); dabei ist die Lenkwinkelrampe für jede Fahrgeschwindigkeit gleich (a). Der Verlauf der Gierwinkelgeschwindigkeit (b) ändert sich stark. Zunächst werden andere Stationärwerte $\dot\psi_\mathrm{stat}$ erreicht (vgl. Bild 9.5), außerdem wird mit schnellerer Fahrt das Überschwingen stärker, da das Dämpfungsmaß D_f nach Bild 12.2b kleiner wird.

Aus Bild 13.12b geht vielleicht nicht gleich hervor, daß das Fahrzeug bei verschiedenen Fahrgeschwindigkeiten und gleichem $\delta_\mathrm{L}(t)$-Verlauf ganz verschiedene Radien befährt; es befährt nach Bild 13.13c bei $v = 10$ m/s den Radius $\varrho \approx 90$ m, bei $v = 22{,}2$ m/s, $\varrho \approx 130$ m und bei $v = 40$ m/s, $\varrho \approx 230$ m.

Deshalb wurde in Bild 13.14a die Größe des stationären Lenkradeinschlags so gewählt, daß das Fahrzeug nach abgeklungener Schwingung immer auf einem konstanten Radius von $\varrho = 500$ m fährt. Dennoch erkennt man aus Diagramm e, daß die Kreise gegeneinander versetzt sind. Der Kreismittelpunkt bei 10 m/s liegt links, der bei 40 m/s rechts von dem bei 22,2 m/s. Das heißt, mit diesen Rechnungen ist noch nicht die Fahrt auf der Straße, sondern die auf einer großen freien Fläche, z. B. Flugplatz, nachgeahmt. Weiterhin zeigen die Diagramme 13.14b bis d, daß mit wachsender Fahrgeschwindigkeit nicht nur die Asymptotenwerte von Gierwinkelgeschwindigkeit $\dot\psi$, Schwimmwinkel β und Seitenbeschleuni-

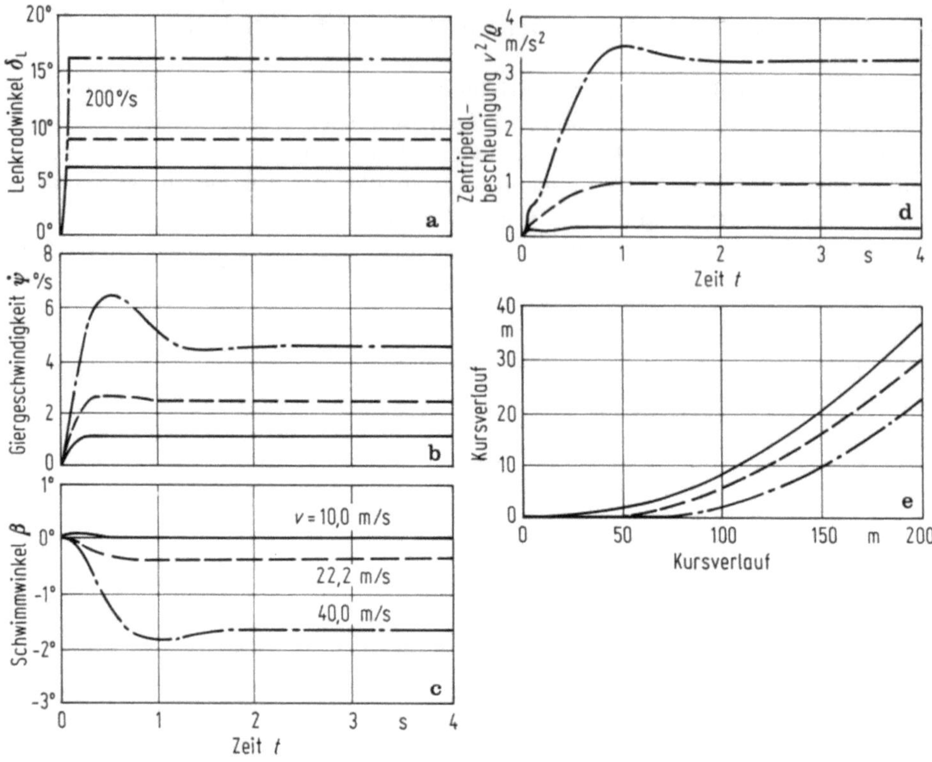

Bild 13.14. Übergangsverhalten eines Fahrzeugs bei verschiedenen Fahrgeschwindigkeiten auf einem konstanten Kurvenradius von $\varrho = 500$ m. Fahrzeugdaten: siehe Fzg. 1 in Tabelle 11.1

gung $\ddot{y}$ größer werden, sondern auch die Überschwingweiten. Dies wird bei konstantem Radius ϱ und damit unterschiedlichem Lenkradeinschlag δ_L viel deutlicher als bei konstantem δ_L.

14 Lenkverhalten, Frequenzgänge

Im vorausgehenden Abschn. 13 wurde das Fahrzeug durch einen Lenkwinkelsprung bzw. eine Lenkwinkelrampe angeregt, d. h. durch eine deterministische Funktion. In diesem Abschn. 14 wird das Lenkrad über eine längere Zeitdauer sinusförmig bewegt. Daraus ermitteln sich sog. Frequenzgänge, unterteilt in Amplituden- und Phasengänge.

Deren Anwendung dient mehreren Zwecken:

1. einer einfachen Beschreibung des dynamischen Systems,
2. im Versuch, wenn die Lenkwinkelrampe nicht angewendet werden kann, z. B.

    — bei hohen Fahrgeschwindigkeiten (großes v bedeutet bei nicht zu überschreitender Querbeschleunigung v^2/ϱ ein großes ϱ und damit großer Platzbedarf für den Versuch),

— auf inhomogenen Fahrbahnen[34] (auf Schnee),

3. der Betrachtung des Regelkreises Fahrer—Fahrzeug (s. Kap. III).

Wird das Fahrzeug am Lenkrad sinusförmig mit der Erregerkreisfrequenz ω angeregt

$$\delta_{\mathrm{L}} = \underline{\hat{\delta}}_{\mathrm{L}}\, e^{j\omega t} = \hat{\delta}_{\mathrm{L}} \sin \omega t, \tag{14.1}$$

so lautet die Fahrzeugantwort bei einem linearen System nach Abklingen der Eigenbewegung (was Stabilität voraussetzt) am Beispiel der Gierwinkelgeschwindigkeit

$$\dot{\psi} = \underline{\hat{\psi}}\, e^{j\omega t} = \hat{\psi} \sin (\omega t + \varepsilon_{\dot{\psi}/\delta_{\mathrm{L}}}). \tag{14.2}$$

$\underline{\hat{\delta}}_{\mathrm{L}}$, $\underline{\hat{\psi}}$ sind die komplexen Amplituden, $\hat{\delta}_{\mathrm{L}}$, $\hat{\psi}$ die reellen Amplituden und $\varepsilon_{\dot{\psi}/\delta_{\mathrm{L}}}$ ist der Phasenwinkel zwischen δ_{L} und $\dot{\psi}$ (Bild 14.1). Die komplexe Vergrößerungsfunktion erhält man aus den Übertragungsfunktionen (Tabelle 13.1) durch Setzen von $s = j\omega$.

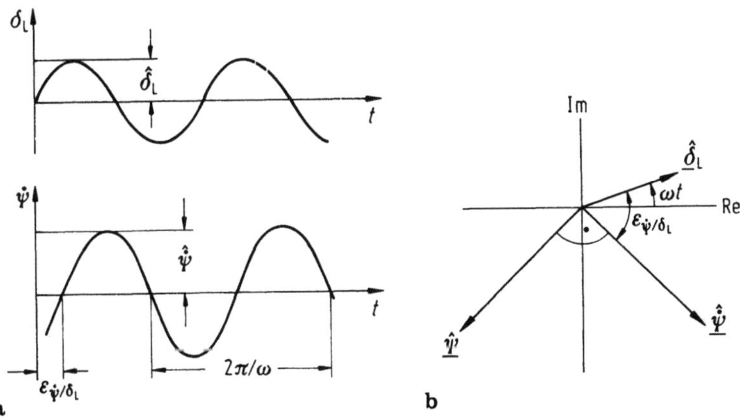

Bild 14.1. Zum Frequenzgang. **a** sinusförmiger Eingang δ_{L}, sinusförmiger Ausgang $\dot{\psi}$ als Funktion der Zeit t ($2\pi/\omega$ ist die Schwingungsdauer); **b** Darstellung der Zeiger in der komplexen Ebene

Aus der allgemein geschriebenen, komplexen Vergrößerungsfunktion, auch komplexe Übertragungsfunktion genannt,

$$\frac{\underline{\hat{\psi}}}{\underline{\hat{\delta}}_{\mathrm{L}}} = \frac{A + jB}{C + jD},$$

<hr>

[34] Deppermann, K. H.: Einfluß von Schneeketten auf die Fahrdynamik allradangetriebener Pkw. ATZ (90) 1988, S. 209—211.

erhält man (Band B, Abschn. 3.2) die reelle Vergrößerungsfunktion, das Amplitudenverhältnis,

$$\left.\frac{\hat{\hat{\psi}}}{\hat{\underline{\delta}}}\right|_{\mathrm{L}} = \frac{\hat{\hat{\psi}}}{\hat{\delta}_{\mathrm{L}}} = \sqrt{\frac{A^2 + B^2}{C^2 + D^2}}$$

und den Phasenverschiebungswinkel

$$\arg\left(\frac{\hat{\hat{\psi}}}{\hat{\underline{\delta}}_{\mathrm{L}}}\right) = \tan \varepsilon_{\dot{\psi}/\delta_{\mathrm{L}}} = \frac{BC - AD}{AC + BD}.$$

14.1 Erläuterungen zu den Frequenzgängen

In Tabelle 13.1 sind für die wichtigsten Größen die Diagramme Amplitudenverhältnis und Phasenwinkel als Funktion der Erregerfrequenz $\omega/2\pi$ für verschiedene Fahrgeschwindigkeiten dargestellt. Von dem Frequenzgang ist nur der Bereich von $\omega/2\pi = 0$ bis etwa 1,5 Hz wichtig, weil nur in diesem der Fahrer Lenkradbewegungen ausführen kann (zumindest als Grundharmonische, sog. ergonomische Grenze, der Lenkradbewegung).

Begonnen wird mit der Erläuterung des Gierwinkelgeschwindigkeits-Frequenzgangs, s. Tabelle 13.1 rechts oben. Das Amplitudenverhältnis für $\omega = 0$ entspricht dem Kreisfahrtwert $(\dot{\psi}/\delta_{\mathrm{L}})_{\mathrm{stat}}$ nach (13.14),

$$F(\omega = 0) = \left.\frac{\hat{\hat{\psi}}}{\hat{\delta}_{\mathrm{L}}}\right|_{\omega=0} = \left(\frac{\dot{\psi}}{\delta_{\mathrm{L}}}\right)_{\mathrm{stat}}. \tag{14.3}$$

ist also aus der Kreisfahrt bekannt.

Dieser wird nach Bild 9.5 für ein untersteuerndes Fahrzeug mit wachsender Geschwindigkeit v größer, erreicht bei der charakteristischen Geschwindigkeit v_{ch} einen Maximalwert und wird dann wieder kleiner. Da bei dem für die Berechnung zugrunde gelegten Fahrzeug 1 $v_{\mathrm{ch}} = 29$ m/s beträgt, unterscheiden sich die $F(0)$-Werte bei den Geschwindigkeiten von 20 m/s, 30 und 40 nur wenig.

Mit wachsender Erregerfrequenz ändert sich das Amplitudenverhältnis für kleine ω-Werte gegenüber $\omega = 0$ nur wenig, da die $\hat{\dot{\psi}}/\hat{\delta}_{\mathrm{L}}$-$\omega$-Kurve bei $\omega = 0$ eine horizontale Tangente hat. Ein Maximum wird (s. Abschn. 3.2, Band B) bei $\omega \approx \nu_{\mathrm{f}}$ erreicht, wenn die Erregerkreisfrequenz ω ungefähr gleich der Eigenkreisfrequenz ν_{f} ist. Die Höhe des Maximums hängt stark von der Größe des Dämpfungsmaßes D_{f} ab. Da ν_{f} und D_{f} eine Funktion der Fahrgeschwindigkeit v sind, siehe Bild 12.2, ist auch der Amplitudengang stark von der Fahrgeschwindigkeit abhängig. Bei $v = 10$ m/s ist, da das Dämpfungsmaß $D_{\mathrm{f}} \approx 1$ ist, keine Resonanzüberhöhung festzustellen. Bei höheren Fahrgeschwindigkeiten $v > 20$ m/s ändert sich die Eigenfrequenz ν_{f} kaum noch, das Dämpfungsmaß D_{f} nimmt hingegen mit wachsender Fahrgeschwindigkeit ab. Die Maxima liegen deshalb für höhere Fahrgeschwindigkeiten bei ungefähr der gleichen Erregerfrequenz, werden aber mit zunehmender Geschwindigkeit größer. Das heißt, bei einem bestimmten Lenkradeinschlagwinkel nimmt bei schnellerer Fahrt die Gierwinkelgeschwindigkeit im Resonanzbereich zu.

Der Phasenwinkel $\varepsilon_{\dot\psi/\delta L}$ zwischen dem Lenkradeinschlag δ_L und der Gierwinkelgeschwindigkeit $\dot\psi$ ist Null bei $\omega = 0$, die Fahrzeugantwort $\dot\psi$ ist also in Phase mit der Erregung δ_L bzw. das Integral, der Gierwinkel ψ, läuft der Lenkradbewegung um 90° nach. Mit wachsender Erregerfrequenz wird der Phasenwinkel $\varepsilon_{\dot\psi/\delta L}$ im allgemeinen negativ und erreicht maximal den Wert $-\pi/2$. Das heißt, die Gierwinkelgeschwindigkeit $\dot\psi$ läuft der Lenkradbewegung δ_L bis zu 90° nach, der Gierwinkel ψ bis zu 180°. Bei höheren Fahrgeschwindigkeiten (Tabelle 13.1 rechts oben, bei $v = 40$ m/s) und kleinen Erregerfrequenzen kann $\varepsilon_{\dot\psi/\delta L}$ positiv werden, $\dot\psi$ eilt δ_L voraus bzw. ψ hinkt δ_L mit weniger als 90° nach.

Zur Veranschaulichung zeigt Bild 14.2 das Gesamtergebnis aus den Frequenzgängen als Zeitfunktionen für δ_L, $\dot\psi$ und ψ, und zwar für die Fahrgeschwindigkeiten 10 und 40 m/s sowie für die Erregerfrequenzen $\omega/2\pi = 0{,}2$ Hz (fast stationärer Fall), 0,6 Hz (Resonanzfall bei $v \approx 40$ m/s) und 1,0 Hz. Bei konstanter Amplitude des Lenkradwinkels ändert sich für die niedrige Fahrgeschwindigkeit $v = 10$ m/s

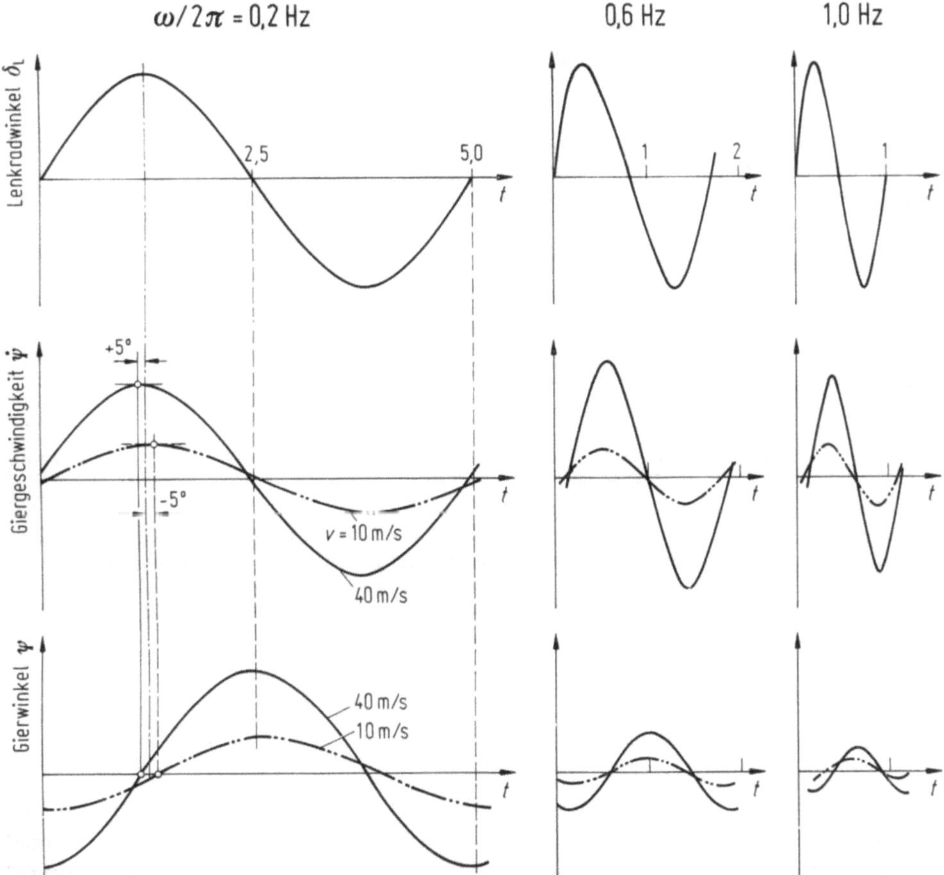

Bild 14.2. Zeitfunktionen des Lenkradeinschlagwinkels δ_L, der Gierwinkelgeschwindigkeit $\dot\psi$ und des Gierwinkels ψ für verschiedene Erregerfrequenzen und Fahrgeschwindigkeiten (zur Erläuterung von Bild 13.2)

die Gierwinkelgeschwindigkeit mit der Erregerfrequenz kaum, auch die Veränderung des Phasenwinkels fällt in den Zeitschrieben kaum auf. Die Amplitude des Gierwinkels wird mit wachsender Frequenz immer kleiner, da $\hat{\psi} = \hat{\dot{\psi}}/\omega$ ist. Bei der hohen Fahrgeschwindigkeit $v = 40$ m/s fällt nur die mit der Frequenz veränderliche Amplitude der Gierwinkelgeschwindigkeit auf.

Beim Frequenzgang für den Schwimmwinkel $\beta(\omega)/\delta_\mathrm{L}(\omega)$ (2. Zeile in Tabelle, 13.1) ist zu bemerken: Der Vergrößerungsfaktor, der Kreisfahrtwert $(\beta/\delta_\mathrm{L})_\mathrm{stat}$, wird nach Tabelle 9.2, 2. Zeile, ab etwas über $v = 10$ m/s negativ. Da das Amplitudenverhältnis $|F(\omega)|$ immer positiv definiert ist, bedeutet negativer Verstärkungsfaktor einen Phasenwinkel von $-180°$. Deshalb springt er für $v > 10$ m/s von $0°$ auf $-180°$.

Bei den Amplitudenverhältnissen für Querbeschleunigung $\hat{\ddot{y}}(\omega)/\hat{\delta}_\mathrm{L}(\omega)$ und Lenkradmoment $\hat{M}_\mathrm{L}(\omega)/\hat{\delta}_\mathrm{L}(\omega)$ ist auffällig, daß es keine Resonanzüberhöhungen gibt und daß bei höheren Fahrgeschwindigkeiten die Verhältniswerte bei ungefähr 1 Hz stark abgesunken sind. (Es fiel schon bei den Ergebnissen der Lenkwinkelrampe auf, daß $\ddot{y}$ und M_L wenig überschwingen, siehe Bild 13.9.)

Als drittes Diagramm wurde in Tabelle 13.1 jeweils unter dem Phasenverschiebungswinkel $\varepsilon(\omega)$ auch Phasenverschiebungszeiten

$$T(\omega) = \frac{\varepsilon(\omega)}{\omega} \tag{14.4}$$

gezeigt, wobei sich damit die Gierwinkelgeschwindigkeit nach (14.2) umschreiben läßt zu

$$\dot{\psi} = \hat{\dot{\psi}} \sin{(\omega t + \varepsilon)} = \hat{\dot{\psi}} \sin{\omega(t + T)}. \tag{14.5}$$

T ist die „Reaktionsdauer" des Fahrzeugs.

Für den Bereich kleiner Frequenzen sind häufig die Phasenverschiebungszeit $T(\omega)$ und das Amplitudenverhältnis konstant, so daß näherungsweise — am Beispiel von Gierwinkelgeschwindigkeit/Lenkradwinkel — geschrieben werden kann

$$\frac{\hat{\dot{\psi}}}{\hat{\delta}_\mathrm{L}} = \frac{\hat{\dot{\psi}}}{\hat{\delta}_\mathrm{L}} \, \mathrm{e}^{\mathrm{j}\varepsilon(\omega)} \approx \left(\frac{\dot{\psi}}{\delta_\mathrm{L}}\right)_\mathrm{stat} \mathrm{e}^{\mathrm{j}\omega T}. \tag{14.6}$$

Die $T(\omega)$-Werte sind nach den Diagrammen in Tabelle 13.1 für Schwimmwinkel, Seitenbeschleunigung und Lenkradmoment größer als für die Gierwinkelgeschwindigkeit, d. h. von den verschiedenen Fahrzeuggrößen reagiert die Gierwinkelgeschwindigkeit am schnellsten auf den Lenkradeinschlag. Deshalb dürfte die Gierwinkelgeschwindigkeit für den Fahrer eine wichtige Informationsgröße sein.

14.2 Beurteilung des Frequenzgangs

Der Frequenzgang wird also, zusammenfassend gesagt, bestimmt durch die Erregerkreisfrequenz ω, durch den Kreisfahrtwert (in Abschn. 13 auch Verstärkungsfaktor genannt), durch die Eigenkreisfrequenz v_f bzw. v_fd, durch das Dämpfungsmaß D_f und, da die letzten vier Größen von der Fahrgeschwindigkeit v abhängen, noch von dieser. Wegen dieser komplizierten Funktionen ist es verständlich, daß bisher nur wenige Hinweise darauf gegeben wurden, welchen Frequenzgang ein dynamisch gutes Fahrzeug haben soll. So ist aus Untersuchungen[31] bekannt, daß Fahrer diejenigen Fahrzeuge für schnelles Fahren auf kurvenreichen Strecken als gut geeignet bezeichnen, bei denen

— der Kreisfahrtwert (= Gierverstärkungsfaktor) $(\dot\psi/\delta_{\mathrm L})_{\mathrm{stat}}$ und die Dämpfung $D_{\mathrm f}$ groß sind. (Großes $D_{\mathrm f}$ widerspricht nach den Beispielen von Tabelle 13.4 einer kleinen Peak-Response-Time).

Eine weitere Zielvorstellung[35] lautet:

— der Abfall der Querbeschleunigungs-Amplituden darf nicht bei zu niedrigen Frequenzen einsetzen. Andererseits darf auch die Überhöhung des Giergeschwindigkeits-Amplitudengangs nicht zu stark sein.

In Kap. II bei der Behandlung des Regelkreises Fahrer—Fahrzeug wird anhand der Gesamtstabilität gezeigt:

— Amplituden- und Phasengang dürfen mit der Frequenz nicht zu stark abfallen.

Weir und Di Marco[36] sehen Fahrzeuge als optimal an, bei denen der Gierverstärkungsfaktor $(\dot\psi/\delta_{\mathrm L})_{\mathrm{stat}}$ und die sog. äquivalente Verzögerungszeit T_{eq} in einem bestimmten Bereich liegen. T_{eq} ist der Kehrwert der Erregerkreisfrequenz, bei der der Phasenwinkel gleich $45°$ wird. (Diese Betrachtungsart ist bekannt von einem System Erster Ordnung, was hier aber nur bei kleinen Fahrgeschwindigkeiten näherungsweise vorliegt.) Aus den Diagrammen in Tabelle 13.1 entnimmt man: $\varepsilon_{\dot\psi/\delta\mathrm L} = 45°$ bei $\omega/2\pi \approx 1\ \mathrm{Hz}$, damit $T_{\mathrm{eq}} = 1/\omega \approx 0{,}16\ \mathrm{s}$. Weiterhin ist $(\dot\psi/\delta_{\mathrm L})_{\mathrm{stat}} \approx 0{,}3\ \mathrm{s}^{-1}$. Den für europäische Pkw zutreffenden Bereich zeigt Bild 14.3; er ist wesentlich kleiner als der von Weir und Di Marco angegebene.

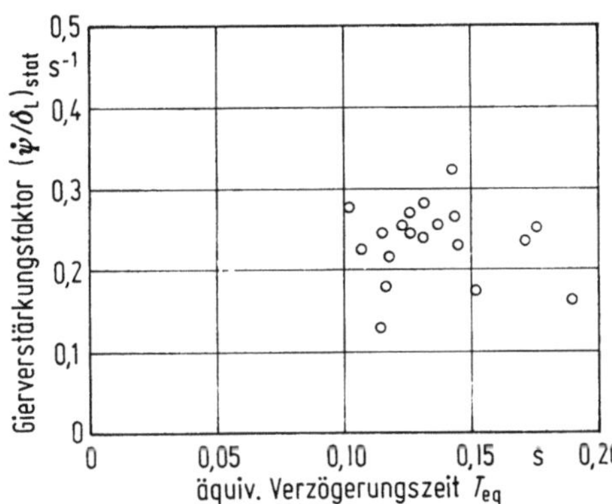

Bild 14.3. Bereich europäischer Pkw bei 80 km/h und $\ddot y_{\max} = 0{,}5\,g$ (Diss. A. Horn, TU Braunschweig 1985)

14.3 Einfluß von Fahrzeugdaten

Der Einfluß der Fahrzeugdaten ist aus Bild 14.4 am Beispiel der schon häufig herangezogenen untersteuernden Fahrzeuge 1 bis 7 abzulesen. Die Fahrgeschwindigkeit ist immer $v = 30\ \mathrm{m/s}$. Die Amplitudenwerte sind auf die Kreisfahrtwerte, also auf das Amplitudenverhältnis bei $\omega = 0$, bezogen. Diese Darstellung gibt also an, wie sich das Fahrverhalten gegenüber der Kreisfahrt mit wachsender Frequenz ändert.

---

[35] Bantle, M.; Braess, H.-H.: Fahrwerksauslegung und Fahrverhalten des Porsche 928 ATZ 1977, S. 369—378.

[36] Weir; Di Marco: Correlation and evaluation of driver/vehicle directional handling data, SAE-Paper 780010 (1978).

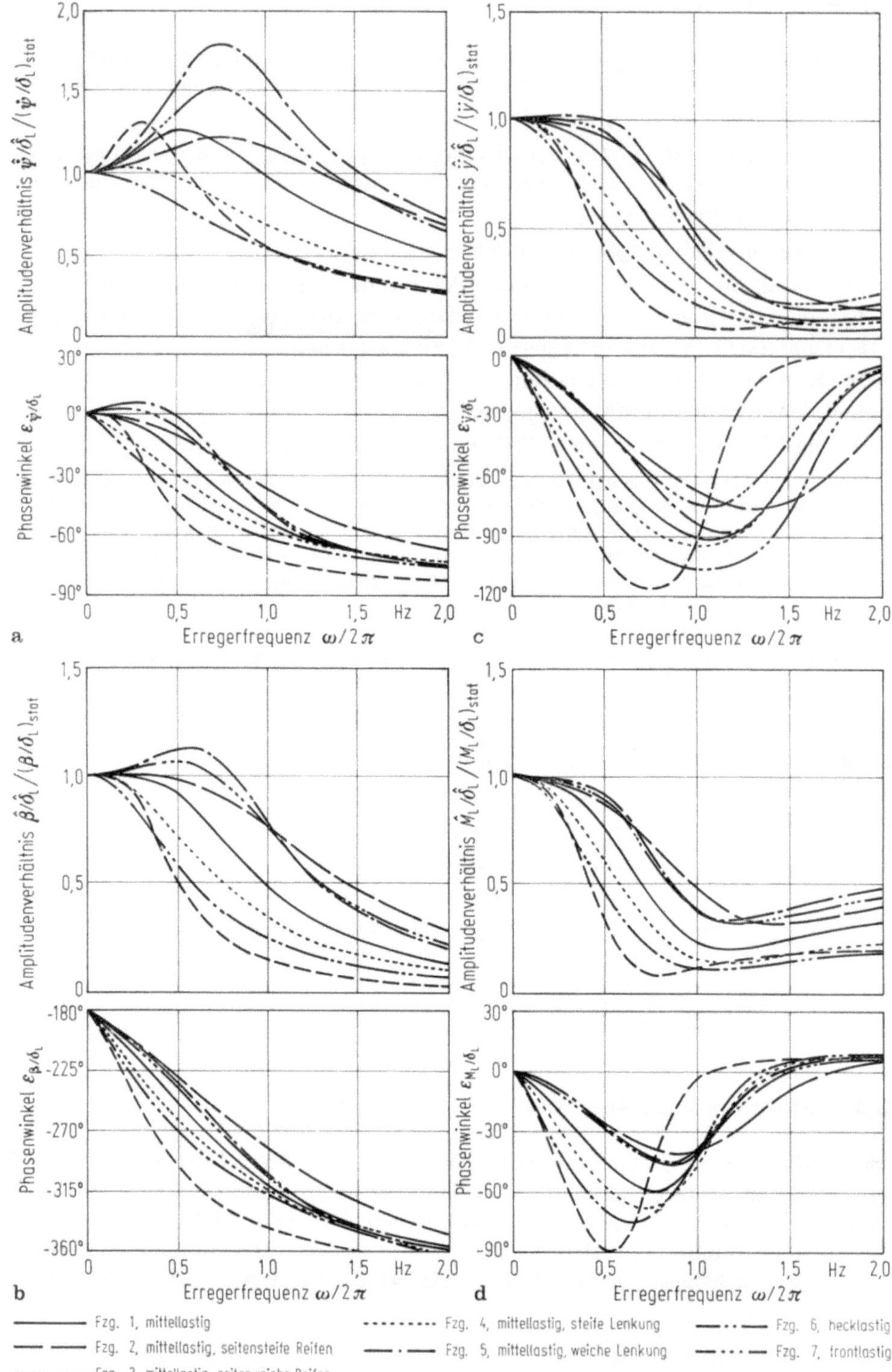

Bild 14.4. Frequenzgänge von verschiedenen untersteuernden Fahrzeugen nach Tabelle 11.1, $v = 30$ m/s. **a** für Gierwinkelgeschwindigkeit $\dot{\psi}(\omega)/\delta_L(\omega)$; **b** für Schwimmwinkel $\beta(\omega)/\delta_L(\omega)$; **c** für Querbeschleunigung $\ddot{y}(\omega)/\delta_L(\omega)$; **d** für Lenkradmoment $M_L(\omega)/\delta_L(\omega)$

Begonnen wird mit der Erläuterung des Gierwinkelgeschwindigkeits-Frequenzgangs und deren Veränderung durch Fahrzeugdaten. Nach Abschn. 14.1 ist der Verlauf des Amplitudenverhältnisses relativ leicht aus der Größe des Dämpfungsmaßes D_t und der Eigenfrequenz v_t bzw. v_{td}, also mit Hilfe von Bild 12.2, zu erklären. Die Fahrzeuge 2, 5 und 7 haben die höchste Eigenfrequenz, das Dämpfungsmaß fällt in der Reihenfolge 2, 7, 5. Von diesen drei Fahrzeugen ändert sich bei Fahrzeug 2 die Gierwinkelgeschwindigkeitsamplitude $\hat{\psi}$ bei gegebener Lenkwinkelamplitude $\hat{\delta}_L$ in dem Frequenzbereich 0 bis 2 Hz am wenigsten und dürfte vielleicht deshalb für die Fahrer am angenehmsten sein. Fahrzeug 2 erfüllt auch am besten den in Abschn. 14.2 erstgenannten Beurteilungsmaßstab. Die wesentlichen Kennzeichen des Fahrzeugs 2 sind (siehe Tabelle 11.1) „mittellastig" und „seitensteife Reifen". Das Fahrzeug 1 mit der niedrigeren Eigenfrequenz und dem gleichen Dämpfungsmaß kommt dem Fahrzeug 2 am nächsten, aber der Phasenwinkel ist bei Fahrzeug 1 größer als bei Fahrzeug 2 (absolut gesehen), und damit ist es eindeutig schlechter. Der Unterschied liegt in der Reifenseitensteifigkeit c_{aV} und c_{aH}. Seitensteife Reifen sind also gut. Diese Aussage wird noch unterstützt durch die gegenteilige Beobachtung am Fahrzeug 3 mit den seitenweichen Reifen: Amplituden- und Phasenverlauf sind nicht gut. Etwas besser als Fahrzeug 3 sind das hecklastige Fahrzeug 6 und das mit einer steifen Lenkung versehene Fahrzeug 4. Beide haben nur einen geringen Untersteuergradienten.

Beim Schwimmwinkel ändern sich die Amplituden und die Phasenwinkel mindestens bis 0,75 Hz am wenigsten bei Fahrzeug 2 (mittellastig, steife Reifen), Fahrzeug 7 (frontlastig) und Fahrzeug 5 (mittellastig, weiche Lenkung). Ebenso günstig sind die drei Fahrzeuge nach den Querbeschleunigungs- und Lenkmomenten-Frequenzgängen einzustufen.

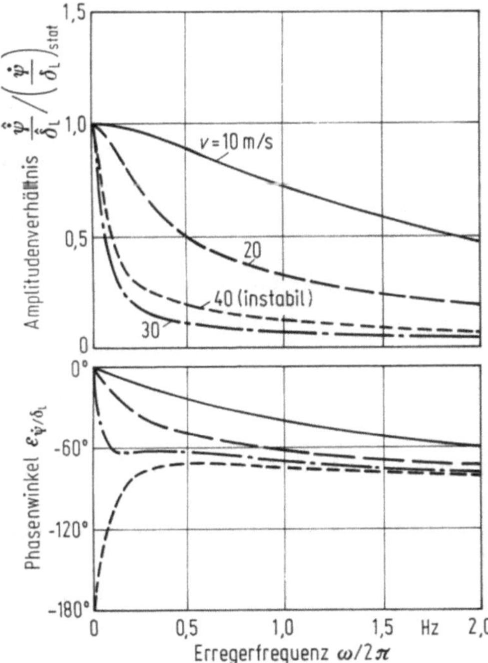

Bild 14.5. Frequenzgang der Gierwinkelgeschwindigkeit $\dot{\psi}(\omega)/\delta_L(\omega)$ eines übersteuernden Fahrzeugs (Fzg. 8 nach Tabelle 11.1)

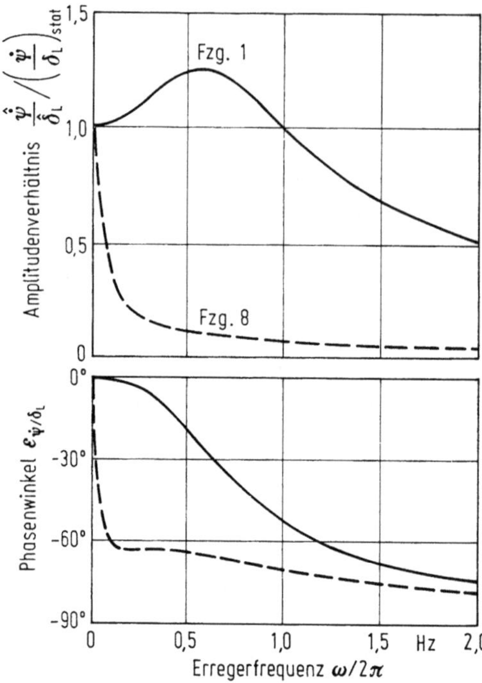

Bild 14.6. Vergleich der Gierwinkelgeschwindigkeits-Frequenzgänge zwischen leeren und beladenen Fahrzeugen 1 und 8. (Daten s. Tabelle 11.1), $v = 30$ m/s

Nach den Ergebnissen sind also Dämpfungsmaß, Eigenfrequenz und Untersteuergradient aufeinander abzustimmen, wobei die beiden letzteren nach (12.8) zusammenhängen. Der in der Literatur häufig zu findenden Aussage „ein neutralsteuerndes Fahrzeug ist gut" kann nicht zugestimmt werden, weil dann, wie an den Fahrzeugen 4 und 6 mit dem niedrigen Untersteuergrad gezeigt wurde, die Phasenwinkel (absolut gesehen) zu groß werden.

In Bild 14.5 sind die Frequenzgänge für die Gierwinkelgeschwindigkeit des übersteuernden Fahrzeugs 8 dargestellt, das nur bis $v = v_\mathrm{krit} = 33{,}4$ m/s stabil ist. Damit sind nur die drei Geschwindigkeiten $v = 10$, 20 und 30 m/s wichtig, bei $v = 40$ m/s geht die Eigenbewegung von $\dot{\psi}$ (Lösung der homogenen Gleichung) gegen unendlich (Bild 13.4).

Die Gegenüberstellung der Gierwinkelgeschwindigkeits-Frequenzgänge für das leere Fahrzeug 1 und das beladene Fahrzeug 8 in Bild 14.6 zeigt, wie sich das Fahrverhalten durch die Beladung (mit den nicht der Beladung angepaßten Reifendaten) verschlechtert.

15 Fahrt auf vorgegebener Bahnkurve, „idealer" Fahrer, Klotoide

In Abschn. 13.6 wurde anhand des Bildes 13.14e darauf hingewiesen, daß bei der Lenkwinkelrampe trotz angepaßten Stationärwerts die Fahrzeuge auf verschiedenen Kreisen fahren. Deshalb wird im folgenden der Kurs vorgegeben, und der Fahrer soll so lenken, daß ein bestimmter Punkt vor dem Fahrzeug genau diesem Kurs folgt. Den Punkt denke man sich mit dem Fahrzeug fest verbunden. Da die

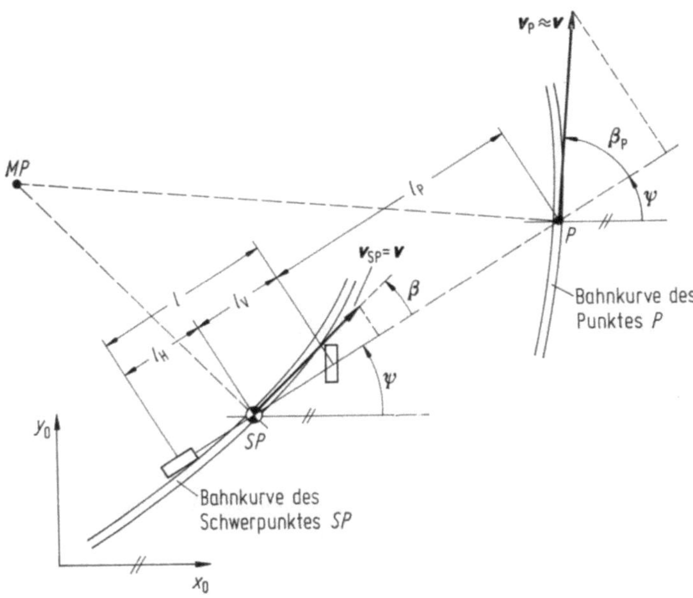

Bild 15.1. Fahrt auf vorgegebener Bahnkurve

Abweichung immer Null sein soll, wird der Fahrer „idealer Fahrer"[37] genannt. Die Berechnung kann später in Kap. II bei der Betrachtung des Fahrzeugs mit dem Fahrer als Lenker angewendet werden.

Dieser bestimmte Punkt wird in Bild 15.1 mit P bezeichnet. Er liegt um l_P vor der Vorderachse, der Fahrer schaut also auf den Punkt P voraus. Da er als Pkw-Fahrer etwa im Schwerpunkt SP sitzt, hat er eine Vorausschaulänge $l_V + l_P$ bzw. eine Vorausschauzeit

$$T_P = \frac{l_V + l_P}{v}. \tag{15.1}$$

(In Kap. II wird sie auch „prediction time" oder „Antizipationszeit" genannt.)

Die Bahnkurve des Punktes P hat nach (7.1) und (7.3) die Krümmung

$$\frac{1}{\varrho_P} = \frac{1}{v} (\dot{\beta}_P + \dot{\psi}). \tag{15.2}$$

Der Schwimmwinkel β_P des Punktes P errechnet sich über

$$\tan \beta_P = \frac{(l_V + l_P)\,\dot{\psi} + v \sin \beta}{v \cos \beta},$$

---

[37] Mitschke, M.: Untersuchungen über die Slalomfahrt eines Kraftfahrzeuges. ATZ **68** (1966). 202—206.

linearisiert zu

$$\beta_P = \beta + (l_V + l_P)\,\frac{\dot\psi}{v}. \tag{15.3}$$

Aus (15.2) und (15.3) ergibt sich die Beziehung zwischen den Krümmungen der Bahnkurve $1/\varrho_P$ und der Schwerpunktsbahn $1/\varrho_{SP}$ mit (7.3) zu

$$\frac{1}{\varrho_P} = \frac{1}{\varrho_{SP}} + \frac{l_V + l_P}{v}\,\frac{\ddot\psi}{v} = \frac{1}{\varrho_{SP}} + T_P\,\frac{\ddot\psi}{v} \tag{15.4}$$

sowie die Schwimmwinkelgeschwindigkeit $\dot\beta$ im Schwerpunkt SP

$$\dot\beta = \frac{v}{\varrho_P} - (l_V + l_P)\,\frac{\ddot\psi}{v} - \dot\psi. \tag{15.5}$$

Werden (15.5) sowie dessen Integrale in die bekannten Bewegungsgleichungen des Einspurmodells (7.13), (7.14) eingesetzt, so ergeben sich bei Vernachlässigung der seitlichen Anströmung zwei neue Bewegungsgleichungen:

$$m(l_V + l_P)\,\ddot\psi + [c_{\alpha V}' l_P + c_{\alpha H}(l + l_P)]\,\frac{\dot\psi}{v} + (c_{\alpha V}' + c_{\alpha H})\,\psi + c_{\alpha V}'\delta_L^*$$

$$= mv^2\left(\frac{1}{\varrho_P}\right) + (c_{\alpha V}' + c_{\alpha H})\,v\int\left(\frac{1}{\varrho_P}\right)\mathrm{d}t, \tag{15.6}$$

$$J_z\ddot\psi + [c_{\alpha H}l_H(l + l_P) - c_{\alpha V}'l_V l_P]\,\frac{\dot\psi}{v} + (c_{\alpha H}l_H - c_{\alpha V}'l_V)\,\psi - c_{\alpha V}'l_V v\delta_L^*$$

$$= (c_{\alpha H}l_H - c_{\alpha V}'l_V)\,v\int\frac{1}{\varrho_P}\,\mathrm{d}t. \tag{15.7}$$

Auf den rechten Seiten der obigen Gleichungen stehen die Krümmung und deren Integral oder anders ausgedrückt, die Querbeschleunigung v^2/ϱ_P und der Kurswinkel $v\int 1/\varrho_P\,\mathrm{d}t = \beta_P + \psi$ des Punktes P. Im folgenden wird entsprechend den Abschnitten 12 und 13 zunächst die homogene, dann die inhomogene Lösung diskutiert.

15.1 Stabilität bei vorgegebener Bahnkurve

Die Lösung der homogenen Gleichungen führt zu einer charakteristischen Gleichung 2. Grades, vgl. (12.4), in der die Konstanten, falls der Fahrer vorausschaut ($l_P > 0$), immer positiv sind, d. h., das System ist stabil. Dem idealen Fahrer ist es also durch Lenken möglich, das Fahrzeug genau auf der Bahnkurve zu halten. (Dem wirklichen Fahrer ist das nicht möglich, weil er zum einen nicht sofort reagiert, seine Reaktionsdauer ist größer Null, und weil er zum zweiten die evtl. erforderlichen großen und schnellen Lenkradbetätigungen nicht ausführen kann (anthropotechnische Grenzen)).

Die charakteristischen Werte sind die ungedämpfte Eigenkreisfrequenz ($_{\mathrm{id}} =$

Fahrzeug mit idealem Fahrer)

$$v_{\text{id}} = \sqrt{\dfrac{c_{\alpha\,\text{H}}\,l}{J_z + ml_{\text{V}}(l_{\text{V}} + l_{\text{P}})}}\,. \tag{15.8}$$

das zugehörige Dämpfungsmaß bzw. die Dämpfungskonstante

$$D_{\text{id}} = \dfrac{l + l_{\text{P}}}{2v}\,v_{\text{id}} \quad \text{bzw.} \quad \sigma_{\text{id}} = \dfrac{l + l_{\text{P}}}{2v}\,v_{\text{id}}^{2} \tag{15.9}$$

und die gedämpfte Eigenkreisfrequenz

$$v_{\text{id d}} = v_{\text{id}}\sqrt{1 - D_{\text{id}}^{2}}\,. \tag{15.10}$$

Vergleicht man (15.8) mit (12.6) sowie (15.9) mit (12.5) und (12.9), so erkennt man, daß die Werte für die Fahrt bei vorgegebener Bahnkurve mit idealem Fahrer unterschiedlich von denen für die Fahrt bei vorgegebenem Lenkradeinschlag sind. Bild 15.2 zeigt die geschwindigkeitsabhängigen Werte v_{id}, D_{id} und $v_{\text{id d}}$ für drei

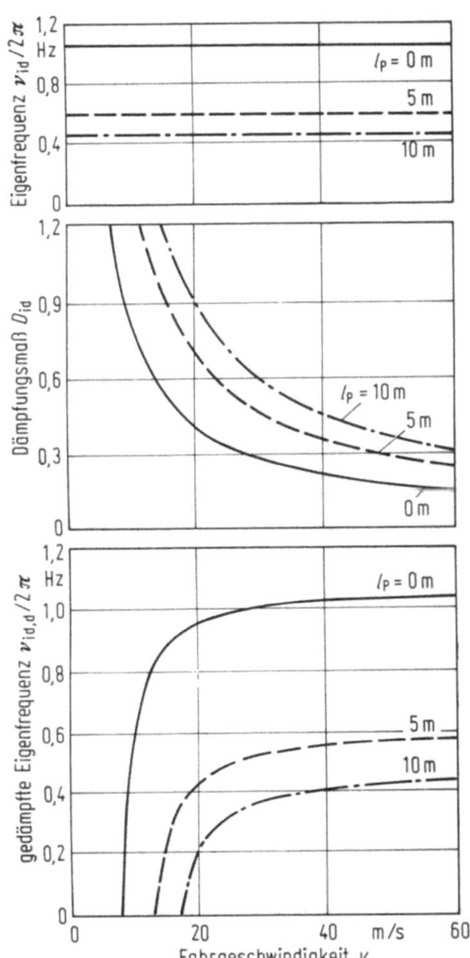

Bild 15.2. Charakteristische Werte für das Fahrverhalten eines durchschnittlichen Pkw mit idealem Fahrer. Fzg. 1 nach Tabelle 11.1

Vorausschaulängen l_P. Je weiter der Punkt P, der genau der Bahnkurve folgen soll, vor der Vorderachse liegt, d. h. je größer die Vorausschaulänge l_P des Fahrers ist, um so kleiner ist die Eigenfrequenz, und um so größer ist das Dämpfungsmaß.

15.2 Klotoide

Ehe das inhomogene Gleichungssystem (15.6) und (15.7) gelöst wird, soll zuvor eine spezielle Krümmungsänderung behandelt werden. Würde sich bei einer Straße an eine Gerade ein Kreisbogen anschließen, dann würde die Seitenbeschleunigung $\ddot{y} = v^2/\varrho$ von Null auf einen bestimmten Wert springen, und der Fahrer müßte sein Lenkrad ebenfalls sprungartig einschlagen. Da das nicht möglich ist, wird das Fahrzeug die vorgegebene Bahnkurve verlassen. Um dies zu vermeiden, werden bei den heute gebauten Straßen Übergangsbögen vorgesehen, sog. Klotoiden in der Form

$$\frac{1}{\varrho(u)} = \frac{u}{A^2}. \tag{15.11}$$

Die Krümmung $1/\varrho$ ändert sich linear mit dem zurückgelegten Weg u (Bild 15.3) die Konstante A ist der sog. Klotoidenbeiwert.

Für kleine Fahrgeschwindigkeiten, also bei zu vernachlässigenden Seitenbeschleunigungen und Schräglaufwinkeln, gilt nach (9.6) näherungsweise $\delta_\mathrm{L} = i_\mathrm{L} l/\varrho$. Damit wird der Lenkradeinschlag δ_L beim Befahren einer Klotoide nach (15.11)

$$\delta_\mathrm{L}(u) \approx \frac{i_\mathrm{L} l}{\varrho} = \frac{i_\mathrm{L} l}{A^2}\, u \quad \text{für} \quad v \approx 0 \tag{15.12}$$

bzw. in Abhängigkeit von der Zeit t mit $u = vt$

$$\delta_\mathrm{L}(t) \approx \frac{i_\mathrm{L} l}{A^2}\, vt. \tag{15.13}$$

Das heißt, beim Befahren einer Klotoide mit kleiner Fahrgeschwindigkeit muß der Fahrer das Lenkrad proportional dem zurückgelegten Weg u oder linear mit der Zeit t einschlagen (Bild 15.4, bei $v = 10$ m/s).

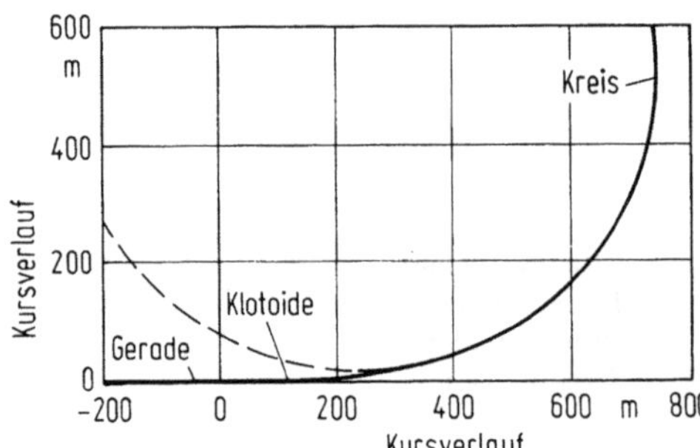

Bild 15.3. Übergang von der Geraden in den Kreis mittels Klotoide

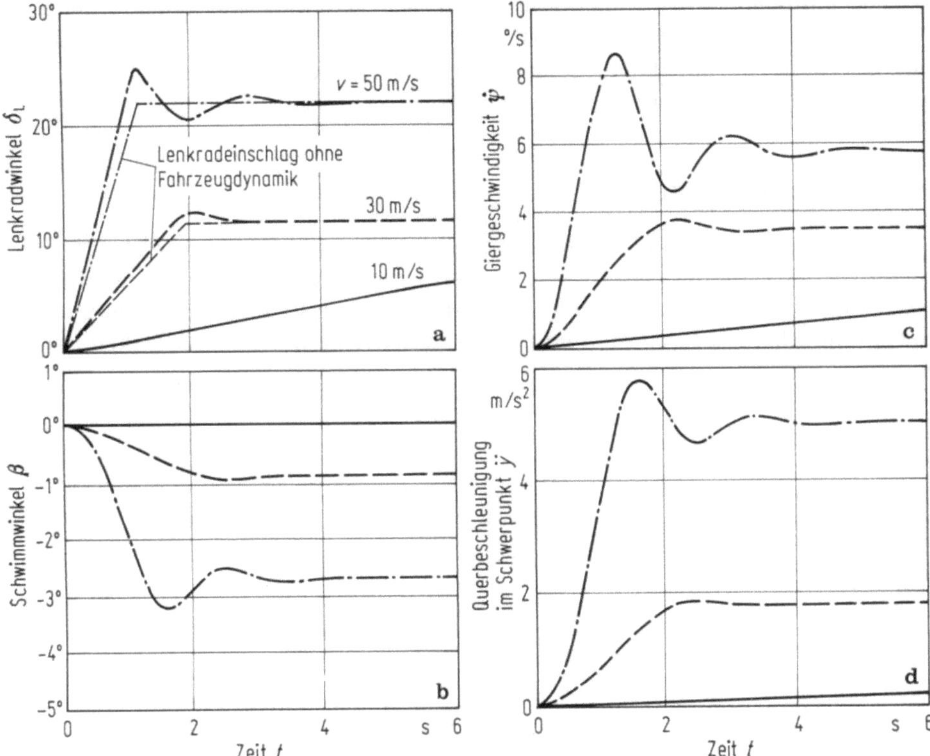

Bild 15.4. Fahrzeugreaktionen eines Fahrzeugs mit „idealem" Fahrer bei Kreiseinfahrt über eine Klotoide mit $A = \varrho/3$, $\varrho = 500$ m. (Fahrzeugdaten s. Bild 15.2, $l_P = 5$ m)

15.3 Lenkradeinschlag

Bei höheren Fahrgeschwindigkeiten ist der Lenkradeinschlag δ_L nicht mehr proportional zur Zeit t. Er ergibt sich aus der folgenden aus (15.6) und (15.7) berechneten Differentialgleichung

$$\frac{1}{v_{id}^2}\,\ddot{\delta}_L(t) + \frac{2\sigma_{id}}{v_{id}^2}\,\dot{\delta}_L(t) + \delta_L(t)$$

$$= i_L l \left[1 + \left(\frac{v}{v_{ch}}\right)^2\right]\left[\frac{1}{v_f^2}\,\frac{1}{\ddot{\varrho}_P(t)} + \frac{2\sigma_f}{v_f^2}\,\frac{1}{\dot{\varrho}_P(t)} + \frac{1}{\varrho_P(t)}\right]. \tag{15.14}$$

Auf der linken Gleichungsseite stehen die für den „idealen Fahrer" aus Abschn. 15.1 bekannten Fahrzeugwerte v_{id}, σ_{id} und auf der rechten Seite Werte, die aus der Betrachtung von „fixed control" (festgehaltenes Lenkrad) bekannt sind: (v_{ch}^2 nach (9.7) in Tabelle 9.1, v_f^2 nach (12.8), σ_f nach (12.5), $i_L l[1 + (v/v_{ch})^2]$ nach 9.14) in Tabelle 9.2.

In Bild 15.4 ist für $v = 30$ und 50 m/s die Dynamik des Fahrzeugs an den Einschwingvorgängen zu erkennen. Zur Verdeutlichung wurde in Diagramm a der Lenkradeinschlag ohne Fahrzeugdynamik entsprechend (15.13) eingetragen.

Danach muß der Fahrer einmal schneller einschlagen und zum anderen um den Asymptotenwert (= Kreisfahrtwert) korrigieren. Dieses Korrigieren hat nichts mit Regelung zu tun, denn das Fahrzeug fährt genau auf seinem Kurs. Erst wenn es von ihm abweicht, müßte der Fahrer regeln, siehe Kap. II.

16 Seitenwindverhalten

Unfälle durch Seitenwind kommen nach den einschlägigen Statistiken[38] sehr selten vor. Deshalb liegt die Bedeutung des Seitenwindverhaltens von Kraftfahrzeugen mehr beim Komfort, bei der Beanspruchung des Fahrers. Ein seitenwindunempfindliches Fahrzeug ist komfortabler, weil der Fahrer weniger lenken muß.

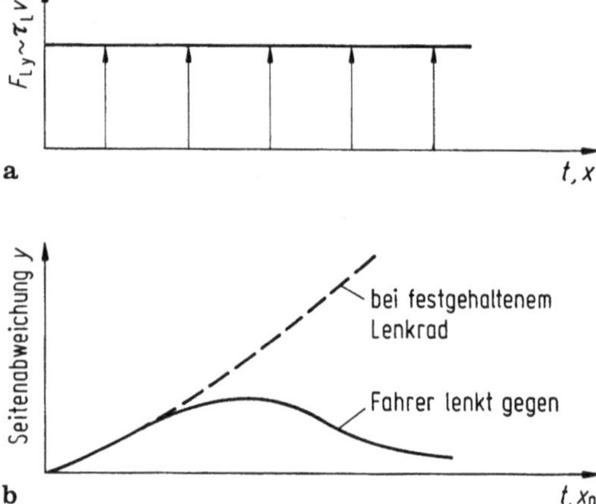

Bild 16.1. Einfluß der Störung Seitenwind bei Geradeausfahrt

Die Gesamtproblematik zeigt das Bild 16.1. Die seitliche Windkraft $F_{Ly} \sim \tau_L v_r^2$ wachse nach Diagramm a sprungförmig an (z. B. bei Ausfahrt aus einem Wald), dann wird das Kraftfahrzeug die vorgesehene Geradeausfahrt verlassen (b), und der Fahrer muß, um das Kraftfahrzeug wieder auf seinen alten Kurs zurückzuführen, am Lenkrad korrigieren. Die Reaktion des Fahrers wird erst in Abschn. 22 behandelt. Hier werden nur die Fahrzeugeigenschaften diskutiert, z. B. nach Bild 16.1 b: Wie groß ist die Kursabweichung bei festgehaltenem Lenkrad (fixed control) oder wie muß gelenkt werden, damit die Seitenabweichung Null bleibt (idealer Fahrer)? Begonnen wird im folgenden Abschnitt mit einem einfachen, leicht überschaubaren, wenige Formeln benötigenden Fall, und zwar mit konstantem Seitenwind.

16.1 Konstanter Seitenwind

Auch wenn die Seitenabweichung nach Bild 16.1 b wieder vom Fahrer zu Null gemacht wurde, muß das Lenkrad um einen bestimmten Wert gegen den Wind eingeschlagen bleiben. Diese Größe wird im folgenden bestimmt.

---

[38] Wallentowitz, H.: Seitenwindverhalten von Kraftfahrzeugen. ATZ 82 (1980), S. 435 bis 442.

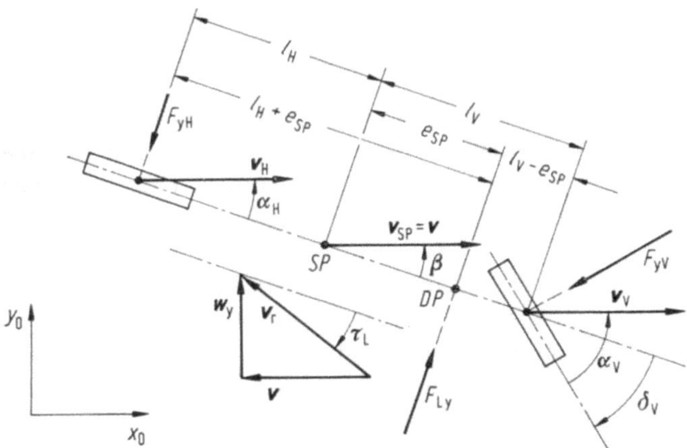

Bild 16.2. Kräfte und kinematische Größen am Einspurmodell bei Geradeausfahrt unter Seitenwindeinfluß. (Im Gegensatz zu Bild 3.1 b zeigt hier F_{Ly} nach oben, weil auch v_r eine nach oben gerichtete Komponente hat)

Die Stellung des Fahrzeugs bei Geradeausfahrt ergibt sich nach Bild 16.2 daraus, daß die Geschwindigkeiten v_{SP}, v_V und v_H in x_0-Richtung zeigen müssen. Auf die Windkraft F_{Ly} gibt es als Reaktion Seitenkräfte F_{yV} und F_{yH} und damit auch Schräglaufwinkel α_V und α_H in der gezeichneten Richtung. Da F_{Ly} näher an der Vorderachse angreift, ist $F_{yV} > F_{yH}$, d. h. bei gleichen Reifen an Vorder- und Hinterachse ist auch $\alpha_V > \alpha_H$. Dies wiederum ist nur mit dem im Bild 16.2 gezeichneten zusätzlichen Vorderradeinschlag δ_V zu erreichen.

Der zugehörige Lenkradeinschlag δ_L^* läßt sich aus (7.13) und (7.14) mit den für die Geradeausfahrt notwendigen Zusatzbedingungen

$$\ddot{\psi} = 0, \qquad \dot{\psi} = 0, \qquad \dot{\beta} = 0$$

berechnen. Setzt man für $v_r^2 \tau_L$ Gleichung (16.4) ein, so wird

$$(c_{\alpha V}' + c_{\alpha H}) \beta = c_{\alpha V}' \delta_L^* - k_y(v^2 \beta - v w_y),$$

$$-(c_{\alpha H} l_H - c_{\alpha V}' l_V) \beta = c_{\alpha V}' l_V \delta_L^* - k_y e_{SP}(v^2 \beta - v w_y)$$

und daraus

$$\frac{\delta_L^*}{w_y} = -\frac{k_y v}{c_{\alpha V}'} \frac{c_{\alpha H}(l_H + e_{SP}) - c_{\alpha V}'(l_V - e_{SP})}{[c_{\alpha H} l + k_y(l_V - e_{SP}) v^2]}.$$

Entsprechend Abschn. 12.3 kann der Nenner wieder vereinfacht werden:

$$\frac{\delta_L^*}{v w_y} = -k_y \frac{c_{\alpha H}(l_H + e_{SP}) - c_{\alpha V}'(l_V - e_{SP})}{c_{\alpha V}' c_{\alpha H} l}. \tag{16.1}$$

Um bei Seitenwind geradeaus zu fahren, muß der Fahrer gegenlenken (deshalb in (16.1) das Minuszeichen). Ein Fahrzeug ist um so besser, je geringer der Lenkradeinschlag $\delta_L = i_L \delta_L^*$ (mit $i_L =$ Lenkübersetzung) ist. Er ist proportional der

Fahr- und Seitenwindgeschwindigkeit v und w_y sowie dem Seitenluftbeiwert k_y. δ_L^* wird um so kleiner, je größer $c'_{\alpha V}$ und $c_{\alpha H}$ sind, d. h. je größer die Lenkungs- und Reifenseitensteifigkeiten sind.

Nach dem Zähler von (16.1) scheint die Schwerpunktslage für die Seitenwindempfindlichkeit direkt keine Rolle zu spielen, sondern nur die Abstände des Druckmittelpunkts DP zur Vorder- und Hinterachse (Bild 16.2). Indirekt spielt sie doch eine Rolle: Sie ist in $c_{\alpha V}$ und $c_{\alpha H}$ verborgen, denn diese Werte hängen von der Größe der Achslast ab.

Anhand der untersteuernden, leeren Fahrzeuge 1 bis 7 (Tabelle 11.1) können diese Aussagen zahlenmäßig belegt werden. Zunächst wird für alle Fahrzeuge die gleiche Lenkübersetzung $i_L = 19$ angenommen. Fahrzeug 2 mit den seitensteiferen Reifen braucht mit $\delta_L = 9°$ einen kleineren Lenkradeinschlag als Fahrzeug 1 mit $\delta_L = 12°$, das Fahrzeug 3 mit den seitenweichen Reifen einen größeren, $\delta_L = 20°$ (siehe Tabelle 16.1, 3. und 4. Spalte).

Die steife Lenkung und der kleine Nachlauf des Fahrzeugs 4 verbessern die Seitenwindempfindlichkeit gegenüber Fahrzeug 1. Bei den gegenteiligen Bedingungen von Fahrzeug 4 wird sie schlechter.

Beim hecklastigen Fahrzeug 6 muß der Fahrer das Lenkrad stärker einschlagen als beim mittellastigen Fahrzeug 1, beim frontlastigen Fahrzeug 7 weniger.

Nun darf das Seitenwindverhalten nicht isoliert betrachtet werden, es müssen z. B. ein bestimmter Untersteuergradient (Abschn. 10), eine kurze Peak-Response-Time (Abschn. 13.3) und ein günstiger Frequenzgang (Abschn. 14.3) gleichzeitig erfüllt sein. In Abschn. 13.3 (Tabelle 13.4, rechte Spalte) wurde erläutert, daß die Fahrzeuge 1 bis 7 verschiedene Lenkübersetzungen i_L brauchen, um beim Fahrtest „Lenkwinkelrampe" mit dem gleichen Lenkradeinschlag auf den gleichen Kreisradius zu kommen. Werden diese Werte i_L eingesetzt, so wird nach Tabelle 16.1 (5. und 6. Spalte) das frontlastige Fahrzeug 7 noch günstiger, das hecklastige Fahrzeug 6 noch schlechter, die Größe der Lenkungssteifigkeit spielt keine so große Rolle mehr (vgl. Fahrzeug 1, 4 und 5). Seitensteife Reifen sind nach wie vor günstig (vgl. Fahrzeug 1, 2 und 3).

Die wichtigste Größe für das Seitenwindverhalten wurde noch nicht diskutiert, nämlich die Lage des Druckmittelpunktes DP. Der Lenkradeinschlag δ_L

Tabelle 16.1. Lenkradeinschlag δ_L bei konstanter Seitenwindgeschwindigkeit w_y und Fahrgeschwindigkeit v (Fahrzeugdaten siehe Tab. 11.1, $k_y = 2{,}56\ \mathrm{Ns^2/m^2}$, $e_0 = 0{,}625\ \mathrm{m}$ bzw. $l_H + e_{SP} = 1{,}875\ \mathrm{m}$, $l_V - e_{SP} = 0{,}625\ \mathrm{m}$), $i_L =$ Lenkübersetzung

Fahrzeug	$\dfrac{\delta_L^*}{v w_y}$ in $\dfrac{\mathrm{rad}}{\mathrm{m^2/s^2}}$ nach (16.1)	i_L nach Tab. 11.1	δ_L in grad $v = 30\ \mathrm{m/s}$ $w_y = 10\ \mathrm{m/s}$	i_L nach Tab. 13.4	δ_L in grad $v = 30\ \mathrm{m/s}$ $w_y = 10\ \mathrm{m/s}$
1	$3{,}71 \cdot 10^{-5}$	19	12	19	12
2	$2{,}86 \cdot 10^{-5}$	19	9	19	9
3	$6{,}27 \cdot 10^{-5}$	19	20	19	20
4	$2{,}94 \cdot 10^{-5}$	19	10	25,3	13
5	$5{,}63 \cdot 10^{-5}$	19	18	11,7	11
6	$4{,}25 \cdot 10^{-5}$	19	14	28,1	21
7	$3{,}22 \cdot 10^{-5}$	19	11	14,3	8

wird zu Null, wenn in (16.1) der Zähler zu Null wird, und daraus ergibt die Lage des Druckmittelpunktes DP zum Schwerpunkt SP aus

$$e_{SP} = \frac{c'_{\alpha V} l_V - c_{\alpha H} l_H}{c'_{\alpha V} + c_{\alpha H}}; \quad \frac{e_{SP}}{l_V} = \frac{1 - \dfrac{c_{\alpha H}}{c'_{\alpha V}} \dfrac{l_H}{l_V}}{1 + \dfrac{c_{\alpha H}}{c'_{\alpha V}}}. \tag{16.2}$$

Beim mittellastigen Pkw, z. B. mit $l_V = l_H$ und mit gleichen Reifen vorn und hinten, $c_{\alpha H} = c_{\alpha V}$, ist wegen der Lenkungselastizität $c_{\alpha H} > c'_{\alpha V}$, so daß e_{SP} negativ werden muß. Nach Bild 16.2 sollte der Druckmittelpunkt DP deshalb hinter dem Schwerpunkt SP liegen. (Eine schon sehr früh[39] ausgeführte Möglichkeit an einem Versuchsfahrzeug zeigt Bild 16.3. Mit Hilfe der Flossen wird DP stark nach hinten verschoben.)

Bild 16.3. Spaltflossenpaar an einem K-Wagen (K steht für Prof. Dr.-Ing., Dr.-Ing. E. h. W. Kamm, 1893—1966). (König-Fachsenfeld, R.: Aerodynamik des Kraftfahrzeugs. Umschau-Verlag, Frankfurt a. M., 1951)

Da aber nach Bild 6.2 DP bei Pkw üblicherweise vor Radstandsmitte liegt und SP — wie gesagt — etwa in Radstandsmitte, muß also bei Seitenwind gegengelenkt werden. Die Lenkbewegung ist klein, wenn Druckmittel- und Schwerpunkt dicht zusammenliegen, d. h., wenn deren Abstand e_{SP} klein ist. Da der Schwerpunkt SP wegen anderer Fahreigenschaften (z. B. wegen eines gewünschten Untersteuergradienten) nicht zu weit vorn liegen darf, muß der Druckmittelpunkt DP durch geeignete Karosserieform nach hinten verschoben werden. (Vorderradangetriebene Kraftfahrzeuge sind meistens relativ seitenwindunempfindlich. Das liegt nicht an dem Vorderradantrieb, sondern daran, daß durch den vorn liegenden Antriebsblock auch SP vorn liegt.)

16.2 Dynamisches Verhalten, Übertragungs-, Vergrößerungsfunktionen

Nach dem stationären Fall im vorangegangenen Abschnitt 16.1 wird nun das dynamische Verhalten bei Seitenwind betrachtet. Damit kann die Vorbeifahrt an einer Seitenwindschleuse und das Verhalten bei böigem Wind berechnet werden.

---

[39] Sawatzki, E.: Die Luftkräfte und ihre Momente am Kraftwagen. Deutsche Kraftfahrtforschung 1941, H. 50, VDI-Verlag Berlin.

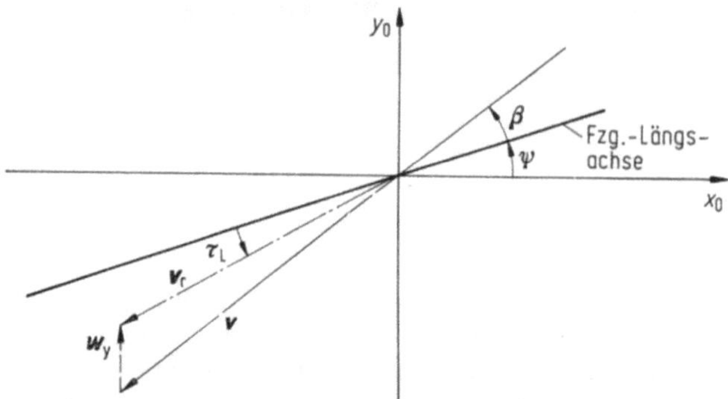

Bild 16.4. Zur Bestimmung des Anströmwinkels τ_L

Zuvor muß die in den Differentialgleichungen (7.13) und (7.14) vorkommende Größe $v_\mathrm{r}^2 \tau_\mathrm{L}$ bekannt sein. Der Anströmwinkel τ_L ergibt sich nach Bild 16.4, wenn die Seitenwindgeschwindigkeit w_y in Richtung der ortsfesten y_0-Koordinate definiert ist, zu

$$\tan \tau_\mathrm{L} = \frac{v_\mathrm{r} \sin \tau_\mathrm{L}}{v_\mathrm{r} \cos \tau_\mathrm{L}} = \frac{v \sin \beta - w_\mathrm{y} \cos \psi}{v \cos \beta - w_\mathrm{y} \sin \psi}.$$

Bei kleinem Gierwinkel ψ, d. h. im wesentlichen bei Geradeausfahrt, sowie bei kleinem Schwimmwinkel β wird aus der obigen Gleichung linearisiert

$$\tan \tau_\mathrm{L} \approx \frac{v\beta - w_\mathrm{y}}{v - w_\mathrm{y}\psi} \approx \beta - \frac{w_\mathrm{y}}{v}.$$

Da die Luftbelastung, durch die linearen Gleichungen (6.6) angenähert, nur für $\tau_\mathrm{L} \lesssim 20°$ gelten, gilt auch

$$\tau_\mathrm{L} \approx \beta - \frac{w_\mathrm{y}}{v} \tag{16.3}$$

oder gleichbedeutend mit

$$w_\mathrm{y}/v \lesssim 0{,}36\,.$$

Bei $v = 30$ m/s $= 108$ km/h ist $w_\mathrm{y} \lesssim 11$ m/s. Das ist nach der Beaufort-Skala eine Windstärke zwischen 4 und 5, zwischen mäßiger und frischer Brise.

Dann ist auch

$$v_\mathrm{r} \approx v$$

und die maßgebende Größe

$$v_\mathrm{r}^2 \tau_\mathrm{r} \approx v^2 \beta - v w_\mathrm{y}\,. \tag{16.4}$$

Tabelle 16.2. Übertragungsfunktionen bei Seitenwind für genaue Geradeausfahrt (idealer Fahrer) und bei festgehaltenem Lenkrad (fixed control)

Fahrbedingungen	Übertragungsfunktionen		Abkürzungen	
idealer Fahrer: Fahrzeug fährt geradeaus. Abweichung von der Geradeausfahrt (Sollkurs) ist $y_\mathrm{P} = 0$	$\dfrac{\delta_\mathrm{L}^*(s)}{w_\mathrm{y}(s)} = \left(\dfrac{\delta_\mathrm{L}^*}{vw_\mathrm{y}}\right)_\mathrm{stat} v \dfrac{1 + 2\dfrac{\sigma_\mathrm{L}}{v_\mathrm{L}^2}s + \left(\dfrac{s}{v_\mathrm{L}}\right)^2}{1 + 2\dfrac{\sigma_\mathrm{id}}{v_\mathrm{id}^2}s + \left(\dfrac{s}{v_\mathrm{id}}\right)^2}$	(16.7)	v_id s. (15.8), $\quad \sigma_\mathrm{id}$ s. (15.9), $\quad (\delta_\mathrm{L}^*/vw_\mathrm{y})_\mathrm{stat}$ s. (16.1) $v_\mathrm{L}^2 = \dfrac{c_{\alpha\mathrm{H}}(l_\mathrm{H} + e_\mathrm{SP}) - c_{\alpha\mathrm{V}}'(l_\mathrm{V} - e_\mathrm{SP})}{J_\mathrm{z} + m(l_\mathrm{V} + l_\mathrm{P})\,e_\mathrm{SP}}$ $2\sigma_\mathrm{L} = \dfrac{1}{v}\dfrac{c_{\alpha\mathrm{H}}(l + l_\mathrm{P})(l_\mathrm{H} + e_\mathrm{SP}) - c_{\alpha\mathrm{V}}'l_\mathrm{P}(l_\mathrm{V} - e_\mathrm{SP})}{J_\mathrm{z} + m(l_\mathrm{V} + l_\mathrm{P})\,e_\mathrm{SP}}$	(16.12) (16.13)
fixed control: Lenkrad festgehalten $\delta_\mathrm{L}^* = 0$	$\dfrac{1/\varrho_\mathrm{SP}(s)}{w_\mathrm{y}(s)} = -\left(\dfrac{\delta_\mathrm{L}^*}{vw_\mathrm{y}}\right)_\mathrm{stat}\left(\dfrac{\dot\psi}{\delta_\mathrm{L}^*}\right)_\mathrm{stat} \dfrac{1 + 2\dfrac{\sigma_\mathrm{L}'}{v_\mathrm{L}'^2}s + \left(\dfrac{s}{v_\mathrm{L}'}\right)^2}{1 + 2\dfrac{\sigma_\mathrm{f}}{v_\mathrm{f}^2}s + \left(\dfrac{s}{v_\mathrm{f}}\right)^2}$ (16.8) $\dfrac{\ddot{y}_\mathrm{SP}(s)}{w_\mathrm{y}(s)} = v^2 \dfrac{1/\varrho_\mathrm{SP}(s)}{w_\mathrm{y}(s)}$ (16.9) $\dfrac{y_\mathrm{SP}(s)}{w_\mathrm{y}(s)} = \dfrac{1}{s^2}\dfrac{\ddot{y}_\mathrm{SP}(s)}{w(s)}$ (16.10) $\dfrac{\dot\psi(s)}{w_\mathrm{y}(s)} = -\left(\dfrac{\delta_\mathrm{L}^*}{vw_\mathrm{y}}\right)_\mathrm{stat}\left(\dfrac{\dot\psi}{\delta_\mathrm{L}^*}\right)_\mathrm{stat} v \dfrac{1 + Ts}{1 + 2\dfrac{\sigma_\mathrm{f}}{v_\mathrm{f}^2}s + \left(\dfrac{s}{v_\mathrm{f}}\right)^2}$ (16.11)		$(\delta_\mathrm{L}^*/vw_\mathrm{y})_\mathrm{stat}$ s. (16.1) v_f^2 s. (12.8), $\quad 2\sigma_\mathrm{f}$ s. (12.5), $(\dot\psi/\delta_\mathrm{L}^*)_\mathrm{stat}$ s. (9.14), Tabelle 9.2 $\sigma_\mathrm{L}' = \sigma_\mathrm{L}(l_\mathrm{P} = -l_\mathrm{V})$ $v_\mathrm{L}'^2 = v_\mathrm{L}^2(l_\mathrm{P} = -l_\mathrm{V})$ $T = \dfrac{mve_\mathrm{SP}}{c_{\alpha\mathrm{H}}(l_\mathrm{H} + e_\mathrm{SP}) - c_{\alpha\mathrm{V}}'(l_\mathrm{V} - e_\mathrm{SP})}$	 (16.14)

Damit lauten die Bewegungsgleichungen (7.13) und (7.14)

$$mv\dot{\beta} + (c'_{\alpha V} + c_{\alpha H})\,\beta + [mv^2 - (c_{\alpha H}l_H - c'_{\alpha V}l_V)]\,\frac{\dot{\psi}}{v} = c'_{\alpha V}\delta_L^* + k_y v w_y\,,$$

$$(16.5)$$

$$J_z\ddot{\psi} + (c'_{\alpha V}l_V^2 + c_{\alpha H}l_H^2)\frac{\dot{\psi}}{v} - (c_{\alpha H}l_H - c'_{\alpha V}l_V)\,\beta = c'_{\alpha V}l_V\delta_L^* + k_y e_{SP} v w_y\,.$$

$$(16.6)$$

(Dabei wurde, wie in Abschn. 7, die Größe $v^2\beta$ gegenüber den anderen β-Gliedern vernachlässigt.)

Nach Laplace-Transformation ergeben sich (entsprechend den Gleichungen in Abschn. 13.1) die verschiedenen Übertragungsfunktionen in Tabelle 16.2 für die beiden Fälle „idealer Fahrer" und „fixed control".

Die komplexen Vergrößerungsfunktionen erhält man wieder, indem man $s = j\omega$ setzt.

16.3 Übergangsverhalten, Einfluß von Fahrzeugdaten

Die am meisten angewandte Untersuchungsmethode[38,40] zur Seitenwindempfindlichkeit von Kraftfahrzeugen ist die Vorbeifahrt an einer Seitenwindanlage (Aneinanderreihung mehrerer Gebläse). Je nach ihrer Länge und Fahrgeschwindigkeit beeinflussen sich Ein- und Ausfahrt gegenseitig. Um dies auszuschalten, wird für die folgenden Rechnungen nur die Einfahrt an einer sehr langen Anlage betrachtet, siehe Bild 16.5. Die Seitenwindgeschwindigkeit w_y ist eine Rampenfunktion, wobei die Rampenlänge gleich der Fahrzeuglänge ist. (Genau genommen müßte das Eintauchen des Fahrzeugs in den Seitenwind dadurch beschrieben werden, daß eine immer größere Seitenfläche des Fahrzeugs durch den Wind beaufschlagt wird und daß sich dadurch auch die Lage des Druckmittelpunktes ändert.)

In Bild 16.6 sind für ein bestimmtes Fahrzeug und für eine stationäre Seitenwindgeschwindigkeit $w_{y\,stat} = 10$ m/s bei drei verschiedenen Fahrgeschwindigkeiten $v = 20$, 30 und 40 m/s die wesentlichen Zeitfunktionen dargestellt, und zwar für den „idealen Fahrer" (Diagramme b bis f), vergleichbar einem „reaktionsschnellen Fahrer" und für „fixed control" (g bis k), vergleichbar einem „passiven Fahrer".[41]

Nach Diagramm b muß der ideale Fahrer beim Einsetzen des Seitenwindes sofort, d. h. ohne Reaktionsdauer, zu lenken beginnen, und zwar bei $v = 40$ m/s mit einer Lenkwinkelgeschwindigkeit $\dot{\delta}_L(t = 0) \approx 135°/$s auf einen Maximalwert von $\delta_{Lmax} \approx 17°$, das sind, bis auf die Reaktionsdauer gleich Null, von Fahrern erreichbare Werte. Der Anstieg des Momentes am Lenkrad ist entsprechend schnell und sein Maximalwert klein. Da der Vorausschaupunkt P genau auf der gewünschten Geraden liegt, ist die Abweichung y_{SP} des Schwerpunkts (Diagramm

[40] Granow, D., Heißing, B., Hinze, P.: Fahrverhalten von Pkw bei Seitenwind. Verkehrsunfall und Fahrzeugtechnik 1985. S. 169—174.

[41] Gnadler, R.: Beitrag zum Problem Fahrer—Fahrzeug—Seitenwind. Automobil-Industrie 1973, S. 109—138.

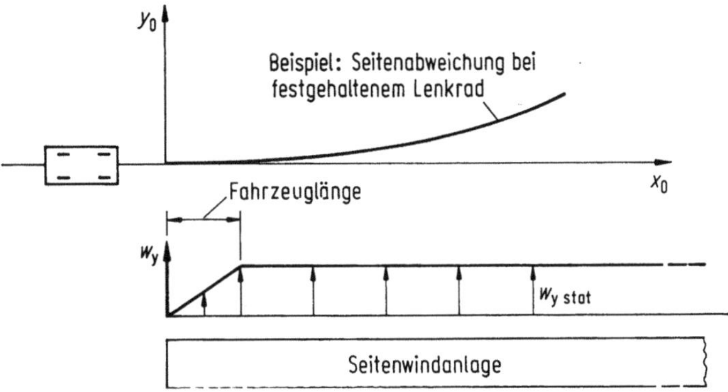

Bild 16.5. Vorbeifahrt an einer Seitenwindanlage

c), der nun $l_V + l_P$ hinter P liegt, klein, ebenso die Querbeschleunigung $\ddot{y}_{SP}$ und der Schwimmwinkel β (d und f). Bei diesen drei Zeitschrieben erkennt man am deutlichsten eine abklingende Schwingung.

Bei „fixed control" hält der „passive Fahrer" das Lenkrad in der Mittelstellung fest ($\delta_L = 0$), und das Fahrzeug weicht damit vom gewünschten Geradeauskurs ab. Nach Bild 16.6h, in das zur Verdeutlichung die Schwerpunkts-Querabweichung y_{SP}, die halbe Fahrspurbreite einer Bundesautobahn und die Fahrzeugbreite eines Mittelklasse-Pkw eingezeichnet wurden, erreicht das Fahrzeug bei $v = 40$, 30 und 20 m/s nach ungefähr 1,0, 1,1 und 1,3 s den Fahrbahnrand. Der Fahrer muß also, um dies zu verhindern, vorher gegenlenken. Aus dem schnellen Anstieg der Querbeschleunigung $\ddot{y}_{SP}$ (Diagramm i) in den ersten Zehntelsekunden und Erreichen des Maximums bei nur etwa 1 s kann man vermuten, daß darauf der Fahrer neben der optischen Aufforderung noch eine sog. vestibuläre Information zum Lenken erhält. Auch über das Lenkradmoment M_L (Diagramm j) dürfte der Fahrer (haptisch) informiert werden, zumindest bei höheren Geschwindigkeiten.

Insgesamt sieht man aus den Diagrammen in Bild 16.6, daß die Zeitverläufe stark von den Asymptotenwerten bestimmt werden (bis auf die ersten Sekunden natürlich und besonders bei den relativ niedrigen Fahrgeschwindigkeiten von 20 und 30 m/s).

Im folgenden wird der Einfluß von den Fahrzeugdaten, die nach der stationären Betrachtung in Abschn. 16.1 wichtig sind, diskutiert:

In Bild 16.7 wurden bei gleichen aerodynamischen und sonstigen Fahrzeugdaten nur die Reifenseitensteifigkeiten geändert. Die höheren Werte bei Fahrzeug 2 (entspricht dem Einbau breiterer Reifen) verkleinern, wie aus Tabelle 16.1 bekannt, den Stationärwert von δ_L (Diagramm a), den Schwimmwinkel β (b) und die Querbeschleunigung $\ddot{y}_{SP}$ (d), sie verändern aber kaum die Seitenabweichung $\ddot{y}_{SP}$ in den ersten Zehntelsekunden.

Den Einfluß der Schwerpunktslage bei gleicher Karosserieform (gleiches k_y und gleicher Ort des Druckmittelpunkts) gibt Bild 16.8 wieder. Das hecklastige Fahrzeug 6 mit dem größeren Abstand $SP-DP$, also größerem e_{SP} und dem gleichzeitig kleineren Untersteuergradienten (Bild 11.3d) als Fahrzeug 1 (mittellastig)

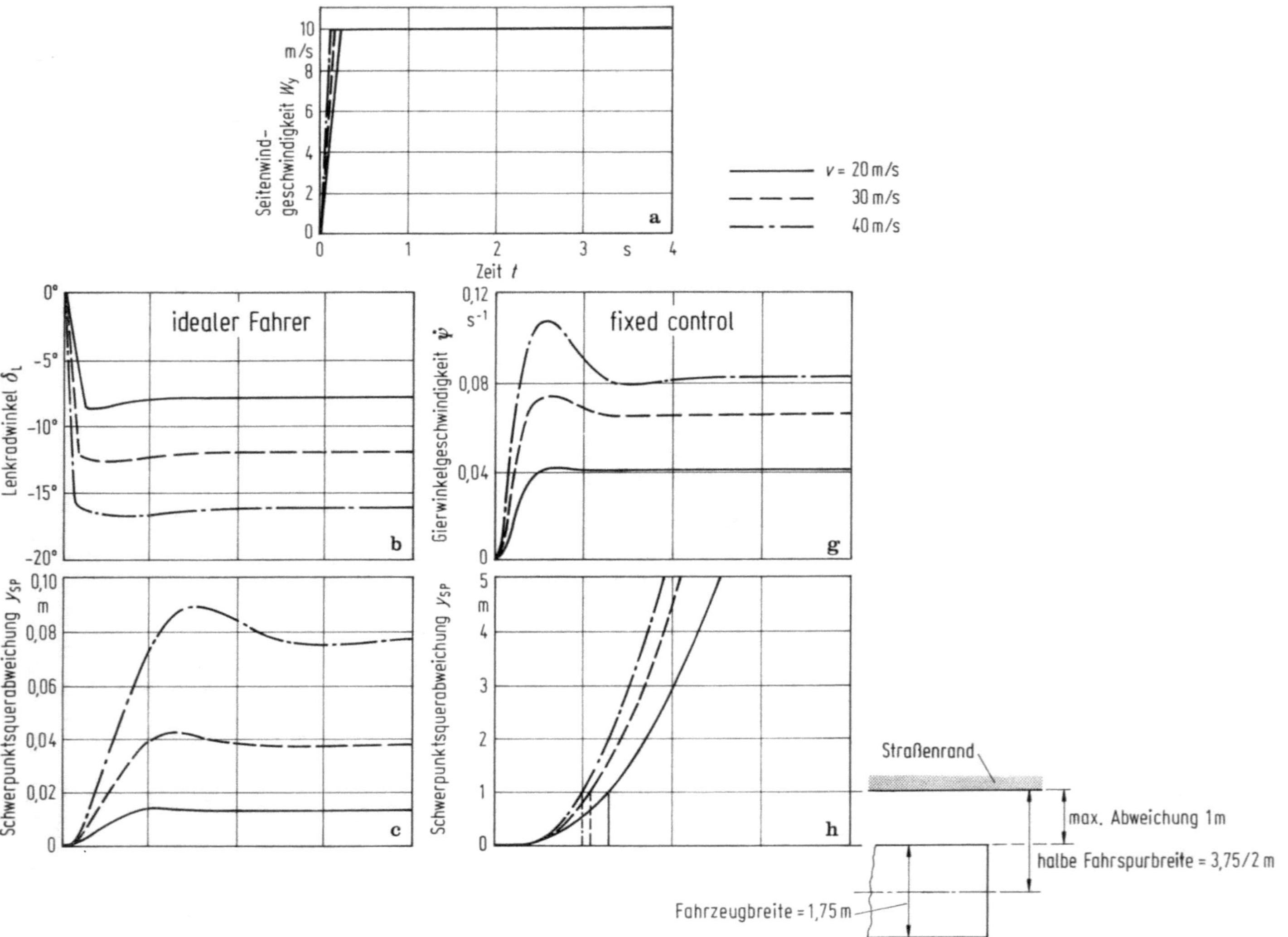

Seitenwind-geschwindigkeit W_y
m/s
10
8
6
4
2
0
Zeit t
s
v = 20 m/s
30 m/s
40 m/s
a
idealer Fahrer
Lenkradwinkel δ_L
0°
-5°
-10°
-15°
-20°
b
fixed control
Gierwinkelgeschwindigkeit $\dot{\psi}$
s^{-1}
0,12
0,08
0,04
0
g
Schwerpunktsquerabweichung y_{SP}
m
0,10
0,08
0,06
0,04
0,02
0
c
Schwerpunktsquerabweichung y_{SP}
m
5
4
3
2
1
0
h
Straßenrand
max. Abweichung 1m
halbe Fahrspurbreite = 3,75/2 m
Fahrzeugbreite = 1,75 m

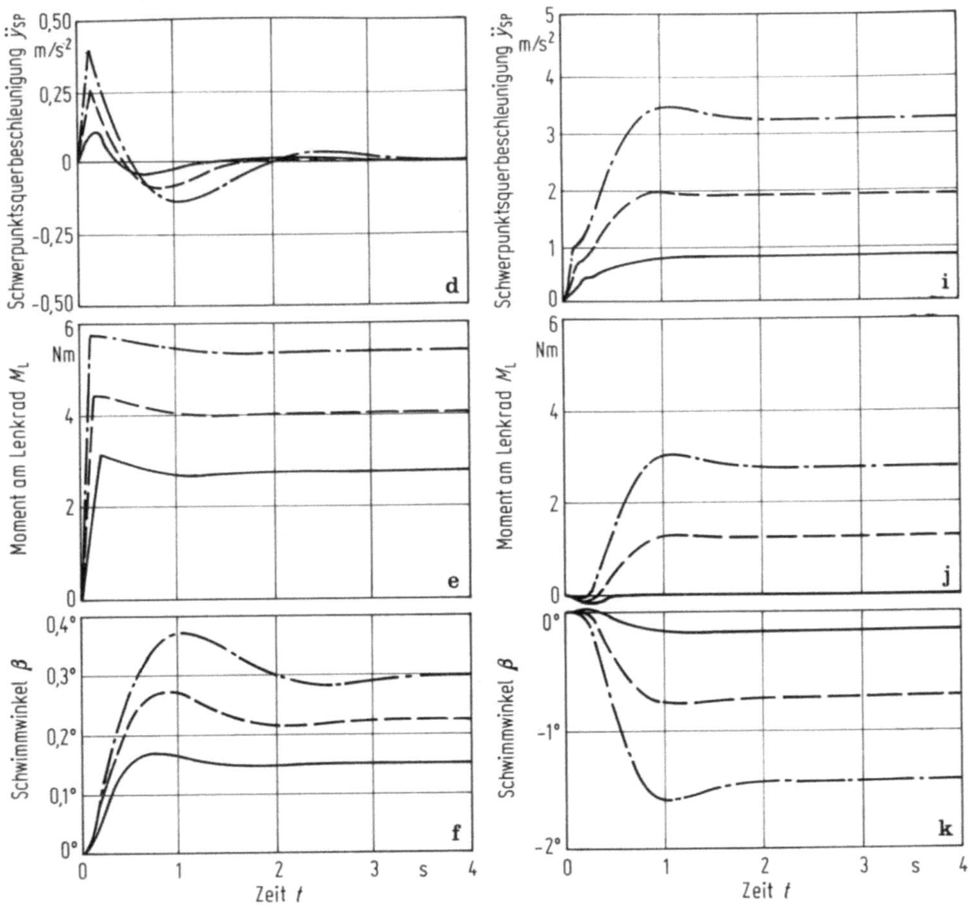

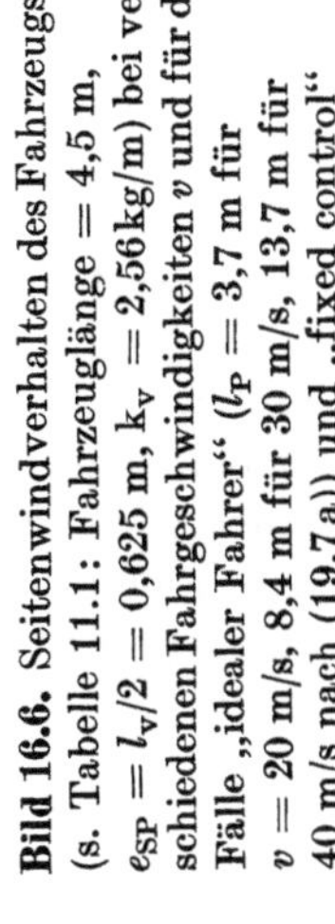

Bild 16.6. Seitenwindverhalten des Fahrzeugs 1 (s. Tabelle 11.1: Fahrzeuglänge = 4,5 m, $e_{SP} = l_v/2 = 0,625$ m, $k_v = 2,56$ kg/m) bei verschiedenen Fahrgeschwindigkeiten v und für die Fälle „idealer Fahrer" ($l_P = 3,7$ m für $v = 20$ m/s, 8,4 m für 30 m/s, 13,7 m für 40 m/s nach (19.7a)) und „fixed control"

und Fahrzeug 4 (frontlastig) hat die größere Seitenabweichung y_{SP} und -beschleunigung $\ddot{y}_{SP}$. Auch die Lenkradwinkel sind größer.

In Bild 16.9 wurde die Lage des Druckmittelpunktes DP variiert, von dem Ausgangswert $e_{SP} = 0{,}625$ m (DP liegt vor SP) über $e_{SP} = 0$ (DP und SP fallen zusammen) bis $e_{SP} = -0{,}16$ m (DP liegt hinter SP, und zwar nach (16.2) so, daß der Asymptotenwert des Lenkradeinschlags bei konstanter Seitenwindgeschwindigkeit und fixed control gleich Null ist). Aus Diagramm a erkennt man, daß der Lenkradeinschlag für den idealen Fahrer in der Reihenfolge der o. g. Druckpunktverschiebung nicht nur bei der Asymptote, sondern auch im Übergangsbereich kleiner wird. Ebenso wird die Seitenabweichung y_{SP} bei fixed control (Diagramm b) kleiner oder, anders ausgedrückt, der Fahrer kann sich mit dem Gegenlenken mehr Zeit lassen, seine Reaktionsdauer kann größer sein. Auch bei

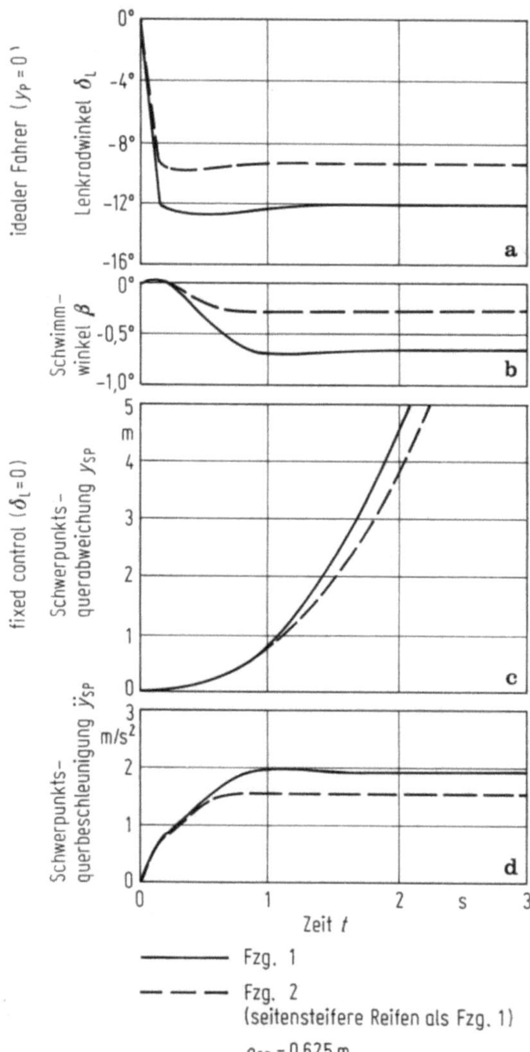

Bild 16.7. Einfluß der Reifenseitensteifigkeit auf das Seitenwindverhalten, (Fahrzeugdaten s. Tabelle 11.1 und Bild 16.6) Seitenwindgeschwindigkeit w_y s. Bild 16.6a, Fahrgeschwindigkeit $v = 30$ m/s

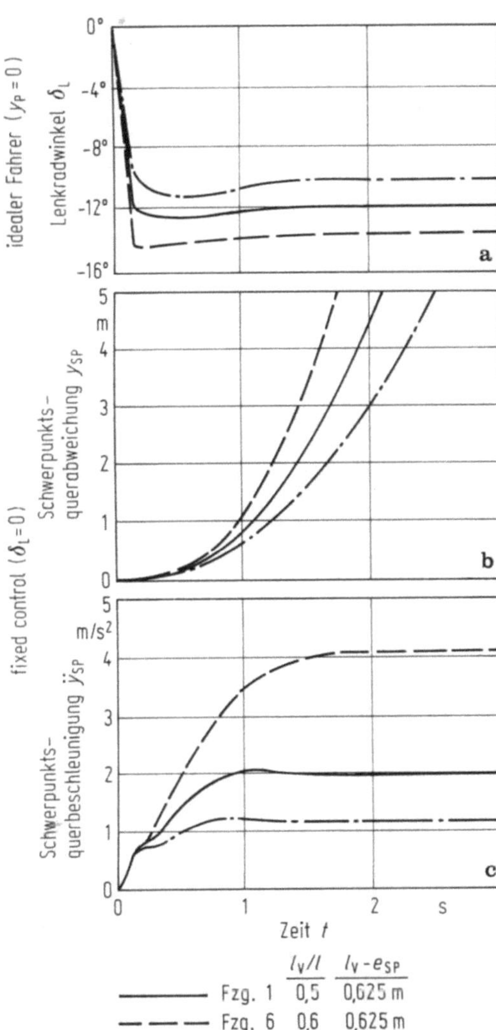

Bild 16.8. Einfluß der Schwerpunktslage auf das Seitenwindverhalten bei gleicher Lage des Druckmittelpunkts. (Fahrzeugdaten s. Tabelle 11.1 und Bild 16.6) Seitenwindgeschwindigkeit w_y, s. Bild 16.6a, Fahrgeschwindigkeit $v = 30$ m/s

		l_v/l	$l_v - e_{SP}$
———	Fzg. 1	0,5	0,625 m
— — —	Fzg. 6	0,6	0,625 m
— · —	Fzg. 7	0,4	0,625 m

$e_{SP} = -0,16$ m ist $y_{SP} \neq 0$, aber die seitliche Abweichung vergrößert sich mit der Zeit so wenig, daß eine langsame Lenkkorrektur den Wagen wieder auf seine gewünschte Fahrspur bringt.

16.4 Frequenzgang

Nachdem die Vorbeifahrt an einer Seitenwindanlage untersucht wurde, soll nun der Seitenwind nicht mehr mit konstanter, sondern mit sinusförmig veränderlicher Geschwindigkeit (böiger Seitenwind) blasen. Daraus ermitteln sich — entsprechend Abschn. 14 — die Frequenzgänge für die Störung Seitenwind. Sie sind wichtig für

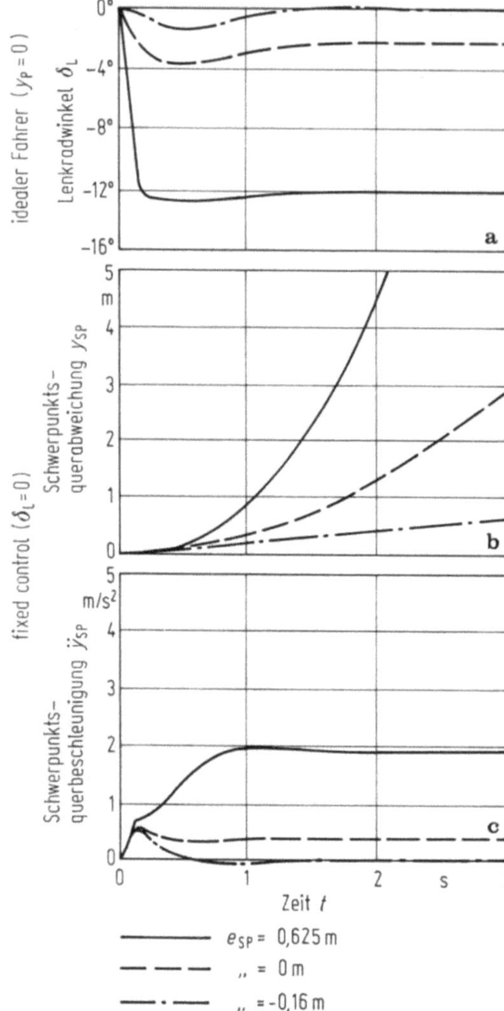

Bild 16.9. Einfluß der Lage des Druckmittelpunktes auf das Seitenwindverhalten (Fahrzeugdaten s. Bild 16.6), Seitenwindgeschwindigkeit $w_y(t)$ s. Bild 16.6 a, Fahrgeschwindigkeit $v = 30$ m/s

— die Beschreibung der Dynamik des Fahrzeugs (in diesem Abschn.),
— das Fahrverhalten unter stochastischem Seitenwind (s. Abschn. 16.5),
— die Behandlung des Regelkreises Fahrer — Fahrzeug (siehe Abschn. 21 f).

Die Seitenwindgeschwindigkeit ändert sich mit der Erregerkreisfrequenz ω sinusförmig

$$w_y = \underline{\hat{w}}_y \, e^{j\omega t} = \hat{w}_y \sin \omega t . \tag{16.15}$$

Die Fahrzeugantwort lautet z. B.

$$\dot{\psi} = \underline{\hat{\dot{\psi}}} \, e^{j\omega t} = \hat{\dot{\psi}} \sin (\omega t + \varepsilon_{\dot{\psi}/w_y}) . \tag{16.16}$$

In den folgenden Bildern sind die Frequenzgänge, unterteilt nach Amplituden- und Phasengang, für die beiden Fälle idealer Fahrer (reaktionsschneller Fahrer) und fixed control (passiver Fahrer) dargestellt. Die Amplituden sind auf den Wert bei $\omega = 0$ bezogen, entsprechend (14.3), und das Verhältnis sagt dann aus, wie sich das Seitenwindverhalten eines Fahrzeugs bei böigem Wind ($\omega > 0$) gegenüber konstantem Wind ($\omega = 0$) ändert.

Aus Bild 16.10 ist der Einfluß der Fahrgeschwindigkeit v zu erkennen. Auf-

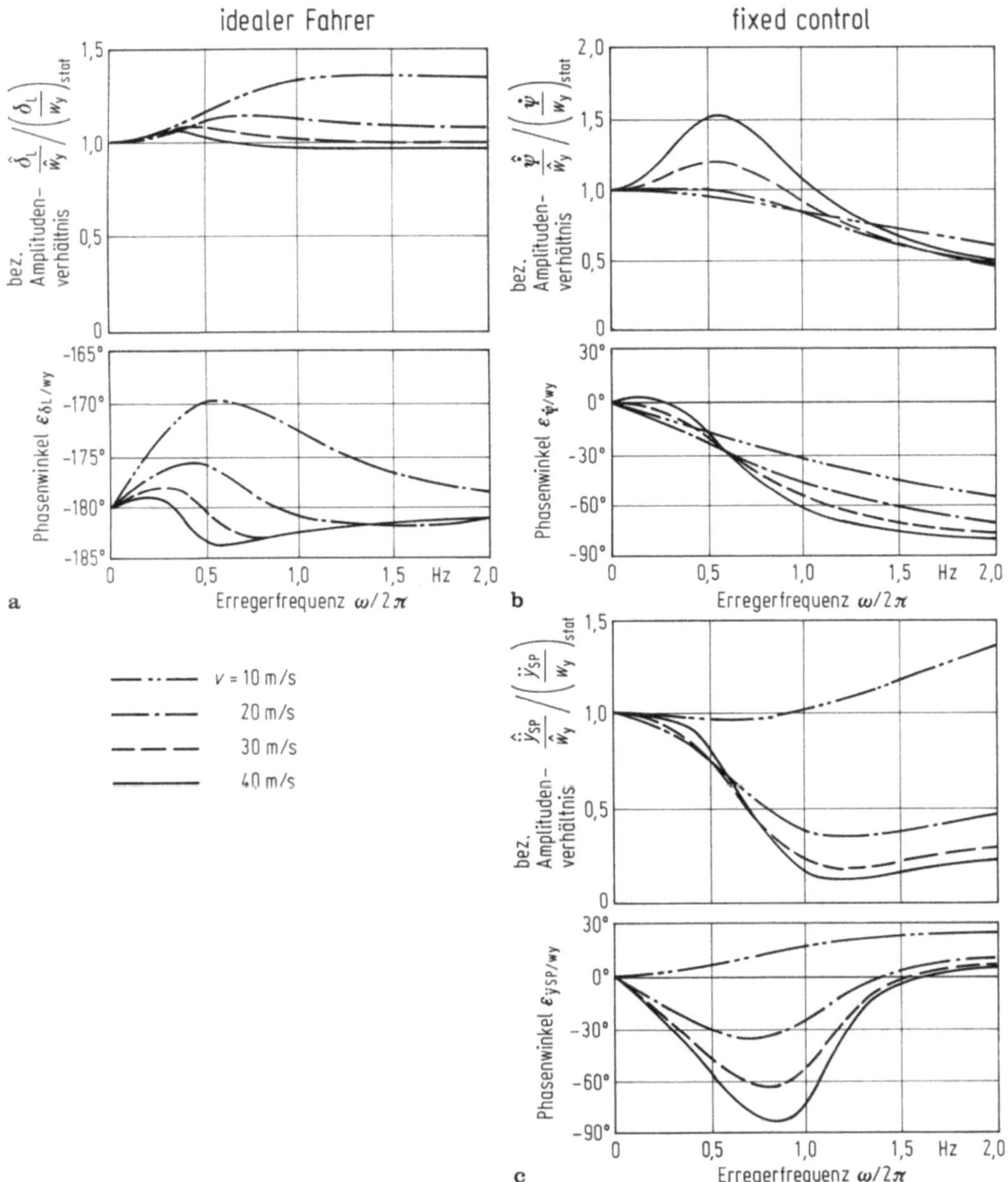

Bild 16.10. Frequenzgänge für Seitenwind bei verschiedenen Fahrgeschwindigkeiten v. Daten: Fzg. 1 (s. Tabelle 11.1), $k_y = 2{,}56$ kg/m, $e_{SP} = 0{,}625$ m

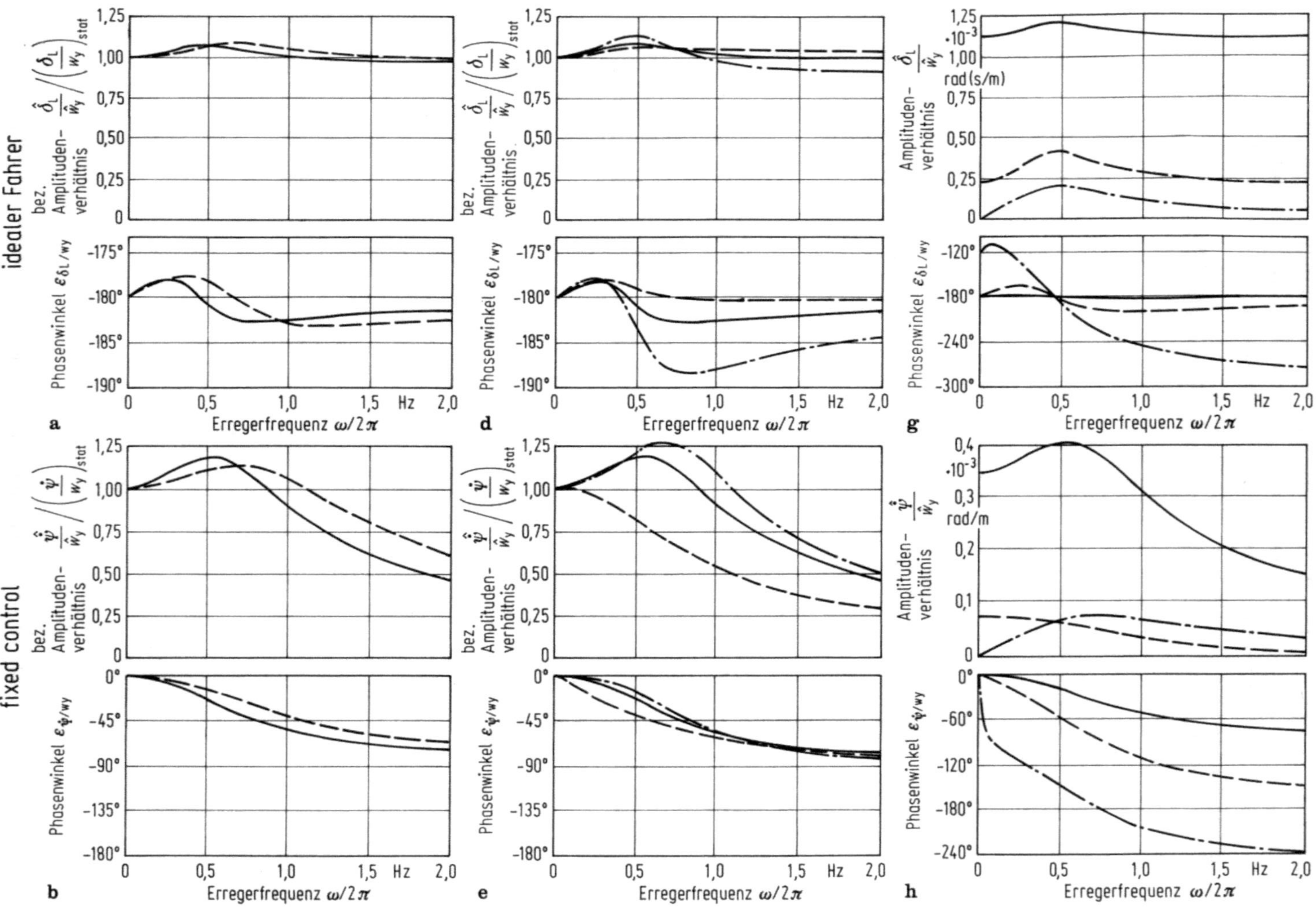
idealer Fahrer
fixed control
bez. Amplitudenverhältnis
Amplitudenverhältnis
Phasenwinkel
Erregerfrequenz ω/2π
rad(s/m)
rad/m
Hz
a
b
d
e
g
h

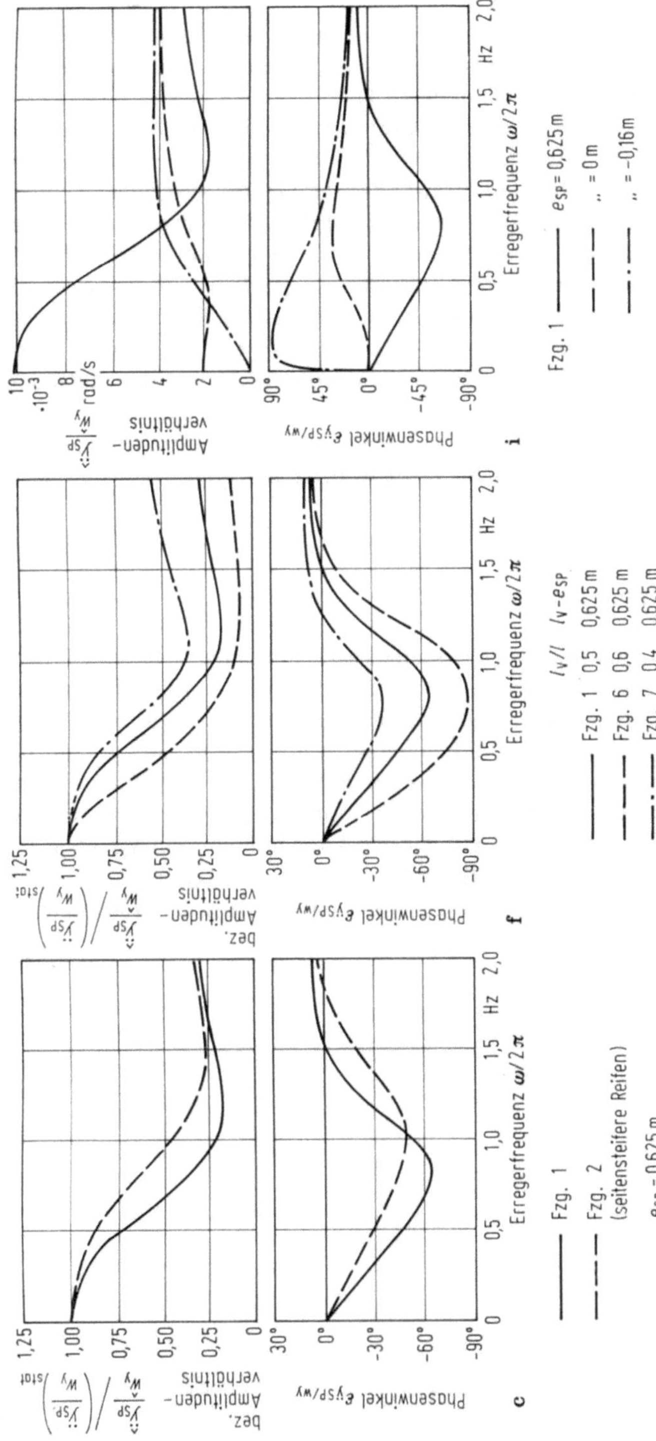

Bild 16.11. Einfluß von Fahrzeugdaten auf die Frequenzgänge bei Seitenwind. (Daten s. Tabelle 11.1), $k_\mathrm{y} = 2{,}56$ kg/m, Fahrgeschwindigkeit $v = 30$ m/s

fällig ist, daß der Phasenwinkel nach a bei $\omega = 0$ nicht Null, sondern $-\pi$ ist (der Fahrer muß gegenlenken) und daß er sich mit der Erregerfrequenz $\omega/2\pi$ nur relativ wenig ändert. Die Frequenzgänge für $\dot{\psi}$ und $\ddot{y}_{\mathrm{SP}}$ nach b und c ähneln den für den Lenkradwinkeleingang nach Tabelle 13.1.

In Bild 16.11 sind die Beispiele für den Einfluß verschiedener Fahrzeugdaten dargestellt. Nach Diagramm a hat der seitensteifere Reifen an Fahrzeug 2 wenig Einfluß auf die Frequenzgänge für den idealen Fahrer. Größer ist er nach b und c bei fixed control. Das in Abschn. 14.3 Erläuterte gilt auch hier: Seitensteifere Reifen sind bei der Seitenwindstörung besser. — In den Diagrammen d bis f werden Fahrzeuge verschiedener Schwerpunktslage verglichen. Bei fixed control reagiert das frontlastige Fahrzeug 7 stärker und schneller, Eigenschaften, die nach Abschn. 14.2 positiv zu beurteilen sind. In Bild 16.11 g bis i wurde die Druckmittelpunktslage variiert. Die Amplitudenwerte wurden nicht auf die Stationärwerte bezogen, weil die bei $e_{\mathrm{SP}} = -0{,}16$ m Null sind. Nach wie vor ist — wie aus den vorangegangenen Abschnitten bekannt — kleines und negatives e_{SP} gut, nur ist die Wirkung bei ($\omega \approx 0$) größer als bei $\omega/2\pi \approx 0{,}7$ Hz.

16.5 Stochastischer Seitenwind

Bei einem böigen Seitenwind ändert sich dessen Geschwindigkeit nicht sinusförmig mit einer bestimmten Erregerfrequenz ω bei einer konstanten Amplitude, sondern sie ändert sich stochastisch, d. h. regellos. Dies kann man — wie in Band B „Schwingungen" ausführlich bei der Unebenheitsanregung dargestellt — dadurch beschreiben, daß man sich die Seitenwindgeschwindigkeit aus der Summe vieler Sinusschwingungen verschiedener Frequenzen und Amplitude zusammengesetzt denkt. Im folgenden wird kurz auf die Zusammenhänge eingegangen.

Die natürliche Seitenwindgeschwindigkeit w_{y} setzt sich nach Bild 16.12 aus einem konstanten Anteil $\overline{w}_{\mathrm{y}}$ und einem stochastischen Anteil $\Delta w_{\mathrm{y}}(t)$ zusammen

$$w_{\mathrm{y}}(t) = \overline{w}_{\mathrm{y}} + \Delta w_{\mathrm{y}}(t) \tag{16.17}$$

und die maßgebende Störgröße $v_{\mathrm{r}}^{2}\tau_{\mathrm{L}}$ nach (16.4)

$$v_{\mathrm{r}}^{2}\tau_{\mathrm{L}} \approx v^{2}\beta - v[\overline{w}_{\mathrm{y}} + \Delta\omega_{\mathrm{y}}(t)]. \tag{16.18}$$

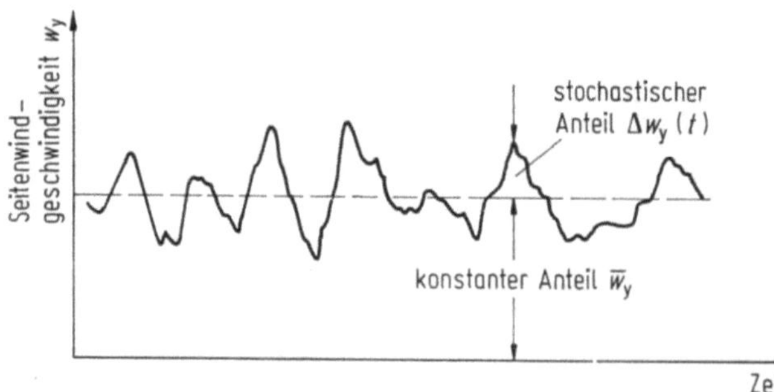

Bild 16.12. Überlagerung von konstanter und veränderlicher Seitenwindgeschwindigkeit

Entsprechend (16.17) ergibt sich, z. B. für den idealen Fahrer, der Lenkradeinschlag

$$\delta_L(t) = \bar{\delta}_L + \Delta\delta_L(t) \tag{16.19}$$

aus dem Anteil $\bar{\delta}_L$ für die konstante Windstörung und dem Anteil $\Delta\delta_L(t)$ für die stochastische, weiterhin

$$\beta(t) = \bar{\beta} + \Delta\beta(t); \qquad \dot{\beta}(t) = \Delta\dot{\beta}(t), \tag{16.20}$$

$$\dot{\psi}(t) = \overline{\dot{\psi}} + \Delta\dot{\psi}(t); \qquad \ddot{\psi}(t) = \Delta\ddot{\psi}(t). \tag{16.21}$$

Betrachtet man nur den stochastischen Seitenwind, so gelten dieselben Differentialgleichungen (16.5) und (16.6), nur daß vor den Variablen jeweils ein Δ-Zeichen zu setzen ist, was aber zur Vereinfachung dann wieder weggelassen wird.

Bei stochastischer Anregung kann nach Band B, (5.13) bis (5.17), der Effektivwert einer Fahrzeuggröße berechnet werden, wenn die Spektrale Dichte der Störung, hier die des Seitenwindes, $\Phi_{v_r^2 r_L}$ bekannt ist. Soll beispielsweise das Fahrzeug geradeaus fahren, $1/\varrho_P = 0$, und der Effektivwert des bezogenen Lenkradeinschlags $\delta^*_{L\,eff}$ für den idealen Fahrer berechnet werden, so gilt

$$\delta^*_{L\,eff} = \sqrt{\int_0^\infty \left[\frac{\hat{\delta}^*_L}{\hat{w}_y}(\omega)\right]^2 \Phi_{v_r^2 r_L}(\omega)\,d\omega} \tag{16.22}$$

mit der Vergrößerungsfunktion $\hat{\delta}^*_L/\hat{w}_y$ nach Tabelle 16.1 oder den Diagrammen in den Bildern 16.10 und 16.11 und mit der Spektralen Dichte. Bei Vernachlässigung des Schwimmwinkels wird mit (16.18)

$$\Phi_{v_r^2 r_L}(\omega) = \lim_{T\to\infty}\frac{4\pi}{T}[v\hat{w}_y(\omega)]^2 = v^2\lim_{T\to\infty}\frac{4\pi}{T}[w_y(\omega)]^2 = v^2\Phi_{wy}(\omega). \tag{16.23}$$

Nach einigen Messungen[42] ist

$$\Phi_{wy}\left(\frac{\omega}{2\pi}\right) = \Phi_{wy}\left(\frac{\omega_0}{2\pi}\right)\left(\frac{\omega}{2\pi}\right)^{-b} \tag{16.24}$$

$$\begin{array}{l}\text{Herbst}\\\text{Sommer}\end{array}\quad \Phi_{wy}\left(\frac{\omega_0}{2\pi} = 1\,\text{Hz}\right) = \begin{array}{l}1{,}301\cdot10^3\\1{,}028\cdot10^3\end{array}\left[\frac{\text{grad}\ \ \text{m}^2}{\text{s}^2\,\text{Hz}}\right] b = \begin{array}{l}1{,}27\\1{,}02\end{array}$$

Der Effektivwert der Lenkradkorrektur $\delta_{L\,eff}$ ist nach (16.22) um so kleiner,

— je kleiner der Amplitudengang $[\hat{\delta}^*_L/\hat{w}_y]$ ist, d. h. je seitenwindunempfindlicher ein Fahrzeug ist und je niedriger die Fahrgeschwindigkeit v gewählt wird und
— je kleiner die Spektrale Dichte der Seitenwindgeschwindigkeit Φ_{wy} ist, d. h. je schwächer der Wind bläst (eine von der Natur gegebene, nicht vom Fahrer und Fahrzeug zu beeinflussende Größe).

---

[42] Wallentowitz, H.: Fahrer—Fahrzeug—Seitenwind. Diss. TU Braunschweig, 1978 und: Fahren bei Seitenwind. Automobil-Industrie 1981, S. 163—171.

17 Zusammenfassung von Kapitel I

Zur Einführung in das komplizierte Gebiet des Fahrverhaltens von zweiachsigen Fahrzeugen wurde das *lineare Einspurmodell* behandelt. Die Ergebnisse bilden die Grundlage für das Verständnis, und zwar über dieses Kapitel hinaus auch für die folgenden.

Dieses lineare Modell wurde nur so einfach wie möglich und so kompliziert wie nötig aufgebaut, um das Wesentliche zu erkennen. (Weitere Fahrzeugdaten werden in den Abschnitten 7.2, 12.3 und in Kap. III, Abschnitte 32 bis 35 berücksichtigt.) Die lineare Theorie ist gültig für Fahrvorgänge, bei denen nach Abschn. 8.4 die Querbeschleunigung auf trockener Straße $v^2/\varrho \leqq (0{,}3$ bis $0{,}4)\,g$ beträgt oder auf nassem Eis ($\approx 0\,^\circ\mathrm{C}$) $\leqq 0{,}05g$. In die mathematische Beschreibung gehen 13 direkte bzw. 10 zum Teil bezogene Fahrzeugdaten ein:

Masse, Trägheitsmoment bzw. -radius:	m, J_z bzw. i	$m, i/l,$
Radstand, Schwerpunktslage:	l, l_V bzw. l_H	l_V/l bzw. $l_\mathrm{H}/l,$
Reifenseitensteifigkeiten, -nachlauf:	$c_{\alpha\mathrm{V}}, c_{\alpha\mathrm{H}}, n_\mathrm{R}$	$c_{\alpha\mathrm{V}}/F_{z\mathrm{V}}, c_{\alpha\mathrm{H}}/F_{z\mathrm{H}},$
Lenkungsdaten:	$n_\mathrm{K}, C_\mathrm{L}, i_\mathrm{L}, V_\mathrm{L}$	$c'_{\alpha\mathrm{V}}/F_{z\mathrm{V}}, n_\mathrm{V} = n_\mathrm{K} + n_\mathrm{R},$ $i_\mathrm{L}, (V_\mathrm{L}),$
Aerodynamik:	$c_\mathrm{y}A, e_0$ bzw. e_SP	$k_\mathrm{y}/m, e_\mathrm{SP}/l_\mathrm{V}.$

Die Zahl der Werte reduziert sich bei der Kreisfahrt mit konstanter Fahrgeschwindigkeit noch weiter, weil J_z bzw. i keine Rolle spielen oder weil weitere

Tabelle 17.1. Übersicht über Inhalt und Ergebnisse von Kap. I

Fahrsituationen		Beurteilung	Wichtige Fahrzeugdaten
Kreisfahrt Kap. I.1		Abschn. 10 Tabellen 10.1, 10.2, 10.3 Bild 10.4	Tabellen 9.1, 9.2 Tabellen 10.1, 10.3 Beispiele in Abschn. 11
Stabilität	fixed control (konst. Lenkradeinschlag) Abschnitte 12, 13.2	Zusammenhang zur Kreisfahrt, siehe (12.8)	$v_\mathrm{f}, v_{\mathrm{fd}}, D_\mathrm{f}$ Beispiele in Bild 12.2
	idealer Fahrer (Querabweichung $= 0$) Abschn. 15		$v_\mathrm{id}, v_{\mathrm{id,d}}, D_\mathrm{id}$
Lenkwinkelrampe Abschn. 13.3—13.5		Abschn. 13.3	$v_{\mathrm{fd}}, c_{\alpha\mathrm{H}}/F_{z\mathrm{H}}, i_\mathrm{L}$ Beispiele siehe Tab. 13.4
Lenkwinkel-Frequenzgang Abschn. 14		Abschn. 14.2	$v_{\mathrm{fd}}, D_\mathrm{f}$, Phasenwinkel Beispiele in Abschn. 14.3
Seitenwind		kleine Lenkradwinkelkorrektur, kleine Seitenabweichung	Lage des Druckmittelpunkts zum Schwerpunkt

Abkürzungen wie charakteristische Fahrgeschwindigkeit v_{ch} bzw. Seitensteifigkeitsquotient SQ eingeführt werden konnten. Bei den dynamischen Betrachtungen werden die Fahrzeugdaten in Begriffe wie Eigenfrequenzen, Abklingkonstanten usw. zusammengefaßt.

Bei der mathematisch-fahrzeugtechnischen Behandlung werden gleichzeitig Definitionen wie Unter-/Übersteuern, Schwimmwinkelgradient, Peak-Response-Time usw. eingeführt, deren Zahlenwerte von modernen Fahrzeugen in Tabellen und Diagrammen zusammengefaßt, deren Abhängigkeiten von den Fahrzeugdaten gezeigt und auf deren Korrelation zu Subjektivurteilen hingewiesen wird. Mit Tabelle 17.1 findet man die wesentlichen Aussagen für die verschiedenen Fahrsituationen. Mit Tabelle 17.1 findet man die wesentlichen Aussagen für die verschiedenen Fahrsituationen.

II Fahrer — Kraftfahrzeug —Straße, Bewertungskriterien

Die alleinige Betrachtung des Kraftfahrzeugs, die in Kap. I in vereinfachter Form begonnen wurde, wird nun unterbrochen, und der Fahrer wird in das Geschehen mit einbezogen.

In Bild 18.1a wird ein vereinfachter Regelkreis dargestellt, in dem Fahrer und Kraftfahrzeug in einer geschlossenen Schleife (engl. closed loop) zusammenarbeiten. Durch diese Betrachtung erhofft man sich mit den mathematischen

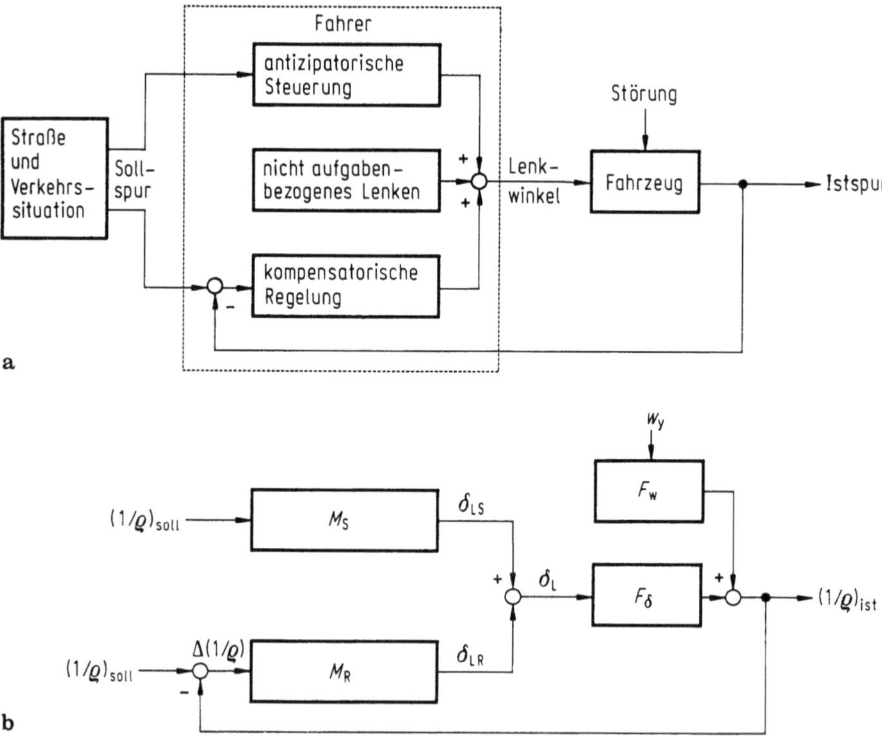

Bild 18.1. a Allgemeine Darstellung für Steuerung und Regelung des Systems Fahrer und Fahrzeug, sog. Zwei-Ebenen-Modell;
b Darstellung im Blockschaubild, oben Steuerung, unten Regelung, mit der Krümmung der Straße $(1/\varrho)_{soll}$ als Eingang und mit der Krümmung der Fahrzeugbahnkurve $(1/\varrho)_{ist}$ als Ausgang

Mitteln der Regelungstechnik Aussagen darüber, wie das dynamische Verhalten eines Kraftfahrzeugs an den Fahrer angepaßt werden soll, damit z. B. der Fahrer sein Fahrzeug als komfortabel lenkbar bewertet (das Fahrzeug also ein gutes „handling" besitzt) oder damit die Zahl der Fahrunfälle verringert und so die Aktive Sicherheit der Fahrzeuge erhöht wird.

Dazu muß nicht nur das Fahrzeug durch ein Gleichungssystem wie in Kap. I beschrieben werden, sondern auch das Lenkverhalten des Fahrers muß durch Gleichungen erfaßt sein. Im Augenblick ist man bemüht, die Fahrergleichungen so anzupassen, daß Meß- und Rechenergebnisse möglichst gut übereinstimmen. Man ist also, mit anderen Worten, wegen der fehlenden Fahrergleichungen von dem eigentlichen Ziel, das Kraftfahrzeug an den Fahrer anzupassen, noch entfernt. (In praxi macht man das durch Subjektivbeurteilung.)

Obgleich im Augenblick relativ wenig über die Fahrergleichungen bekannt ist, soll dennoch der Regelkreis Fahrer—Kraftfahrzeug behandelt werden. Damit wird die Betrachtungsweise deutlich, einige schon heute vorliegende Ergebnisse werden erklärt, und zukünftig anfallende Ergebnisse werden vielleicht dadurch verständlich.

18 Zwei-Ebenen-Modell

Zur Beschreibung des Führens von Kraftfahrzeugen erscheint das Zwei-Ebenen-Modell nach Donges[1] geeignet und ist zudem anschaulich.

Nach dem linken Teil des Blockschaubildes 18.1a ist dem Fahrer die Sollspur durch den Straßenverlauf vorgegeben, bzw. innerhalb der Fahrspurbreite kann er sich die Sollspur selber vorgeben. Kommt nun z. B. eine Linkskurve, dann wird er nach Erfahrung sein Lenkrad um einen bestimmten Betrag nach links einschlagen, und zwar nicht erst dann, wenn die Kurve da ist, sondern schon früher, vorausschauend und -denkend, er lenkt antizipatorisch. Da der Wirkungssinn der Informationsaufnahme und des Lenkeinschlags nur in eine Richtung geht, nennt man diese Tätigkeit „Steuern" und deshalb den oberen Block „Antizipatorische Steuerung". Er stellt die erste Ebene im Zwei-Ebenen-Modell dar, die auch als „Bahnführungsebene" bezeichnet wird.

Die Antizipatorische Steuerung wird im allgemeinen nicht zu einer idealen Übereinstimmung von Soll- und Istspur der Fahrzeugbewegung führen, außerdem kann sie z. B. durch Seitenwind gestört werden. Damit der Fahrer nun nicht von der Fahrbahn abkommt, muß er die auftretende Abweichung zwischen Soll- und Istspur beobachten und versuchen, sie durch weitere Lenkausschläge zu verringern, zu kompensieren. Diese Tätigkeit des Fahrers wird in Bild 18.1a durch den Block „Kompensatorische Regelung" beschrieben. Diese zweite Ebene wird auch als „Stabilisierungsebene" bezeichnet.

---

[1] Donges, E.: Experimentelle Untersuchung und regelungstechnische Modellierung des Lenkverhaltens von Kraftfahrern bei simulierter Straßenfahrt. Dissertation TH Darmstadt 1977.
Donges, E.: Ein regelungstechnisches Zwei-Ebenen-Modell des menschlichen Lenkverhaltens im Kraftfahrzeug. Z. f. Verkehrssicherheit 1978, S. 98—112.

Als dritter Block im „Fahrer" ist noch zusätzlich „nicht aufgabenbezogenes Lenken" eingezeichnet, auf das aber im weiteren nicht eingegangen wird.

In Bild 18.1b wurden die eben genannten Blöcke wie in Abschn. 13 und folgenden als Übertragungsfunktionen dargestellt und die Ein- und Ausgangsgrößen nicht als Zeitfunktionen $f(t)$, sondern als deren Laplace-Transformierte $f(s)$.

In den folgenden Abschnitten werden die beiden Ebenen, Bahnführungs- und Stabilisierungsebene des Fahrers, die dazugehörigen Blöcke sowie der Zusammenhang zu der Fahrzeugdynamik behandelt.

19 Antizipatorische Steuerung

Aus Versuchen von Horn[2] ist bekannt, daß Fahrer auf Straßen, bei denen Geradenstücke und Kreisbögen durch nicht zu enge Klotoiden verbunden sind, hauptsächlich steuern und wenig regeln. Für den Steueranteil fand er folgende Gleichung:

$$T_{2S}^2 \ddot{\delta}_{LS}(t) + T_{1S}\dot{\delta}_{LS}(t) + \delta_{LS}(t) = V_{MS} \left(\frac{1}{\varrho}\right)_{soll} (t + T_A) \tag{19.1}$$

bzw. als Übertragungsfunktion (s. oberer Block in Bild 18.1b) geschrieben

$$M_S(s) = V_{MS} \frac{e^{T_A s}}{1 + T_{1S}s + T_{2S}^2 s^2}. \tag{19.2}$$

Dabei sind T_{2S}, T_{1S} Konstanten, V_{MS} ein Verstärkungsfaktor, $(1/\varrho)_{soll}$ die Sollkrümmung der Bahnkurve und T_A die Antizipationszeit.

Diese Konstanten kann man näherungsweise bestimmen, wenn man annimmt, daß der Fahrer nicht nur — wie in den Versuchen festgestellt — wenig regelt, sondern überhaupt nicht. Dann würde der Fahrer genau auf der Sollspur $(1/\varrho)_{soll}$ fahren, er wäre nach Abschn. 15 ein idealer Fahrer, und der Lenkradeinschlag $\delta_{LS}(t)$ ergäbe sich nach (15.14) mit $(1/\varrho_P) = (1/\varrho)_{soll}$ zu

$$\frac{1}{v_{id}^2} \ddot{\delta}_{LS}(t) + \frac{2\sigma_{id}}{v_{id}^2} \dot{\delta}_{LS}(t) + \delta_{LS}(t)$$

$$= i_L l \left[1 + \left(\frac{v}{v_{ch}}\right)^2\right]\left[\left(\frac{1}{\varrho}\right)_{soll}(t) + \frac{2\sigma_f}{v_f^2}\left(\frac{1}{\dot{\varrho}}\right)_{soll}(t) + \frac{1}{v_f^2}\left(\frac{1}{\ddot{\varrho}}\right)_{soll}(t)\right]. \tag{19.3}$$

Die linken Seiten der beiden Gleichungen (19.1) und (19.3) sind identisch aufgebaut. Um auch die rechten Seiten vergleichbar zu schreiben, wird in (19.1) für $(1/\varrho)_{soll}(t + T_A)$ die ersten Glieder einer Taylor-Reihe gesetzt

$$\left(\frac{1}{\varrho}\right)_{soll}(t + T_A) \approx \left(\frac{1}{\varrho}\right)_{soll}(t) + T_A \left(\frac{1}{\dot{\varrho}}\right)_{soll}(t) + \frac{T_A^2}{2}\left(\frac{1}{\ddot{\varrho}}\right)_{soll}(t), \tag{19.4}$$

---

[2] Horn, A.: Fahrer—Fahrzeug—Kurvenfahrt auf trockener Straße. Dissertation TU Braunschweig 1986.

und aus (19.1) ergibt sich

$$T_{2S}^2 \ddot{\delta}_{LS}(t) - T_{1S}\dot{\delta}_{LS}(t) + \delta_{LS}(t)$$

$$\approx V_{MS}\left[\left(\frac{1}{\varrho}\right)_{soll}(t) + T_A\left(\frac{1}{\dot{\varrho}}\right)_{soll}(t) + \frac{T_A^2}{2}\left(\frac{1}{\ddot{\varrho}}\right)_{soll}(t)\right]. \tag{19.5}$$

Aus dem Vergleich von (19.5) und (19.3) erhält man als erste und wichtigste Aussage: Die antizipatorische Steuerung wird in erster Linie nicht von „menschlichen Konstanten", sondern von Fahrzeugkonstanten bestimmt, denn T_{2S}, T_{1S}, V_{MS} und T_A lassen sich durch ν_{id}, D_{id}, $i_L l[1 + (v/v_{ch})^2]$ und ν_f^2, σ_f ausdrücken, und darin stecken nur Fahrzeuggrößen wie Reifensteifigkeiten, Schwerpunktslage usw. Erst in zweiter Linie werden auch menschliche Konstanten enthalten sein, weil die obige Annahme von fehlender Regelung nur eine (allerdings gute) Näherung ist.

Mit dieser Näherung ergibt sich der Verstärkungsfaktor zu

$$V_{MS} \approx i_L l\left[1 + \left(\frac{v}{v_{ch}}\right)^2\right] = \left(\frac{\delta_L}{1/\varrho}\right)_{stat} = \left(\frac{\delta_L}{\dot{\psi}/v}\right)_{stat} \tag{19.6}$$

und ist nach (9.14), Tabelle 9.2, proportional dem Reziprokwert des stationären Kreisfahrtwertes Lenkradeinschlag δ_L zu Gierwinkelgeschwindigkeit $\dot{\psi}$. Ein Beispiel für die Geschwindigkeitsabhängigkeit zeigt Bild 19.1a.

Für die Antizipationszeit T_A ergeben sich für die Näherung zwei Anhaltswerte

$$T_A \approx \frac{\sqrt{2}}{\nu_f} \tag{19.7a}$$

und

$$T_A \approx \frac{2\sigma_f}{\nu_f^2} = \frac{2D_f}{\nu_f}. \tag{19.7b}$$

Die für ein Beispiel errechneten Zeitdauern in Bild 19.1b stimmen mit den von Horn gemessenen in etwa überein, wobei allerdings die große Schwankungsbreite beachtet werden muß.

Nach (15.1) berechnen sich die Vorausschaulängen $l_V + l_A$ bzw. l_A zu

$$l_A = vT_A - l_V. \tag{19.8}$$

Auch diese Längen (Bild 19.1c) werden durch die von Kondo[3] experimentell ermittelten Werte bestätigt.

Setzt man die so berechneten Werte von l_A in (15.8) bis (15.10) ein, erhält man die ungedämpfte und gedämpfte Eigenkreisfrequenz ν_{id}, ν_{idd} sowie das Dämp-

---

[3] Kondo, M.; Ajimine, A.: Driver sight point and dynamics of the driver vehicle system related to it. SAE-Paper 680104.

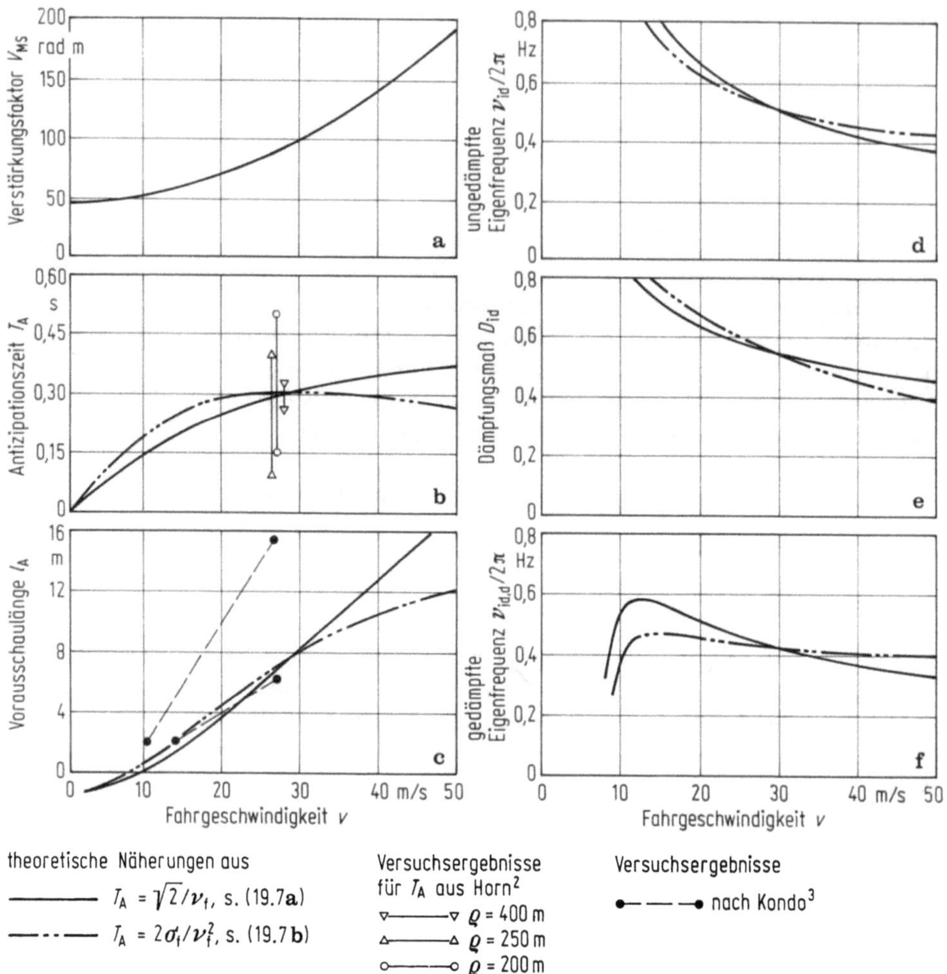

Bild 19.1. Näherungswerte für die Konstanten der Übertragungsfunktion der antizipatorischen Steuerung. **a** Verstärkungsfaktor, s. (19.6); **b** Vorausschauzeit (Antizipationszeit), s. (19.7); **c** Vorausschaulänge, s. (19.8); **d** ungedämpfte Eigenfrequenz, s. (15.8); **e** Dämpfungsmaß, s. (15.9); **f** gedämpfte Eigenfrequenz, s. (15.10). Die in **d** bis **f** eingesetzten l_A-Werte wurden Diagramm **c** entnommen. (Daten s. Fzg. 1 in Tabelle 11.1)

fungsmaß D_{1d}. Auch diese in Bild 19.1d bis f dargestellten Zahlen stimmen mit den von Horn gemessenen überein. Damit sind auch die Zeitkonstanten in (19.1) im Vergleich zu (19.3) näherungsweise bekannt

$$T'_{2S} \approx \frac{1}{\nu_{1d}} \tag{19.9}$$

und

$$T'_{1S} \approx \frac{2\sigma_{1d}}{\nu_{1d}^2} = \frac{2D_{1d}}{\nu_{1d}} \tag{19.10}$$

sowie die gesamte Übertragungsfunktion für die Antizipatorische Steuerung nach (19.2) näherungsweise zu

$$M_{\text{S}}(s) = \frac{\delta_{\text{LS}}(s)}{(1/\varrho)_{\text{soll}}(s)} = V_{\text{MS}} \frac{e^{sT_{\text{A}}}}{1 + T_{1\text{S}}s + T_{2\text{S}}^2 s^2}$$

$$\approx i_{\text{L}}l \left[1 + \left(\frac{v}{v_{\text{ch}}}\right)^2 \right] \frac{1 + T_{\text{A}}s + \dfrac{T_{\text{A}}^2}{2}s^2}{1 + \dfrac{2\sigma_{\text{id}}}{v_{\text{id}}^2}s + \dfrac{s^2}{v_{\text{id}}^2}}. \tag{19.11}$$

Nach der Aufstellung der Gleichungen für die Antizipatorische Steuerung des Fahrers, die näherungsweise Gleichungen des Fahrzeugs sind, muß nun beantwortet werden: Welches Fahrzeug läßt sich gut steuern? Es dürfte das Fahrzeug sein, für das die Vorausschauzeit T_{A} bzw. Vorausschaulänge l_{A} nicht zu groß ist und damit nach (19.7) das Fahrzeug, dessen Eigenkreisfrequenz für fixed control, v_f, nicht zu klein ist.

Da nach Abschn. 13.4, siehe besonders (13.19) und (13.20), zwischen v_f und der Peak-Response-Time der Gierwinkelgeschwindigkeit $T_{\dot\psi\,\text{max}}$ ein enger Zusammenhang besteht, lautet das Ergebnis:

Ein Fahrzeug steuert gut, wenn $T_{\dot\psi\,\text{max}}$ klein ist.

Damit ist ein Zusammenhang zwischen einem alleinigen Fahrzeug-Kriterium und einer Fahrer-Fahrzeug-Betrachtung hergestellt.

Aus diesem Abschnitt 19 ergibt sich aber auch, daß $T_{\dot\psi\,\text{max}}$ und damit T_{A} bzw. l_{A} nicht zu klein werden dürfen, weil dann die Eigenfrequenz v_{id}, (15.8), größer wird, d. h., der Fahrer muß schneller lenken.

20 Regelung

Nachdem im vorangegangenen Abschnitt die Steuerung am Beispiel der Kurvenfahrt behandelt wurde, sollen nun für die Regelung ein paar Begriffe zusammengestellt werden, zunächst ganz allgemein anhand des Bildes 20.1. Fahrer und Fahrzeug sollen auf dem vorgeschriebenen Kurs y_{soll} entlangfahren, sie fahren aber auf y_{ist}. Die Differenz $\Delta y = y_{\text{soll}} - y_{\text{ist}}$ veranlaßt den Fahrer, dargestellt durch seine Übertragungsfunktion M_{R}, das Lenkrad um δ_{L} einzuschlagen. Darauf ändert

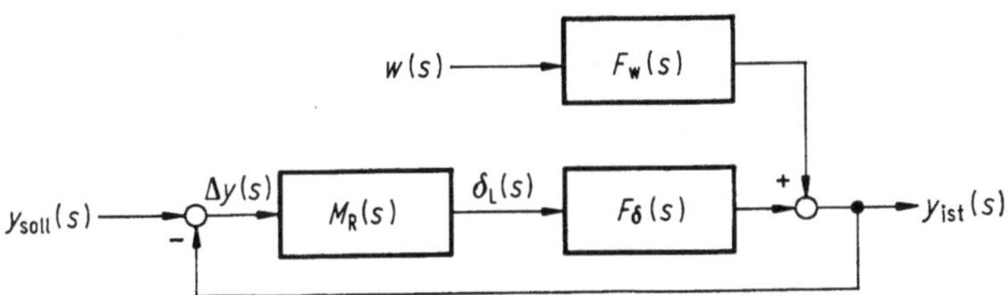

Bild 20.1. Regelkreis mit Führungsverhalten y_{soll} und Störverhalten w

das Fahrzeug mit der Übertragungsfunktion F_δ den Istkurs. Gleichzeitig wirkt auf das Fahrzeug eine Störung w über die Übertragungsfunktion F_w ein.

In Laplace-Schreibweise läßt sich der Regelkreis formulieren. Mit

$$y_\mathrm{ist}(s) = F_\delta(s)\,\delta_\mathrm{L}(s) + F_\mathrm{w}(s)\,w(s) \tag{20.1}$$

und

$$\delta_\mathrm{L}(s) = M_\mathrm{R}(s)\,\Delta y(s) = M_\mathrm{R}(s)\,[y_\mathrm{soll}(s) - y_\mathrm{ist}(s)] \tag{20.2}$$

lautet der Istkurs (im weiteren ist (s) weggelassen)

$$y_\mathrm{ist} = \frac{F_\delta M_\mathrm{R}}{1 + F_\delta M_\mathrm{R}}\,y_\mathrm{soll} + \frac{F_\mathrm{w}}{1 + F_\delta M_\mathrm{R}}\,w, \tag{20.3}$$

die Kursabweichung

$$\Delta y = y_\mathrm{soll} - y_\mathrm{ist} = \frac{1}{1 + F_\delta M_\mathrm{R}}\,y_\mathrm{soll} - \frac{F_\mathrm{w}}{1 + F_\delta M_\mathrm{R}}\,w \tag{20.4}$$

und der Lenkradeinschlag

$$\delta_\mathrm{L} = \frac{M_\mathrm{R}}{1 + F_\delta M_\mathrm{R}}\,y_\mathrm{soll} - \frac{F_\mathrm{w} M_\mathrm{R}}{1 + F_\delta M_\mathrm{R}}\,w. \tag{20.5}$$

Der erste Summand auf der rechten Seite der Gleichungen (20.3) bis (20.5) beschreibt das „Führungsverhalten", der zweite das „Störverhalten".

20.1 Stabilitätsbetrachtung

Das System Fahrer—Fahrzeug ist stabil, wenn nach einer gewissen Zeit, mathematisch meistens formuliert für $t \to \infty$, die Abweichung Δy einem endlichen Wert zustrebt

$$\lim_{t \to \infty} \Delta y(t) = \mathrm{const}. \tag{20.6}$$

(Es wird im folgenden stillschweigend vorausgesetzt, daß zwischen $t = 0$ und $t \to \infty$ die Abweichungen Δy so klein sind, daß das Fahrzeug auf seinem Fahrstreifen bleibt.)

In den Abschnitten 12 und 15.1 wurde bei alleiniger Betrachtung des Fahrzeugs gezeigt, daß es dann stabil ist, wenn die charakteristische Gleichung nur Lösungen mit negativem Realteil hat. Sie berechnete sich aus dem Nenner der Übertragungsfunktion. Genau so wird hier bei der Stabilitätsprüfung des Gesamtsystems Fahrer und Fahrzeug, des geschlossenen Regelkreises, vorgegangen. Da aber die charakteristischen Gleichungen des Gesamtsystems komplizierter aufgebaut sind als die quadratischen in den o. g. Abschnitten 12 und 15.1 und damit auch zeitaufwendiger zu lösen sind, werden sogenannte Stabilitätskriterien angewandt, mit denen man, ohne die Gleichungen zu lösen, erkennen kann, ob negative Realteile vorhanden sind.

Aus dem Nenner des hier vorliegenden Regelkreises nach (20.3) bis (20.5) errechnet sich die charakteristische Gleichung

$$1 + M_{\mathrm{R}}(s)\,F_{\delta}(s) = 1 + G(s) = 0 \tag{20.7}$$

mit der sogenannten Übertragungsfunktion des offenen Kreises

$$G(s) = M_{\mathrm{R}}(s) \cdot F_{\delta}(s). \tag{20.8}$$

Die Lösungen haben allgemein die Form $s = a + j\omega$, wobei ein negatives a Stabilität, ein positives Instabilität bedeutet, $a = 0$ ist der Grenzfall. Dies macht man sich bei Stabilitätsuntersuchungen zunutze. Für s wird $j\omega$ eingesetzt, und es wird geschrieben

$$G(j\omega) = |G(j\omega)|\,\mathrm{e}^{j\varphi(\omega)} \tag{20.9}$$

mit der reellen Amplitude $|G(j\omega)|$ und dem Phasenwinkel $\varphi(\omega)$. Die Stabilitätsgrenze liegt nach dem oben Gesagten und (20.7) vor, wenn

$$G(j\omega) = -1 \tag{20.10}$$

ist, das heißt, wenn die komplexe Funktion $G(j\omega)$ den Realteil $= -1$ und den Imaginärteil $= 0$ hat oder wenn $|G(j\omega)| = 1$ und $\varphi(\omega) = -\pi = -180°$ ist.

Man logarithmiert (20.9)

$$\ln G(j\omega) = \ln |G(j\omega)| + \varphi(\omega) \tag{20.11}$$

und trägt im sog. Bode-Diagramm die Amplitude doppeltlogarithmisch und den Phasenwinkel einfachlogarithmisch getrennt als Funktion der Kreisfrequenz ω auf, siehe Bild 20.2. Stabilität liegt dann vor, wenn bei $|G(j\omega)| = 1$ bzw. bei $\ln |G(j\omega)| = 0$ der Phasenwinkel $\varphi(\omega) > -\pi = -180°$ ist oder wenn ein sog. Phasenrand $\varphi_{\mathrm{R}} > 0$ vorhanden ist. ω_{c} nennt man die Schnitt- oder Durchtrittsfrequenz (engl. cross-over frequency).

Nun zurück zu (20.8). Die Übertragungsfunktion G des offenen Kreises setzt sich aus der des Fahrers M_{R} und der des Fahrzeugs F_{δ} zusammen. Entsprechend

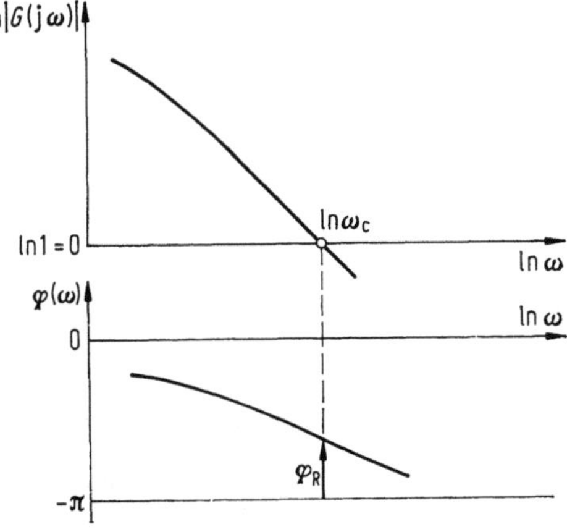

Bild 20.2. Erklärung der Stabilität im Bode-Diagramm

(20.9) oder (20.11) gilt

$$G(j\omega) = M_R(j\omega)\, F_\delta(j\omega) = |M_R(j\omega)|\,|F_\delta(j\omega)|\,\mathrm{e}^{j\varphi_M(\omega)}\,\mathrm{e}^{j\varphi_F(\omega)} \qquad (20.12)$$

bzw.

$$\ln G(j\omega) = \ln|M_R(j\omega)| + \ln|F_\delta(j\omega)| + j[\varphi_M(\omega) + \varphi_F(\omega)]. \qquad (20.13)$$

Stabilität liegt demnach dann vor, wenn bei $|M_R(j\omega)|\,|F_\delta(j\omega)| = 1$ bzw. $\ln\,(|M_R(j\omega)| + \ln|F_\delta(j\omega)| = 0$ die Phasenwinkelsumme $\varphi_M(\omega) + \varphi_F(\omega) > -\pi = -180°$ ist, siehe Bild 20.3.

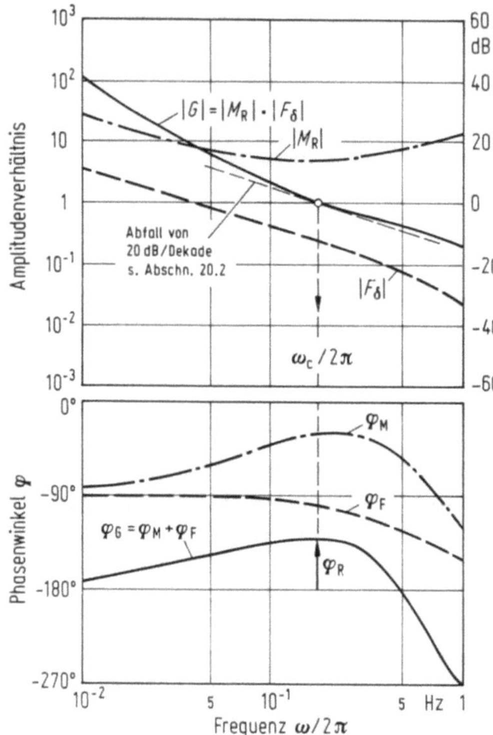

Bild 20.3. Frequenzgänge des Fahrzeugs F_δ, des Fahrers M_R und des aufgeschnittenen Kreises G (Beispiel aus [2])

20.2 Fahrer-Übertragungsfunktion

Die allgemeine Übertragungsfunktion eines linearen Reglers für den Menschen (hier für den Fahrer eines Kraftfahrzeugs) wurde 1965 von McRuer[4] unter dem Namen „Präzisionsmodell" (engl. precision model) angegeben. Vereinfacht lautet es

$$M_R(s) = K_M\,\frac{1 + T_D s}{1 + T_I s}\,\mathrm{e}^{-s\tau} \qquad (20.14)$$

---

[4] McRuer, D. T.; Graham, B.; Krendel, E. S.; Reisner, W.: Human pilot dynamics in compensatory systems. AFFDL-TR-65-15, 1965.
Siehe auch [1] und Johannsen, G.; Boller, H.-E.; Donges, E.; Stein, W.: Der Mensch im Regelkreis. R. Oldenbourg-Verlag, München, Wien 1977.

mit dem Verstärkungsfaktor K_M des Menschen, seinen Vorhalt- und Verzögerungszeitkonstanten T_D und T_I sowie seiner Totzeit τ. Die Auswertung dieser Gleichung im Zeitbereich zeigt Bild 20.4a bis c. Bei einer angenommenen sprungartigen Seitenabweichung Δy (Diagramm a) reagiert der Fahrer mit einem Lenkradeinschlag δ_L erst nach der Totzeit τ (b bzw. c), dann springt δ_L auf einen von $(T_\mathrm{D} - T_\mathrm{I})$ abhängigen Wert und läuft danach asymptotisch auf den bezogenen Wert 1

$$\delta(t < \tau) = 0,$$

$$\frac{\delta_\mathrm{L}(t > \tau)}{\Delta Y K_\mathrm{M}} = 1 + \frac{T_\mathrm{D} - T_\mathrm{I}}{T_\mathrm{I}} \; \mathrm{e}^{-(t-\tau)/T_I}. \tag{20.15}$$

In den Diagrammen d und e ist (20.14) im Bode-Diagramm dargestellt.

Nun zu den Größen der vier Fahrerkonstanten in (20.14): Während sich die Totzeit τ nur wenig ändert ($\tau \approx 0{,}14$ bis $0{,}20$ s bei Lenkwinkeleingabe[5]) können die übrigen drei K_M, T_D und T_I erheblich variieren. Dies hängt von dem Frequenzgang des Fahrzeugs F_δ ab. Einen Hinweis darauf gibt wieder McRuer[4] mit seinem „Schnittfrequenzmodell" (engl. cross-over model), wonach in der Gegend der Schnittfrequenz ω_c (siehe Bild 20.3) der Frequenzgang $G(\mathrm{j}\omega)$ des aufgeschnittenen Regelkreises durch

$$G(\mathrm{j}\omega) = M_\mathrm{R} \cdot F_\delta = \frac{\omega_\mathrm{c}}{\mathrm{j}\omega} \, \mathrm{e}^{-\mathrm{j}\omega\tau} \tag{20.16}$$

beschrieben werden kann. Danach ist die Steigung des Amplitudengangs im Bode-Diagramm bei ω_c gerade -1 (entspricht Abfall von 20 dB/Dekade, siehe gepunktete Gerade in Bild 20.3a).

Die Gleichung (20.16) enthält eine wichtige Aussage: Da sich das Übertragungsverhalten F_δ verschiedener Kraftfahrzeuge nicht durch den Typ der Gleichungen unterscheidet, sondern nur durch die Konstanten in den Gleichungen, ist auch der Typ der Fahrergleichungen bei der Fahrt in verschiedenen Kraftfahrzeugen gleich, nur die Fahrerkonstanten müssen sich den Kraftfahrzeugkonstanten anpassen. Dies gilt auch bei Fahrt in ein und demselben Kraftfahrzeug bei verschiedenen Fahrgeschwindigkeiten oder verschiedenen Witterungsbedingungen und damit Kraftschlußverhältnissen.

Daß die Fahrer sich ihrem Fahrzeug anpassen, d. h. ihre Fahrerkonstanten einstellen können, wird täglich millionenfach auf unseren Straßen bewiesen, denn jeder Fahrer kann jedes Fahrzeug bei den verschiedensten Verkehrssituationen beherrschen. Zumindest gilt das für die hier behandelte normale Fahrsituation, nicht mehr für sog. kritische Situationen, bei denen sich z. B. bei der Fahrt von der trockenen auf eine vereiste Straße die Fahrzeugkonstanten plötzlich ändern, siehe Abschn. 23.

---

[5] Braess, H.-H.: Untersuchung des Seitenwindverhaltens des Systems Fahrer—Fahrzeug. Deutsche Kraftfahrtforschung und Straßenverkehrstechnik, H. 206, 1970.

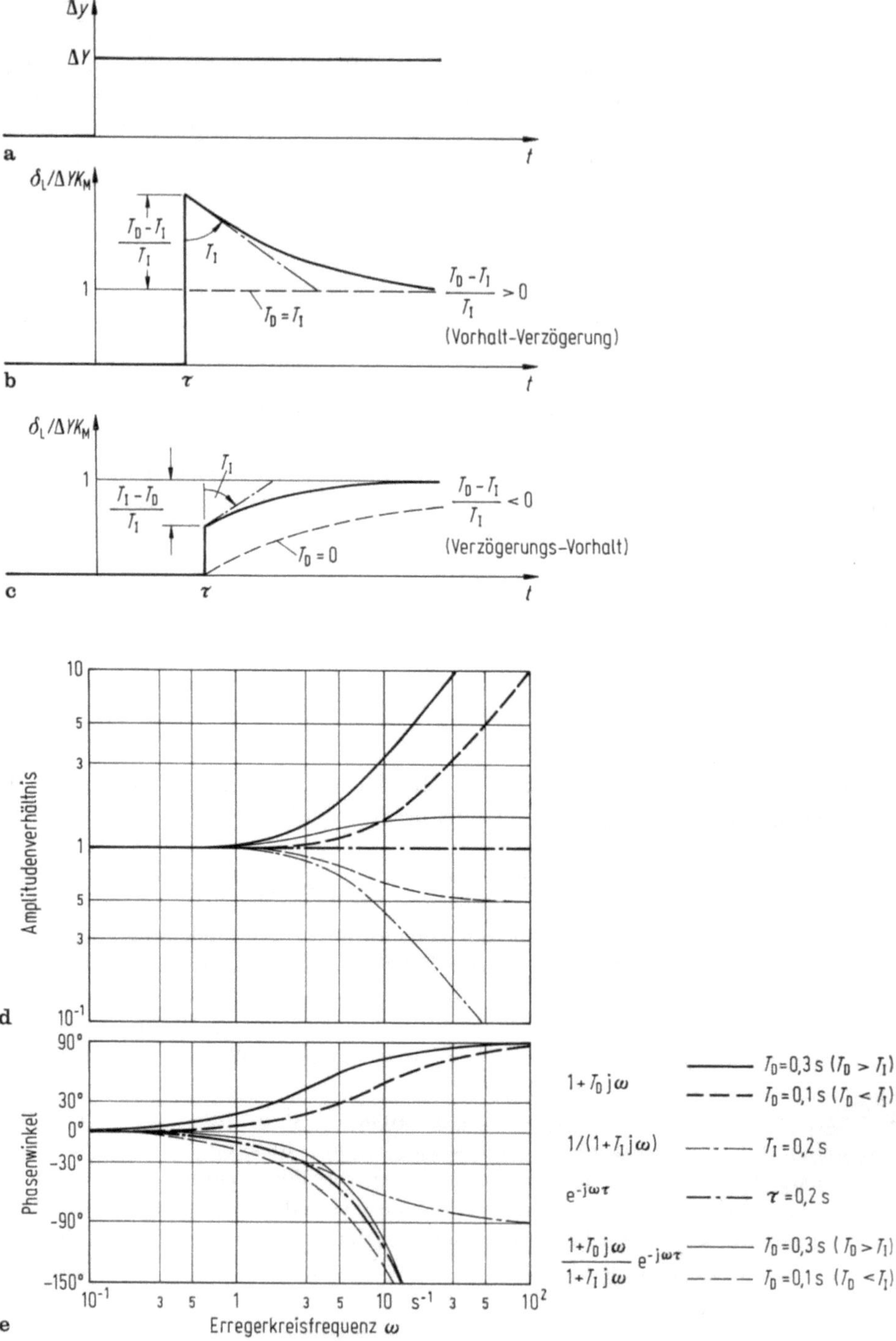

Bild 20.4. Darstellung eines linearen Reglers für den Menschen, sog. Präzisionsmodell nach (20.14). **a** bis **c** Zeitfunktion; **d** und **e** Frequenzfunktion im Bode-Diagramm

20.3 Informationsaufnahme des Fahrers

Bekannt ist nach Bild 20.1, daß der „Ausgang" des Fahrers bei konstanter Fahrgeschwindigkeit nur der Lenkradeinschlag δ_L sein kann. Nicht bekannt hingegen ist, auf Grund welcher Informationen der Fahrer lenkt, welche „Eingangs"größen er zu Hilfe nimmt. (In Bild 20.1 wurde als Beispiel die Querabweichung Δy vom Sollkurs genommen.) Grundsätzlich gibt es drei Arten:

— *Optische Informationen* für den Fahrer die wichtigste Informationsquelle, beinhalten die Geometrie des vorausliegenden Straßenverlaufs und die Position von Hindernissen bzw. von anderen Verkehrsteilnehmern;
— *Vestibuläre Informationen* über das Bogengangsystem im Ohr geben Auskunft über Winkelbewegungen (z. B. Gier- und Wankbewegungen) und über Beschleunigungen;
— *Taktile (haptische) Informationen* erhält der Fahrer z. B. aus der Kraftwirkung zwischen dem Sitz und seinem Körper sowie über das Moment am Lenkrad.

Tabellarische Übersichten über die in der Literatur verwendeten Informationsgrößen geben Horn[2] und Reichelt[6] an.

Das Modell von McRuer nach (20.14) stellt den Fahrer als Eingrößenregler (*einschleifiger Regelkreis*) dar, d. h., der Fahrer reagiert mit dem Lenkradeinschlag nur auf *eine* Information, z. B. wie in Abschn. 20.2 geschildert nur auf die optische Information der Seitenabweichung Δy. Im allgemeinen wird der Fahrer auf *mehrere* Informationen reagieren, er ist ein Mehrgrößenregler (*mehrschleifiger Regelkreis*). Zum Beispiel bei „schiefziehenden" Bremsen an der Vorderachse (Bremsmomente am linken und rechten Vorderrad sind verschieden groß) nimmt der Fahrer nicht nur optisch die sich daraus ergebende Kursabweichung wahr, sondern er spürt auch haptisch am Lenkrad direkt ein Moment, dessen Größe sich aus der Bremsmomentendifferenz ergibt[7].

Als erstes Beispiel dient die Vorausschau mit der Vorausschauzeit (Prädiktionszeit, engl. prediction time) T_P. (Sie entspricht in Abschn. 19 der Antizipationszeit T_A bei der Steuerung). Der Fahrer wird nicht auf die Seitenabweichung des Schwerpunktes Δy_SP reagieren, sondern nach Bild 15.1 auf die geschätzte Abweichung eines vorausliegenden Punktes P, dessen Abweichung mit $\Delta y_\mathrm{SP}(t + T_\mathrm{P})$ beschrieben wird. Damit ist der Eingang im Fahrer-Block M_R in Laplace-Schreibweise nicht mehr $\Delta y(s)$, sondern jetzt $\Delta y_\mathrm{SP}(s)\, e^{sT_P}$, und die Übertragungsfunktion kann jetzt mit (20.14) geschrieben werden

$$M_\mathrm{R}(s) = \frac{\delta_\mathrm{L}(s)}{\Delta y_\mathrm{SP}(s)} = K_\mathrm{M}\, \frac{1 + T_\mathrm{D}s}{1 + T_\mathrm{I}s}\, e^{s(T_P - \tau)}. \tag{20.17}$$

Danach verringert das Vorausschauen die effektive Totzeit auf $(T_\mathrm{P} - \tau)$ und damit in Bild 20.4e den negativen Phasenwinkel.

Sieht, als zweites Beispiel, der Fahrer genau geradeaus in Richtung der Fahr-

[6] Reichelt, W.: Ein adaptives Fahrer-Modell zur Beurteilung des Regelkreises Fahrer—Fahrzeug in kritischen Fahrsituationen. Diss. TU Braunschweig 1990.
[7] Niemann, K.: Messungen und Berechnungen über das Regelverhalten von Autofahrern. Diss. TU Braunschweig, 1972.

zeuglängsachse nach Bild 20.5 und wird vereinfachend als Sollkurve $y_{\text{soll}} = 0$, also die Geradeausfahrt, angenommen, so ist die Abweichung im Vorausschaupunkt P linearisiert

$$y_{\text{P}}(t) = y_{\text{SP}}(t) + (l_{\text{V}} + l_{\text{P}})\,\psi(t). \tag{20.18}$$

Da sich $y_{\text{P}}(t)$ nach den Abschnitten 15 und 16 berechnen läßt, ist der zugehörige Regelkreis ebenfalls einschleifig. Es gilt demnach auch Bild 20.1, nur daß für y_{ist} hier y_{P} steht[8].

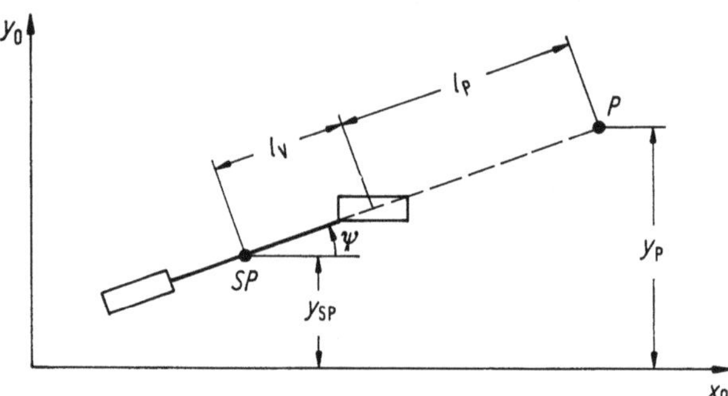

Bild 20.5. Fahrer schaut auf Punkt P und reagiert auf die Seitenabweichung y_{P}

Beide Fälle $y_{\text{SP}}(t + T_{\text{P}})$ und $y_{\text{P}}(t)$ sind, wie in Abschn. 20 gezeigt, näherungsweise gleich. Manche Arbeiten[6,9] setzen für die Abweichung mit Vorausschauzeit T_{P} die Näherung nach der Taylor-Reihe (vgl. (19.4))

$$y_{\text{SP}}(t + T_{\text{P}}) \approx y_{\text{SP}}(t) + T_{\text{P}}\dot{y}_{\text{SP}}(t) + \frac{T_{\text{P}}^2}{2}\,\ddot{y}_{\text{SP}}(t). \tag{20.19}$$

Als drittes Beispiel wird ein *zweischleifiger Regelkreis* mit den zwei Informationen für den Fahrer Seitenabweichung y_{P} und z. B. Lenkradmoment M_{L} genommen, siehe Bild 20.6. Für beide sind die Übertragungsfunktionen des Fahrers M_{Ry} und M_{RM} verschieden! Es gilt für Geradeausfahrt ($y_{\text{soll}} = 0$)

$$y_{\text{P}}(s) = \frac{F_{\text{wy}} + M_{\text{RM}}(F_{\text{wy}}F_{\delta\text{M}} - F_{\text{wM}}F_{\delta\text{y}})}{1 + M_{\text{Ry}}F_{\delta\text{y}} + M_{\text{RM}}F_{\delta\text{M}}}\, w(s). \tag{20.20}$$

Durch Vergleich von (20.20) mit dem zweiten Summanden von (20.4) erkennt man, daß bei dem Zweigrößenregler (y_{P} und M_{L}) die Lösung wesentlich komplizierter ist. Dies gilt auch für die Berechnung der Stabilitätsgrenze

$$G(j\omega) = M_{\text{Ry}}(j\omega)\,F_{\delta\text{y}}(j\omega) + M_{\text{RM}}(j\omega)\,F_{\delta\text{M}}(j\omega) = -1. \tag{20.21}$$

---

[8] Legouis, T.; Lanveville, A.; Bourassa, P.; Gayre, G.: Vehicle/pilot system analysis: a new approach using optimal control with delay. Vehicle System Dynamics, 16 (1987), S. 279—295.

[9] Nagai, M.; Mitschke, M.: Adaptive behavior of driver-car systems in critical situations: analysis by adaptive model. JSAE Review, December 1985, S. 82—89.

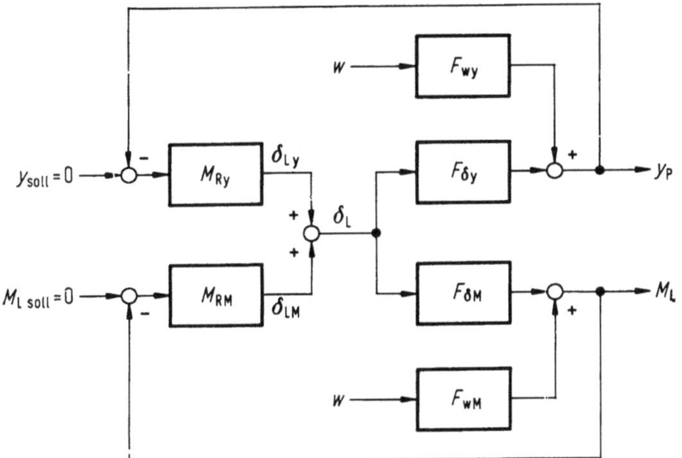

Bild 20.6. „Zweischleifiger" Regelkreis mit zwei Informationen für den Fahrer: Seitenabweichung y_P und Lenkradmoment M_L

Das in Abschn. 20.1 gezeigte Logarithmieren und die anschauliche Betrachtung im Bode-Diagramm führen hier nicht weiter, da $G(j\omega)$ nicht wie in (20.8) nur aus einem Produkt, sondern in (20.21) aus einer Summe von zwei Produkten besteht.

Diesen Fall mit dem Zweigrößenregler kann man nun auf weitere Größen erweitern, z. B. um die Querbeschleunigung, die Gierwinkelgeschwindigkeit usw.

21 Geradeausfahrt bei Seitenwind

Die Anwendung von Abschn. 20 wird an einem relativ einfachen Beispiel gezeigt. Das Fahrzeug soll geradeaus fahren ($y_{soll} = 0$), als Störung wirkt die Seitenwindgeschwindigkeit w_y, der Fahrer wird nur optisch durch die Kursabweichung $y_{SP}(t + T_P)$, mit der Näherung nach (20.19), informiert (einschleifiger Regelkreis)[10], und er reagiert darauf mit dem Lenkradeinschlag δ_L. Das zugehörige Blockschaubild zeigt Bild 21.1. Es entspricht Bild 20.1 mit folgenden Änderungen: Der Ausgang des Fahrzeugs ist die seitliche Schwerpunktsabweichung y_{SP}, sie geht in den Prediction-Block Pr, indem der Fahrer die für ihn maßgebende Seitenabweichung y_{ist} bildet, und zwar nach (20.19)

$$y_{ist}(s) = y_{SP}(s)\left(1 + T_P s + \frac{T_P^2}{2}\,s^2\right) \tag{21.1}$$

bzw.

$$Pr(s) = \frac{y_{ist}(s)}{y_{SP}(s)} = \left(1 + T_P s + \frac{T_P^2}{2}\,s^2\right). \tag{21.2}$$

---

[10] Wallentowitz, H.: Fahrer—Fahrzeug—Seitenwind. Diss. TU Braunschweig, 1979.

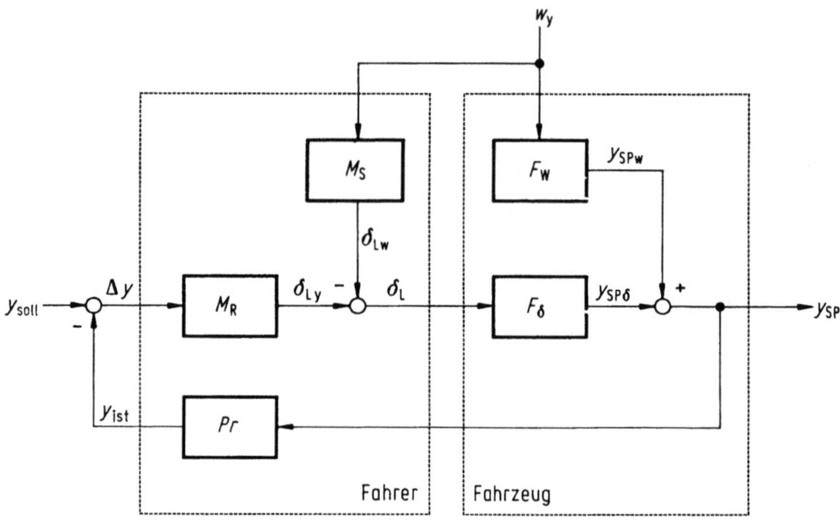

Bild 21.1. Regelkreis Fahrer—Fahrzeug für Geradeausfahrt ($y_{\text{soll}} = 0$) bei Störung durch Seitenwindgeschwindigkeit w_y

Eine weitere Änderung ist die Einführung des Steuer-Blocks für den Fahrer. Er bewirkt, daß der Fahrer bei Geradeausfahrt ($y_{\text{soll}} = 0$) und nach der Ausregelung, also bei der Seitenabweichung $\Delta y = 0$ sein Lenkrad auf einen bestimmten Wert einschlagen muß, wenn noch ein Seitenwind bläst. Dieser Wert wurde in (16.1) angegeben. Es muß also sein:

$$\lim_{t \to \infty} \delta_{\text{Lw}}(t) = \delta_{\text{L stat}} = -k_y i_L v w_{y\,\text{stat}} \frac{c_{\alpha H}(l_H + e_{\text{SP}}) - c'_{\alpha V}(l_V - e_{\text{SP}})}{c'_{\alpha V} c_{\alpha H} l}.$$

$$(21.3)$$

Im folgenden wird für diesen Steuer-Block gesetzt:

$$0 \leqq t \leqq \tau \ (\text{Reaktionsdauer des Menschen}): \delta_{\text{Lw}} = 0,$$

$$t > \tau : \delta_{\text{Lw}}(t) = \delta_{\text{L stat}} (1 - e^{T_s(t-\tau)}) \qquad (21.4)$$

bzw.

$$M_S(s) = \begin{cases} 0 & 0 \leqq t \leqq \tau \\ \dfrac{\delta_{\text{L stat}}}{1 + \dfrac{s}{T_s}} e^{-\tau s} & t > \tau \end{cases} \qquad (21.5)$$

Aus Bild 21.1 ergibt sich (s weggelassen)

$$y_{\text{SP}} = F_\delta \delta_L + F_w w_y \qquad (21.6)$$

und für $y_{\text{soll}} = 0$

$$\delta_L = M_R \, \Delta y - M_S w_y \qquad (21.7)$$

mit

$$\Delta y = -y_{\mathrm{Ist}} = -Pr\, y_{\mathrm{SP}}\,. \tag{21.8}$$

Die Fahrzeug-Übertragungsfunktionen sind bekannt

$$F_\delta(s) = \frac{y_{\mathrm{SP}}(s)}{\delta_{\mathrm{L}}(s)} \quad \text{aus (13.7), Tabelle 13.1,}$$

$$F_{\mathrm{w}}(s)\,\frac{y_{\mathrm{SP}}(s)}{w_{\mathrm{y}}(s)} \quad \text{aus (16.10), Tabelle 16.1,}$$

ebenso die des Fahrers mit

$$M_{\mathrm{R}}(s) = \frac{\delta_{\mathrm{Ly}}(s)}{\Delta y(s)} \quad \text{siehe (20.14),}$$

$$M_{\mathrm{S}}(s) = \frac{\delta_{\mathrm{Lw}}(s)}{w_{\mathrm{y}}(s)} \quad \text{siehe (21.5) und (21.3),}$$

$$Pr(s) = \frac{y_{\mathrm{Ist}}(s)}{y_{\mathrm{SP}}(s)} \quad \text{siehe (21.2).}$$

Die Schwerpunktsabweichung nach (21.6) ergibt sich zu

$$y_{\mathrm{SP}} = \frac{F_{\mathrm{w}} - F_\delta M_{\mathrm{S}}}{1 + F_\delta M_{\mathrm{R}} Pr}\, w_{\mathrm{y}}\,. \tag{21.9}$$

(Nur die *Abweichung des Fahrzeugs* von der Sollbahn, hier y_{SP}, ist wichtig, nicht die Abweichung eines vorausliegenden Punktes, auf den der Fahrer schaut. Denn eine kleine Abweichung dieses Punktes ist uninteressant, wenn dafür das Fahrzeug „im Straßengraben" liegt.)

Für die Stabilität ist nach Abschn. 20.1 der Frequenzgang des offenen Kreises maßgebend

$$G = F_\delta \cdot M_{\mathrm{R}} \cdot Pr = K_{\ddot{y}}\,\frac{1}{s^2}\,\frac{1 + T_{\mathrm{z}1}s + T'_{\mathrm{z}2}s^2}{1 + \dfrac{2\sigma_{\mathrm{f}}}{\nu_{\mathrm{f}}^2}\,s + \dfrac{s^2}{\nu_{\mathrm{f}}^2}} \cdot K_{\mathrm{M}}\,\frac{1 + T_{\mathrm{D}}s}{1 + T_{\mathrm{I}}s}\,e^{-s\tau}$$

$$\times \left(1 + T_{\mathrm{P}}s + \frac{T_{\mathrm{P}}^2}{2}\,s^2\right). \tag{21.10}$$

In Bild 21.2 sind die Ergebnisse einer Regelkreisberechnung dargestellt, in den Diagrammen a bis h Zeitverläufe und in i das Bode-Diagramm. a zeigt die Störung als rampenförmig ansteigende Windgeschwindigkeit w_{y} (z. B. Ausfahrt aus einem Wald), nach b bis h erreichen die fahrdynamischen Größen einen Stationärwert, d. h., der Regelkreis ist stabil. Die maximale Seitenabweichung y_{SP} nach b beträgt weniger als 0,5 m und erreicht etwa 3 s nach Beginn der Störung wieder die Sollgerade ($\triangle$ bei 30 m/s nach $\approx$ 90 m Längsweg). Diagramm c zeigt die Lenkradbewegung δ_{Ly} aus Regeltätigkeit des Fahrers mit maximal 10° Einschlagwinkel, d den Lenkradeinschlag δ_{Lw} aus dem Steuer-Block des Fahrers mit einem Stationär-

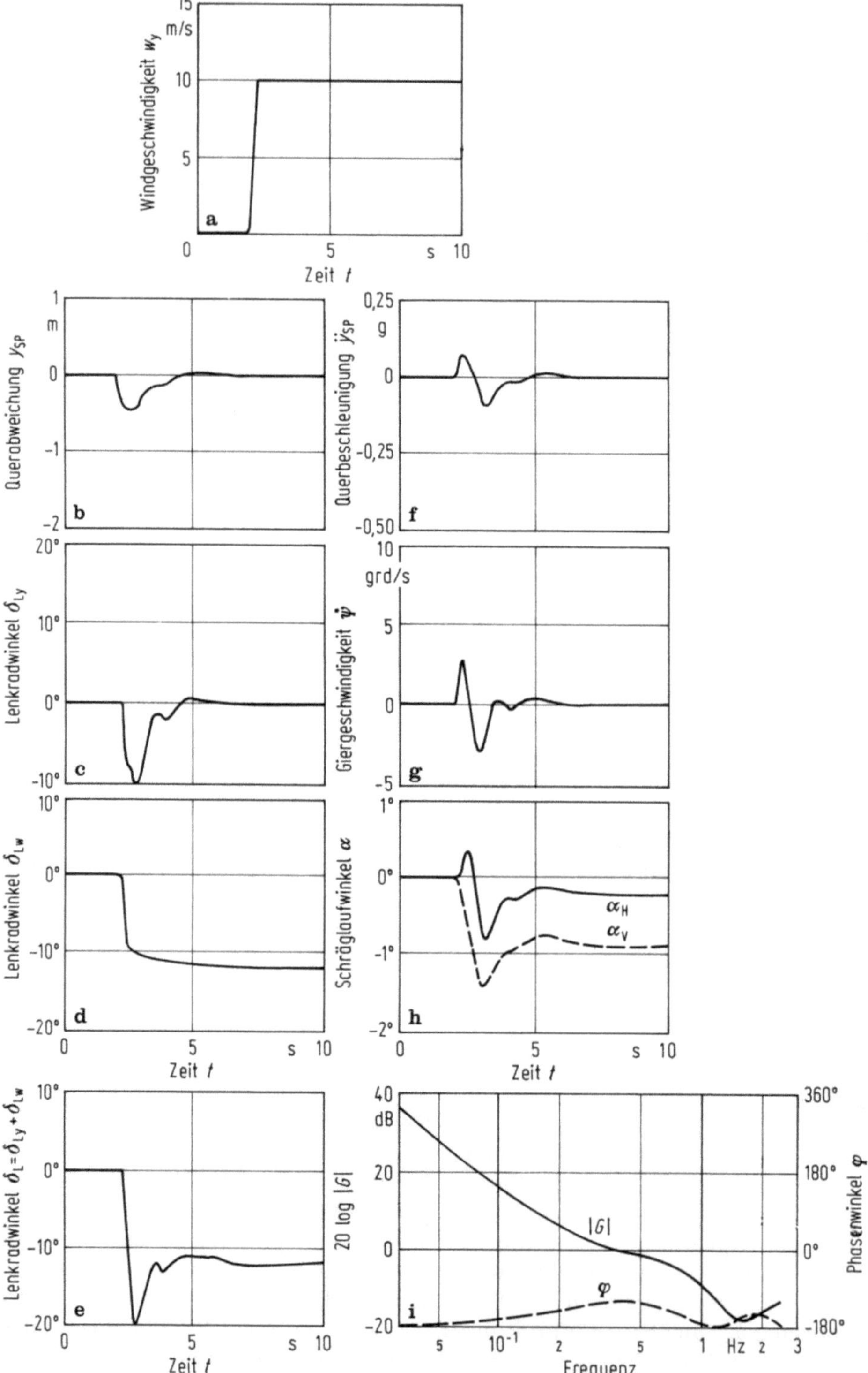

15
m/s
Windgeschwindigkeit w_y
10
5
0 5 s 10
Zeit t
a
1
m
Querabweichung y_{SP}
0
-1
-2
b
0,25
g
Querbeschleunigung $\ddot{y}_{SP}$
0
-0,25
-0,50
f
20°
Lenkradwinkel δ_{Ly}
10°
0°
-10°
c
10
grd/s
Giergeschwindigkeit $\dot{\psi}$
5
0
-5
g
10°
Lenkradwinkel δ_{Lw}
0°
-10°
-20°
d
1°
Schräglaufwinkel α
0°
-1°
-2°
α_H
α_V
h
0 5 s 10
Zeit t
0 5 s 10
Zeit t
10°
Lenkradwinkel $\delta_L = \delta_{Ly} + \delta_{Lw}$
0°
-10°
-20°
e
0 5 s 10
Zeit t
40
dB
20 log $|G|$
20
0
-20
$|G|$
φ
i
360°
180°
0°
-180°
Phasenwinkel φ
5 10^{-1} 2 5 1 Hz 2 3
Frequenz

wert von ungefähr $-12{,}5°$ und e die Summe von beiden. Daraus sieht man sehr schön, daß der Fahrer bei dieser Seitenwindrampe am Lenkrad korrigieren und gegenlenken muß. Einen entsprechenden Verlauf zeigen die Schräglaufwinkel in h.

Das Bode-Diagramm nach i zeigt im Amplituden-Diagramm $|G|$, daß die Forderung von McRuer, der Amplitudenabfall betrage 20 dB/Dekade (siehe Abschn. 20.2), in etwa erfüllt ist, während die Phasenreserve, mit $\varphi_R \approx 55°$ größer als die in der Literatur[4] verlangten $30°$ ist.

Die Bedingungen 20 dB/Dekade und $\varphi_R > 30°$ (da größer Null auch gleichzeitig stabil) erreicht man selten zufällig, sondern man muß sie mit Hilfe mehrerer Berechnungen suchen. Ein Beispiel, bei dem alle Fahrerkonstanten bis auf die Prädiktionszeit T_P unverändert blieben, zeigt Bild 21.3. Danach ist der Regelkreis ab $T_P \approx 0{,}3$ s stabil ($\varphi_R \geqq 0$), die Phasenreserve $\varphi_R > 30°$ wird erreicht mit $0{,}5 < T_P < 1{,}0$ und der Amplitudenabfall mit 20 dB/Dekade etwa mit $T_P \approx 0{,}7$ s. Alle Bedingungen sind demnach am besten mit $T_P \approx 0{,}7$ s erfüllt, es entspricht nach (15.1) einer Vorausschaulänge l_P (gemessen ab der Vorderachse)

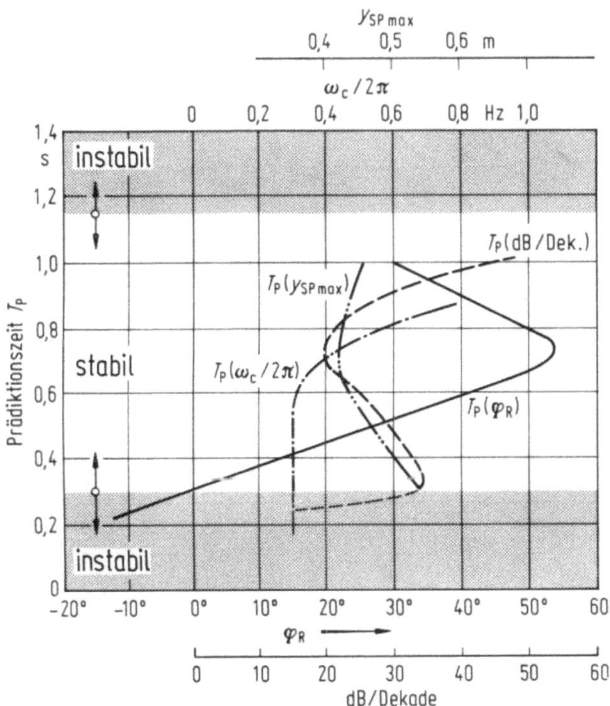

Bild 21.3. Einfluß der Prädiktionszeit T_P des Menschen auf den Phasenrand φ_R, den Amplitudenabfall in dB/Dekade, auf die Durchtrittsfrequenz $\omega_c/2\pi$ und die maximale Seitenabweichung des Fahrzeugschwerpunktes $y_{SP\,max}$

Bild 21.2. Regelkreis Fahrer—Fahrzeug bei Seitenwind.
(Fahrzeugdaten: Fzg. 1 s. Tabelle 11.1) $e_{SP} = 0{,}625$ m, $k_y = 2{,}56$ kg/m, Fahrzeuglänge $4{,}5$ m; Fahrerdaten: $K_M = 0{,}3$ rad/m, $T_P = 0{,}7$ s, $\tau = 0{,}2$ s, $T_S = 0{,}7$ s, $T_D = 0{,}45$ s, $T_I = 0{,}7$ s; Fahrgeschwindigkeit $v = 30$ m/s, Geradeausfahrt $y_{soll} = 0$

bei $v = 30\,\text{m/s}$ von etwa 20 m. Wählt der Fahrer einen kleineren oder größeren Wert, dann haben die Zeitschriebe (hier nicht gezeigt) eine kleinere Dämpfung, der Fahrer muß am Lenkrad oszillierend und länger lenken als bei dem angegebenen Optimalwert. Die maximale Seitenabweichung vergrößert sich allerdings gegenüber Bild 21.3 nur geringfügig.

Aus Bild 21.4 erkennt man, wie sich der offene Frequenzgang G aus den einzelnen Frequenzgängen F_δ, M_R und Pr (siehe (21.10)) zusammensetzt. Der Phasenwinkel $\varphi_{F\delta}$ vom Fahrzeugfrequenzgang F_δ allein ist kleiner als $-180°$, so daß der Frequenzgang des Menschen, bestehend aus M_R und Pr, den Phasenwinkel vergrößern muß, damit der Regelkreis stabil wird.

Den ungefähren Verlauf der Frequenzgänge kann man über sog. Eckfrequenzen ω_E mit Hilfe der Tabelle 21.1 bestimmen. Die Näherung für Bild 21.4 gibt Bild 21.5 wieder.

Tabelle 21.1. Angenäherte Amplituden- und Phasengänge für verschiedene Frequenzgang-Typen. (Pestel, E.; Kollmann, E.: Grundlagen der Regelungstechnik, Vieweg, Braunschweig 1968). (ω_E = Eckkreisfrequenz, τ = Totzeit)

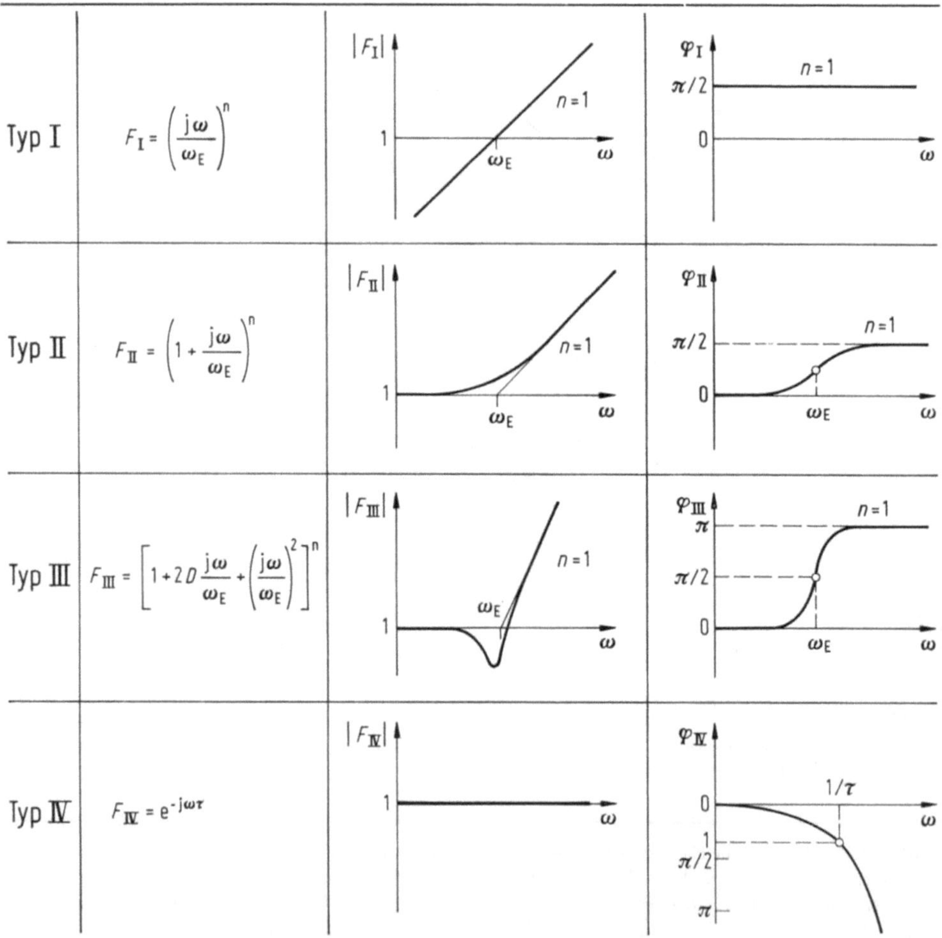

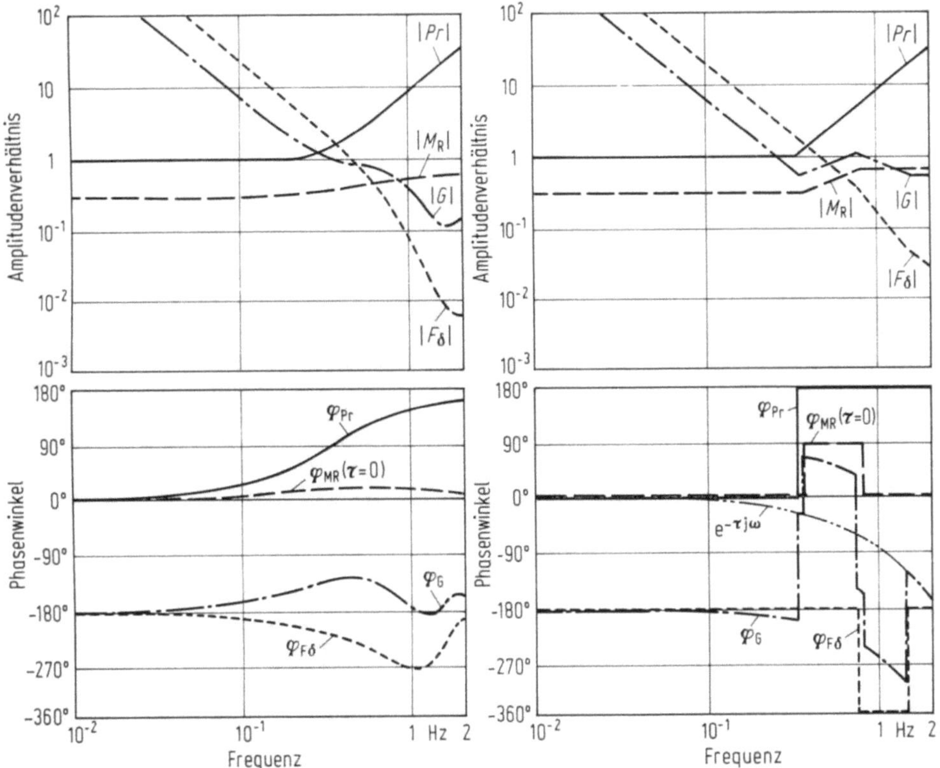

Bild 21.4. Gesamtfrequenzgang G des offenen Kreises mit den einzelnen Frequenzgängen des Fahrzeugs F_δ sowie des Fahrers M_R und Pr. (Daten s. Bild 21.2)

Bild 21.5. Angenäherte Frequenzgangverläufe für Bild 21.4

22 Anpassung von Fahrer und Fahrzeug

Die gegenseitige Anpassung soll an dem folgenden Beispiel behandelt werden, bei dem wieder der Seitenwind die Störung darstellt: Ein Fahrer, der gewohnt ist, das untersteuernde und damit immer stabile Fahrzeug nach Bild 21.4 zu fahren, wechselt auf ein übersteuerndes Fahrzeug, das bis $v = 50$ m/s stabil ist und damit auch bei der hier in der Rechnung immer zugrunde gelegten $v = 30$ m/s. Die ausgezogenen Kurven von Bild 22.1 geben den Regelkreis wieder, der aus dem neuen übersteuernden Fahrzeug und dem Fahrer mit den Daten der Fahrt mit dem untersteuernden Fahrzeug besteht. Der Regelkreis ist, wie Diagramm a zeigt, noch stabil, aber wenig gedämpft. Dies erkennt man auch aus dem Phasenrand in b, der bei der Durchtrittsfrequenz $\omega_\mathrm{c}/2\pi$ nur wenige Grad beträgt.

Damit auch bei der Fahrt mit dem übersteuernden Fahrzeug ein $\varphi_\mathrm{R} > 30°$ vorliegt, gibt es zwei grundsätzliche Möglichkeiten:

— Der Fahrer paßt sich dem Fahrzeug an,
— Das Fahrzeug wird dem Fahrer angepaßt.

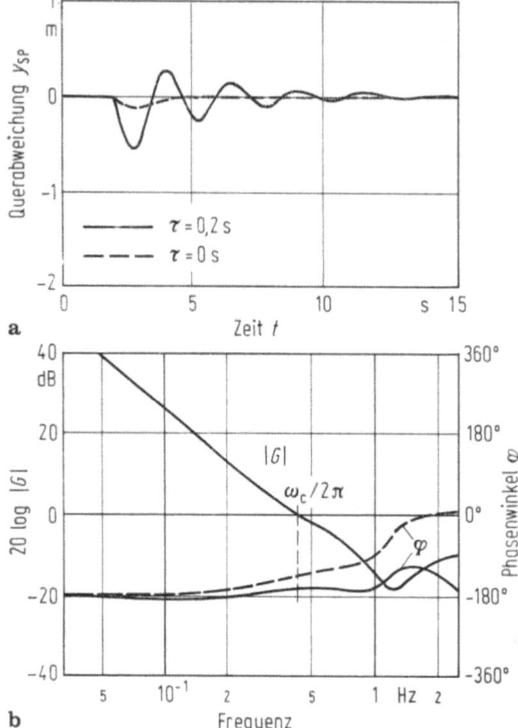

Bild 22.1. Regelkreis Fahrer—Fahrzeug bei Seitenwind für Fahrer mit verschiedenen Totzeiten τ. (Fahrzeugdaten: $m = 1\,000$ kg, $J_Z = 1\,350$ kgm², $l = 2,5$ m, $l_V = 1$ m, $c'_{\alpha V} = 48\,640$ N/rad, $c_{\alpha H} = 30\,000$ N/rad, $i_L = 19$, Fahrzeuglänge 4,5 m, $k_y = 2,56$ kg/m, $e_{SP} = 0,625$ m; Fahrerdaten: $K_M = 0,3$ rad/m, $T_P = 0,7$ s, $T_S = 0,7$ s, $T_D = 0,45$ s, $T_I = 0,2$ s; Fahrgeschwindigkeit $v = 30$ m/s, Geradeausfahrt $y_{soll} = 0$)

Eine im Bode-Diagramm einfach zu übersehende Möglichkeit ist, bei gleichem Amplitudengang nur den Phasengang zu ändern. Dies ist nach Typ IV in Tabelle 21.1 durch Veränderung der Totzeit des Fahrers möglich. In dem Beispiel in Bild 22.1 wurde es dadurch erreicht, daß die Reaktionszeit τ des Fahrers radikal von 0,2 auf 0 s reduziert wurde (gestrichelte Linien). Damit wird φ_R wesentlich größer und das heißt, ein aufmerksamer Fahrer kann die schlechten Eigenschaften des Fahrzeuges kompensieren[11]. Es fragt sich dann nur, wie lange er diese gesteigerte Konzentration aufbringen kann.

Die Phasenwinkelreserve kann auch vergrößert werden, indem der Phasenwinkel des Fahrzeugs verkleinert wird. Allerdings ändert sich dann der Amplitudengang.

Eine ebenso einfach zu übersehende Möglichkeit im Bode-Diagramm besteht darin, bei gleicher Phasengangkurve den Amplitudengang so anzuheben, daß die Durchtrittsfrequenz bei höherer Phasenwinkelreserve zum Liegen kommt. Das bedeutet in Bild 22.1 b für die ausgezogene Kurve, daß $\omega_c/2\pi \approx 1,5$ Hz sein muß. Die Vergrößerung des Amplitudenverhältnisses $|G|$ ohne den Phasenverlauf φ_G zu ändern, ist nach (21.10) nur durch Vergrößerung des Produkts der Fahrer-

---

[11] Bisimis, E.: Testverfahren für das instationäre Lenkverhalten. Entwicklungsstand der objektiven Testverfahren für das Fahrverhalten. Kolloquiumsreihe „Aktive Sicherheit" TÜV Rheinland, (1977) S. 117—140.

und Fahrzeug-Verstärkungsfaktoren K_M und $K_{\ddot{y}}$ möglich. Das bedeutet bei

— größerem Verstärkungsfaktor K_M, der Fahrer muß am Lenkrad auf Seitenabweichungen mit größeren Ausschlägen reagieren,
— größerem Verstärkungsfaktor $K_{\ddot{y}} = F(0)$ nach (13.7), Tabelle 13.1, die Lenkübersetzung i_L muß am Fahrzeug vermindert werden.

23 Fahrer als adaptiver Regler

Wieder an einem relativ einfachen Beispiel mit Seitenwind als Störung soll gezeigt werden, daß sich der Fahrer an verschiedene Situationen anpassen (adaptieren) muß.

Mit dem letzten Beispiel des vorangegangenen Abschnitts wurde schon solch ein Fall gezeigt, bei dem sich der Fahrer (Regler) an verschiedene Fahrzeuge (verschiedene Regelstrecken) adaptieren mußte. Im folgenden soll sich nun die Regelstrecke während der Fahrt ändern. Nach Bild 23.1a fährt das Fahrzeug

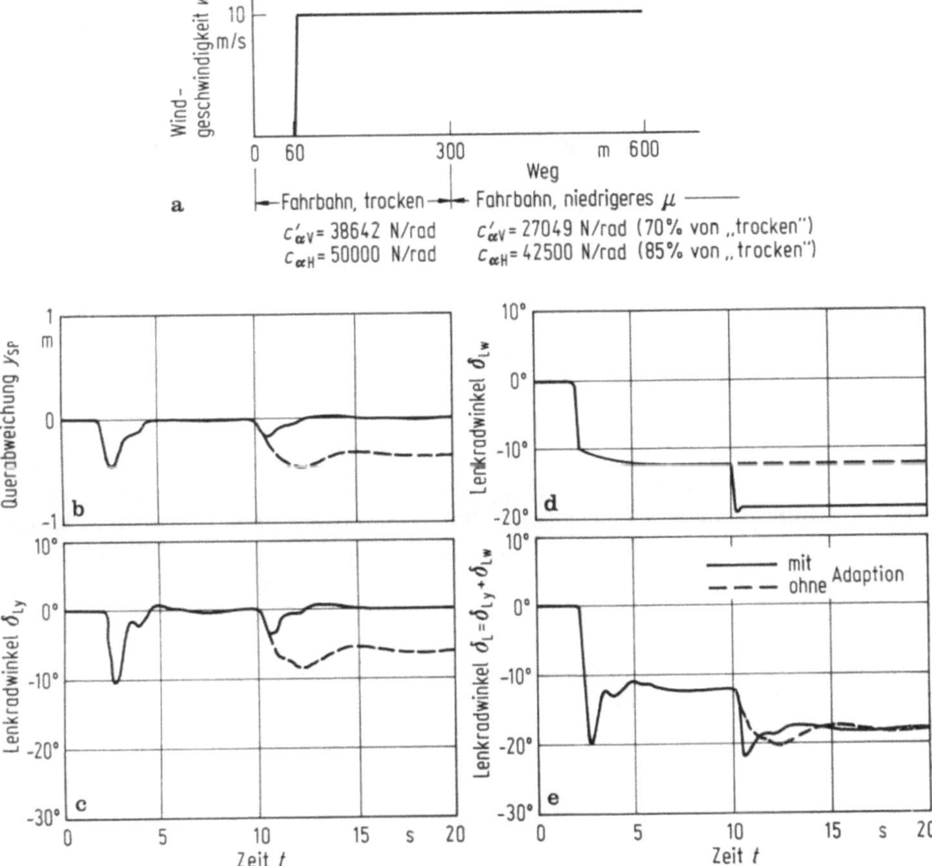

Bild 23.1. Beispiel für den Fahrer als adaptiver Regler bei Störung durch Seitenwind. Bis $t = 10$ s Fahrt auf trockener Straße, ab $t = 10$ s Fahrt auf niedrigeren Reibbeiwerten (μ). (Fahrer- und Fahrzeugdaten bis auf $c'_{\alpha V}$ und $c_{\alpha H}$ s. Bild 21.2, $v = 30$ m/s)

auf einer trockenen Straße, wird nach der Wegmarke 60 m, entsprechend 2 s bei $v = 30$ m/s, vom Seitenwind erfaßt. Der Fahrer regelt das Fahrzeug wieder auf die Sollgerade $y_{soll} = 0$ zurück, wie in Bild 21.2, und das Lenkrad muß auf $\delta_L = -12{,}5°$ eingeschlagen bleiben. Nach insgesamt 10 s, also nach 300 m, ändern sich die Kraftschlußverhältnisse der Straße so, daß sich die Seitenkraft-Schräglaufwinkel-Beiwerte erniedrigen. Das Fahrzeug wird dadurch zur Seite abgedrängt, der Fahrer muß erneut regeln (Diagramm b). Er muß jetzt einen anderen stationären Lenkradwinkel einschlagen, und zwar wegen des niedrigen Reibbeiwertes zwischen Reifen und Straße ein absolut größeres $\delta_{Lw\,stat} \approx -18°$ (c bis e, ausgezogene Linien). Danach muß sich der Steuer-Block M_S des Fahrers in Bild 21.1 ändern, er ist nicht nur von der Störung Seitenwindgeschwindigkeit w_y abhängig, sondern auch von den Kraftschlußverhältnissen und damit von der Regelstrecke.

In diesem Fall erfolgt die Adaption in dem Steuer-Block des Fahrers.

Es gibt auch (zusätzlich) die Adaption im Regler-Block M_R des Fahrers, indem der Fahrer auf der Straße mit niedrigerem μ einen anderen Zusammenhang zwischen $\dot{y}$ und δ_L oder y und δ_L usw. feststellt und die Fahrerkonstanten K_M, T_D, T_I, T_P, τ ändert.[5,9,12]

24 Zusammenfassung von Kapitel II

Anhand eines *Zwei-Ebenen-Modells* wurde das Zusammenspiel zwischen Fahrer und Fahrzeug beschrieben. In der ersten Ebene steuert der Fahrer antizipatorisch. Kommt z. B. eine Linkskurve, dann schlägt er sein Lenkrad nach links ein, und zwar nicht erst dann, wenn die Kurve da ist, sondern wegen der Trägheit des Fahrzeugs schon früher. Nach Abschn. 19 hat ein Fahrzeug gute Steuereigenschaften, wenn die Peak-Response-Time der Gierwinkelgeschwindigkeit $T_{\dot{\psi}max}$ klein ist.

Wenn bei dem o. g. Beispiel der Fahrt in eine Linkskurve die Steuerung nicht zu einer guten Übereinstimmung von Soll- und Istspur führt, muß der Fahrer dies am Lenkrad korrigieren, er muß regeln, genauso bei einer Störung, z. B. durch Seitenwind. Dies stellt die zweite Ebene dar. Der Regelungsvorgang wird durch die in den Abschnitten 14 und 16.4 behandelten *Frequenzgänge* beschrieben, unterteilt in Amplituden- und Phasengang (*Bode-Diagramm*). Dabei spielt die *Phasenreserve* eine wichtige Rolle. Ein Fahrzeug regelt gut, wenn es auf die Lenkradbewegung stark und schnell reagiert. Diese in Abschn. 13.3 aufgestellte Forderung wurde durch Regelkreisbetrachtung bestätigt.

---

[12] Niemann, K.: Die Umweltbeziehungen des Spurregelkreises Fahrer—Fahrzeug—Straße. ATZ 80 (1978), S. 277—279.

III Kurvengrenzbeschleunigung, Einfluß von Umfangskraft

In Kap. I wurde das Fahrzeug allein betrachtet. In Kap. II ergaben sich durch die Hinzunahme des Fahrers weitere Erkenntnisse über die Anforderungen an die Fahreigenschaften von Fahrzeugen. In beiden Kapiteln wurden nur lineare Modelle diskutiert.

In diesem Kapitel III wird sich dem Fahrzeug wieder allein zugewandt, aber nun werden die nichtlinearen Abhängigkeiten, besonders die zwischen Reifenseitenkraft und Schräglaufwinkel, erfaßt. Damit werden Seitenbeschleunigungen über die bisherigen $0{,}4g$ auf trockener Straße, z. B. hinauf bis zum Grenzbereich, beschrieben. Neben den nichtlinearen Reifeneigenschaften spielt bei höheren Seitenbeschleunigungen besonders die Umfangskraft eine entscheidende Rolle und damit die Unterscheidung nach Vorder-, Hinter- und Allradantrieb.

Um nun nicht alle Feinheiten des Fahrzeugs auf einmal behandeln zu müssen und um dadurch die gesamte Querdynamik des Kraftfahrzeugs nicht unübersichtlich werden zu lassen, soll zunächst der Schwerpunkt des Fahrzeugs noch in Höhe der Straße liegen. An den Rädern einer Achse treten keine Radlastunterschiede und demzufolge auch keine Seitenkraftdifferenzen auf, der Fahrzeugaufbau wankt nicht, die Geometrie der Radaufhängung ist noch nicht wichtig. (Die Anhebung des Schwerpunkts geschieht in Kap. IV.) Es kann deshalb wie zuvor das Einspurmodell betrachtet werden, nur jetzt mit nichtlinearen Reifenkennlinien.

25 Bewegungsgleichungen

Sie lauten für das Fahrzeugmodell nach Bild 3.1b und den Gleichungen (3.2) bis (3.4) mit (7.3)

$$mv(\dot{\beta} + \dot{\psi}) \sin \beta - m\dot{v} \cos \beta + F_{\mathrm{xH}} + F_{\mathrm{xV}} \cos \delta_{\mathrm{V}} - F_{\mathrm{Lx}} - F_{\mathrm{yV}} \sin \delta_{\mathrm{V}} = 0, \tag{25.1}$$

$$mv(\dot{\beta} + \dot{\psi}) \cos \beta + m\dot{v} \sin \beta - F_{\mathrm{yH}} - F_{\mathrm{Ly}} - F_{\mathrm{xV}} \sin \delta_{\mathrm{V}}$$
$$- F_{\mathrm{yV}} \cos \delta_{\mathrm{V}} = 0, \tag{25.2}$$

$$J_z \ddot{\psi} - (F_{\mathrm{yV}} \cos \delta_{\mathrm{V}} + F_{\mathrm{xV}} \sin \delta_{\mathrm{V}})\, l_{\mathrm{V}} + M_{z\mathrm{V}} + F_{y\mathrm{H}} l_{\mathrm{H}}$$
$$+ M_{z\mathrm{H}} - F_{\mathrm{Ly}} e_{\mathrm{SP}} = 0. \tag{25.3a}$$

In (25.3a) wurden gegenüber (3.4) die damals noch unbekannten Rückstell-momente M_{zV} und M_{zH} an Vorder- und Hinterrädern eingeführt oder, anders ausgedrückt, es wurde berücksichtigt, daß die Seitenkräfte nicht in Latschmitte, sondern um den Reifennachlauf n_R dahinter angreifen, wird dieser eingesetzt, ergibt sich

$$J_z\ddot{\psi} - F_{yV}(l_V \cos\delta_V - n_{RV}) + F_{yH}(l_H + n_{RH})$$

$$- F_{xV}l_V \sin\delta_V - F_{Ly}e_{SP} = 0. \tag{25.3b}$$

Statt des Vorderradeinschlagwinkels δ_V wird wieder nach (5.5) der für den Fahrer wichtige Lenkradwinkel δ_L eingeführt

$$\delta_L^* = \frac{\delta_L}{i_L} = \delta_V + \frac{1}{C_L}\,(F_{yVl} + F_{yVr})\,(n_K + n_{RV})$$

$$= \delta_V + \frac{1}{C_L}\,[(F_{yVl} + F_{yVr})\,n_K + M_{zVl} + M_{zVr}],$$

wobei statt der Seitenkräfte mal Reifennachläufe die Rückstellmomente M_{zVl} und M_{zVr} eingeführt wurden. Bei dem hier zu betrachtenden Fall, nämlich Schwer-punkt auf Fahrbahnhöhe sowie symmetrisches Fahrzeug um die Längsachse, ist

$$F_{yVl} = F_{yVr} = \frac{1}{2}\,F_{yV}; \qquad M_{zVl} = M_{zVr} = \frac{1}{2}\,M_{zV}$$

und damit

$$\delta_L^* = \frac{\delta_L}{i_L} = \delta_V + \frac{1}{C_L}\,[F_{yV}n_K + M_{zV}]. \tag{25.4}$$

Die Seitenkräfte und Rückstellmomente bzw. Reifennachläufe sind hauptsäch-lich Funktionen der Schräglaufwinkel

$$F_{yi} = f(\alpha_i); \qquad M_{zi} = f(\alpha_i), \tag{25.5}$$

und die Schräglaufwinkel ergeben sich aus (7.6). (Die linearisierten Gleichungen (7.7) sind auch bei Fahrten im Grenzbereich noch ungefähr gültig, da Schräglauf- und Schwimmwinkel relativ klein bleiben. In den folgenden Abschnitten ist z. B. $\alpha_i \leqq 12°$.) Der Luftwiderstand F_{Lx} ist bekannt aus (9.1), Band A und lautet bei Windstille

$$\text{Luftwiderstand} \quad F_{Lx} = c_w A\,\frac{\varrho}{2}\,v^2 \tag{25.6}$$

mit der Luftdichte ϱ. Die Luftseitenkraft ergibt sich aus (6.6) und (16.4).

Damit ist das Gleichungssystem vollständig. Vorzugeben sind:

— die Umfangskräfte F_{xV} und F_{xH}, vorstellbar durch konstante Gaspedalstel-lung. (Bei Einachsantrieb wirkt an dieser Achse die Antriebskraft, an der anderen der Rollwiderstand. Bei Allradantrieb sind die Antriebsmomente aufzuteilen.)

— der Lenkradeinschlagwinkel δ_L.

Unbekannt sind folgende Größen (bzw. deren Ableitungen):

$$v, (\dot{v}), \quad \beta, (\dot{\beta}) \quad \text{und} \quad \dot{\psi}, (\ddot{\psi}).$$

Damit läßt sich das Gleichungssystem (25.1) bis (25.3) lösen, wenn die Funktionen der Reifenkennlinien nach (25.5) bekannt sind.

III.A Kreisfahrt mit konstanter Fahrgeschwindigkeit

Es wird wie in Kap. I mit dem einfachen, stationären Fall, der Kreisfahrt mit konstanter Fahrgeschwindigkeit ($\dot{v} = 0$), begonnen. Wie in Abschn. 10 werden folgende Kennwerte behandelt:

1. Unter-/Übersteuern bzw. $\delta_\mathrm{L} = f(v^2/\varrho g)$,
2. Schwimmwinkel $\beta = f(v^2/\varrho g)$ bzw. die Gradienten,
3. Lenkmoment $M_\mathrm{L} = f(v^2/\varrho g)$ bzw. $M_\mathrm{L} = f(\delta_\mathrm{L})$

und nun zusätzlich, da jetzt die Reifenkennlinien bis zu großen Schräglaufwinkeln behandelt werden.

4. Fahrgrenze durch Kraftschluß, maximale Zentripetalbeschleunigung, auch Kurvengrenzbeschleunigung genannt, und
5. Fahrgrenze durch Antriebsleistung.

26 Kurvenwiderstand

Mit der o. g. Voraussetzung $\dot{v} = 0$ ist ebenfalls $\dot{\beta} = 0$ und $\ddot{\psi} = 0$, und aus den drei Bewegungsgleichungen (25.1) bis (25.3) ergibt sich die Summe der Umfangskräfte an allen Rädern zu

$$F_{\mathrm{xV}} + F_{\mathrm{xH}} = F_{\mathrm{Lx}} - mv\dot{\psi} \left(\sin\beta - \frac{l_\mathrm{H}}{l} \sin\delta_\mathrm{V} \right).$$

Dabei wurden kleine Vorderradeinschläge δ_V und kleine Schwimmwinkel β angenommen, so daß die cos-Winkel ≈ 1 und die Produkte der Winkel zu Null gesetzt wurden. Weiterhin wurden die relativ kleinen Kraftkomponenten aus den Rückstellmomenten und der seitlichen Luftkraft vernachlässigt.

Aus der Gleichung (7.6) ergibt sich

$$\sin\beta = \frac{l_\mathrm{H}}{l} \sin\delta_\mathrm{V} - \frac{l_\mathrm{H}}{l} \sin\alpha_\mathrm{V} - \frac{l_\mathrm{V}}{l} \sin\alpha_\mathrm{H}$$

und damit

$$F_{\mathrm{xV}} + F_{\mathrm{xH}} = F_{\mathrm{Lx}} + mv\dot{\psi} \left(\frac{l_\mathrm{H}}{l} \sin\alpha_\mathrm{V} + \frac{l_\mathrm{V}}{l} \sin\alpha_\mathrm{H} \right)$$

$$= F_{\mathrm{Lx}} + m \frac{v^2}{\varrho} \left(\frac{l_\mathrm{H}}{l} \sin\alpha_\mathrm{V} + \frac{l_\mathrm{V}}{l} \sin\alpha_\mathrm{H} \right). \tag{26.1}$$

Bei der unbeschleunigten Geradeausfahrt in der Ebene ist die Summe der Umfangskräfte gleich dem Luftwiderstand F_{Lx}. Bei Kurvenfahrt kommt der zweite Summand der rechten Seite neu hinzu. Er wurde schon in Band A, Abschn. 5.4 mit

Kurvenwiderstand

$$F_{\mathrm{K}} = G\,\frac{v^2}{\varrho g}\left(\frac{l_{\mathrm{H}}}{l}\sin\alpha_{\mathrm{V}} + \frac{l_{\mathrm{V}}}{l}\sin\alpha_{\mathrm{H}}\right) \tag{26.2}$$

bezeichnet. Analog zum Rollwiderstand kann ein

Kurvenwiderstandsbeiwert

$$f_{\mathrm{K}} = \frac{F_{\mathrm{K}}}{G} = \frac{v^2}{\varrho g}\left(\frac{l_{\mathrm{H}}}{l}\sin\alpha_{\mathrm{V}} + \frac{l_{\mathrm{V}}}{l}\sin\alpha_{\mathrm{H}}\right) \tag{26.3}$$

definiert werden. Bild 26.1 zeigt den progressiven Anstieg von f_{K} über $v^2/\varrho g$, den man sich wie folgt erklären kann: Der Beiwert wächst mit dem Produkt aus der bezogenen Zentripetalbeschleunigung $v^2/\varrho g$ und den Schräglaufwinkeln. Bei kleinen Seitenkräften F_{yi}, also kleinem $v^2/\varrho g$, ist F_{yi} proportional α_{i}, folglich gilt

$$f_{\mathrm{K}} \sim \left(\frac{v^2}{\varrho g}\right)^2 \quad \text{bzw.} \quad f_{\mathrm{K}} \sim \alpha_{\mathrm{i}}^2.$$

Der Kurvenwiderstand wächst also bei gegebenem Radius ϱ mit *mindestens* der *zweiten* Potenz der Zentripetalbeschleunigung bzw. mit der *vierten* Potenz der Fahrgeschwindigkeit! Bei größeren Seitenbeschleunigungen hingegen steigt α_{i} mit F_{yi} progressiv an und deshalb f_{K} stärker als mit dem Quadrat von $v^2/\varrho g$.

Aus dem Vergleich zum Rollwiderstand in Bild 26.1 entnimmt man, daß der Kurvenwiderstand bei normaler Fahrt unter $0{,}4g$ auf trockener Straße unbedeutend ist (und damit auch für die lineare Theorie). Bei höheren Seitenbeschleunigungen müssen der Kurvenwiderstand und die verbundene Erhöhung der Um-

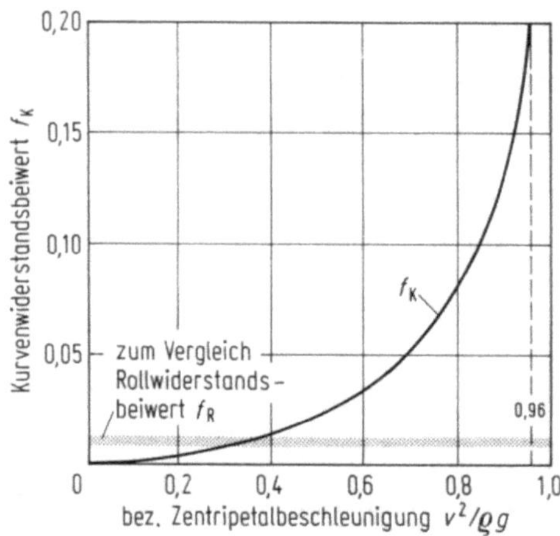

Bild 26.1. Abhängigkeit des Kurvenwiderstandsbeiwertes f_{K} von der bez. Zentripetalbeschleunigung $v^2/\varrho g$ für das Beispiel nach Bild 28.1a ($l_{\mathrm{H}}/l = l_{\mathrm{V}}/l = 0{,}5$, $\alpha_{\mathrm{V}} \approx \alpha_{\mathrm{H}}$, damit $f_{\mathrm{K}} = \dfrac{v^2}{\varrho g}\sin\alpha_{\mathrm{V}}$)

fangskräfte an den Antriebsrädern berücksichtigt werden. Sie wirken sich zweifach aus:

— sie verändern den Zusammenhang zwischen Seitenkraft bzw. Rückstellmoment und Schräglaufwinkel und
— sie erhöhen Antriebsmoment und -leistung.

27 Einfluß der Umfangskraft auf die Reifenkennlinien

Die Kenntnis über die Zusammenhänge zwischen Umfangs-, Seitenkraft und Radlast F_x, F_y und F_z sowie Rückstellmoment M_z und Schräglaufwinkel α ist für das Fahrverhalten bei hohen Querbeschleunigungen Voraussetzung. Die Reifenkennlinien nach Abschn. 4 müssen nun um die Umfangskraft erweitert werden.

Zunächst folgende prinzipielle Überlegung für die Seitenkraft: Mit (6.2), Bd. A, wurde festgestellt, daß die maximal übertragbare Umfangskraft $F_{x\,max} = \mu_h F_z$ ist, wobei eine Seitenkraft F_y noch fehlte. In (4.3) in diesem Band wurde für die maximale Seitenkraft bei fehlender Umfangskraft entsprechend $F_{y\,max} = \mu_h F_z$ geschrieben. Diese Gleichungen ändern sich — nach einer einfachen Überlegung von Kamm (siehe Legende Bild 16.3) — beim gleichzeitigen Auftreten der beiden horizontalen Kräfte F_x und F_y nur insofern, als jetzt die geometrische Summe beider Kräfte den Wert $\mu_h F_z$ nicht überschreiten darf, wenn das Rad nicht gleiten, sondern noch rollen soll

$$\sqrt{F_x^2 + F_y^2} \leqq \mu_h F_z. \tag{27.1}$$

Die Gleichung läßt sich anhand eines Kreises, des sog. Kammschen Kreises, darstellen, siehe Bild 27.1. Wird versucht, die geometrische Summe von F_x und F_y größer zu machen als dem Kreisradius $\mu_h F_z$ entspricht, dann gleitet das Rad, ist sie kleiner, dann rollt es noch.

Die maximale Seitenkraft F_y ist demnach bei gleichzeitigem Wirken einer Umfangskraft F_x kleiner als bei $F_x = 0$. Kombiniert man die F_y-α-Kurve mit dem Kammschen Kreis nach Bild 27.2, so erhält man bei $F_x \neq 0$ über Diagramm b in a eine kleinere maximale Seitenkraft und damit ungefähr den gestrichelt oder strichpunktiert dargestellten Verlauf. Aus Bild 27.2a ergibt sich eine weitere, für die folgenden Betrachtungen des Fahrverhaltens wichtige Aussage: Wirkt

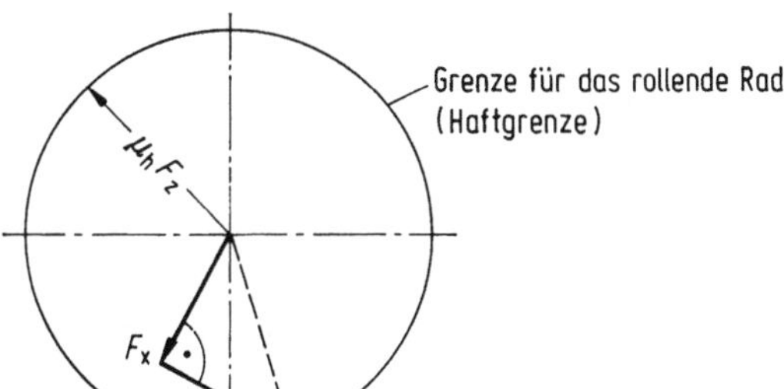

Bild 27.1. Kammscher Kreis. Mit den eingezeichneten Kräften F_x und F_y ist das Rad gerade an der Grenze zwischen Rollen und Gleiten

auf einen Reifen bei gegebener Seitenkraft F_y eine zusätzliche Umfangskraft F_x, dann vergrößert sich der Schräglaufwinkel α.

Ein Beispiel für gemessene Kurven gibt Bild 27.3, in b ist auch der Einfluß von F_x auf das Rückstellmoment M_z zu sehen.

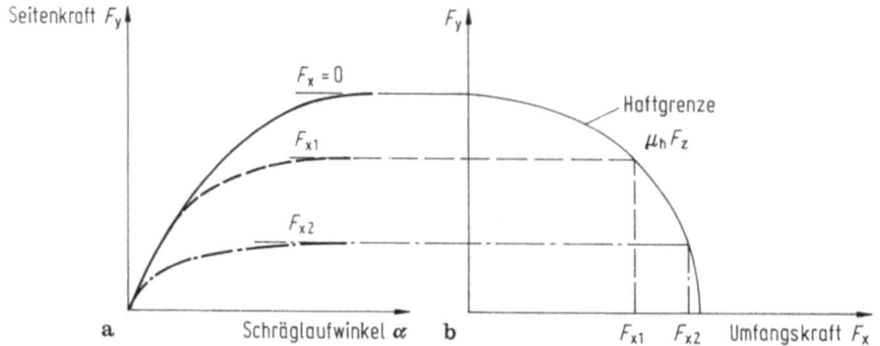

Bild 27.2. Prinzipielle Darstellung für den Einfluß der Umfangskraft F_x auf den Seitenkraft-Schräglaufwinkel-Verlauf, Radlast $F_z =$ const

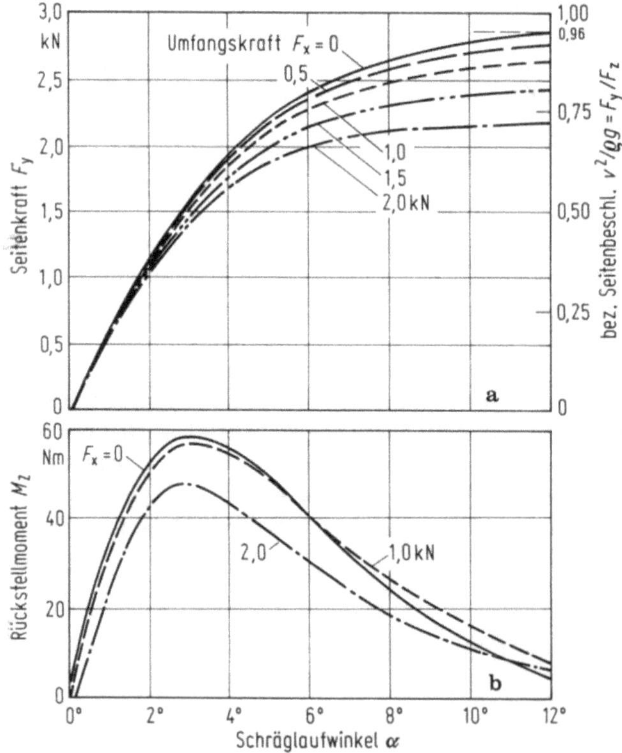

Bild 27.3. Seitenkraft (a) und Rückstellmoment (b) bei verschiedenen Umfangskräften über dem Schräglaufwinkel. Reifen 155 SR 15, 90%, Radlast $F_z =$ 3 kN, $v =$ 50 km/h, Luftdruck 1,6 bar, trockene Fahrbahn.
(Weber, R., Tangentialkräfte und Rückstellmoment, Zentralblatt für Unfalluntersuchung Bd. 1 Nr. 4/6, 1972)

28 Fahrverhalten auf trockener Straße, Vorder-, Hinter-, Allradantrieb

Die am Beginn des Unterkapitels III. A genannten Punkte 1 bis 4 sollen hier abgeleitet werden. Dabei wird schrittweise mit der Absicht vorgegangen, das Verständnis für das Fahrverhalten zu fördern und die Ergebnisse, die man heute fast ausschließlich über große Rechenprogramme an schnellen Rechnern gewinnt, verstehen zu lernen.

Formelmäßig braucht man hierzu den bezogenen Lenkradeinschlag, (5.5) und (25.4),

$$\delta_{\mathrm{L}}^* = \frac{\delta_{\mathrm{L}}}{i_{\mathrm{L}}} = \delta_{\mathrm{V}} + \frac{M_{\mathrm{L}}^*}{C_{\mathrm{L}}} = \delta_{\mathrm{V}} + \frac{1}{C_{\mathrm{L}}}\,(F_{\mathrm{yV}} n_{\mathrm{K}} + M_{\mathrm{zV}}) \tag{28.1}$$

mit dem Vorderradeinschlag, (9.19),

$$\delta_{\mathrm{V}} = \frac{l}{\varrho} + (\alpha_{\mathrm{V}} - \alpha_{\mathrm{H}}) \tag{28.2}$$

und dem bezogenen Lenkradmoment, (5.2) und (25.4),

$$M_{\mathrm{L}}^* = i_{\mathrm{L}} V_{\mathrm{L}} M_{\mathrm{L}} = F_{\mathrm{yV}} n_{\mathrm{K}} + M_{\mathrm{zV}} \tag{28.3}$$

und weiterhin den Schwimmwinkel, (9.23),

$$\beta = \frac{l_{\mathrm{H}}}{\varrho} - \alpha_{\mathrm{H}}. \tag{28.4}$$

Die Achsseitenkräfte ergeben sich aus (25.2) und (25.3a) bei Vernachlässigung der seitlichen Luftkraft zu

$$F_{\mathrm{yV}} = \frac{l_{\mathrm{H}}}{l}\, mv\dot\psi + \frac{M_{\mathrm{zV}} + M_{\mathrm{zH}}}{l} - F_{\mathrm{xV}} \sin \delta_{\mathrm{V}}$$

$$= \frac{l_{\mathrm{H}}}{l}\, m\, \frac{v^2}{\varrho} + \frac{M_{\mathrm{zV}} + M_{\mathrm{zH}}}{l} - F_{\mathrm{xV}} \sin \delta_{\mathrm{V}}, \tag{28.5a}$$

$$F_{\mathrm{yH}} = \frac{l_{\mathrm{V}}}{l}\, mv\dot\psi - \frac{M_{\mathrm{zV}} + M_{\mathrm{zH}}}{l} = \frac{l_{\mathrm{V}}}{l}\, m\, \frac{v^2}{\varrho} - \frac{M_{\mathrm{zV}} + M_{\mathrm{zH}}}{l} \tag{28.6a}$$

bzw. mit (25.3b) bei Einführung des Reifennachlaufs

$$F_{\mathrm{yV}} = \frac{1}{l - n_{\mathrm{RV}} + n_{\mathrm{RH}}} \left[m\, \frac{v^2}{\varrho}\, (l_{\mathrm{H}} + n_{\mathrm{RH}}) - F_{\mathrm{xV}}(l + n_{\mathrm{RH}}) \sin \delta_{\mathrm{V}} \right], \tag{28.5b}$$

$$F_{\mathrm{yH}} = \frac{1}{l - n_{\mathrm{RV}} + n_{\mathrm{RH}}} \left[m\, \frac{v^2}{\varrho}\, (l_{\mathrm{V}} - n_{\mathrm{RV}}) + F_{\mathrm{xV}} n_{\mathrm{RV}} \sin \delta_{\mathrm{V}} \right] \tag{28.6b}$$

und die Achslasten sind bei Vernachlässigung des Auftriebs

$$F_{\mathrm{zV}} = \frac{l_{\mathrm{H}}}{l}\, mg; \quad F_{\mathrm{zH}} = \frac{l_{\mathrm{V}}}{l}\, mg. \tag{28.7}$$

Die Kräfte an jedem Rad sind jeweils die Hälfte, an zwillingsbereiften Achsen je ein Viertel.

Das Glied $F_{xV} \sin \delta_V$ in (28.5) ist bei Hinterradantrieb, aber auch bei Vorder- und Allradantrieb, vernachlässigbar klein. Ebenso wird der Einfluß der Rückstellmomente bzw. der Reifennachläufe in (28.5), (28.6) nicht berücksichtigt (und zwar nur der auf die Seitenkräfte(!)nicht, bei der Lenkung natürlich doch). Das bedeutet, daß z. B. bei einem Fahrzeug mit dem Schwerpunkt in Mitte Radstand bei Vernachlässigung der Reifennachläufe die Seitenkräfte vorn und hinten gleich groß sind, während bei Berücksichtigung sie etwas verschieden sind.

Näherungsweise gilt also

$$F_{yV} = \frac{l_H}{l}\, m\, \frac{v^2}{\varrho} = F_{zV}\, \frac{v^2}{\varrho g} \tag{28.5c}$$

$$F_{yH} = \frac{l_V}{l}\, m\, \frac{v^2}{\varrho} = F_{zH}\, \frac{v^2}{\varrho g}. \tag{28.6c}$$

Im folgenden werden am Beispiel eines vierrädrigen, mittellastigen Pkw mit $m = 1200$ kg und damit der Radlast $F_z = 3$ kN, ausgerüstet mit dem Reifen nach Bild 27.3, Ergebnisse diskutiert. Das Fahrzeug fährt auf trockener Straße.

28.1 Fahrgrenze durch Kraftschluß

Nach Bild 27.3a tritt z. B. die maximale Seitenkraft $F_{y\,\max}$ für Radlast $F_z = 3$ kN und für Umfangskraft $F_x = 0$ bei $\alpha = 12°$ auf. Das heißt, die Fahrt mit in Seitenrichtung nicht rutschendem Rad, was als *Fahrgrenze durch Kraftschluß* bezeichnet wird, ist durch die maximale Seitenkraft$F_{y\,\max}$ und durch den zugehörigen Schräglaufwinkel, hier 12°, gekennzeichnet.

Kommt eine Umfangskraft hinzu, so wird die maximale Seitenkraft kleiner oder bei gegebener Seitenkraft der Schräglaufwinkel größer, siehe Bild 27.3. Das wird sich unter anderem auf den Kurvenwiderstand (26.2), und auch auf das Fahrverhalten, z. B. auf Über-/Untersteuern, auswirken.

Um den gesamten Problemkreis anfangs nicht zu sehr zu verkomplizieren, wird im folgenden zunächst angenommen, daß die Umfangskraft auf die Seitenkennungen des Reifens *keinen* Einfluß hat. Zur Erleichterung der Vorstellung kann man sich ein Fahrzeug mit Raketenantrieb denken. Das ergibt nach Bild 27.3 eine maximale Seitenbeschleunigung von $(v^2/\varrho)_{\max} = 0{,}96g$, und zwar bei einem Schräglaufwinkel $\alpha = 12°$. Den Verlauf des Schräglaufwinkels über der bezogenen Seitenbeschleunigung zeigt Bild 28.1a. Der Anstieg ist entsprechend Kap. I, 1 zunächst linear, dann progressiv zum Grenzwert hin.

Beim Übergang vom Raketenantrieb zum üblichen Radantrieb gelten die Gleichungen (28.5c) und (28.6c) nach wie vor, nur müssen jetzt bei der Bestimmung der Schräglaufwinkel die Umfangskräfte berücksichtigt werden. Da deren Größe aber nach (26.1) wieder von den Schräglaufwinkeln abhängt, muß iterativ ihr wahrer Wert berechnet werden. Im ersten Iterationsschritt wird aus Bild 28.1a für $F_{xV} + F_{xH} = 0$ der Kurvenwiderstand F_K berechnet (Bild 28.1b), daraus ergibt sich ein neuer Wert für die Umfangskräfte $F_{xV} + F_{xH} > 0$. In den nächsten Schritten muß solange iteriert werden, bis bei gegebener Seitenkraft bzw. gege-

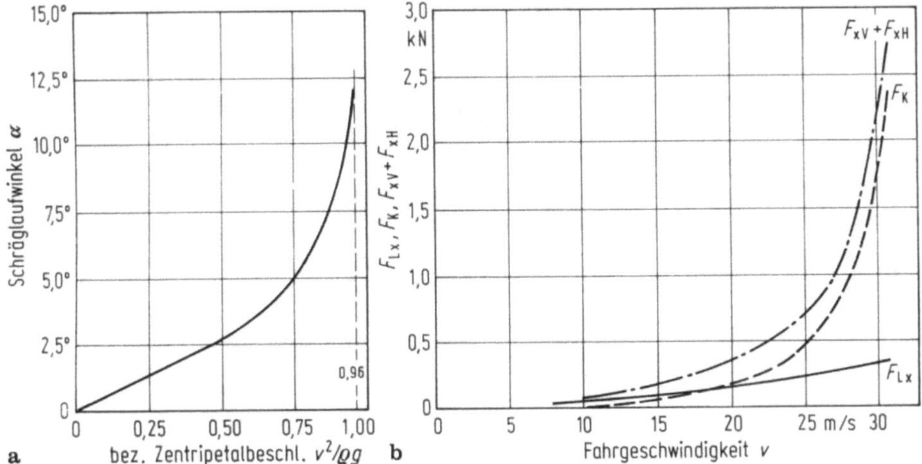

Bild 28.1. a Schräglaufwinkel über bez. Zentripetalbeschleunigung für ein Fahrzeug mit $m = 1200$ kg, $l_V/l = 0,5$ und Reifen nach Bild 27.3a ($F_x = 0$, Einfluß der Umfangskraft auf die Seitenkennung des Reifens wurde nicht berücksichtigt, sog. Raketenantrieb)
b Luft- und Kurvenwiderstand F_{Lx} und F_K sowie Summe der Umfangskräfte F_{xV} und F_{xH} über der Fahrgeschwindigkeit, weitere Daten: $c_w A = 0,6$ m², $\varrho = 100$ m

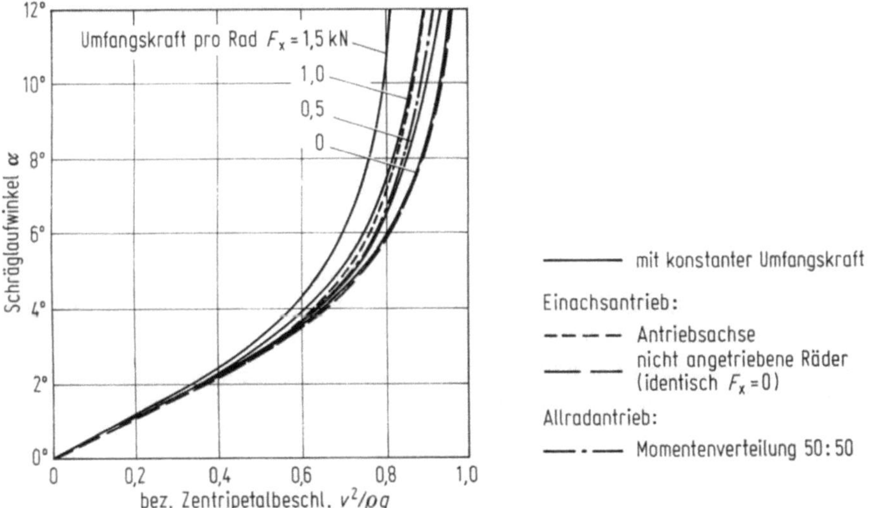

Bild 28.2. Einfluß der Umfangskräfte und der Antriebsart auf die Schräglaufwinkel-Seitenbeschleunigungs-Funktion. (Reifenkennung s. Bild 27.3a, Fahrzeugwerte s. Bild 26.1)

bener Zentripetalbeschleunigung der wahre Schräglaufwinkel und die wahre Umfangskraft gefunden sind. In Bild 28.2 sind zunächst die Schräglaufwinkel-Seitenbeschleunigungs-Funktionen bei konstanter Umfangskraft eingetragen. Bei Einachsantrieb — ob Front- oder Hinterradantrieb spielt im Augenblick keine Rolle — gilt für die nichtangetriebene Achse die Kurve mit $F_x = 0$ und der maximalen bezogenen Seitenbeschleunigung von 0,96. Für die Räder der Antriebsachse wurde nach der o. g. Iteration die durch die Kurvenschar verlaufende, gestrichelte Linie ermittelt, deren maximale bezogene Seitenbeschleunigung ist nur 0,90. Sie liegt also niedriger als bei den nichtangetriebenen Rädern und stellt damit die seitliche Grenzbeschleunigung des Fahrzeugs in der Kurve dar.

Bei Allradantrieb, z. B. wenn bei diesem mittellastigen Fahrzeug auch die Antriebsmomente hälftig auf die Achsen verteilt würden, halbieren sich auch die Umfangskräfte. In Bild 28.2 ergibt sich die strichpunktierte Kurve mit der maximalen bezogenen Seitenbeschleunigung von 0,92.

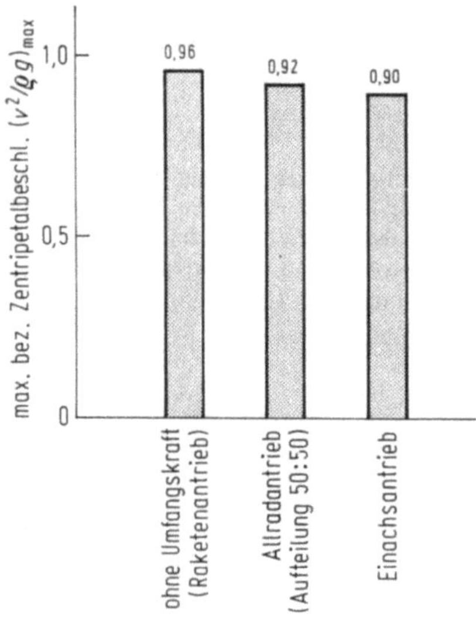

Bild 28.3. Fahrgrenzen durch Kraftschluß bei verschiedenen Antriebsarten auf trockener Fahrbahn (Fahrzeug- und Reifenwerte s. Bild 28.2)

In Bild 28.3 sind die Fahrgrenzen durch Kraftschluß zusammengetragen. Je größer also die Umfangskräfte an einem Rad bzw. einer Achse, um so kleiner sind die maximalen Seitenbeschleunigungen des Fahrzeugs.

Bemerkenswert ist, daß nach Bild 28.1a bei der Kreisfahrt mit dem Radius $\varrho = 100$ m und bei der aus der Grenzseitenbeschleunigung sich ergebenden maximalen Fahrgeschwindigkeit von 31 m/s = 112 km/h der Kurvenwiderstand fast siebenmal größer als der Luftwiderstand ist!

28.2 Lenkradeinschlag, Unter-/Übersteuern

Den bezogenen Lenkradeinschlag $\delta_L^* = f(v^2/\varrho g)$ bestimmt man nach (28.1) über den Vorderradeinschlag δ_V und den wiederum nach (28.2) über die Schräglaufwinkel-Differenz. Diese erhält man aus Bild 28.4.

Bei Einachsantrieb muß ab hier Vorder- oder Hinterradantrieb unterschieden werden. Bei Frontantrieb ist der Schräglaufwinkel vorn durch die Umfangskraft größer als hinten, damit wächst nach Bild 28.4 δ_V ab etwa $v^2/\varrho g \approx 0{,}6$ progressiv ansteigend bis zur Fahrgrenze von 0,90 (mit einem Dreieck, Spitze nach oben ge-

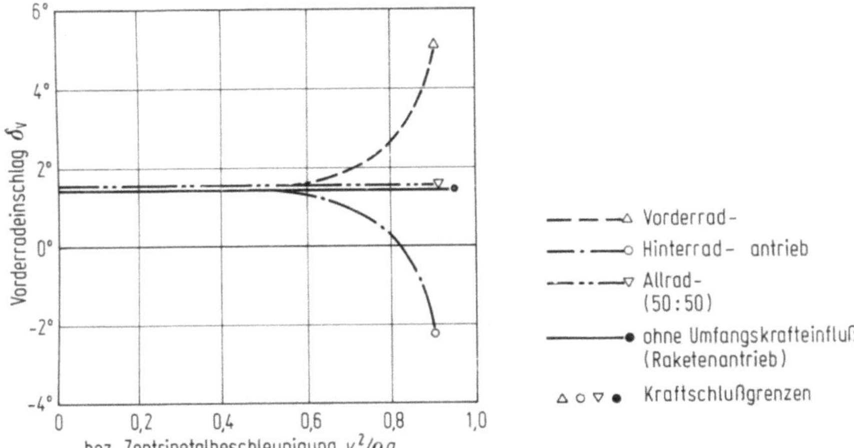

Bild 28.4. Vorderradeinschlag δ_V über bezogener Seitenbeschleunigung $v^2/\varrho g$ für verschiedene Antriebsarten. ($l = 2,5$ m, $\varrho = 100$ m, Schräglaufwinkelverläufe aus Bild 28.2)

kennzeichnet). Bei Heckantrieb ist es umgekehrt, der Vorderradeinschlag wird kleiner, bei hohen Seitenbeschleunigungen sogar negativ.

Bei Allradantrieb mit Schwerpunkt in Radstandsmitte und der hälftigen Momentenaufteilung auf Vorder- und Hinterachse bleibt $\delta_V = $ const. Soll mehr Moment auf die Hinterräder gegeben werden, so muß der Vorderradeinschlag verkleinert werden, der Verlauf in Bild 28.4 wird dann zwischen dem von Allrad- (50:50) und Hinterradantrieb liegen.

Würde die Antriebskraft (Raketenauto) nicht berücksichtigt, dann bliebe bei diesem mittellastigen Fahrzeug ebenfalls $\delta_V = $ const.

Zur Berechnung des Lenkradwinkels δ_L^* benötigt man nach (28.1) das bezogene Lenkradmoment und dafür nach (28.3) das Rückstellmoment an der Vorderachse. Bild 28.5 zeigt das Vorgehen. Nach Diagramm a erhält man aus der Seitenkraft an einem Rad bzw. aus der bezogenen Seitenbeschleunigung $v^2/\varrho g$ den Schräglaufwinkel α_V und dann aus Diagramm b das zugehörige Rückstellmoment an einem Reifen (gezeigt am Beispiel für $v^2/\varrho g = 0,25$). Der doppelte Wert für beide Reifen der Vorderachse M_{zV} ist in c über $v^2/\varrho g$ aufgetragen. Er steigt zunächst ungefähr bis $v^2/\varrho g = 0,1$ linear an, dann degressiv, hat bei 0,5 ein Maximum und fällt dann bis zur (in diesem Fall durch die Hinterräder gegebenen) Rutschgrenze ab.

Bild 28.6 zeigt das Ergebnis für die verschiedenen Antriebsarten. Sie unterscheiden sich nur in der Nähe der Kraftschlußgrenzen, also nur bei großen Zentripetalbeschleunigungen und Schräglaufwinkeln, eben dort, wo die Umfangskräfte einen Einfluß auf die Seitenkräfte haben.

Das Moment am Lenkstockhebel M_L^*, berechnet nach (28.3) für drei verschiedene konstruktive Nachläufe n_K, zeigt Bild 28.7. (Der Kurvenverlauf wird in Abschn. 28.3 diskutiert.)

Wird nun M_L^* durch die Lenkungssteifigkeit C_L dividiert, der Vorderradeinschlag δ_V addiert bzw. werden die Diagramme in den Bildern 28.4 und 28.7 kombiniert, so erhält man den gewünschten bezogenen Lenkradeinschlag δ_L^*.

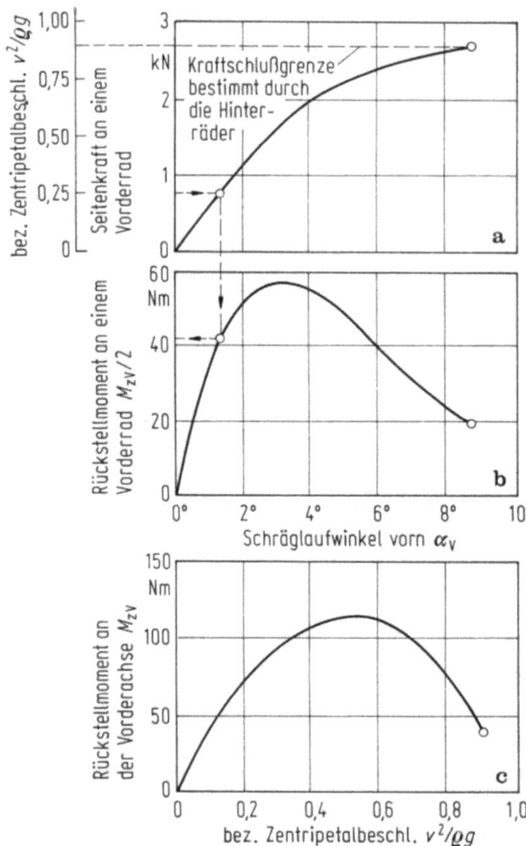

Bild 28.5. a Seitenkraft- und **b** Rückstellmomenten-Schräglaufwinkelkurven für ein Vorderrad bei Hinterradantrieb für $F_z = 3$ kN und $F_x = 0$, s. Bild 27.3. **c** Rückstellmomente an beiden Vorderrädern über der bez. Zentripetalbeschleunigung. $m = 1\,200$ kg, $l_V/l = 0{,}5$

Das Ergebnis für Fahrzeuge, die sich nur durch vier verschiedene Antriebsarten unterscheiden, zeigt Bild 28.8.

Wie aus der linearen Theorie bekannt, steigt der Lenkradeinschlag bei kleinen Seitenbeschleunigungen linear an, und zwar um so steiler, je größer der konstruktive Nachlauf n_K und je weicher die Lenkung (kleines C_L) ist. Bei höheren Beschleunigungen unterscheidet sich der Lenkradwinkelverlauf bei den einzelnen Antriebsarten ganz entscheidend. Beim Hinterradantrieb (Bild 28.8a) werden die Kurven degressiv und erreichen ein Maximum; die Lenkradwinkel werden kleiner, vor der Rutschgrenze manchmal negativ, der Fahrer muß gegenlenken. Der Maximalwert — siehe Definition nach (10.6) — teilt die Kurven in einen unter- und einen übersteuernden Bereich. Links vom Maximum sind die Fahrzeuge unter-, rechts übersteuernd. In Bild 28.8 ist der Bereich für die in Tab. 10.2 genannten Untersteuergradienten eingezeichnet. In diesem Bereich liegen die Kurven mit $n_K = 0$ sowie 25 mm und $C_L = 15$ kNm/rad. Um, wie gewünscht, das untersteuernde Gebiet zu vergrößern, muß der konstruktive Nachlauf n_K vergrößert und die Lenkungssteifigkeit C_L verkleinert werden. Dabei wird auch das Gegenlenken verkleinert oder vermieden.

Beim Vorderradantrieb verlaufen die Kurven nur progressiv, das heißt, das

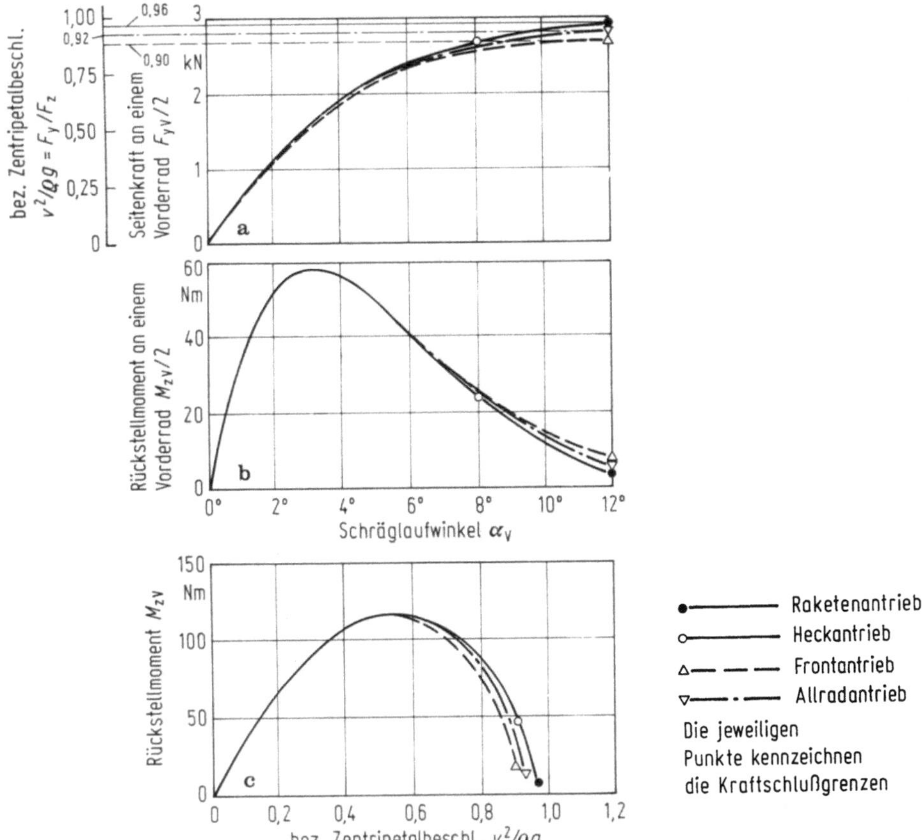

Bild 28.6. Seitenkraft (**a**) und Rückstellmoment (**b**) an einem Vorderrad bei verschiedenen Antriebsarten über den Schräglaufwinkel (entstanden aus den Bildern 27.3 und 28.2); c Rückstellmoment an der Vorderachse über der bez. Zentripetalbeschleunigung

Fahrzeug ist im gesamten Querbeschleunigungsbereich untersteuernd. An der Kraftschlußgrenze sind die Lenkradeinschläge relativ groß. Um diese zu verringern, muß n_K klein und C_L groß sein. Dies führt dann automatisch zu einem geringeren Untersteuergrad bei niedrigen Querbeschleunigungen.

Bei Allrad- (50:50) und bei Raketenantrieb (Diagramme c und d) gibt es fast immer untersteuernde Fahrzeuge. Nur bei hohen Querbeschleunigungen tritt ein leichtes Übersteuern auf, das vom Rückstellmomentenverlauf herrührt. Insgesamt ändern sich gegenüber den zuvor behandelten Einachsantrieben die Lenkradwinkeleinschläge über der Zentripetalbeschleunigung relativ wenig, und sie bleiben an der Kraftschlußgrenze relativ klein. Dies mag man als vorteilhaft ansehen, kann aber auch der Meinung sein, es sei nachteilig, daß sich die Kraftschlußgrenze nicht durch Verkleinerung von δ_L, wie beim Hinterradantrieb oder durch progressive Vergrößerung, wie beim Frontantrieb, ankündigt (dies allerdings auf Kosten niedrigerer Kurvengrenzbeschleunigung).

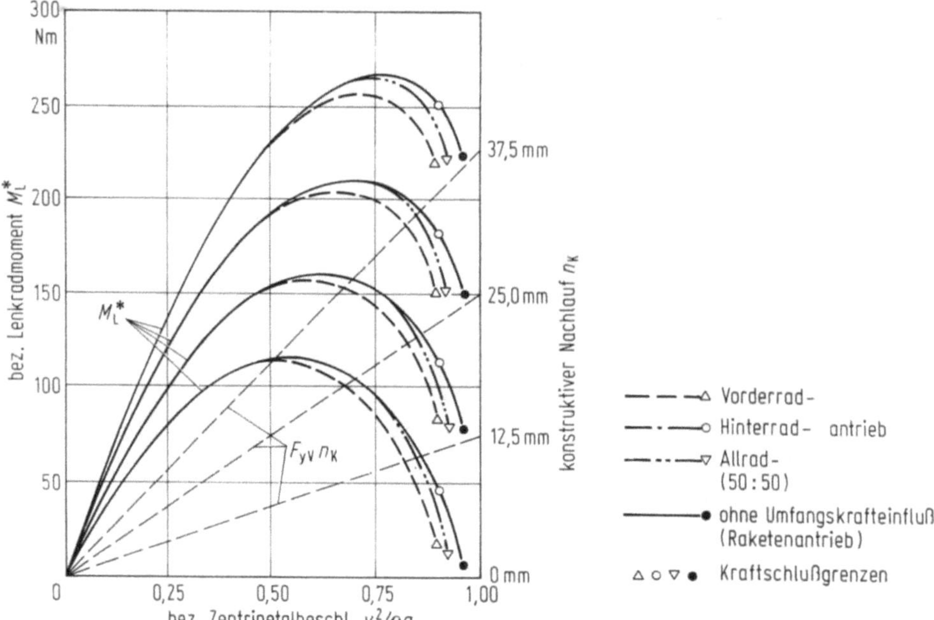

Bild 28.7. Moment am Lenkstockhebel $M_L^* = F_{yv}v\,n_K + M_{zV}$ für verschiedene Nachläufe n_K. M_{zV} und Fahrzeugdaten aus Bild 28.6a und vorangegangene

28.3 Lenkradmoment

Der Verlauf des bezogenen Lenkradmomentes M_L^* über der bezogenen Zentripetalbeschleunigung ist aus Bild 28.7 bekannt, er muß nur noch diskutiert werden.

Für alle Antriebsarten gilt, daß M_L^* außer von $v^2/\varrho g$ stark von der Größe des konstruktiven Nachlaufes n_K abhängt. Der Maximalwert steigt von $n_K = 0$ bis 37,5 mm auf den zweifachen Wert. Um das vom Fahrer aufzubringende Moment M_L nicht zu groß werden zu lassen, muß die Lenkübersetzung i_L vergrößert oder eine Hilfskraftlenkung ($V_L > 1$) eingebaut werden. Beide Größen bestimmen den Lenkradmoment-Querbeschleunigungsgradienten, der nach Bild 10.4 in einem bestimmten Bereich liegen soll.

Weiterhin fällt auf, daß sich mit wachsendem n_K der Maximalwert von M_L^* zu höheren $v^2/\varrho g$ verschiebt. Im Falle $n_K = 0$ nimmt das erforderliche Lenkmoment ab $v^2/\varrho g \approx 0,5$ wieder ab, d. h., der Fahrer braucht am Lenkrad nicht mehr so große Kräfte aufzubringen. Das wird in der Regel dann als Nachteil gewertet, wenn die für das Maximum des Lenkmomentes maßgebende Zentripetalbeschleunigung unterhalb der für die Rutschgrenze liegt (wie in diesem Fall). Das abnehmende Lenkmoment könnte Fahrern nämlich ein Sicherheitsgefühl vermitteln, während in Wirklichkeit das Fahrzeug bald seitlich weggleitet. Es gibt allerdings auch Fahrer, die die Änderung der Lenkkräfte und das Überschreiten des Maximums als Zeichen für die Nähe der Rutschgrenze ansehen. Mit dem Nachlauf von $n_K = 37,5$ mm erhält man über einen größeren Fahrbereich hinweg

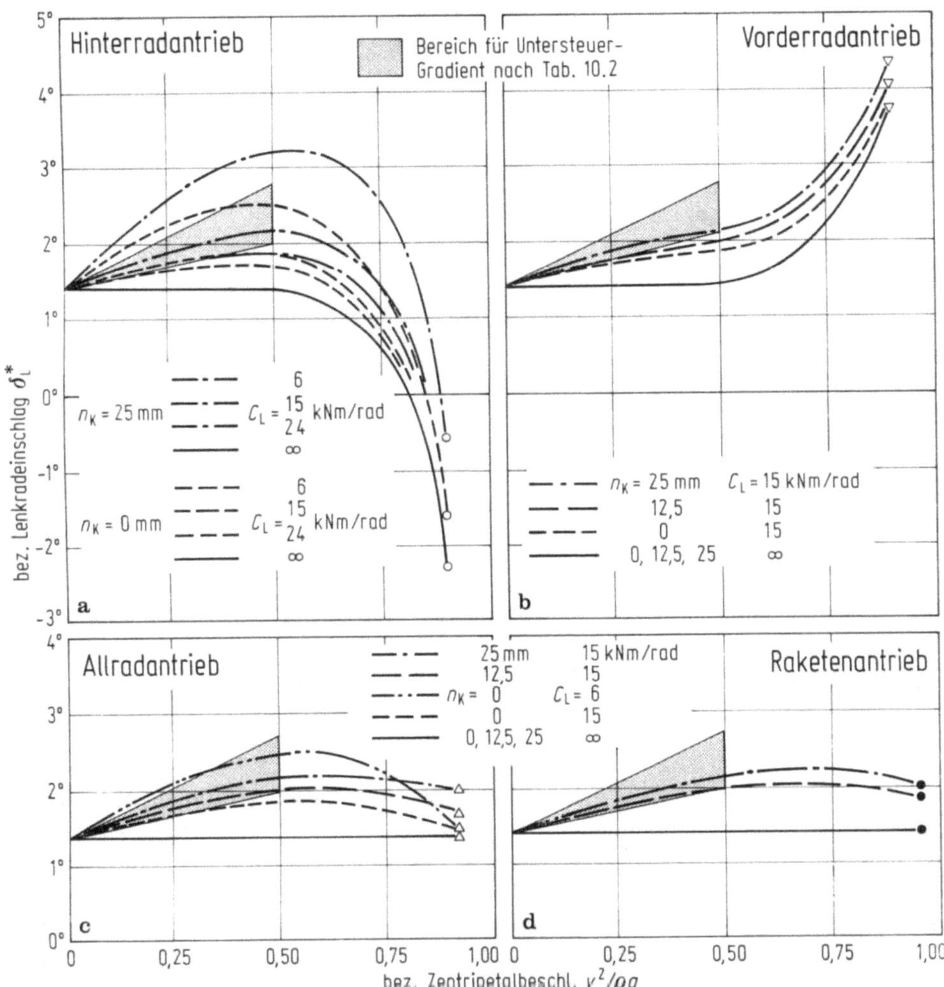

Bild 28.8. Bez. Lenkradeinschlag δ_L über bez. Zentripetalbeschleunigung $v^2/\varrho g$ bei **a** Hinterradantrieb; **b** Vorderradantrieb; **c** Allradantrieb (50:50); **d** Raketenantrieb für verschiedene konstruktive Nachläufe n_K und Lenkungssteifigkeiten C_L (aus den Bildern 28.4 und 28.7)

eine fast proportionale Vergrößerung des Lenkmomentes mit der Zentripetalbeschleunigung. Diese von der Mehrzahl der Fahrer bevorzugte Art der Information bekommt man — wie oben gesagt — nicht geschenkt.

Die einzelnen Antriebsarten wirken sich erst rechts vom Maximum aus, das heißt, bei nicht zu kleinen Nachläufen erst bei relativ hohen Querbeschleunigungen.

Als zweites wird in diesem Unterabschnitt auf den Lenkmomenten-Lenkwinkel-Verlauf eingegangen. Bild 28.9 ist aus den Bildern 28.7 und 28.8 entstanden. Bis $v^2/\varrho g \approx 0{,}5$ ist der Zusammenhang für alle Antriebe linear, für Allrad- und

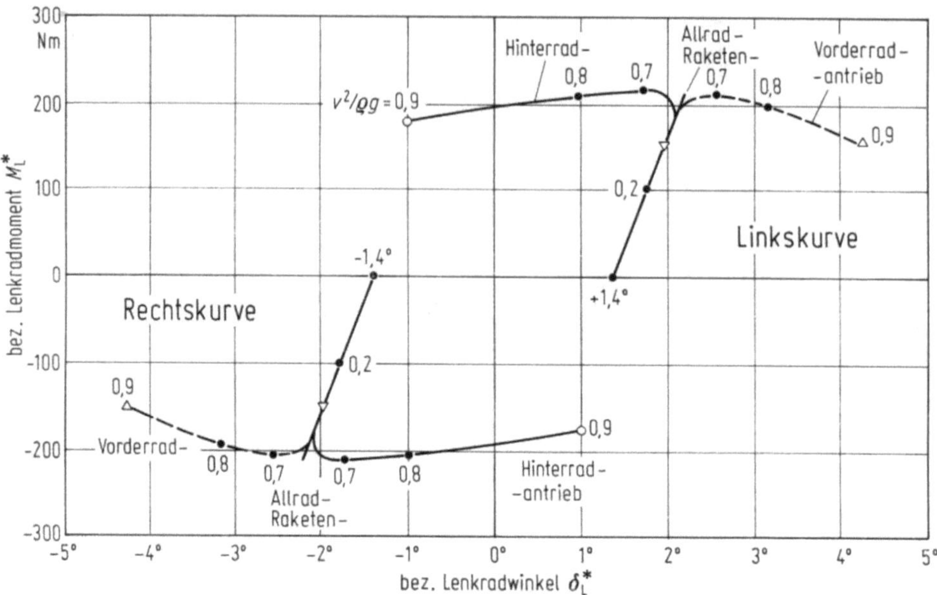

Bild 28.9. Lenkradmomenten-Lenkradwinkel-Verlauf für vier Antriebsarten, aus Bild 28.7 und 28.8 (m = 1 200 kg, $l_V/l = 0{,}5$; Reifen s. Bild 27.3, $n_K = 25$ mm, $C_L = 15$ kNm/rad, $\varrho = 100$ m, $l = 2{,}5$ m). Die Zahlen an den Kurven geben die $v^2/\varrho g$-Werte an

Raketenantrieb sogar fast bis an die Kraftschlußgrenzen. Beim Vorderradantrieb wird mit zunehmendem δ_L^* der Gradient, das heißt die Tangentenneigung kleiner, ab $\approx 2{,}5°$ sogar negativ. Beim Hinterradantrieb ändert sich die Neigung schon bei $\delta_L^* \approx 1{,}8°$, und an der Kraftschlußgrenze passiert etwas ganz Sinnwidriges: In einer Linkskurve ist das Lenkrad nach rechts eingeschlagen (δ_L^* negativ, Fahrer muß gegenlenken), und der Fahrer muß ein Moment nach links aufbringen (M_L^* positiv). Das Gegenlenken kann — wie schon gesagt — durch größeres n_K und/oder durch kleineres C_L verhindert werden. (In Kap. IV wird gezeigt, zusätzlich auch durch die Radaufhängung.)

28.4 Schwimmwinkel

Die nach Abschn. 10.2 als wichtig anzusehenden Schwimmwinkelverläufe wurden über (28.4) berechnet und in Bild 28.10 dargestellt. Nach Diagramm a gibt es für die verschiedenen Antriebsarten als Funktion der Zentripetalbeschleunigung nur geringe Unterschiede. Hinterrad-, Allrad- und Raketenantrieb erreichen an ihren Kraftschlußgrenzen große hintere Schräglaufwinkel ($\alpha_H = 12°$) und deshalb auch große Schwimmwinkel ($\beta = +0{,}7° - 12° = -11{,}3°$). Der hintere Schräglaufwinkel ist beim Frontantrieb, der an den Vorderrädern die Kraftschlußgrenze erreicht, kleiner (hier $\alpha_H = 8°$) und deshalb auch der Schwimmwinkel ($\beta = +0{,}7° - 8° = -7{,}3°$).

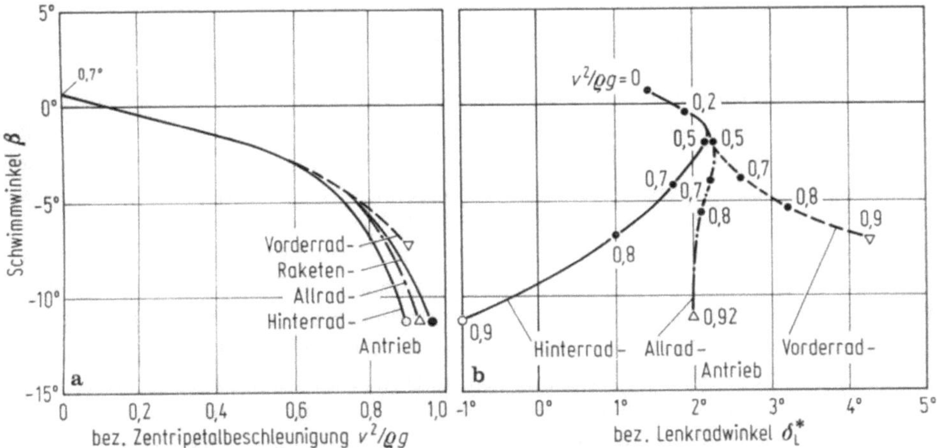

Bild 28.10. Schwimmwinkelverläufe **a** als Funktion der bez. Zentripetalbeschleunigung;
b des bez. Lenkradwinkels aus Bild 28.6 und 28.8 für verschiedene Antriebsarten

Hingegen gibt es nach Diagramm b große Unterschiede zwischen den Antriebsarten bei der Schwimmwinkel-Lenkradwinkel-Funktion. Dieser vom Lenkradwinkel bestimmte Verlauf zeigt beim Frontantrieb einen stetigen Anstieg, beim
Allrad- und Raketenantrieb ab $v^2/\varrho g \approx 0{,}5$ einen fast senkrechten Anstieg von β
bei konstantem δ^*_L und beim Hinterradantrieb die schon aus Bild 28.9 bekannte
Kurvenform. Aus diesem Diagramm b wird verständlich, daß die Abhängigkeit
zwischen β und δ_L eine — wie in Abschn. 10.2 gesagt — maßgebende Beurteilungsgröße sein könnte.

28.5 Einfluß von Schwerpunktslage und Antriebsart

In Abschn. 28.2 wurde am Beispiel eines mittellastigen Fahrzeugs abgeleitet,
daß sich gegenüber dem linearen Bereich der Untersteuergradient zur Kraftschlußgrenze hin ändert. So wird beim hinterradangetriebenen Fahrzeug aus dem
Untersteuern ein Übersteuern, und beim frontangetriebenen Fahrzeug verstärkt
sich das Untersteuern. Dies hatte nach (28.1) bis (28.3)

$$\delta^*_L = \frac{\delta_L}{i_L} = \frac{l}{\varrho} + (\alpha_V - \alpha_H) + \frac{1}{C_L}(F_{yV} n_K + M_{zV})$$

hauptsächlich zwei Gründe:

1. durch die Umfangskraft (z. B. bei Frontantrieb vorn Umfangskraft, hinten
   keine; bei Hinterradantrieb umgekehrt) ändert sich die Schräglaufwinkel-
   Differenz $\alpha_V - \alpha_H$ (Bild 28.2) und
2. das an der Lenkung angreifende Moment $M^*_L = F_{yV} n_K + M_{zV}$ verändert
   über die Lenkungssteifigkeit C_L die Größe des letzten Summanden, also die
   Differenz zwischen bezogenem Lenkradeinschlag δ^*_L und Vorderradeinschlag δ_V.

Der zweite Einfluß wurde schon behandelt, indem bei gegebenen Reifenkurven die Wirkung von dem konstruktiven Nachlauf n_K und der Lenkungssteifigkeit C_L beschrieben wurde.

Der erste Einfluß, also die Größe von $\alpha_V - \alpha_H$, wird außer von der Antriebsart noch von der Schwerpunktslage bestimmt, siehe Abschn. 11.4. Um beim Frontantrieb das verstärkte Untersteuern zu reduzieren, muß der Schräglaufwinkel hinten α_H vergrößert werden, d. h., das Fahrzeug muß hecklastig (oder in Wirklichkeit nicht zu stark frontlastig) werden (Bild 28.11a). Um beim Hinterradantrieb das Übersteuern zu verringern oder sogar zu vermeiden, muß der Schräglaufwinkel vorn α_V vergrößert werden, d. h. dieses Fahrzeug muß frontlastig sein, siehe Bild 28.11b. Damit werden auch die Lenkradmomenten-Lenkradwinkel- sowie die Schwimmwinkel-Verläufe in Bild 28.9 und 28.10 verbessert.

Beim gezeigten Allradantrieb mit dem mittellastigen Fahrzeug und der hälftigen Momentenaufteilung blieb die Schräglaufwinkel-Differenz über dem gesamten Querbeschleunigungsbereich Null (Bild 28.2), so daß hier keine Änderung der Schwerpunktslage nötig erscheint.

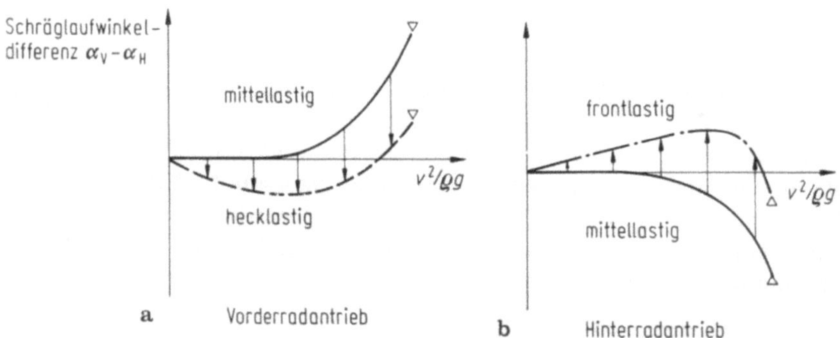

Bild 28.11. Verbesserung der Untersteuertendenz bei hoher Querbeschleunigung. **a** beim frontangetriebenen Fahrzeug durch Verschieben des Schwerpunktes nach hinten; **b** beim hinterradangetriebenen nach vorn

29 Fahrverhalten auf vereister Fahrbahn

Es folgt eine Diskussion entsprechend Abschn. 28, nur daß im folgenden nicht eine Fahrt auf trockener, sondern auf vereister Fahrbahn betrachtet wird. Mit den Reifenkennlinien nach Bild 29.1, angewendet wieder auf den Pkw mit $m = 1200$ kg, $l_V/l = l_H/l = 0{,}5$ und somit den Vertikallasten an allen Rädern $F_z = 3000$ N, wird nach Diagramm a bei $\alpha = 6°$, $F_x = 0$ eine maximale Seitenkraft pro Rad von $F_y = 600$ N erreicht. Das ergibt für ein Fahrzeug mit Raketenantrieb eine Kurvengrenzbeschleunigung von $v^2/\varrho g = 600/3000 = 0{,}2$. Für Fahrzeuge mit Radantrieb errechnet sich für diesen Grenzfall die Summe der Umfangskräfte nach (26.1) $F_{xV} + F_{xH} \approx 326$ N (mit $c_w A = 0{,}6$ m², Kurvenradius $\varrho = 100$ m) und damit die Umfangskraft pro Rad bei Einachsantrieb (Front- oder Hinterradantrieb) zu 163 N und bei Allradantrieb (50 : 50) zu 82 N. Da nach

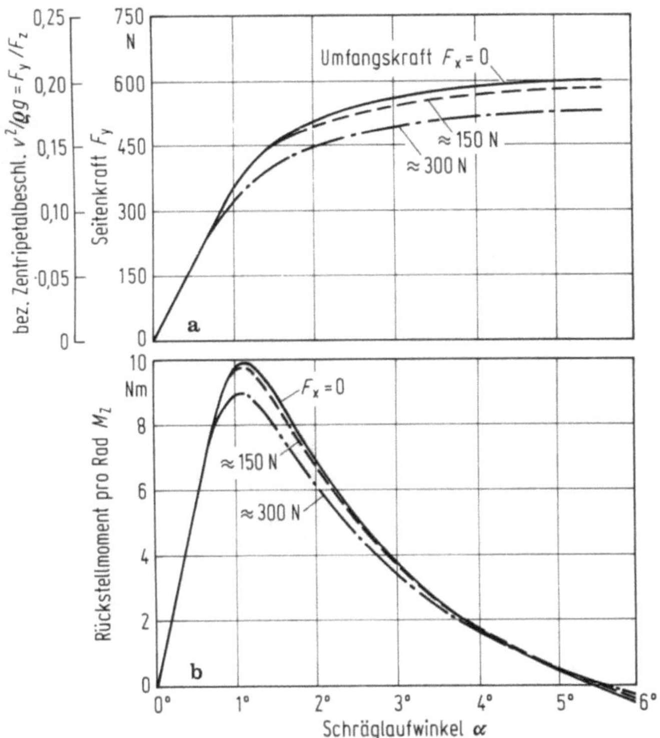

Bild 29.1. Seitenkraft (**a**) und Rückstellmoment (**b**) bei verschiedenen Antriebskräften über dem Schräglaufwinkel.
Reifen 155 SR 15, 90%, Radlast $F_z = 3$ kN, $v = 50$ km/h, Luftdruck 1,6 bar, vereiste Fahrbahn. (Weber, R., Tangentialkräfte und Rückstellmoment, Zentralblatt für Unfalluntersuchung Bd. 1 Nr. 4/6, 1972)

Bild 29.1a die F_y-α-Kurven für die Umfangskräfte $F_x = 0$ und 150 N sehr eng zusammenliegen, lautet das erste Ergebnis:

Unabhängig von der Antriebsart, ob Raketen-, Einachs- oder Allradantrieb, ist die Kurvengrenzbeschleunigung fast gleich, hier $\approx 0,2\ g$.

Das Fahrverhalten der verschiedenen Antriebsarten unterscheidet sich hingegen auch auf Eis. Unter-/Übersteuern, d. h. die Funktion des Lenkradeinschlags δ_L über $v^2/\varrho g$, wird nach (28.1), (28.2) unter anderem von der Schräglaufwinkeldifferenz $\alpha_V - \alpha_H$ bestimmt. Bei Einachsantrieb hat das nicht angetriebene Rad ($F_x = 0$) in der Nähe der Kurvengrenzbeschleunigung einen merklich kleineren Schräglaufwinkel als das angetriebene ($F_x > 0$, hier 163 N), weil die F_y-α-Kurven nach Bild 29.1a ab $\alpha \approx 4°$ sehr flach verlaufen.

In Bild 29.2 ist das Fahrverhalten über δ_V, M_L^* bis zu δ_L^* jeweils über $v^2/\varrho g$ dargestellt. Nach Diagramm c haben alle Antriebsarten zunächst ein untersteuerndes Verhalten. Kurz vor der Kraftschlußgrenze wird der Frontantrieb stark unter-, der Hinterradantrieb wird übersteuernd, Allrad- und Raketenantrieb ändern die Steuertendenz kaum.

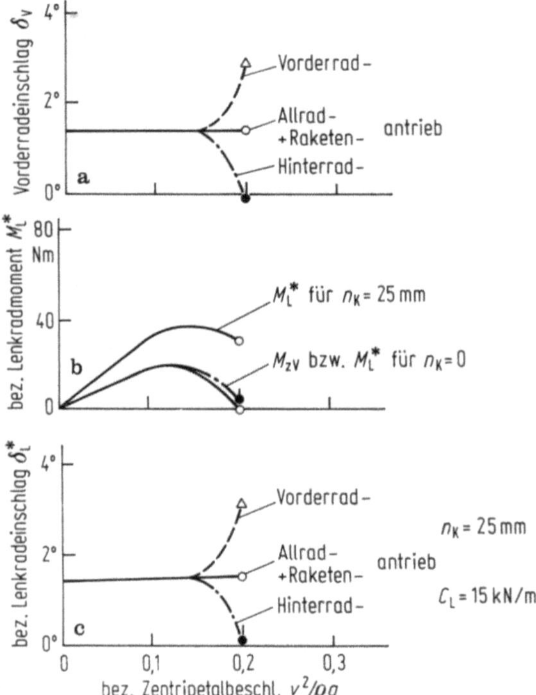

Bild 29.2. Fahrverhalten auf vereister Fahrbahn für verschiedene Antriebsarten ($m = 1200$ kg, $l_V/l = 0{,}5$, $\varrho = 100$ m, $c_W A = 0{,}6$ m², Reifen nach Bild 29.1); zu **b** die Unterschiede für die einzelnen Antriebe sind vernachlässigbar klein

Prinzipiell ist das Fahrverhalten auf trockener und vereister Fahrbahn gleich vgl. Bilder 29.2 und 28.8. Für die Fahrer hingegen gibt es doch zwei bemerkenswerte Unterschiede: Einmal verändert sich auf der vereisten Straße bei Einachsantrieb die Steuertendenz kurz vor Erreichen der Kraftschlußgrenze sehr stark, während sich auf trockener Straße die Veränderungen schon frühzeitig ankündigen. Zum zweiten erreichen die Normalfahrer auf trockener Straße selten die maximale Seitenbeschleunigung, auf Eis hingegen häufiger, siehe Abschn. 8.3.

30 Fahrt auf nasser Straße

Reifenkennlinien auf Fahrbahnen mit verschiedenen Wasserhöhen (allerdings ohne Umfangskraft) zeigt Bild 30.1. Nach Diagramm a wächst zunächst — wie bekannt — die Seitenkraft F_y etwa linear mit dem Schräglaufwinkel α, das Wasser hat keinen Einfluß, es wird über das Reifenprofil verdrängt. Die maximale Seitenkraft hingegen wird mit größerer Wassertiefe kleiner, der Haftbeiwert μ_h sinkt (vgl. Abschn. 6.1, Band A und Bild 8.1 in diesem Band).

Demnach wirkt sich die Nässe nur auf das Fahrverhalten bei höheren Schräglaufwinkeln und damit höheren Querbeschleunigungen aus. Dabei ist allerdings folgendes zu beachten:

Auf nasser Fahrbahn ist die Wasserhöhe vor den Vorderrädern stets größer als vor den hinteren, da die Hinterräder von der Wasserverdrängung der Vorderräder profitieren. Dies gilt nur für den Fahrbereich mit größeren Kurvenradien,

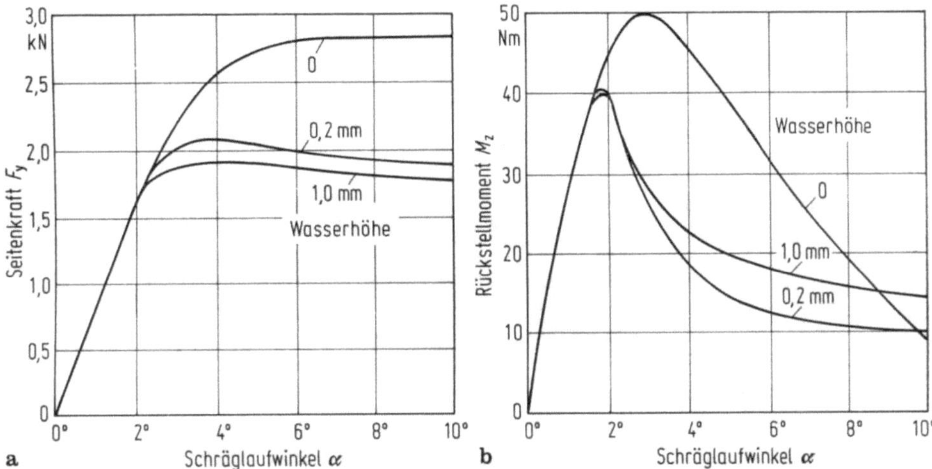

Bild 30.1. Reifenkennlinien für verschiedene Wasserhöhen. (185/65 TR 14, Felge 5J × 14, 2,0 bar, $F_z = 3\,000$ N, $v = 80$ km/h. Die Ergebnisse wurden von Prof. Gnadler, Karlsruhe 1988 zur Verfügung gestellt.)

bei denen die Hinterräder in der Spur der Vorderräder laufen, und für höhere Geschwindigkeiten, bei denen das Wasser die von den Vorderrädern geschaffene Spur nicht wieder auffüllt, bevor die Hinterräder kommen. Aber diese Fälle ergeben den wichtigen Fahrbereich.[1]

Bei der geschilderten Fahrt auf Nässe bleibt das hinterradangetriebene Fahrzeug bis zum Grenzbereich untersteuernd. Dies ist der große Unterschied zu Fahrten auf trockener und vereister Straße, bei denen die Höchst-/Haftbeiwerte vorn und hinten gleich sind, $\mu_{hV} = \mu_{hH}$. Ein frontangetriebenes Fahrzeug untersteuert auf Nässe stärker. Die erzielbare maximale Querbeschleunigung ist vom Kraftschluß an der Vorderachse abhängig, der durch Reifenprofil, Fahrbahn (Drainage) und Vorderachslast beeinflußt werden kann.

31 Fahrgrenze durch Antriebsleistung

Nach Bild 26.1 und 28.1b kann der Kurvenwiderstand F_K groß gegenüber dem Roll- und dem Luftwiderstand F_R und F_L sein. Er beansprucht einen Teil der installierten Motorleistung und setzt die Höchstgeschwindigkeit herab, genau so, wie es der Steigungswiderstand beim Befahren einer Steigung tut. Ist die Motorleistung zu klein, so wird unter Umständen die Geschwindigkeit bei Kurvenfahrt nicht durch die — bisher behandelte — Kraftschlußgrenze, sondern durch die Antriebsleistung bestimmt.

Die Zugkraft Z gleich dem Antriebsmoment M_R an den Rädern dividiert durch den statischen Reifenhalbmesser r, beträgt nach (7.10), Band A, bei unbeschleu-

---

[1] Mitschke, M.; Voelsen, P.: Zum Fahrverhalten von Pkw bei Nässe. Forschung Straßenbau und Straßenverkehrstechnik, H. 466 (1986).

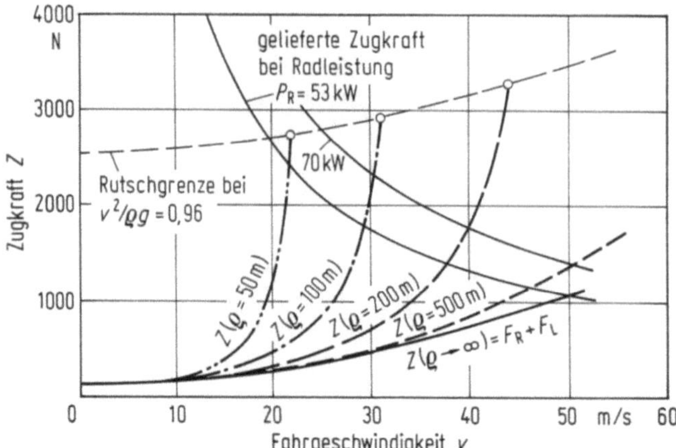

Bild 31.1. Fahrzustandsschaubild für ein Fahrzeug in der Ebene bei Kreisfahrt mit verˉ
schiedenen Radien ϱ. $m = 1\,200$ kg, $f_R = 0,01$, $c_W A = 0,6$ m², $l_V/l = 0,5$, F_K nach (26.2),
Daten dazu und Rutschgrenze aus Bild 28.1 a; Umfangskraft in den Reifenkennlinien nicht
berücksichtigt, Raketenantrieb

nigter Fahrt in der Ebene vermehrt um F_K

$$Z = \frac{M_R}{r} = F_R + F_{Lx} + F_K. \tag{31.1}$$

In Bild 31.1 ist die Zugkraft Z über der Fahrgeschwindigkeit v für fünf verschiedene Kurvenradien ϱ eingezeichnet, wobei die Kurve $\varrho \to \infty$ die Geradeausfahrt darstellt, also nur den Roll- und Luftwiderstand $F_R + F_L$ enthält. Die
Kurven $\varrho = 50$, 100 und 200 m enden bei bestimmten Fahrgeschwindigkeiten,
die sich nach Bild 28.1a aus dem dort ermittelten Grenzwert $v^2/\varrho g = 0,96$ errechnen. Weiterhin sind im Diagramm zwei Hyperbeln konstanter, maximaler
Leistungen am Rad, 53 und 70 kW, eingezeichnet.

Danach wird bei 53 kW und allen eingezeichneten Radien die Grenze durch
die Antriebsleistung gegeben. Bei 70 kW ist für $\varrho = 50$ m die Rutschgrenze maßgebend und für $\varrho = 100$ m und größer wieder die Antriebsleistung.

Auf nassen, verschneiten und vereisten Straßen liegt die Rutschgrenze niedriger, so daß sie bis zu höheren Geschwindigkeiten die maßgebende Fahrgrenze
wird.

III.B Quasilineare Betrachtung

Nach der Behandlung der stationären Kreisfahrt (III. A) und vor der Diskussion
der instationären Fahrt (III. C) bei Berücksichtigung nichtlinearer Reifenkennlinien wird zunächst die in der Überschrift genannte Näherungsbetrachtung besprochen, um

— eine Verbindung zwischen linearer und nichtlinearer Theorie herzustellen und um
— die Stabilitätsgrenze im nichtlinearen Fall abzuleiten

Bei der quasilinearen Betrachtung wird der nichtlineare Verlauf einer Funktion
als stückweise linear angesehen.

32 Näherung für die Reifenkennlinien

Ein Fahrzeug fahre mit solch hohen Querbeschleunigungen, daß die Reifen in ihrem nichtlinearen Bereich arbeiten. Treten nun zusätzliche Kräfte und Momente durch höhere Seitenbeschleunigungen oder durch Störungen auf, so sollen sie so klein sein, daß die Auswirkungen linearisiert werden können.

Die Seitenkräfte F_{yi} setzen sich (Bild 32.1a) aus einem Mittelwert F_{yi0} und den Abweichungen um diesen Mittelwert ΔF_{yi} zusammen.

$$F_{yi} = F_{yi0} + \Delta F_{yi} = F_{yi0} + \left.\frac{\partial F_{yi}}{\partial \alpha_i}\right|_{\alpha_i = \alpha_{i0}} \cdot \Delta \alpha_i = F_{yi0} + \tilde{c}_{\alpha i} \cdot \Delta \alpha_i. \quad (32.1)$$

Entsprechend gilt nach Bild 32.1b für den Reifennachlauf

$$n_{Ri} = n_{Ri0} - \Delta n_{Ri} = n_{Ri0} - \left.\frac{\partial n_{Ri}}{\partial \alpha_i}\right|_{\alpha_i = \alpha_{i0}} \cdot \Delta \alpha_i = n_{Ri0} - \tilde{n}_{Ri} \Delta \alpha_i. \quad (32.2)$$

Die neuen Abkürzungen

$$\tilde{c}_{\alpha i} = \left.\frac{\partial F_{yi}}{\partial \alpha_i}\right|_{\alpha_i = \alpha_{i0}} \quad (32.3)$$

und

$$\tilde{n}_{Ri} = \left.\frac{\partial n_{Ri}}{\partial \alpha_i}\right|_{\alpha_i = \alpha_{i0}} \quad (32.4)$$

sind von α_{i0} abhängig und über die Seitenkraft F_{yi0} von der Zentripetalbeschleunigung v^2/ϱ.

In der linearen Theorie gab es einen engen Zusammenhang zwischen Steuertendenz eines Fahrzeugs bei der Kreisfahrt mit konstanter Geschwindigkeit und der Stabilitätsgrenze (siehe Abschn. 12). Mit den folgenden zwei Abschnitten wird gezeigt, daß der Zusammenhang auch im nichtlinearen Fall besteht.

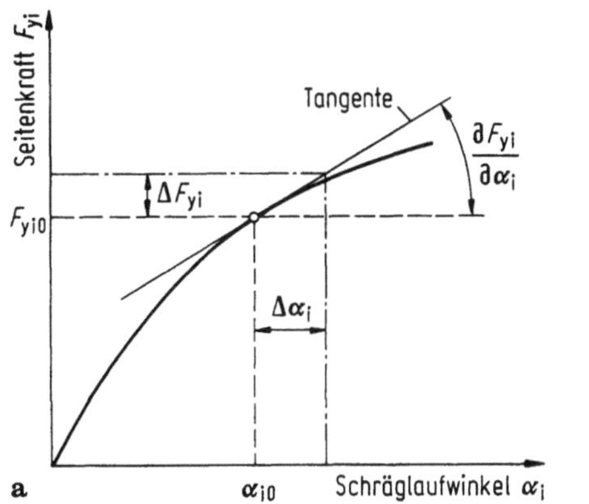

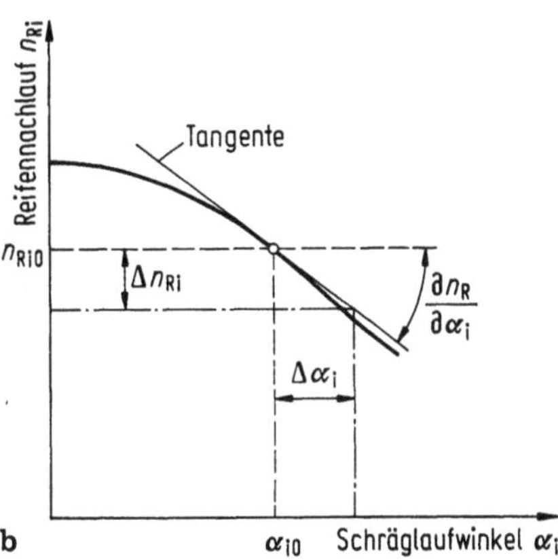

Bild 32.1. Linearisierung bei kleinen Störungen

33 Unter-/Übersteuern

Die Definition lautet mit dem Lenkwinkelgradienten nach (10.1a) Tabelle 10.1 und mit (10.6)

$$\frac{\partial(\delta_L - \delta_{L0})}{\partial(v^2/\varrho)} \gtrless 0 \quad \text{für} \quad \begin{array}{l}\text{Unter-}\\\text{Über-}\end{array} \text{steuern.}$$

Nach (5.5), (9.6) in Tabelle 9.1 und (9.19) ist

$$\delta_L - \delta_{L0} = i_L \left[\alpha_V - \alpha_H + \frac{1}{C_L}\left(F_{yV}n_K + F_{yV}n_R\right)\right].$$

Die Änderung des Lenkradeinschlags mit der Zentripetalbeschleunigung ist dann

$$\frac{\partial(\delta_L - \delta_{L0})}{\partial v^2/\varrho} = i_L \left[\frac{\partial\alpha_V}{\partial F_{yV}}\frac{\partial F_{yV}}{\partial v^2/\varrho} - \frac{\partial\alpha_H}{\partial F_{yH}}\frac{\partial F_{yH}}{\partial v^2/\varrho} \right.$$
$$\left. + \frac{1}{C_L}\left(\frac{\partial F_{yV}}{\partial v^2/\varrho}n_K + n_R\frac{\partial F_{yV}}{\partial v^2/\varrho} + F_{yV}\frac{\partial n_R}{\partial\alpha_V}\frac{\partial\alpha_V}{\partial F_{yV}}\frac{\partial F_{yV}}{\partial v^2/\varrho}\right)\right].$$

Mit Einsetzen von (32.2) für n_R und Vernachlässigen von Gliedern zweiter Ordnung wird

$$\frac{\partial(\delta_L - \delta_{L0})}{\partial v^2/\varrho} = i_L \left\{ \frac{\partial F_{yV}}{\partial v^2/\varrho}\left[\frac{\partial\alpha_V}{\partial F_{yV}} + \frac{1}{C_L}\left(n_K + n_{R0} - F_{yV}\tilde{n}_R\frac{\partial\alpha_V}{\partial F_{yV}}\right)\right] \right.$$
$$\left. - \frac{\partial F_{yH}}{\partial v^2/\varrho}\frac{\partial\alpha_H}{\partial F_{yH}}\right\}.$$

Mit (28.5a), (28.6a) und (32.3) sowie einer Abkürzung entsprechend (7.16)

$$\frac{1}{\tilde{c}'_{\alpha V}} = \frac{1}{\tilde{c}_{\alpha V}} + \frac{1}{C_L}\left(n_K + n_{R0} - F_{yV0}\tilde{n}_R\frac{1}{\tilde{c}_{\alpha V}}\right) \tag{33.1}$$

wird

$$\frac{\partial(\delta_L - \delta_{L0})}{\partial v^2/\varrho} = i_L \left(\frac{l_H}{l}m\frac{1}{\tilde{c}'_{\alpha V}} - \frac{l_V}{l}m\frac{1}{\tilde{c}_{\alpha H}}\right)$$

oder

$$\frac{\partial(\delta_L - \delta_{L0})}{\partial v^2/\varrho} = i_L \frac{m}{\tilde{c}'_{\alpha V}\tilde{c}_{\alpha H}l}\left(\tilde{c}_{\alpha H}l_H - \tilde{c}'_{\alpha V}l_V\right). \tag{33.2}$$

Aus dem Vergleich von (33.2) und (9.5) erkennt man die Ähnlichkeit von linearem und nichtlinearem Fall. Im ersten Fall, also bei kleinen Seitenkräften und Schräglaufwinkeln, ist in (32.1) $F_{yi0} = 0$ und $\tilde{c}_{\alpha i} = c_{\alpha i}$ sowie in (32.2) $\tilde{n}_R = 0$, so daß in (33.2) $\tilde{c}'_{\alpha V} = c'_{\alpha V}$ und $\tilde{c}_{\alpha H} = c_{\alpha H}$ wird. In Bild 34.1 steigt deshalb, wie aus Bild 9.1 bekannt, $\delta_L - \delta_{L0}$ für kleine Zentripetalbeschleunigung v^2/ϱ linear darüber an.

Bei größeren Seitenbeschleunigungen und damit größeren Seitenkräften (und unter Umständen gleichzeitig wirkenden Umfangskräften) wird nach Bild 32.1a $\tilde{c}_{\alpha 1} < c_{\alpha 1}$ und nach b $\tilde{n}_R > 0$. Ob nun in Bild 34.1 die Kurve degressiv, wie dort gezeigt, oder progressiv ansteigt, hängt von dem Klammerwert in (33.2) ab, d. h., ob $\tilde{c}_{\alpha H}$ schneller kleiner wird als $\tilde{c}'_{\alpha V}$ oder nicht.[2]

Die Grenze vom Unter- zum Übersteuern liegt nach der Definition dann vor, wenn die Kurve $\delta_L - \delta_{L0} = f(v^2/\varrho)$ eine horizontale Tangente hat, siehe Bild 10.1.

34 Stabilität

Die homogenen Gleichungen für den linearisierten Fall erhält man, wenn man in (12.1) und (12.2) statt $\dot{\beta}$, β, $\dot{\psi}$, $\ddot{\psi}$ jetzt die Änderungen $\Delta\dot{\beta}$, $\Delta\beta$, $\Delta\dot{\psi}$, $\Delta\ddot{\psi}$ um den stationären Fall einsetzt und für $c'_{\alpha V}$, $c_{\alpha H}$ die Größen $\tilde{c}'_{\alpha V}$, $\tilde{c}_{\alpha H}$ nach (32.3) und (33.1) einführt:

$$mv\,\Delta\dot{\beta} + (\tilde{c}'_{\alpha V} + \tilde{c}_{\alpha H})\,\Delta\beta + [mv^2 - (\tilde{c}_{\alpha H}l_H - \tilde{c}'_{\alpha H}l_V)]\frac{\Delta\dot{\psi}}{v} = 0, \qquad (34.1)$$

$$J_z\,\Delta\ddot{\psi} + (\tilde{c}'_{\alpha V}l_V^2 + \tilde{c}_{\alpha H}l_H^2)\frac{\Delta\dot{\psi}}{v} - (\tilde{c}_{\alpha H}l_H - \tilde{c}'_{\alpha H}l_V)\,\Delta\beta = 0. \qquad (34.2)$$

Das Fahrzeug ist stabil, wenn entsprechend (12.6) bei Vernachlässigung des Seitenwindmomentes

$$\tilde{v}_f^2 = \frac{\tilde{c}'_{\alpha V}\,\tilde{c}_{\alpha H}l^2 + mv^2(\tilde{c}_{\alpha H}l_H - \tilde{c}'_{\alpha V}l_V)}{J_z mv^2} > 0 \qquad (34.3)$$

ist. Die Stabilitätsgrenze ist erreicht, wenn $\tilde{v}_f^2 = 0$ bzw.

$$\tilde{c}'_{\alpha V}\tilde{c}_{\alpha H}l^2 = -m(\tilde{c}_{\alpha H}l_H - \tilde{c}'_{\alpha V}l_V)\,v^2$$

oder

$$\frac{l}{v^2} = -\frac{m}{\tilde{c}'_{\alpha V}\tilde{c}_{\alpha H}l}\,(\tilde{c}_{\alpha H}l_H - \tilde{c}'_{\alpha V}l_V)$$

ist. Mit (33.2) wird

$$\frac{l}{v^2} = -\frac{1}{i_L}\frac{\partial(\delta_L - \delta_{L0})}{\partial v^2/\varrho}$$

bzw.

$$\frac{i_L l/\varrho}{v^2/\varrho} = -\frac{\partial(\delta_L - \delta_{L0})}{\partial v^2/\varrho}. \qquad (34.4)$$

Da nach (9.6) $i_L l/\varrho$ gleich dem Lenkradeinschlag bei der Fahrgeschwindigkeit Null ist, $\delta_L(v = 0) = \delta_{L0}$, wird aus (34.4)

$$\frac{\delta_{L0}}{v^2/\varrho} = -\frac{\delta(\partial_L - \delta_{L0})}{\partial v^2/\varrho}. \qquad (34.5)$$

---

[2] Diskussion der einzelnen Fälle in Pacejka, H. B.: Simplified analysis of steady-state turning behaviour of motor vehicles. Vehicle System Dynamics 1973, S. 161—204.

Die Stabilitätsgrenze wird erreicht bzw. die Instabilität beginnt, wenn die Tangentenneigung negativ ist, also das Fahrzeug übersteuernd ist. Die zugehörige Zentripetalbeschleunigung für die Stabilitätsgrenze ergibt sich nach (34.5), wenn die beiden Steigungen $|\delta_{L0}/(v^2/\varrho)|$ und $|\partial(\delta_L - \delta_{L0})/\partial(v^2/\varrho)|$ gleich sind. Man erhält sie in Bild 34.1 durch Probieren, z. B. für Punkt A — strichpunktiert gezeichnet — sind sie verschieden, für Punkt B — strichzweipunktiert — sind sie gleich.)

Danach liegt die Stabilitätsgrenze bei einer höheren Zentripetalbeschleunigung als die Grenze zwischen Über-/Untersteuern. Bei kleinen δ_{L0}, also beim Befahren großer Radien, wird die Steigung $\delta_{L0}/(v^2/\varrho)$ (untere strichpunktierte Gerade) flacher, im Grenzfall zu Null, so daß die beiden Grenzen für Stabilität und Über-/Untersteuern zusammenfallen. Man liegt also auf der sicheren Seite, wenn der Wechsel von Unter- und Übersteuern gleichzeitig als Stabilitätsgrenze angesehen wird.

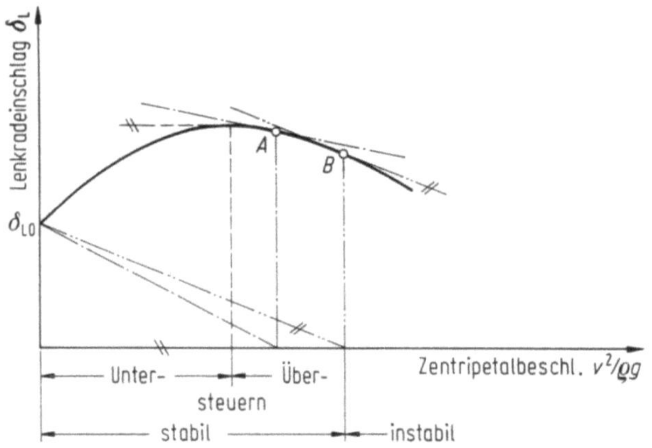

Bild 34.1. Grenzen für Stabilität und Über-/Untersteuern

35 Stabilitätsgrenzen für Fahrzeuge mit verschiedenen Antrieben

Neben der in Kap. III. A behandelten Kraftschluß- und Leistungsgrenze wurde im vorangegangenen Abschn. 34 die Stabilitätsgrenze abgeleitet. Sie ist beim Befahren großer Radien gleich der Grenze zwischen Unter- und Übersteuern.

In diesem Abschnitt sollen Kraftschluß- und Stabilitätsgrenze für die Fahrzeuge mit verschiedenen Antriebsarten für die Fahrt auf trockener Straße verglichen werden. Die Grenzwerte (aus Bild 28.3 entnommen) sind in Bild 35.1 aufgetragen. Danach liegt bei den Fahrzeugen mit Allrad-, Hinterrad- und Raketenantrieb die Stabilitätsgrenze merklich niedriger als die Kraftschlußgrenze. Die Stabilitätsgrenze ist für den Normalfahrer die entscheidende, Renn- und Rallye-Fahrer können das instabile Fahrzeugverhalten stabilisieren. Bei Frontantrieb gibt es kleine Unterschiede in den zwei Grenzen.

Die Zahlenwerte in Bild 35.1 und die Reihenfolge in den verschiedenen Antrieben sollten nicht verallgemeinert werden. Durch kleinere Lenkungssteifigkeiten C_L und größere

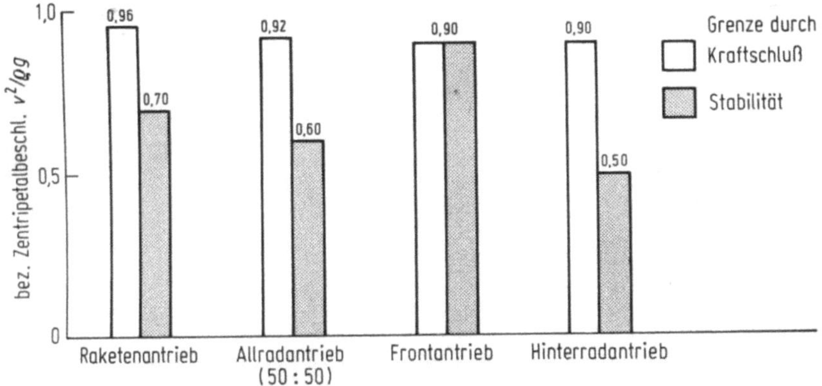

Bild 35.1. Vergleich Kraftschluß- und Stabilitätsgrenze (entnommen aus Bild 28.8 für $n_\mathrm{K} = 25$ mm und $C_\mathrm{L} = 15$ kNm/rad)

konstruktive Nachläufe n_K, durch Verschiebung der Schwerpunktslage, durch andere Momentenverteilung beim Allradantrieb sowie durch richtige Auslegung bei der Radaufhängung, siehe Kap. IV, lassen sich die Grenzen für Unter- und Übersteuern zu höheren Querbeschleunigungen verschieben ober sogar vermeiden.

III.C Instationäre Fahrt, Lenkwinkelrampe

Nach der stationären Kreisfahrt auf konstantem Kreisradius ϱ mit konstanter Fahrgeschwindigkeit v (Abschn. III. A) soll nun die instationäre Fahrt betrachtet werden. Es wird der schon in Abschn. 13.3ff diskutierte Fall der Lenkwinkelrampe behandelt, aber jetzt mit nichtlinearen Reifenkennlinien und damit bei höheren Zentripetalbeschleunigungen.

Neben der Lenkwinkelrampe (Bild 13.6a und 36.2a) als Eingangsfunktion für das Fahrzeug muß noch eine zweite Größe festgelegt werden, durch die der Fahrgeschwindigkeitsverlauf charakterisiert wird. Das Prinzip wird anhand von Bild 36.1 erläutert. Vor dem Lenkradeinschlag fährt das Fahrzeug z. B. mit v_1 geradeaus; Roll- und Luftwiderstand $F_\mathrm{R} + F_\mathrm{L}$ müssen überwunden werden, und dazu ist ein Motormoment entsprechend der Drosselklappenstellung von 10° notwendig. Nach dem Lenkradeinschlag fährt das Fahrzeug in einen Kreis, und hinzu kommt der Krümmungswiderstand F_K. Im Fall konstanter Drosselklappen- bzw. Gaspedalstellung erhöht sich das Motormoment bzw. die Umfangskraft an den Rädern um $\Delta F_{\mathrm{x}1}$, während sich die Fahrgeschwindigkeit um Δv_1 vermindert. Bei höheren Geschwindigkeiten, z. B. $v_2 > v_1$, werden die Unterschiede größer.

Im folgenden werden, um von der Motorkennung unabhängig zu werden, zwei Sonderfälle behandelt:

a) Fahrt mit *konstanter Fahrgeschwindigkeit,* wodurch sich die Umfangskraft bei der Fahrt in den Kreis um den Krümmungswiderstand vermehrt. Der Fahrer muß also Gas geben. Diese wirklichkeitsfremde Annahme wurde dennoch gewählt, weil dann die Ergebnisse relativ leicht mit den Ergebnissen aus der Kreisfahrt (mit $v^2/\varrho = $ const, d. h. bei $\varrho = $ const ist auch $v = $ const) nach

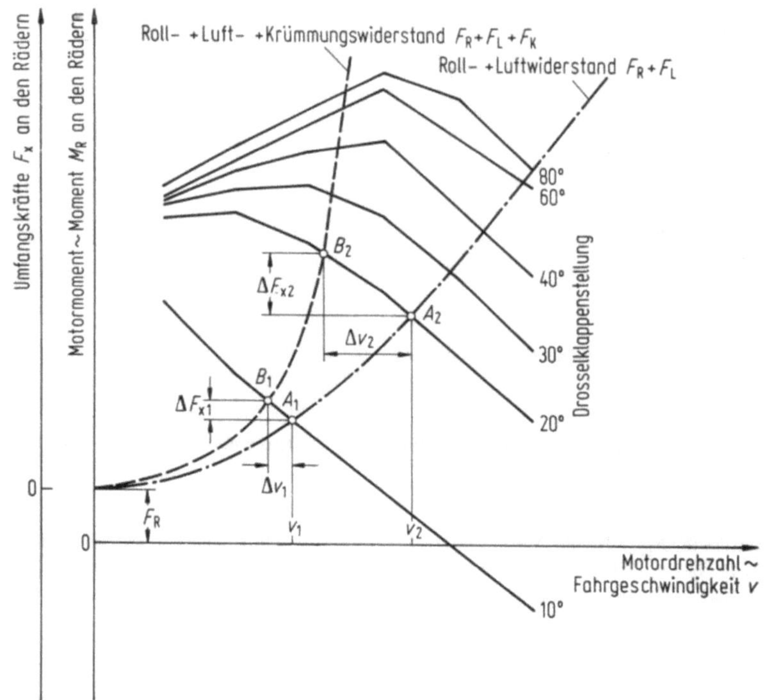

Bild 36.1. Motorkennfeld mit den Widerständen: Bei konstanter Drosselklappenstellung erhöht sich die Umfangskraft um ΔF_x und vermindert sich um Δv

Abschn. 28.2 erklärt werden können. (Vorstellbar ist dieser Fall für ein Fahrzeug mit Geschwindigkeitsregler $v =$ const). Die Umfangskraftsteigerung ist wesentlich größer als bei konstanter Drosselklappenstellung, siehe Bild 36.1.

b) Fahrt mit *konstanter Umfangskraft*, (Fahrzeug mit Momentenregler $M_R =$ const). Der Fahrer muß nach Bild 36.1 Gas wegnehmen, der Geschwindigkeitsabfall ist größer als bei konstanter Drosselklappenstellung.

36 Konstante Fahrgeschwindigkeit auf trockener Straße

In diesem Abschnitt wird Fall a) behandelt. Es werden zwei Fahrzeuge mit Vorder- und Hinterradantrieb verglichen, sie fahren auf trockener Straße, es gelten die Reifenkennlinien nach Bild 27.3. Die Ergebnisse zeigt Bild 36.2.

Zunächst wird bei gleicher Lenkradwinkelrampe mit $\dot\delta_L = 200°/$s und gleichem Lenkwinkelendwert $\delta_L = 40°$ für zwei Fahrgeschwindigkeiten 20 und 30 m/s das Fahrverhalten mit den beiden Antriebsarten diskutiert. Der Frontantrieb (Diagramme b bis g) ist bei allen Geschwindigkeiten stabil, in den Zeitschrieben wird immer ein Asymptotenwert erreicht. Bei gleichem δ_L wird die Krümmung $1/\varrho$ (Diagramm d) mit wachsender Geschwindigkeit kleiner, d. h., das Fahrzeug fährt auf einen größeren Kreisradius ϱ. Es zeigt ein untersteuerndes Verhalten, und die Zentripetalbeschleunigung v^2/ϱ erreicht bei $v = 30$ m/s ungefähr 0,8 g. Die Diagramme b bis g zeigen auch, daß beim Frontantrieb der Asymptotenwert durch eine abklingende Schwingung erreicht wird, deren Amplitude mit wachsendem v größer wird (entspricht dem kleiner werdenden Dämpfungsmaß D_f in der linearen Theorie, Bild 12.2b). Der Schräglaufwinkel vorn, α_V, ist bei kleinen Zeiten merklich größer als α_H, weil durch den plötzlichen Lenkradeinschlag zuerst an den Vorderrädern Seitenkräfte aufgebaut werden müssen. Auch bei größeren Zeiten ist $\alpha_V > \alpha_H$, weil vorn zusätzlich Umfangskräfte wirken.

Bei Hinterradantrieb (Bild 35.2h bis n) ist das Fahrzeug bei $v = 30$ m/s instabil, der Schräglaufwinkel hinten, α_H, erreicht den durch Bild 27.3a gegebenen Grenzwert von 12°. Aufschlußreich ist der Giergeschwindigkeitsverlauf nach h: Bis etwa 0,5 s steigt die Gierwinkelgeschwindigkeit ähnlich wie beim Frontantrieb und den linearen Systemen relativ steil an, zwischen 0,5 und 1,0 s nur noch wenig, danach dreht sich das Fahrzeug um die Hochachse wieder schneller, sicherlich für viele Fahrer überraschend. Dabei wächst die Krümmung, d. h., der Krümmungsradius wird kleiner (übersteuerndes Verhalten), und die Zentripetalbeschleunigung

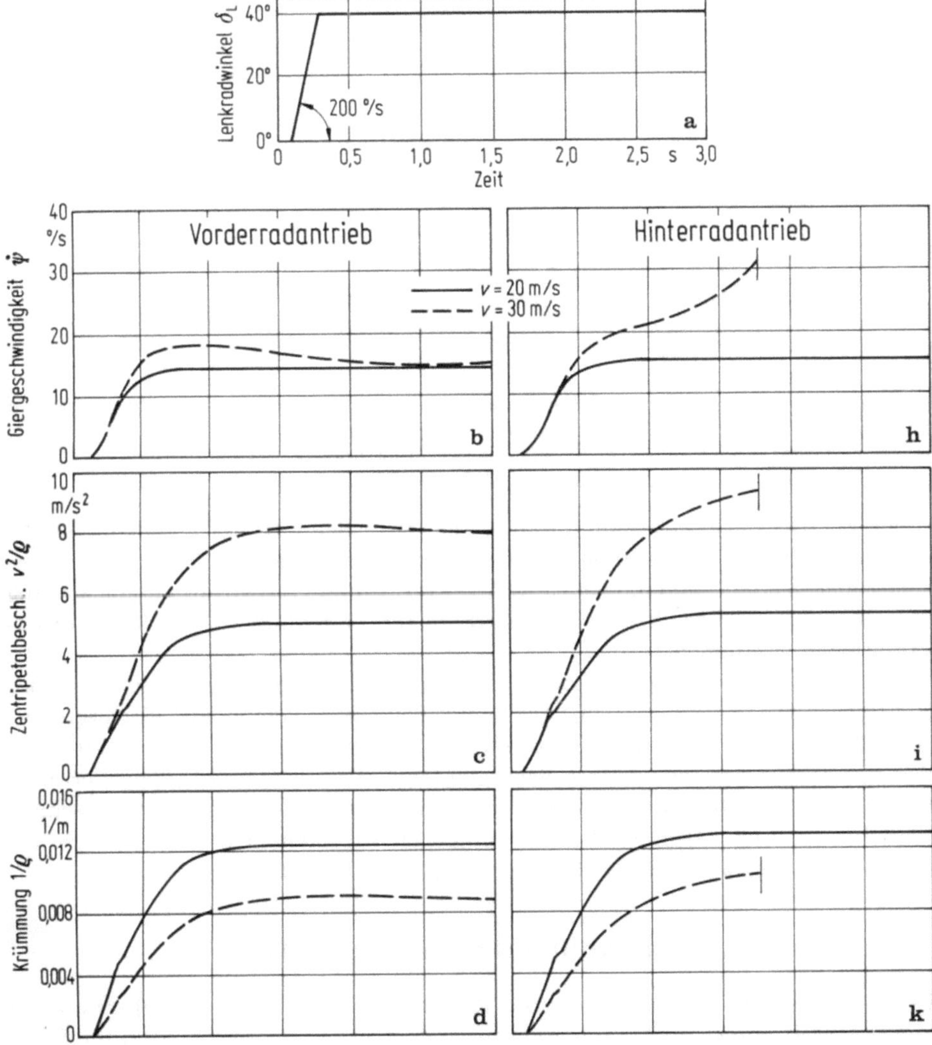

Bild 36.2.

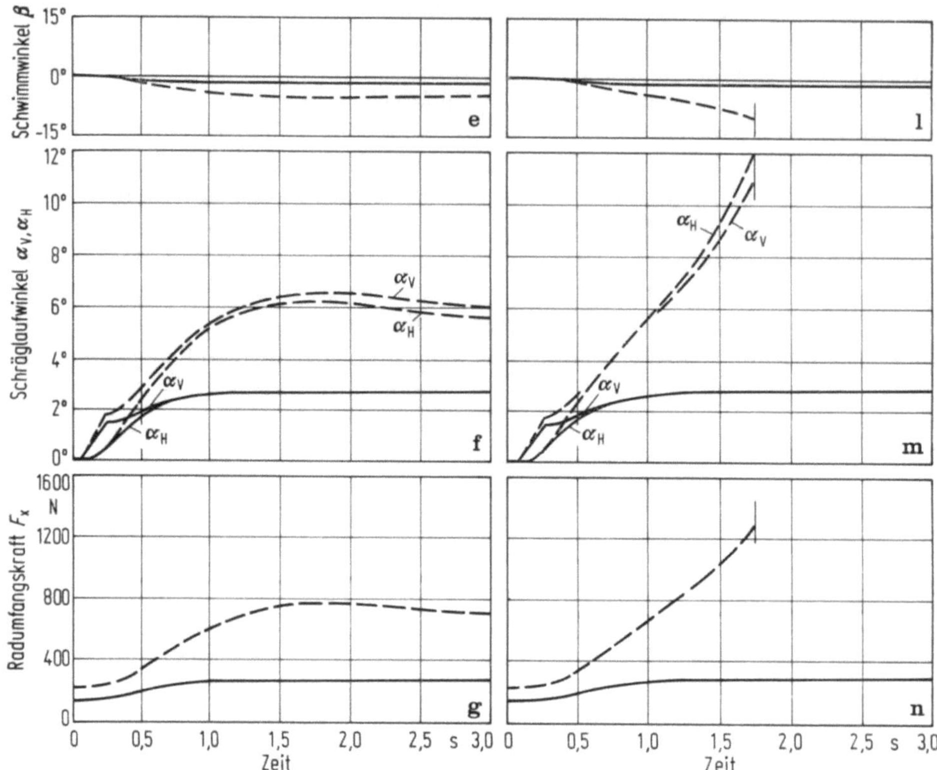

Bild 36.2. Vergleich Vorder- und Hinterradantrieb bei Lenkwinkelrampe mit konstanter Fahrgeschwindigkeit auf trockener Straße.
Fahrzeugdaten: $m = 1\,200$ kg, $l_V/l = 0{,}5$, Schwerpunkthöhe $= 0$, $l = 2{,}5$ m, $n_K = 25$ mm, $C_L = 15$ kN/rad, $i_L = 19$, $J_z = mi^2 = 1\,587$ kgm² $(i/l = 0{,}46)$, Reifen s. Bild 27.3

steigt an. Im Gegensatz zum Frontantrieb tritt beim Hinterradantrieb — bei instabilen, aber auch bei stabilen Fällen — kein Schwingen auf. Dies liegt am übersteuernden Verhalten, denn nach Abschn. III. B und Abschn. 13 ist die Lösung der charakteristischen Gleichung reell, d. h., die Bewegung setzt sich nur aus e-Funktionen zusammen.

Um auch das frontangetriebene Fahrzeug an oder über die Kraftschlußgrenze zu bringen, wurde bei $v = 30$ m/s der Lenkradeinschlag von 40° auf 70° vergrößert (Bild 36.3). Nach Diagramm e steigen die Schräglaufwinkel bei $\delta_L = 70°$ über der Zeit schnell an, der vordere Schräglaufwinkel α_V ist immer größer, erreicht bei $t \approx 1{,}0$ s den Grenzwert von 12°, d. h. die Vorderräder rutschen vorn schnell seitlich weg. Beim Hinterradantrieb hingegen rutschen, wie schon gesagt, die Hinterräder weg, aber erst nach über 1,3 s (vgl. Bild 36.2m).

37 Konstante Umfangskraft auf trockener Straße

Im folgenden wird der zu Beginn von Abschn. III. C genannte Fall b), Fahrt mit konstanter Umfangskraft, im Vergleich zu Fall a), Fahrt mit konstanter Fahrgeschwindigkeit, behandelt.

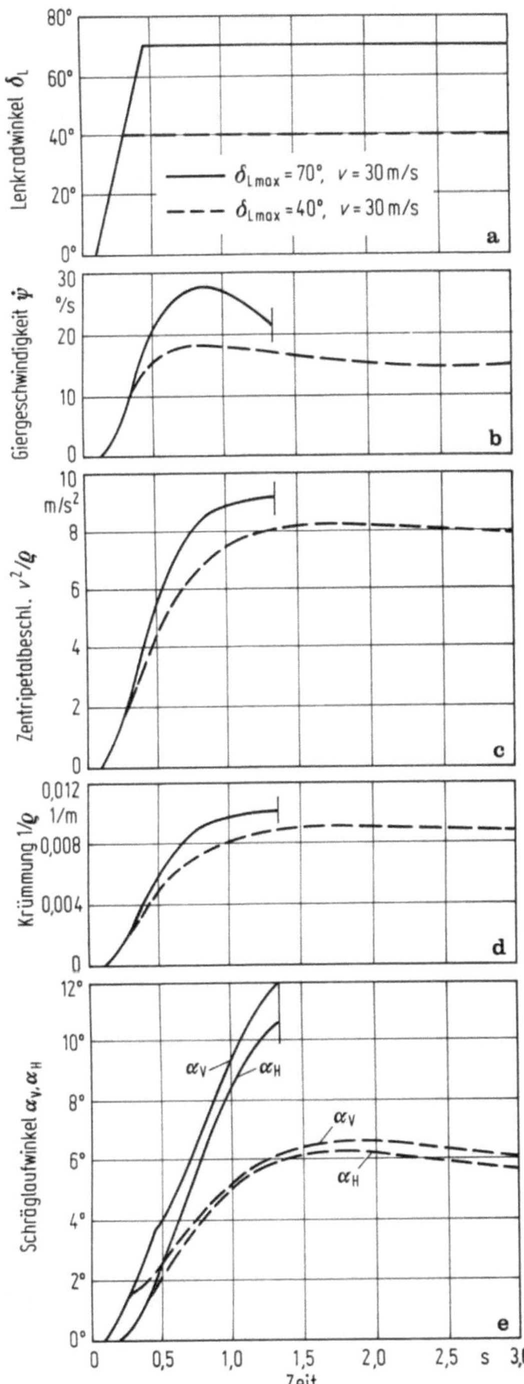

Bild 36.3. Vorderradantrieb: Gegenüber Bild 36.2a bis g wurde bei $v = 30$ m/s die Lenkwinkelrampe so erhöht, daß die Vorderräder seitlich wegrutschen

Das hinterradangetriebene Fahrzeug (Bild 37.1 i bis q) ist in beiden Fällen instabil; bei konstanter Umfangskraft und damit abnehmender Fahrgeschwindigkeit wird der Grenzwert des hinteren Schräglaufwinkels von 12° später erreicht, und der Fahrer hat mehr Zeit zur Korrektur als bei konstanter Geschwindigkeit und steigender Umfangskraft. Beim Frontantrieb (Diagramme a bis h) ist es umgekehrt, der vordere Schräglaufwinkel α_V erreicht den Grenzwert bei konstanter Umfangskraft früher als bei konstanter Fahrgeschwindigkeit.

Wenn man den maximalen Lenkradeinschlagwinkel $\delta_{L\,max}$ jeweils bei Front- und Heckantrieb gegenüber a und i etwas verringert, dann werden folgende Fahrsituationen auftreten: Das hinterradangetriebene Fahrzeug wird bei konstanter Fahrgeschwindigkeit instabil werden, d. h. die Hinterräder rutschen seitlich weg, während bei konstanter Umfangskraft das Fahrzeug gerade noch stabil bleibt. Beim Frontantrieb rutschen die Vorderräder bei konstanter Umfangskraft seitlich

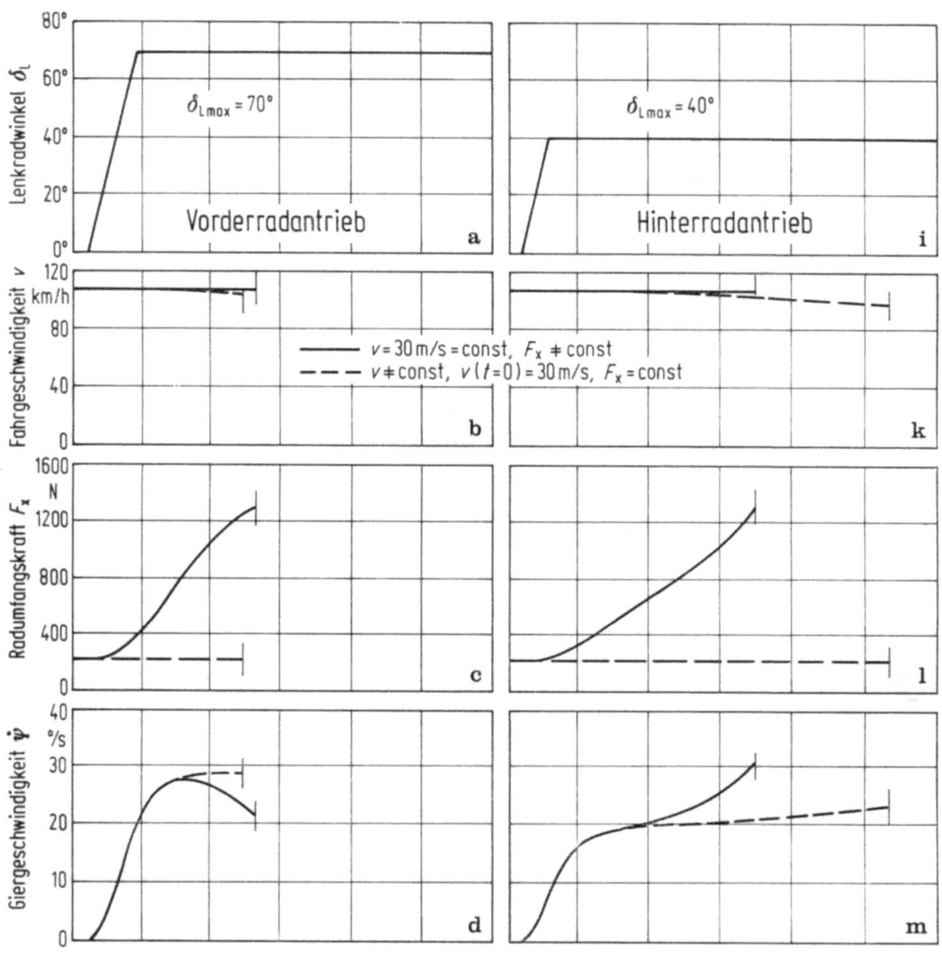

Bild 37.1.

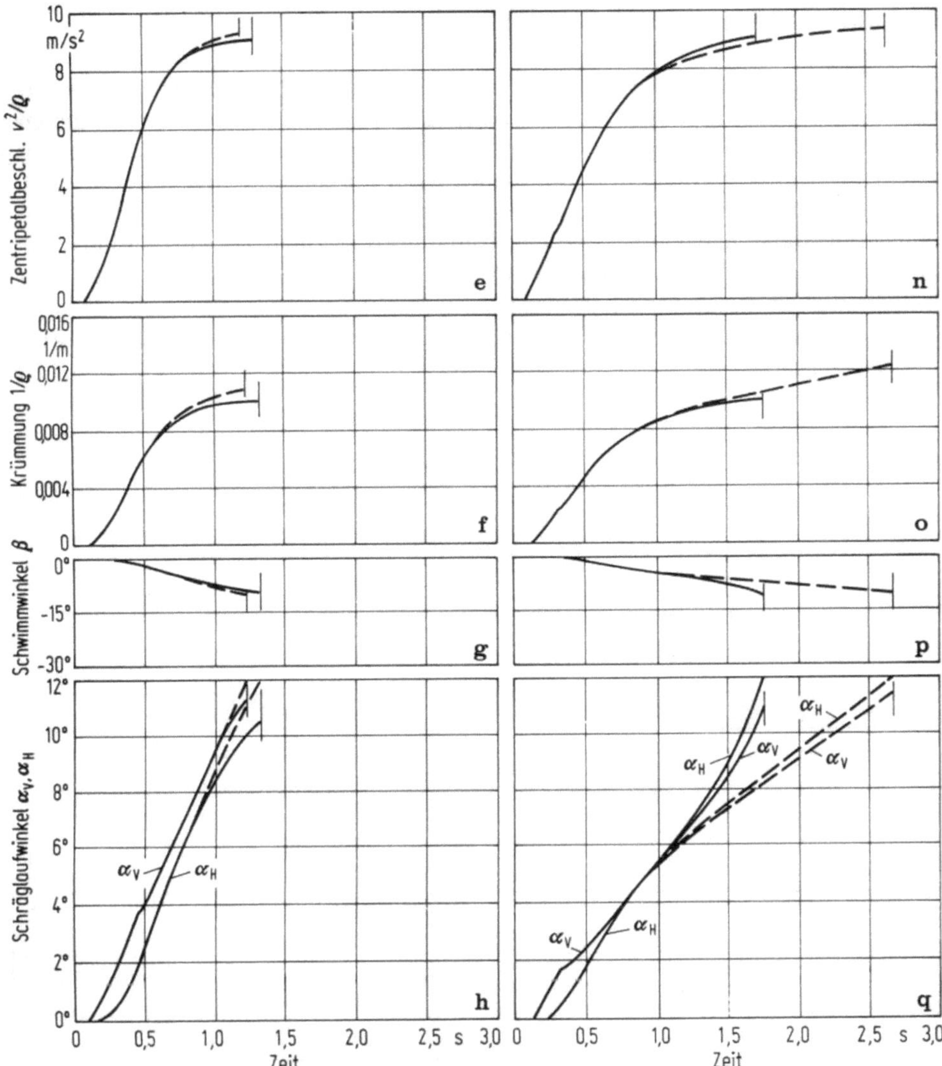

Bild 37.1. Vergleich vom $v =$ const und $F_x \neq$ const mit $F_x =$ const und $v \neq$ const für Vorder- und Hinterradantrieb auf trockener Straße. (Fahrzeugdaten siehe Bild 36.2)

weg, das Fahrzeug ist — nach Definition — zwar stabil, aber nicht lenkfähig, während es bei konstanter Fahrgeschwindigkeit nicht seitlich wegrutscht.

Danach verlangen die beiden Antriebsarten in der Nähe der Grenzbeschleunigung vom Fahrer verschiedenes Verhalten: Beim Heckantrieb darf der Fahrer nicht Gas geben, beim Frontantrieb hingegen wäre konstante Gaspedalstellung bzw. vorsichtiges Gasgeben empfehlenswert.

38 Fahrt auf vereister Fahrbahn

In Bild 38.1 werden wieder Vorder- und Hinterradantrieb bei gleicher Lenkrad-winkel-Zeit-Funktion verglichen. Der Anstieg wurde, weil vorsichtigeres Agieren bei Fahrt auf Eis angezeigt ist, auf 50°/s festgesetzt. Der Unterschied zwischen Fall a) ($v = $ const) und Fall b) ($F_x = $ const) ist auf Eis gering, weil hier nur niedrige maximale Querbeschleunigungen erreicht werden, und damit sind der Krüm-mungswiderstand und die notwendige Umfangskraft klein. Es wird deshalb nur Fall b) dargestellt. Man sieht, daß bei $F_x = $ const (Diagramme c und k) die Fahr-geschwindigkeit $v \approx $ const ist (b und i).

Zwischen den verschiedenen Antrieben gibt es zunächst keine großen Unter-

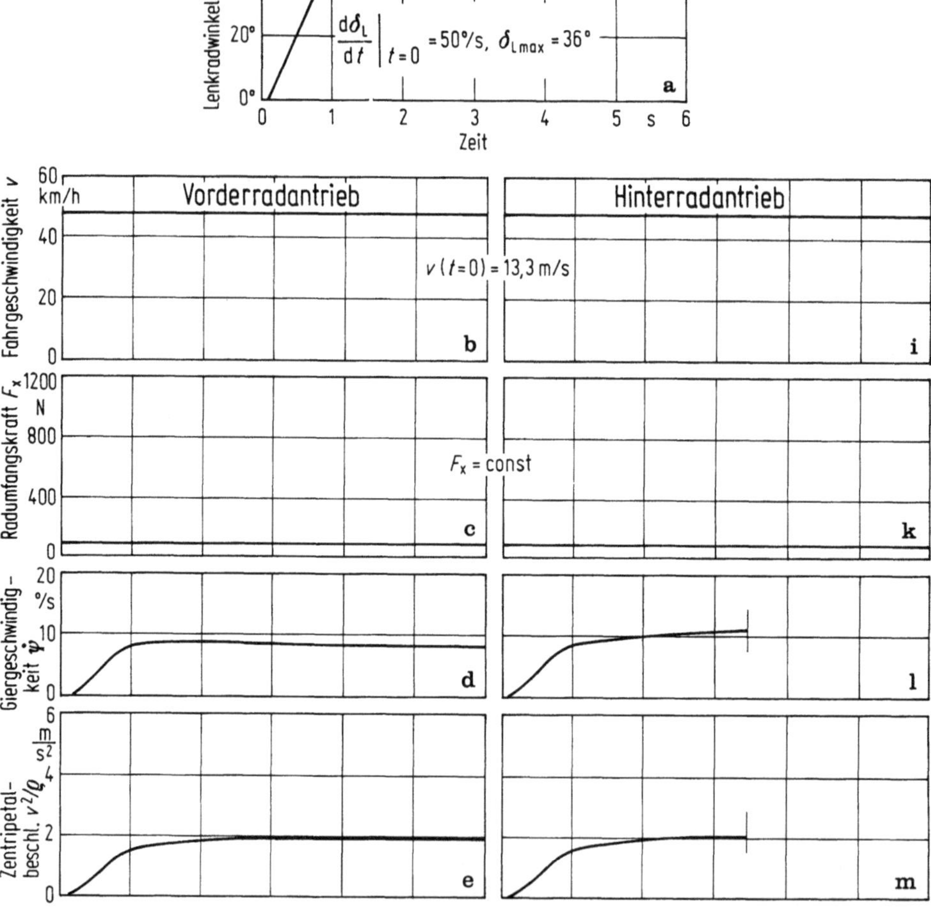

Bild 38.1.

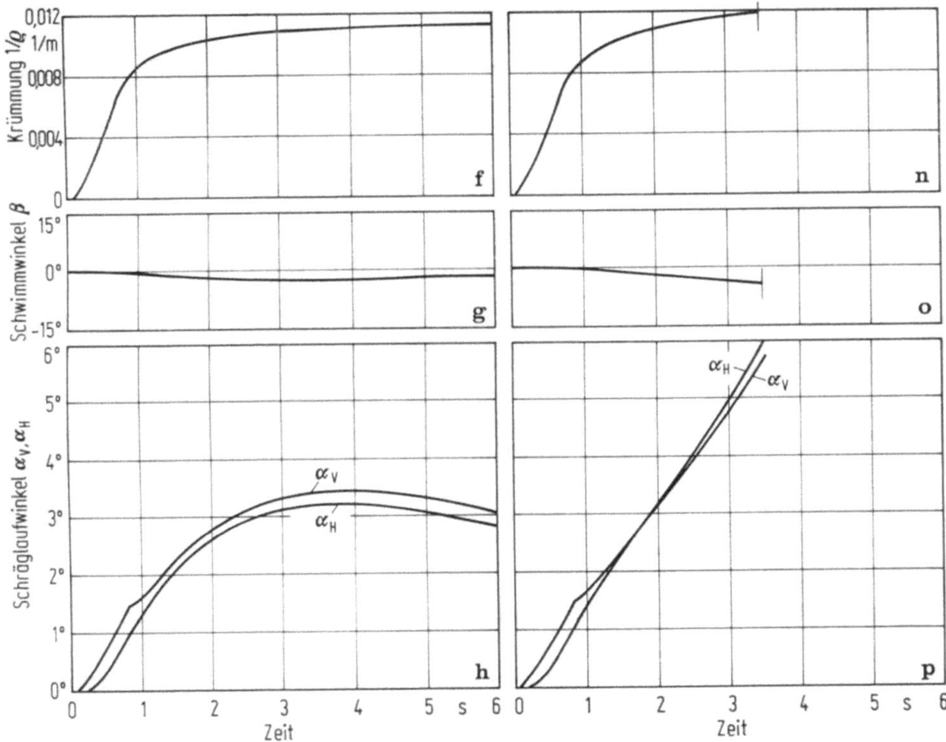

Bild 38.1. Vergleich von Vorder- und Hinterradantrieb bei Lenkwinkelsprung auf vereister Fahrbahn, F_x = const, $v \neq$ const. (Fahrzeugdaten siehe Bild 36.2, nur Reifen nach Bild 29.1)

schiede. Erst ab $t \approx 3,5$ s, also nach ungefähr 47 m Fahrstrecke, wird das Heckantriebsfahrzeug instabil, die Hinterräder erreichen den für die Rechnung festgesetzten maximalen Schräglaufwinkel $\alpha_H = 6°$. Dies liegt hauptsächlich an dem für die Fahrgeschwindigkeit zu großen Lenkradeinschlag.

Der Wagen mit Frontantrieb erreicht nicht die Grenzbeschleunigung, hier wurde der Lenkradeinschlag zu klein gewählt. Die für den Frontantrieb auf der trockenen Straße typische Schwingung, z. B. bei der Gierwinkelgeschwindigkeit (vgl. Bild 36.4 b), ist hier nicht zu sehen.

39 Zusammenfassung von Kapitel III

In Kap. I wurde das Einspurmodell (Schwerpunkt auf der Fahrbahn oder keine Radlaständerungen an kurvenäußeren und -inneren Rädern) behandelt, und das Reifenverhalten war linear, das heißt z. B., die Seitenkraft ist proportional dem Schräglaufwinkel. Damit war die Gültigkeit der Ergebnisse auf Zentripetalbeschleunigung von 0,3 bis 0,4g auf trockener Straße begrenzt. In diesem Kap. III wurde als Zwischenschritt zum Zweispurmodell ebenfalls die Radlaständerung vernachlässigt, hingegen wurden die nichtlinearen Reifenkennlinien berücksichtigt. Dadurch wurde es möglich, das Fahrverhalten bis zur Kraftschluß- und Antriebsgrenze zu behandeln. Folgendes hat sich geändert:

— Der Krümmungs- (Kurven-) widerstand kam hinzu, der mindestens vom Quadrat der Zentripetalbeschleunigung v^2/ϱ bzw. von der vierten Potenz der Fahrgeschwindigkeit v abhängt.

— Durch die Erhöhung des Gesamtwiderstands erhöhen sich bei größeren Querbeschleunigungen auch die Umfangskräfte an den Antriebsrädern wesentlich.

— Da Umfangskräfte bei konstanter Seitenkraft die Reifenschräglaufwinkel erhöhen, muß zwischen Vorder-, Hinter- und Allradantrieb unterschieden werden.

— Bei Vorderradantrieb wird der Untersteuergradient zur Kraftschlußgrenze hin verstärkt, beim Hinterradantrieb verkleinert bzw. er wechselt zum Übersteuern. Dies gilt für homogene Fahrbahnen, z. B. für Fahrt auf trockener Straße oder auf Eis.

— Auf nasser Fahrbahn, bei denen die Hinterräder von der Wasserverdrängung der Vorderräder profitieren, bleibt auch ein hinterradangetriebenes Fahrzeug bis zur Kurvengrenzbeschleunigung untersteuernd.

— Durch den nichtlinearen Rückstellmomenten-Schräglaufwinkel-Verlauf kann das vom Fahrer aufzubringende Lenkradmoment ab einem unter der Kurvengrenzbeschleunigung liegenden Wert wieder abnehmen. Er kann durch die Größe des konstruktiven Nachlaufs beeinflußt werden.

— Der durch den Kurvenwiderstand erhöhte Gesamtwiderstand kann bei mangelnder Antriebsleistung die Kurvengeschwindigkeit begrenzen (also nicht nur der Kraftschluß).

— Die Berechnungen für dynamische Vorgänge (Lenkwinkelrampe) erläuterten das seitliche Wegrutschen der Vorderräder bei Frontantrieb und das der Hinterräder bei Hinterradantrieb. Außerdem unterscheiden sich die Antriebsarten bei Fahrten mit konstanter Fahrgeschwindigkeit und mit konstanter Umfangskraft.

Weiterhin wurden in Abschn. III. B

— der Stabilitätsbegriff auf den nichtlinearen Bereich und
— die Ergebnisse aus Kap. I durch Einführung einer Quasilinearisierung erweitert.

IV Zweispurmodell, Vierradfahrzeug

Im einführenden Kap. I lag der Fahrzeugschwerpunkt auf Straßenhöhe, und die Reifenkennlinien waren linear. In Kap. III war ebenfalls die Schwerpunkthöhe Null, aber die Reifenkennungen waren der Wirklichkeit entsprechend nichtlinear Nun wird ab hier auch noch der Schwerpunkt auf die richtige Höhe angehoben und damit das komplette Fahrzeug betrachtet.

Gegenüber früher muß das System erweitert werden um

— die Änderung der Radlasten und der verschiedenen Seitenkräfte an den Rädern einer Achse,
— den Wankwinkel bei Kurvenfahrt.

Dadurch treten gleichzeitig über die Kinematik der Radaufhängungen Sekundäreffekte auf, wie

— Radsturz bzw. Radsturzänderungen,
— zusätzliche vom Fahrer nicht verursachte Radeinschläge (Eigenlenken, Vorspuränderung usw.).

Prinzipiell die gleichen Sekundäreffekte können durch die elastischen Lenkerlagerungen der Radaufhängung auftreten, so daß man beide Effekte unter *Elastokinematik* zusammenfaßt.

In diesem Kap. IV werden deshalb die Wirkungen weiterer, bisher noch nicht genannter Bauelemente wie Wankfederung, Wankdämpfung, Stabilisator, Kinematik der Radaufhängung, Radaufhängungselastizitäten abgeschätzt.

Es ist wie auch in den anderen Kapiteln nicht das alleinige Ziel, Ergebnisse zu zeigen, sondern deren Zustandekommen zu erklären. Um die Fülle der einzelnen Einflußgrößen verstehen zu lernen, wird zunächst wieder die stationäre Kreisfahrt, später die instationäre Fahrt behandelt.

IV.A Kreisfahrt mit konstanter Fahrgeschwindigkeit

In den folgenden Abschnitten werden zunächst die Auswirkungen der Radlaständerungen, dann die Größe des Aufbauwankens und der Einfluß der Radaufhängungen behandelt.

40 Einfluß von Radlaständerung, Schwerpunktshöhe und Spurweite

Liegt der Gesamtschwerpunkt SP des Fahrzeugs in der Höhe h über der Fahrbahn, dann bilden die Fliehkraft $mv^2/\varrho = Gv^2/\varrho g$ und die Reaktionskräfte an allen Rädern, die Achsseitenkräfte $F_{yV} + F_{yH}$, nach Bild 40.1 ein Moment um die Längsachse von der Größe

$$M = G\,\frac{v^2}{\varrho g}\,h = (F_{yV} + F_{yH})\,h\,. \tag{40.1}$$

Dieses Moment wird über die Änderung der Vertikallasten an den Achsen aufgenommen, indem sich an der Vorderachse am kurvenäußeren Rad die Radlast um ΔF_{zV} erhöht und am kurveninneren Rad um den gleichen Betrag ΔF_{zV} vermindert. Entsprechendes gilt für die Hinterachse. Das Reaktionsmoment lautet mit den Spurweiten an Vorder- und Hinterachse s_V und s_H

$$M = \Delta F_{zV}s_V + \Delta F_{zH}s_H\,. \tag{40.2}$$

Aus den beiden Gleichungen ergibt sich dann das Momentengleichgewicht um die Längsachse

$$\Delta F_{zV}s_V + \Delta F_{zH}s_H = G\,\frac{v^2}{\varrho g}\,h\,. \tag{40.3}$$

Am einfachsten läßt sich die unterschiedliche Radlast am Dreiradfahrzeug feststellen, denn nach Bild 40.2 kann das Moment aus der Fliehkraft nur von der Achse mit den zwei Rädern aufgenommen werden. Die Radlaständerung lautet dann einfach

$$\Delta F_z = \frac{h}{s}\,Gv^2/\varrho g\,. \tag{40.4}$$

Beim vierrädrigen Kraftwagen, dem die größte Bedeutung zukommt, ist die Betrachtung nicht so einfach. Hier muß das Moment der Fliehkraft auf zwei Achsen verteilt werden. Das ist ein statisch unbestimmtes Problem, da mit (40.3) nur eine Bedingung für die zwei unbekannten Radlaständerungen ΔF_{zV} und ΔF_{zH}

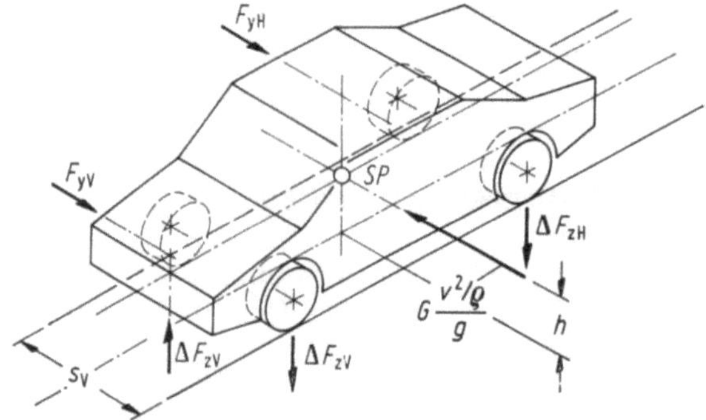

Bild 40.1. Achsseitenkräfte F_y und Radlaständerungen ΔF_z an Vorder- und Hinterachse als Reaktion auf die Fliehkraft $Gv^2/\varrho g$

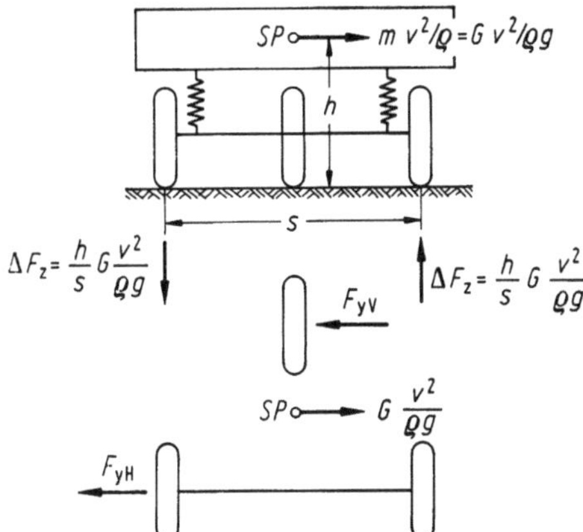

Bild 40.2. Seitenkräfte F_y und Radlaständerung ΔF_z an einem dreirädrigen Fahrzeug als Reaktion auf die Fliehkraft $Gv^2/\varrho g$

gegeben ist. Man muß sich, wie stets bei statisch unbestimmten Systemen, durch Berücksichtigung von Verformungen, d. h. elastischen Eigenschaften, zusätzlich Gleichungen verschaffen. In unserem Fall muß die Neigung des Aufbaus, der sich gegenüber den Rädern auf Federn abstützt, betrachtet werden.

Dies soll jedoch erst im Abschn. 43 geschehen, und so wird zunächst angenommen, die Werte für ΔF_{zV} und ΔF_{zH} seien bekannt. Dann ergeben sich die Vertikallasten an den einzelnen Rädern, ausgehend von den statischen Achslasten F_{zVstat} und F_{zHstat} und mit (28.7)

$$F_{zVa} = \frac{1}{2}\,F_{zVstat} + \Delta F_{zV} = \frac{1}{2}\,G\,\frac{l_H}{l} + \Delta F_{zV},$$

$$F_{zVi} = \frac{1}{2}\,F_{zVstat} - \Delta F_{zV} = \frac{1}{2}\,G\,\frac{l_H}{l} - \Delta F_{zV}, \tag{40.5}$$

$$F_{zH_i^a} = \frac{1}{2}\,F_{zHstat} \pm \Delta F_{zH} = \frac{1}{2}\,G\,\frac{l_V}{l} \pm \Delta F_{zH},$$

wobei ΔF_{zV} und ΔF_{zH} nach (43.5) und (43.6) Funktionen der Zentripetalbeschleunigung v^2/ϱ sind (die zusätzlichen Indizes a und i bedeuten kurvenäußeres und -inneres Rad).

Nach wie vor gelten bei Vernachlässigung des Seitenwindes die Gleichungen (28.5c) und (28.6c). Die Achsseitenkräfte setzen sich aus den Radseitenkräften zusammen.

$$F_{yV} = F_{yVa} + F_{yVi} = G\,\frac{l_H}{l}\,\frac{v^2}{\varrho g},$$

$$F_{yH} = F_{yHa} + F_{yHi} = G\,\frac{l_V}{l}\,\frac{v^2}{\varrho g}. \tag{40.6}$$

Die Radseitenkräfte F_{yVa}, F_{yVi}, ... sind bekanntlich Funktionen der Schräglaufwinkel α_{Va}, α_{Vi}, ... an den einzelnen Rädern. Unter den Annahmen, daß die

Räder einer Achse parallel eingeschlagen sind und daß der Radius ϱ groß gegenüber den Spurweiten s_V und s_H ist, sind die Schräglaufwinkel an den Rädern einer Achse praktisch gleich

$$\alpha_{\mathrm{Vi}} = \alpha_{\mathrm{Va}}; \qquad \alpha_{\mathrm{Hi}} = \alpha_{\mathrm{Ha}}. \tag{40.7}$$

Die Anwendung der Gleichungen wird an einem Beispiel erläutert, dessen Zahlenwerte schon in Abschn. 28 benutzt wurden. Es seien $m = 1\,200$ kg; $l_\mathrm{H}/l = 0{,}5$; Reifen 155 SR 15 nach Bild 27.3, und darüber hinaus $\Delta F_{\mathrm{zV}} = \Delta F_{\mathrm{zH}}$ und $s_\mathrm{V} = s_\mathrm{H} = s$; dann ist nach (40.3) $\Delta F_{\mathrm{zV}} + \Delta F_{\mathrm{zH}} = G \cdot v^2/\varrho \cdot gh/s$. h/s wird so gewählt, daß $\Delta F_{\mathrm{zV,H}} = 2\,850 v^2/\varrho g$ in N ergibt. Die zahlenmäßigen Ergebnisse lauten

$$F_{\mathrm{zVa}} = F_{\mathrm{zHa}} = 3\,000 + 2\,850\,\frac{v^2}{\varrho g}\ [\mathrm{N}]; \qquad F_{\mathrm{zVi}} = F_{\mathrm{zHi}} = 3\,000 - 2\,850\,\frac{v^2}{\varrho g}\ [\mathrm{N}],$$

$$F_{\mathrm{yVa}} + F_{\mathrm{yVi}} = F_{\mathrm{yHa}} + F_{\mathrm{yHi}} = 6\,000\,\frac{v^2}{\varrho g}\ [\mathrm{N}].$$

Zunächst wird wieder der Einfluß der Umfangskraft auf die Reifenkennlinien vernachlässigt (Raketenantrieb).

Die Beträge der Seitenkräfte an den einzelnen Rädern können nur durch Probieren gefunden werden, und zwar unter Benutzung der Nebenbedingung (40.7) so, daß die Schräglaufwinkel an den beiden Rädern einer Achse gleich groß sein sollen. Für z. B. $v^2/\varrho g = 0{,}4$ ist $F_{\mathrm{zVa}} = 4\,140$ N und $F_{\mathrm{zVi}} = 1\,860$ N, die Summe der Seitenkräfte ist $F_{\mathrm{yVa}} + F_{\mathrm{yVi}} = 2\,400$ N. Es wird mit der Schätzung $\alpha_{\mathrm{Va}} = \alpha_{\mathrm{Vi}} = 2°$ begonnen. Nach Bild 40.3a ist dann

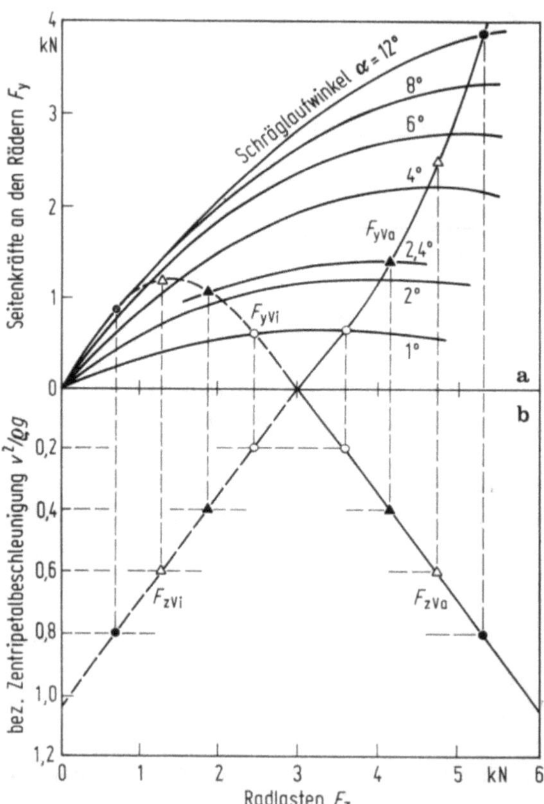

Bild 40.3. Zur Ermittlung der Seitenkräfte F_{yVa} und F_{yVi} am kurvenäußeren und -inneren Rad. **a** Seitenkraft-Radlast-Diagramm mit dem Schräglaufwinkel als Parameter (Weber, R.: Diss., Karlsruhe 1970) (Umfangskraft $= 0$, Raketenantrieb); Bestimmung der Größen F_{yVa} und F_{yVi} siehe Text. **b** Radlasten F_{zVa} und F_{zVi} am kurvenäußeren und -inneren Rad in Abhängigkeit von der bez. Zentripetalbeschleunigung

$F_{\mathrm{y\,Vl}} = 933$ N und $F_{\mathrm{y\,Va}} = 1233$ N, die Summe beträgt 2166 N, ist also um 234 N zu klein. Folglich muß der Schräglaufwinkel größer als 2° sein. Durch weiteres Probieren wird der richtige Winkel — hier zu 2,4° — bestimmt. Anschließend werden auf gleiche Weise die Seitenkräfte für andere $v^2/\varrho g$-Werte ermittelt.

Dadurch entstehen im Seitenkraft-Radlast-Diagramm zwei Kurven, durch die für jedes Rad Seitenkraft und Radlast einander zugeordnet sind, siehe Bild 40.3a. Die Seitenkraft $F_{\mathrm{y\,Vl}}$ des kurveninneren Rades steigt zunächst mit wachsender Seitenbeschleunigung an (der Anstieg des Schräglaufwinkels überwiegt die fallende Radlast $F_{\mathrm{z\,Vl}}$), erreicht ein Maximum und fällt dann wieder ab (hier überwiegt der Radlasteinfluß). Bei der Radlast $F_{\mathrm{z\,Vl}} = 0$ muß auch die Seitenkraft $F_{\mathrm{y\,Vl}} = 0$ sein. Die Seitenkraft $F_{\mathrm{y\,Va}}$ des kurvenäußeren Rades steigt dagegen progressiv an. Sie übernimmt bei höheren $v^2/\varrho g$-Werten den weit überwiegenden Teil der auf die Achse entfallenden Seitenkraft.

40.1 Maximale Zentripetalbeschleunigung

In Bild 40.4 ist der Schräglaufwinkel (bei diesem Beispiel an allen Rädern gleich) über der bezogenen Zentripetalbeschleunigung aufgetragen, wobei gleichzeitig die Kurve aus Bild 28.1a, bei deren Ermittlung keine Radlaständerung berücksichtigt wurde, mit eingezeichnet ist. Danach wird bei gleicher Zentripetalbeschleunigung der Schräglaufwinkel an den Reifen einer Achse mit Radlaständerung größer als ohne Radlaständerung. Dementsprechend liegt der Asymptotenwert, der die Rutschgrenze darstellt, unter Berücksichtigung der Radlaständerung bei niedrigeren $v^2/\varrho g$-Werten als ohne Radlaständerung. In dem Beispiel nach Bild 40.4 verhält sich die maximale Zentriptalbeschleunigung bei Fahrzeugen

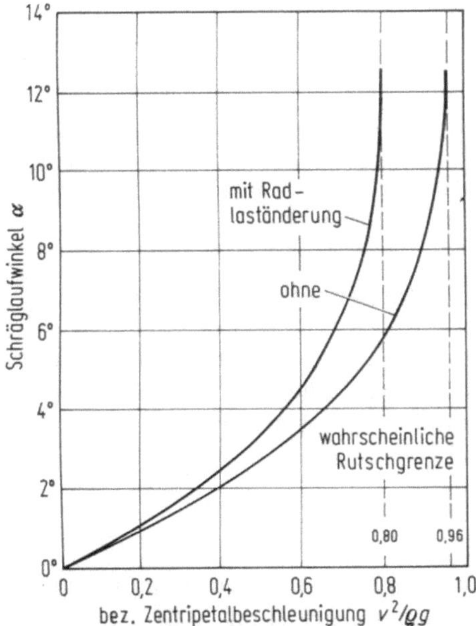

Bild 40.4. Einfluß der Radlaständerung an den Rädern einer Achse auf den Verlauf der Schräglaufwinkel in Abhängigkeit von der bez. Zentripetalbeschleunigung. Ohne Radlaständerung aus Bild 28.1a mit $l_{\mathrm{H}}/l = 0{,}5$, mit Radlaständerung aus Bild 40.3

ohne und mit Radlaständerung wie $0,96/0,80 = 1,20$. Das heißt, die Kurvengrenzgeschwindigkeiten verhalten sich wie $1,09/1$. Daraus ergibt sich die Folgerung:

Damit ein Kraftfahrzeug eine Kurve schnell befahren kann, müssen die Änderungen der vertikalen Radlast möglichst klein gehalten werden. Nach (40.3) bedeutet das, daß die Schwerpunktshöhe h klein gegenüber den Spurweiten s_V und s_H sein muß (entspricht dem Einspurmodell in Kap. III). Bei Renn- und Sportfahrzeugen ist das konsequent verwirklicht, sie haben eine niedrige Schwerpunktslage und ein breites Fahrwerk.

In Bild 40.5 ist die Grenzbeschleunigung über dem Verhältnis von Schwerpunktshöhe h zu Spurweite s aufgetragen. Im Augenblick interessiert nur die obere Kurve, für die das Moment der Fliehkraft je zur Hälfte von Vorder- und Hinterachse abgestützt wird. Danach wird die Kraftschlußgrenze stark erniedrigt, wenn h/s zunimmt.

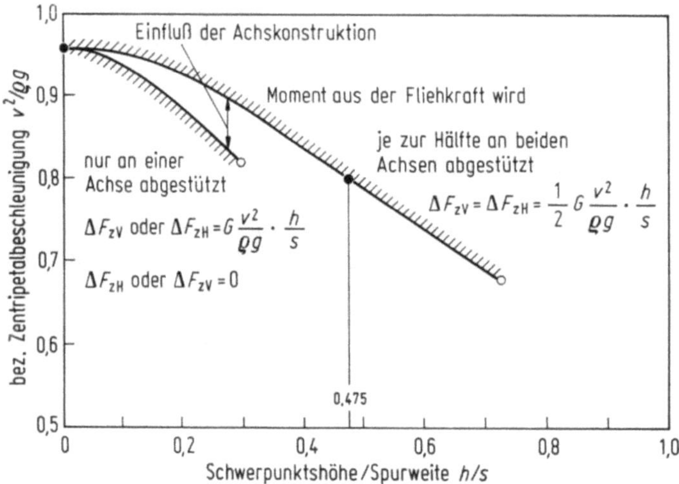

Bild 40.5. Einfluß der Achskonstruktion auf die Kraftschlußgrenze, dargestellt als Abhängigkeit der bezogenen Zentripetalbeschleunigung von Schwerpunktshöhe und Spurweite. $m = 1\,200$ kg, $l_V/l = 0,5$; o Radlast von einem der kurveninneren Räder ist Null, ● Werte aus Bild 40.4

40.2 Veränderung von Schwimmwinkel, Untersteuern, Lenkradmoment

In den Abschnitten 9 und 28 wurden die drei Größen Schwimmwinkel, Untersteuern, Lenkradmoment als Funktion der Zentripetalbeschleunigung diskutiert. Im folgenden wird der Einfluß der Radlaständerung betrachtet.

Nach (28.4) beträgt der Schwimmwinkel

$$\beta = \frac{l_H}{\varrho} - \alpha_H.$$

Da nach Bild 40.4 der Schräglaufwinkel mit der Radlaständerung größer ist als ohne, verändert sich auch der Schwimmwinkel stärker (Bild 40.6a). Da kleine

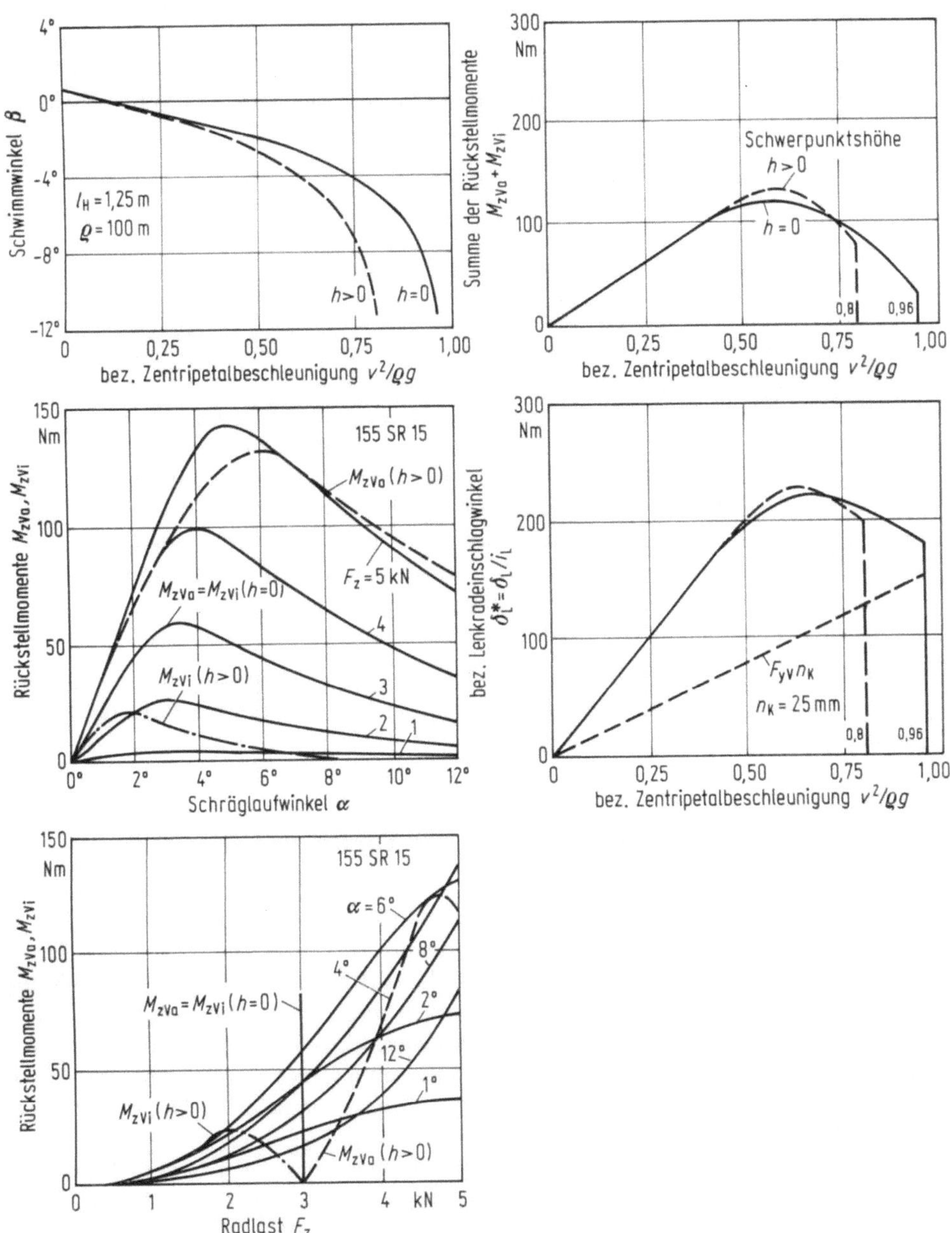

Bild 40.6. Vergleich von Lenkradmoment M_L und Lenkradeinschlag δ_L für Fahrzeuge mit Schwerpunktshöhe $h > 0$ (d. h. mit Radlaständerung an einer Achse) und $h = 0$ (keine Radlaständerung)

Schwimmwinkel und nach der obigen Gleichung kleine Schräglaufwinkel hinten erstrebenswert sind, sollten an der Hinterachse die Radlaständerungen klein sein.

Unter-/Übersteuern ergibt sich aus der Veränderung des Lenkradeinschlags δ_L mit v^2/ϱ. Der bezogene Lenkradeinschlag δ_L^* ergibt sich nach (28.1) bis (28.3) zu

$$\delta_L^* = \frac{l}{\varrho} + (\alpha_V - \alpha_H) + \frac{1}{C_L}(F_{yV}n_K + M_{zVa} + M_{zVi})$$

$$= \delta_V + \frac{1}{C_L}(F_{yV}n_K + M_{zVa} + M_{zVi}), \tag{40.8}$$

wobei jetzt für das gesamte Rückstellmoment die Summe aus den Rückstellmomenten des kurvenäußeren und -inneren Rades gesetzt werden muß. Da wegen der Mittellastigkeit des Beispielfahrzeugs $\alpha_V = \alpha_H$ ist, braucht nur der Einfluß der Radlaständerung auf den letzten Summanden betrachtet zu werden.

Das Rückstellmoment am kurvenäußeren Rad M_{zVa} ist wesentlich größer als am inneren Rad M_{zVi} (Bild 40.6b und c), ähnlich wie bei den Seitenkräften nach Bild 40.3a. Die Summe der Rückstellmomente $M_{zVa} + M_{zVi}$ verändert sich durch die Radlaständerung kaum. Dies wirkt sich deshalb auch kaum im Lenkradmoment M_L und im Lenkradeinschlag δ_L aus.

Als Zwischenergebnis der Abschnitte 40.1 und 40.2 wird festgestellt:

Die Radlaständerung erniedrigt die Kurvengrenzbeschleunigung und erhöht den Schwimmwinkel, beeinflußt aber kaum die Untersteuertendenz und die Größe des Lenkradmomentes.

40.3 Unterschiedliche Radlaständerung an Vorder- und Hinterachsen

Bei dem o. g. Beispiel übernahm jede Achse hälftig das Gesamtmoment $G \cdot v^2/\varrho g \cdot h$. Übernimmt hingegen eine Achse einen größeren Anteil, so treten an dieser Achse die größeren Radlaständerungen ΔF_z auf, demzufolge auch die größeren Schräglaufwinkel. Diese Achse rutscht zuerst seitlich weg, die Kurvengrenzbeschleunigung des gesamten Fahrzeugs sinkt auf kleinere $v^2/\varrho g$-Werte herab. In Bild 40.5 ist diese Grenze für den Extremfall mit eingezeichnet, daß nämlich nur eine Achse das gesamte Moment aus der Fliehkraft aufnimmt (wie beim Dreiradfahrzeug nach Bild 40.3).

Neben der Veränderung der Kraftschlußgrenze wirkt sich das auch auf das übrige Fahrverhalten aus. Ist z. B. die Radlaständerung an der Vorderachse größer als an der Hinterachse, so wird beim mittellastigen Fahrzeug $\alpha_V > \alpha_H$, d. h., das Fahrzeug bekommt eine (stärkere) Untersteuertendenz, und der Schwimmwinkel wird kleiner.

Mit der Verteilung der Radlaständerungen auf Vorder- und Hinterachse hat man neben den Einflüssen von Schwerpunktslage, Reifen, Lenkung (siehe Kap. I), Vorder-, Hinter-, Allradantrieb (siehe Abschn. III. A) ein weiteres konstruktives Mittel, um das Fahrverhalten zu beeinflussen (leider auf Kosten der Kurvengrenzbeschleunigung).

40.4 Kippgrenze

Neben der bisher erwähnten Kraftschlußgrenze, bei deren Überschreiten das Fahrzeug seitlich wegrutscht, tritt nun eine weitere Fahrgrenze deutlich in Erscheinung, die sog. *Kippgrenze*, bei deren Überschreiten das Fahrzeug umkippt. Formelmäßig kann man sich das mit Hilfe von (40.3) klarmachen.

$$\Delta F_{zV}s_V + \Delta F_{zH}s_H = G\,\frac{v^2}{\varrho g}\,h.$$

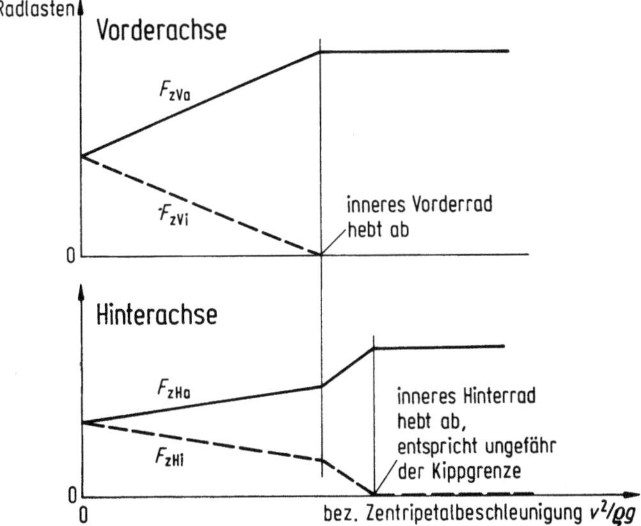

Bild 40.7. Zur Erklärung des Kippbeginns

Hebt z. B. das kurveninnere Vorderrad zuerst ab, so ist ΔF_{zV} größer als die statische Radlast $1/2F_{zV\,stat}$. Die Vorderachse kann ihren Anteil des Momentes $G \cdot v^2/\varrho g \cdot h$ nicht mehr aufbringen (Bild 40.7), so daß die Hinterachse eine weitere Erhöhung übernehmen muß

$$\Delta F_{zH}s_H = G\,\frac{v^2}{\varrho g}\,h - \frac{1}{2}\,F_{zV\,stat}s_V.$$

Wird auch $\Delta F_{zH} = 1/2F_{zH\,stat}$, bevor das Fahrzeug seitlich wegrutscht, so kann das Moment der Fliehkraft $Gv^2/\varrho gh$ überhaupt nicht mehr abgestützt werden, und das Fahrzeug beginnt zu kippen.

Bild 40.8 zeigt am Beispiel eines ungefederten und gefederten Fahrzeugs, daß es kippt, wenn die Resultierende aus Gewicht G und Fliehkraft $Gv^2/\varrho g$ durch die Radaufstandspunkte

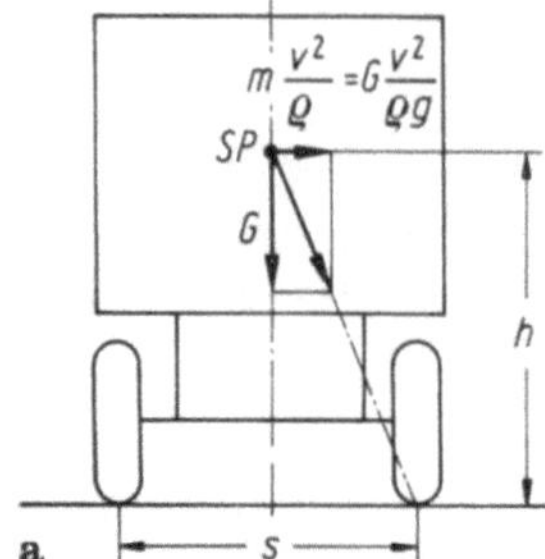
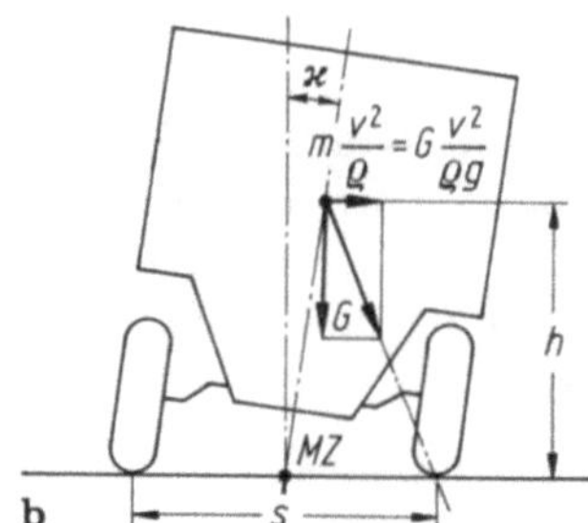

Bild 40.8. Vergleich der Kippgrenze eines ungefederten (**a**) und gefederten (**b**) Fahrzeugs

der äußeren Räder geht[1,2,3]. (In dem Bild sind die Spurweiten vorn und hinten gleich. Bei ungleicher Spurweite (Extremfall Dreirad) ergibt sich die Kippkante aus der Verbindungslinie des vorderen und hinteren äußeren Rades, und damit ist der für das Kippen maßgebende Abstand kleiner als die größere Spurweite.)

Die Kippgrenze soll über der Rutschgrenze liegen, weil ein seitlich wegrutschendes Fahrzeug leichter abzufangen ist als ein Fahrzeug, das zu kippen beginnt.

41 Auftrieb

Die Radlasten am kurvenäußeren und -inneren Rad einer Fahrzeugachse werden durch die Fliehkraft verändert und wirken sich nach dem vorangegangenen Abschn. 40 besonders bei hohen Zentripetalbeschleunigungen v^2/ϱ auf das Fahrverhalten aus. Die Größe der Radlasten werden aber auch durch den Auftrieb bestimmt, der vom Quadrat der Fahrgeschwindigkeit v^2 abhängig ist. Beide zusammen, Fliehkraft und Auftrieb, beeinflussen demnach das Fahrverhalten bei Fahrten auf großen Radien ϱ mit hoher Fahrgeschwindigkeit v. Dies wird in diesem Abschnitt gezeigt.

Die Auftriebskraft an Vorder- oder Hinterachse ist nach (25.8), Band A

$$\frac{F_{\text{LzV H}}}{N} = \frac{10}{16}\, c_{\text{zV H}}\, \frac{A}{m^2}\, \frac{v^2}{(m/s)^2} \tag{41.1}$$

mit dem Auftriebsbeiwert c_z und der Anströmfläche A. (Die Luftdichte, meistens mit ϱ bezeichnet, wurde wegen der Verwechslungsgefahr mit dem Kurvenradius ϱ

---

[1] Gauß, F.; Schönfeld, H. H.: Die Berechnung der Kippsicherheit von Sattelkraftfahrzeugen. Deutsche Kraftfahrtforsch. u. Straßenverkehrstechn. H. 250, 1975.

[2] Gauß, F.; Isermann, H.: Wankbewegungen, Radlastschwankungen und Kippgrenzen von Sattelkraftfahrzeugen bei zeitlich veränderlichen Querkräften. Deutsche Kraftfahrtforsch. u. Straßenverkehrstechn. H. 232, 1973.

[3] Milbradt, K.: Zur dynamischen Kippsicherheit von Personenkraftwagen unter besonderer Berücksichtigung der Rollachslage. Dissertation TU Braunschweig 1982.

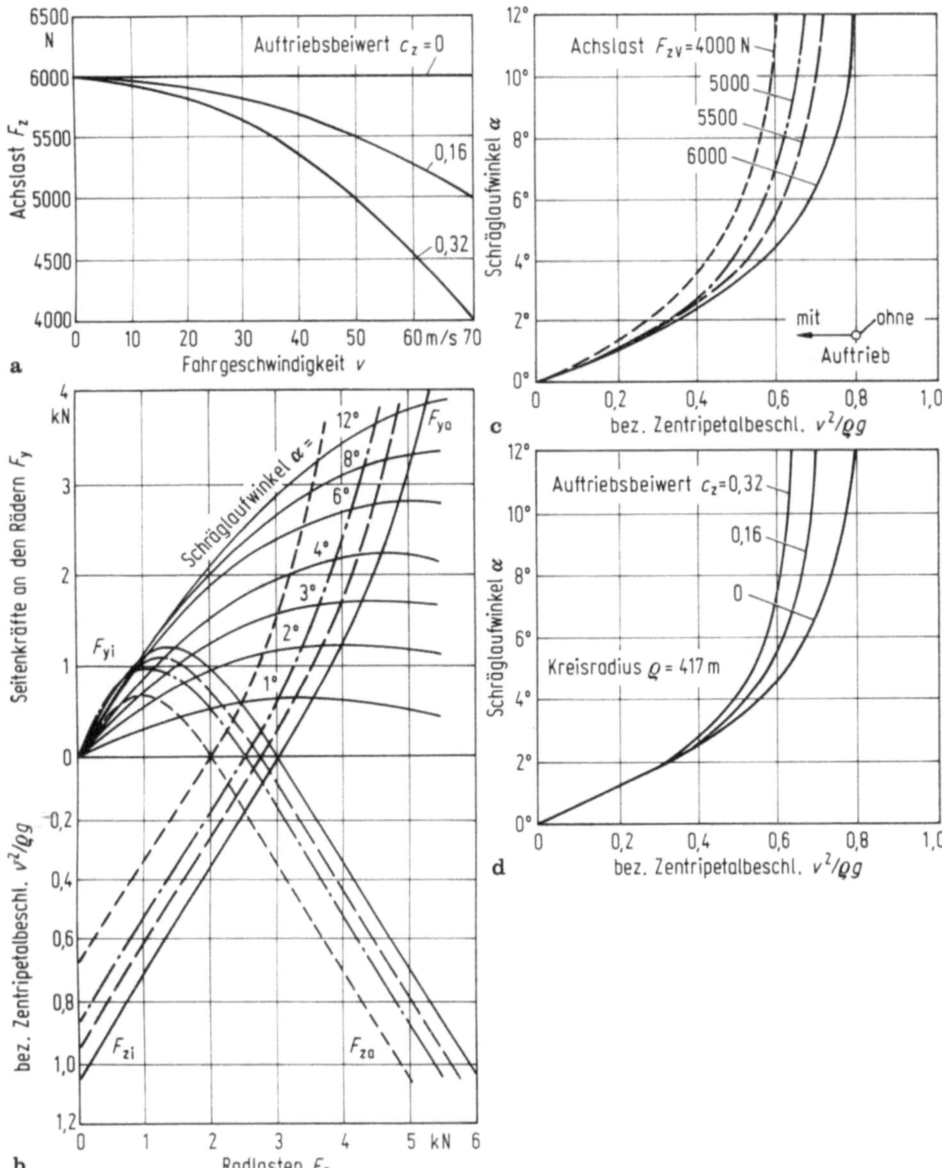

Bild 41.1. Einfluß des Auftriebs auf das Fahrverhalten bei Kreisfahrt. **a** Einfluß des Auftriebs auf Achslast; **b** Einfluß verschiedener statischer Radlasten auf Seitenkräfte, Schräglaufwinkel, dyn. Radlasten (vgl. Bild 40.3); **c** Einfluß verschiedener statischer Achslasten auf Schräglaufwinkel und Zentripetalbeschleunigung (vgl. Bild 40.4); **d** Schräglaufwinkel als Funktion der Zentripetalbeschleunigung für verschiedene Auftriebsbeiwerte

gleich als Zahlenwert eingesetzt.) Damit lautet die Achslast nach (3.5)

$$F_{\mathrm{zV\,H}} = F_{\mathrm{zV\,H\,stat}} - F_{\mathrm{LzV\,H}} = G\,\frac{l_{\mathrm{H\,V}}}{l} - F_{\mathrm{LzV\,H}} \tag{41.2}$$

und die Radlast, z. B. die des vorderen, kurvenäußeren Rades,

$$F_{z\mathrm{Va\,mit\,Auftrieb}} = \frac{1}{2}\,G\,\frac{l_\mathrm{H}}{l} + \Delta F_{z\mathrm{V}} - \frac{1}{2}\,F_{\mathrm{LzV}}$$

$$= F_{z\mathrm{Va\,ohne\,Auftrieb}} - \frac{1}{2}\,F_{\mathrm{LzV}},$$

$$F_{z\mathrm{Va}}(c_{z\mathrm{V}} > 0) = F_{z\mathrm{Va}}(c_\mathrm{z} = 0) - \frac{1}{2}\,F_{\mathrm{LzV}}. \tag{41.3}$$

Bild 41.1a zeigt die Verminderung der Achslast bei verschiedenen Auftriebsbeiwerten. Aus Diagramm b ist die Veränderung der Radlasten und der Radseitenkräfte zu entnehmen, wenn die stat. Radlast von 3,0 kN durch den Auftrieb auf 2,75 bis 2,0 kN verringert wird. (Dieses Diagramm entspricht Bild 40.3). Daraus ergeben sich die ersten Ergebnisse nach Diagramm c: Mit Auftrieb werden die Schräglaufwinkel größer, und die Kurvengrenzbeschleunigung sinkt. In d sind schließlich die Diagramme a und c verknüpft für eine Fahrt auf dem Radius $\varrho = 417$ m. Daraus kann man für das mittellastige Fahrzeug, bei dem außerdem die Änderungen der Radlast durch die Fliehkraft an beiden Achsen gleich ist, folgendes ablesen: Gibt es an der Vorderachse einen Auftrieb ($c_{z\mathrm{V}} > 0$) und an der Hinterachse keinen ($c_{z\mathrm{H}} = 0$), so wird das Fahrzeug untersteuernd, da $\alpha_\mathrm{V} > \alpha_\mathrm{H}$ wird, und die Vorderräder rutschen zuerst seitlich weg. Ist hinten Auftrieb und

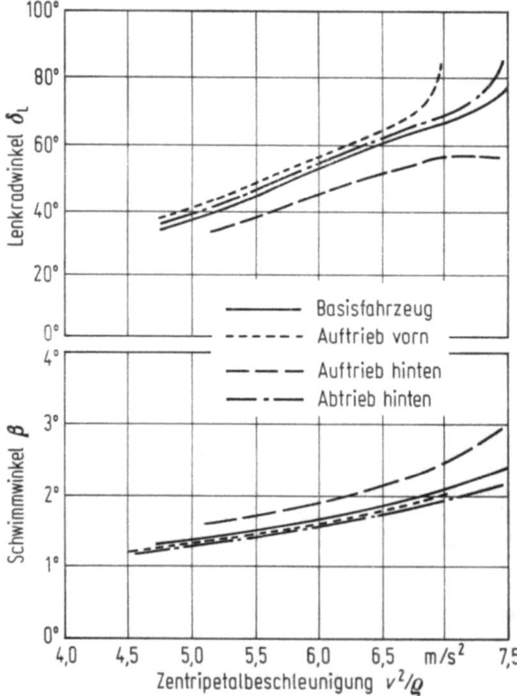

Bild 41.2. Lenkradwinkel- und Schwimmwinkelverlauf über der Zentripetalbeschleunigung bei verschiedenen Auf- und Abtriebsbeiwerten. (Flegl, H., Rauser, M., Witte, L., Beeinflussung des Fahrverhaltens durch die Aerodynamik, Automobil-Industrie 4/87, S. 309 bis 318)

vorn keiner, dann ist $\alpha_{\mathrm{H}} > \alpha_{\mathrm{V}}$, und zudem wird der Schwimmwinkel größer. Weitere Ergebnisse zeigt Bild 41.2.

Zusammenfassend sei festgehalten, daß schon wegen der herabgesetzten Rutschgrenze der Auftrieb mittels Spoiler vermieden werden muß.

42 Momentanzentrum, Momentanachse

In Abschn. 40 wurde schon angedeutet, daß die Radlaständerungen über die Neigung des Aufbaus berechnet werden.[4] Dazu müssen die Begriffe Momentanzentrum und Momentanachse erklärt werden, die auch Rollzentrum und Rollachse (aus dem Englischen entlehnt) genannt werden.[5]

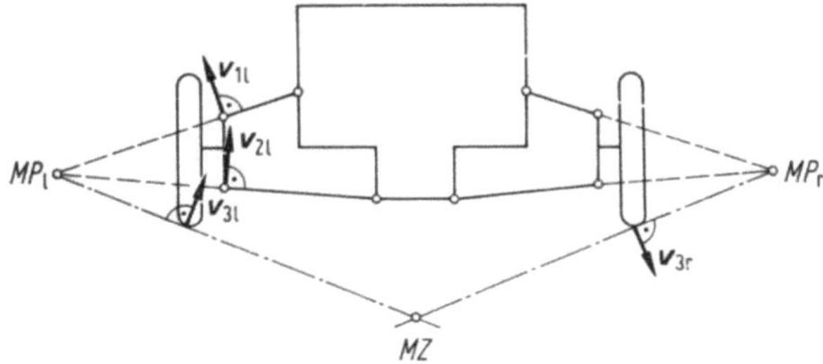

Bild 42.1. Lage von Momentanpolen einer Radaufhängung mit Doppelquerlenkern. MP_1 und MP_r sind die Momentanpole für die Bewegung des linken und rechten Rades; MZ ist der Pol für die Schwenkung des Aufbaus, sog. Momentanzentrum

Dies soll am Beispiel einer Radaufhängung mit Doppelquerlenkern[6] (Bild 42.1) gezeigt werden. Man kann jede Bewegung eines Körpers als Drehung um einen Punkt, den *Momentanpol MP*, auffassen. Wird bei diesem Beispiel in Bild 42.1 der Fahrzeugaufbau festgehalten und das linke Rad etwas angehoben, so kann man die Radbewegung als Schwenkung um den Momentanpol MP_1 auffassen. Dieser Momentanpol ergibt sich als Schnittpunkt der auf die Geschwindigkeitsvektoren v_{1l} und v_{2l} gerichteten Senkrechten (Verlängerung der Lenkerarme). Die Geschwindigkeit des Radaufstandspunkts v_{3l} steht senkrecht auf der Verbindungslinie MP_1 zum Radaufstandspunkt.

Wird nun das rechte Rad geringfügig abgesenkt, so erhält man mit derselben Konstruktion die Geschwindigkeit v_{3r} des rechten Radaufstandspunkts. Dem Anheben des linken und dem Absenken des rechten Rades entspricht eine Fahrbahnschwenkung im Uhrzeigersinn um das *Momentanzentrum MZ*, das sich als Schnittpunkt aus den verlängerten Verbindungslinien MP_1 (linker Radaufstandspunkt) und MP_r (rechter Radaufstandspunkt) ergibt.

---

[4] Eberan v. Eberhorst, R.: Die Kurven- und Rollstabilität des Kraftfahrzeuges, ATZ 55 (1953) 9, S. 246—253. Ders.: Roll angles, Automobile Eng. (1951) S. 379.

[5] Das folgende wird v. d. Osten-Sacken, E.: Die Rollachse von Kraftfahrzeugbauten, Industrieanzeiger 89 (1967) 34, S. 772 als eine nützliche Näherungslösung beschrieben.

[6] Aus der Doppelquerlenkerachse lassen sich auch andere Einzelradaufhängungen ableiten, siehe Bild 48.1/Band B.

Anstatt die Fahrbahn zu schwenken, kann man auch den Aufbau um den gleichen Winkel neigen, in beiden Fällen ist die relative Lage von Aufbau und Fahrbahn die gleiche. Es leuchtet also ein, daß sich das Wanken als momentane Drehung um das Momentanzentrum MZ vollzieht. In der Kraftfahrzeugtechnik nennt man MZ auch *Rollzentrum*.

Wenn diese Betrachtung für die Vorderachse gilt und somit das Momentanzentrum MZ_V an der Vorderachse gefunden wurde, so erhält man auf entsprechende Weise ein Momentanzentrum MZ_H an der Hinterachse (Bild 42.2). Der Fahrzeugaufbau dreht sich also vorn um MZ_V und hinten um MZ_H. Der Aufbau muß sich demnach (wenn er starr ist) um eine Achse drehen, die durch beide Momentanzentren verläuft. Diese Achse nennt man *Momentan-* oder *Rollachse*.

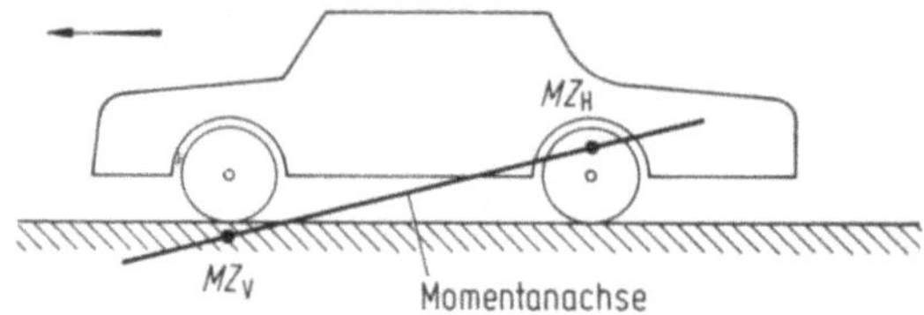

Bild 42.2. Lage der die Momentanzentren MZ_V und MZ_H an Vorder- und Hinterachse verbindenden Momentanachse, um die der Aufbau wankt

43 Berechnung der vertikalen Radlasten und der Fahrzeugquerneigung (am Beispiel der Starrachse)

Nach Einführung der Momentanachse kann das statisch unbestimmte Problem des vierrädrigen Fahrzeugs behandelt werden. In Bild 43.1a ist der Aufbau des Fahrzeugs durch ein dick ausgezogenes Stabwerk ersetzt, das in den Momentanzentren MZ_V und MZ_H gelagert ist und sich über die vorderen und hinteren Federn auf die Achsen abstützt. Die im Aufbauschwerpunkt SP_A angreifende Fliehkraft $m_\mathrm{A} v^2/\varrho$ des Aufbaus mit der Masse m_A erzeugt um die Momentanachse ein Moment $m_\mathrm{A}(v^2/\varrho)\,h'$. Da der Schwerpunkt SP_A durch die Drehung um die Momentanachse seitlich um $h'\sin\varkappa$ ausgelenkt wird, entsteht noch ein weiteres Moment der Größe $G_\mathrm{A} h'\sin\varkappa \approx G_\mathrm{A} h'\varkappa$. Das Gesamtmoment ist dann

$$M = m_\mathrm{A}\,\frac{v^2}{\varrho}\,h' + G_\mathrm{A} h'\varkappa. \tag{43.1}$$

Die Fliehkraft wird entsprechend der Lage des Aufbauschwerpunkts auf die Momentanzentren verteilt, so daß nach Bild 48.1b dort die Kräfte $m_\mathrm{A}(v^2/\varrho)\,(l_\mathrm{HA}/l)$ bzw. $m_\mathrm{A}(v^2/\varrho)\,(l_\mathrm{VA}/l)$ auftreten. l_VA und l_HA sind die Abstände von den Achsen zum *Aufbau*schwerpunkt.

Das Moment M wird durch die Fahrzeugfedern auf die Achsen übertragen. Mit dem Neigungswinkel des Fahrzeugaufbaus $\varkappa$ und den Wank- (oder Roll-) federsteifigkeiten an Vorder- und Hinterachse C_V und C_H, bei denen es sich physikalisch gesehen um Drehfederkonstanten handelt, ist

$$M = (C_\mathrm{V} + C_\mathrm{H})\,\varkappa. \tag{43.2}$$

Daraus errechnet sich der Wankwinkel mit (43.1) zu

$$\varkappa = \frac{m_{\mathrm{A}}(v^2/\varrho)\,h'}{C_{\mathrm{V}} + C_{\mathrm{H}} - G_{\mathrm{A}}h'} = \frac{G_{\mathrm{A}}h'}{C_{\mathrm{V}} + C_{\mathrm{H}} - G_{\mathrm{A}}h'}\,\frac{v^2}{\varrho g}. \tag{43.3}$$

Die Federmomente an den einzelnen Achsen lauten dann

$$M_{\mathrm{FV}} = C_{\mathrm{V}}\varkappa = \frac{C_{\mathrm{V}}}{C_{\mathrm{V}} + C_{\mathrm{H}} - G_{\mathrm{A}}h'}\,G_{\mathrm{A}}h'\,\frac{v^2}{\varrho g};$$

$$M_{\mathrm{FH}} = C_{\mathrm{H}}\varkappa = \frac{C_{\mathrm{H}}}{C_{\mathrm{V}} + C_{\mathrm{H}} - G_{\mathrm{A}}h'}\,G_{\mathrm{A}}h'\,\frac{v^2}{\varrho g}. \tag{43.4}$$

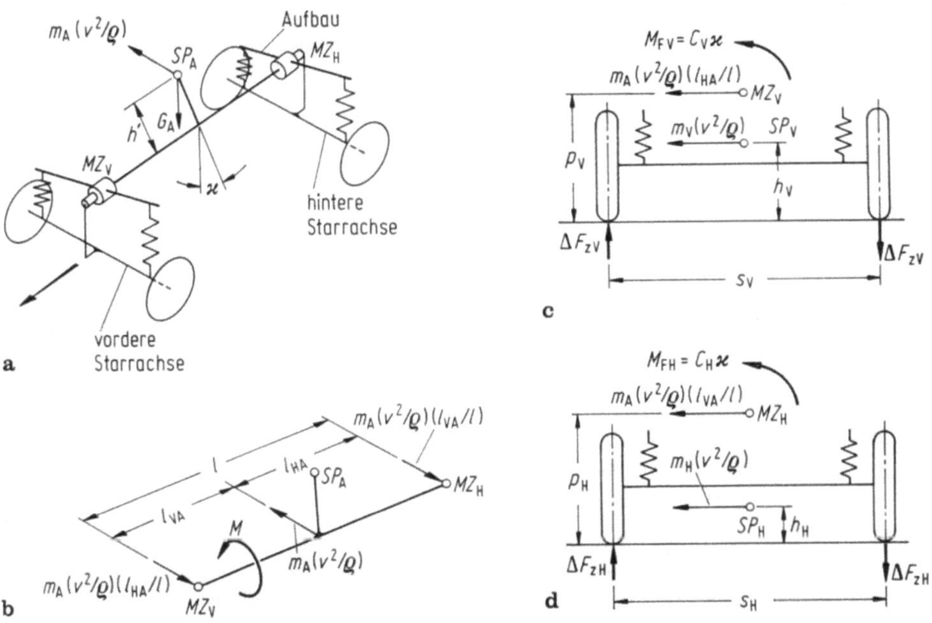

Bild 43.1. Zur Berechnung der Radlastdifferenzen zwischen kurvenäußeren und -inneren Rädern an einem Zweiachsfahrzeug. **a** Gesamtfahrzeug mit der Fliehkraft $m_{\mathrm{A}}v^2/\varrho$ am Aufbau; **b** Verteilung der Fliehkraft auf Vorder- und Hinterachse; **c** Kräfte und Momente an der Vorderachse; **d** Kräfte und Momente an der Hinterachse. Gewichtskräfte und statische Radlasten wurden bis auf die Drehkraftwirkung $G_{\mathrm{A}}h'$ in Bildteil a nicht eingezeichnet

Nun zur Betrachtung der Radlaständerung an Vorder- und Hinterachsen (Bilder 43.1c und d): Das Moment der Radlastdifferenzen hält drei Momenten das Gleichgewicht. An der Vorderachse (Diagramm c) sind das z. B. die anteilige Fliehkraft des Aufbaus $m_{\mathrm{A}}(v^2/\varrho)\,(l_{\mathrm{HA}}/l)$ mit dem Abstand Momentanzentrum MZ_{V}-Straße, genannt p_{V}, die Fliehkraft der Vorderachse $m_{\mathrm{V}}v^2/\varrho$ mit dem Abstand

Achsschwerpunkt SP_V-Straße, mit h_V bezeichnet, und das Federmoment M_FV

$$\Delta F_{z\mathrm{V}} s_\mathrm{V} = m_\mathrm{A}\,\frac{v^2}{\varrho}\,\frac{l_\mathrm{HA}}{l}\,p_\mathrm{V} + M_\mathrm{FV} + m_\mathrm{V}\,\frac{v^2}{\varrho}\,h_\mathrm{V},$$

$$\Delta F_{z\mathrm{H}} s_\mathrm{H} = m_\mathrm{A}\,\frac{v^2}{\varrho}\,\frac{l_\mathrm{VA}}{l}\,p_\mathrm{H} + M_\mathrm{FH} + m_\mathrm{H}\,\frac{v^2}{\varrho}\,h_\mathrm{H}.$$

In Band A wurden unter m_V und m_H nur die rotierenden Massen der Räder verstanden, hier zählen auch die nichtrotierenden dazu, wie die Achse selber, bei der Starrachse das daran hängende Achsgetriebe, ein Teil der Federn usw.

In Band B wurden die Achsmassen mit m_1 bzw. $m_{1\mathrm{V}}$ oder $m_{1\mathrm{H}}$ bezeichnet. Bei der Starrachse ist die jetzige Bezeichnung $m_\mathrm{V} = m_{1\mathrm{V}}$ bzw. $m_\mathrm{H} = m_{1\mathrm{H}}$.

Gegenüber den Fahrzeugschwingungen ist auch ein Unterschied zwischen den dortigen m_2 und den jetzigen m_A zu treffen, nämlich dann, wenn bei den Schwingungen die Eigenbeweglichkeit des Motors und der Insassen gegenüber dem „Aufbau" berücksichtigt wird. Dann ist $m_\mathrm{A} = m_2 +$ Motormasse $+$ Masse der Insassen $+ \cdots$

Die Radlaständerungen gegenüber dem statischen Zustand ergeben sich, nachdem noch M_FV und M_FH nach (43.4) eingeführt wurden, zu

$$\Delta F_{z\mathrm{V}} = G_\mathrm{A}\,\frac{v^2}{\varrho g}\left(\frac{l_\mathrm{HA}}{l}\,\frac{p_\mathrm{V}}{s_\mathrm{V}} + \frac{C_\mathrm{V}}{C_\mathrm{V} + C_\mathrm{H} - G_\mathrm{A} h'}\,\frac{h'}{s_\mathrm{V}} + \frac{G_\mathrm{V}}{G_\mathrm{A}}\,\frac{h_\mathrm{V}}{s_\mathrm{V}}\right), \tag{43.5}$$

$$\Delta F_{z\mathrm{H}} = G_\mathrm{A}\,\frac{v^2}{\varrho g}\left(\frac{l_\mathrm{VA}}{l}\,\frac{p_\mathrm{H}}{s_\mathrm{H}} + \frac{C_\mathrm{H}}{C_\mathrm{V} + C_\mathrm{H} - G_\mathrm{A} h'}\,\frac{h'}{s_\mathrm{H}} + \frac{G_\mathrm{H}}{G_\mathrm{A}}\,\frac{h_\mathrm{H}}{s_\mathrm{H}}\right). \tag{43.6}$$

Die Radlaständerungen hängen bei gegebener bezogener Querbeschleunigung $v^2/\varrho g$ von folgenden, teils konstruktiven Größen ab:

— Schwerpunktslage l_VA/l, l_HA/l, h_V, h_H,
— bezogene Höhe der Momentanzentren $p_\mathrm{V}/s_\mathrm{V}$, $p_\mathrm{H}/s_\mathrm{H}$,
— bezogene Schwerpunktshöhe über Momentanachse h'/s_V, h'/s_H,
— Verhältnis der Wankfederkonstante $C_\mathrm{V}/(C_\mathrm{V} + C_\mathrm{H} - G_\mathrm{A} h')$, $C_\mathrm{H}/(C_\mathrm{V} + C_\mathrm{H} - G_\mathrm{A} h')$

Ein Beispiel zeige die Anwendung: $m = m_\mathrm{A} + m_\mathrm{V} + m_\mathrm{H} = 1\,200$ kg und $l_\mathrm{H}/l = l_\mathrm{V}/l = 1/2$ sind die schon bisher verwendeten Daten. Als neue kommen hinzu: Achsgewichte rund 10% der Achslast, $G_\mathrm{V} = G_\mathrm{H} = 600$ N und damit $G_\mathrm{A} = 10\,800$ N.

Da Vorder- und Hinterachse gleich schwer sind, ist $l_\mathrm{HA}/l = l_\mathrm{VA}/l = 1/2$. Der Schwerpunkt der Achse ist ungefähr in Radmitte, also beim Reifen 155 SR 15 wird $h_\mathrm{V} = h_\mathrm{H} = 30$ cm.

Die Momentanpole bei einer Starrachse mit Blattfedern liegen in Höhe der Federaugen, z. B. $p_\mathrm{V} = p_\mathrm{H} = 35$ cm. Der Schwerpunktshöhe des Aufbaus über der Straße ist ungefähr 60 cm, also über der Momentanachse $h' = 25$ cm. Die Federhärten an Vorder- und Hinterachse seien gleich, dann gilt bei dem hier gewählten relativ kleinen Abstand h' näherungsweise $C_\mathrm{V}/(C_\mathrm{V} + C_\mathrm{H} - G_\mathrm{A} h') \approx C_\mathrm{H}(C_\mathrm{V} + C_\mathrm{H} - G_\mathrm{A} h') \approx 1/2$.

Daraus ergibt sich die Radlaständerung mit den Spurweiten $s_\mathrm{V} = s_\mathrm{H} = 120$ cm

$$\Delta F_{z\mathrm{V}} = \Delta F_{z\mathrm{H}} = 10\,800\,\frac{v^2}{\varrho g}\left(\frac{1}{2}\cdot\frac{35}{120} + \frac{1}{2}\cdot\frac{25}{120} + \frac{600}{10\,800}\cdot\frac{30}{120}\right)\,[\mathrm{N}].$$

$$\Delta F_{z\mathrm{V}} = \Delta F_{z\mathrm{H}} = 10\,800\,\frac{v^2}{\varrho g}\,(0{,}146 + 0{,}104 + 0{,}014)\,[\mathrm{N}].$$

(Der Einfluß der an den Achsen angreifenden Fliehkräfte, also der letzte Summand in der Klammer, ist klein, er beträgt nur je 152 $v^2/\varrho g$ [N].)

$$\Delta F_{zV} = \Delta F_{zH} = 2850\,\frac{v^2}{\varrho g}\,[\text{N}].$$

Die Radlasten sind somit

$$F_{zVa} = F_{zHa} = 3000 + 2850\,\frac{v^2}{\varrho g}\,[\text{N}],$$

$$F_{zVi} = F_{zHi} = 3000 - 2850\,\frac{v^2}{\varrho g}\,\text{N}].$$

Mit diesen Gleichungen können nun — wie in Abschn. 40 schon vorweggenommen — die Schräglaufwinkel an Vorder- und Hinterachse berechnet werden.

44 Unterschiedliche Wankfederhärten an Vorder- und Hinterachse, Stabilisator

Nach Bild 40.4 sind unterschiedliche Radlasten an einer Achse nachteilig, weil dadurch die Schräglaufwinkel vergrößert werden und damit die Rutschgrenze schon bei kleineren Zentripetalbeschleunigungen erreicht wird. Man kann aber — wie schon in Abschn. 40.3 angedeutet — die Radlastdifferenz an einer Achse auch bewußt dazu ausnutzen, um die Steuertendenz eines Kraftfahrzeugs zu verändern. Übersteuert z. B. ein Fahrzeug durch seine Hecklastigkeit (siehe Abschn. 11.5) oder ein mittellastiges Fahrzeug mit Hinterradantrieb bei höheren Zentripetalbeschleunigungen (siehe Abschnitte 28 und 29) letztlich deshalb, weil in beiden Fällen die Schräglaufwinkeldifferenz $\alpha_V - \alpha_H < 0$ ist, so kann man durch entsprechende Vergrößerung von α_V ein neutral- oder sogar untersteuerndes Fahrzeug erhalten. Dies ist nach dem oben Gesagten durch eine große Radlastdifferenz an der Vorderachse zu erreichen. Größere Radlastdifferenzen an der Vorderachse als an der Hinterachse bekommt man, wenn sich das Moment der Fliehkraft um die Momentanachse stärker an der Vorderachse abstützt. Dies wird durch den Einbau steiferer Federn an der Vorderachse erreicht. Damit wird nach (43.4) bzw. (43.5) und (43.6) $C_V/(C_V + C_H - G_A h') > C_H/(C_V + C_H - G_A h')$.

Härtere Federn ergeben aber — wie von den Schwingungsbetrachtungen aus Band B bekannt — größere Aufbaubeschleunigungen und damit einen schlechteren Fahrkomfort. Um dies zu vermeiden, verwendet man zur Korrektur der Steuertendenz eine Feder, die nur auf Wankbewegungen anspricht. Meistens baut man *Torsionsstabilisatoren* nach Bild 44.1a ein Ein Stabilisator erhöht an der Achse, an der er sich befindet, die Radlastdifferenz. Das von ihm aufgenommene Moment, das zu den in (43.4) aufgeführten Momenten M_{FV} oder M_{FH} addiert werden muß, beträgt nach Bild 44.1b

$$M_{St} = \left(\frac{s}{a_{St}}\right)^2 C'_{St}\varkappa = C_{St}\varkappa. \tag{44.1}$$

Ein Mittel zur Beeinflussung der Steuerungstendenz in entgegengesetzter Richtung liegt darin, die Wankfedersteifigkeit einer Achse *weicher* auszulegen als die Hubfedersteifigkeit. In dem obigen Beispiel der Übersteuertendenz müßte die Wankfedersteifigkeit der Hinter-

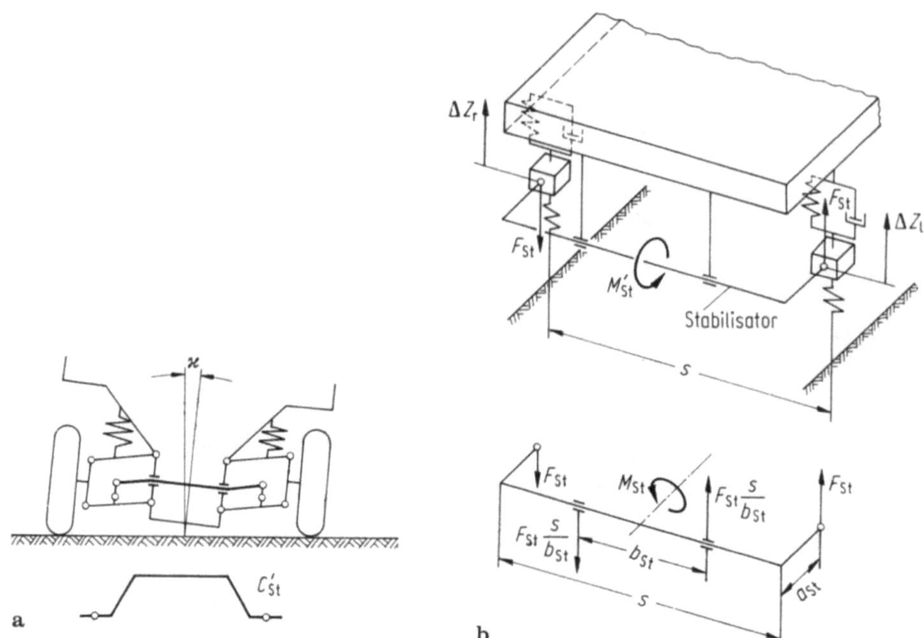

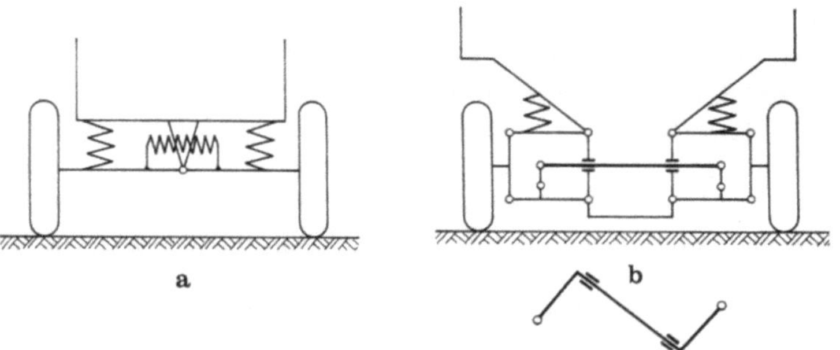

Bild 44.1. a Anordnung eines Stabilisators (dick ausgezogene Linie); **b** Einbau eines Stabilisators. M'_{St} Moment am Stabilisator; F_{St} Kraft an den Enden; $F_{St}s/b_{St}$ Krafteinleitung im Fahrzeugaufbau; M_{St} Moment am Aufbau

Bild 44.2. Anordnung von Labilisatoren (Gegenteil von Stabilisatoren, dick ausgezogen). **a** Ausgleichsfeder; **b** Z-Stab

achse vermindert werden. Das erreicht man durch *Ausgleichfedern* oder *Labilisatoren* (*Z*-Stäbe) nach Bild 44.2.

Die eben aufgeführten Zusatzfedern ändern nicht nur die Radlastdifferenzen, sondern nach (43.3) auch die Wankneigung $\varkappa$. Diese wiederum ändert bei Einzelradaufhängung u. a. die Größe des Radsturzes, der nach Abschn. 50 die Fahreigenschaften beeinflußt.

45 Verschiedene Radaufhängungen

Die im Abschn. 43 gezeigte Berechnung der vertikalen Kräfte an den Rädern von Vorder- und Hinterachse setzte ein Fahrzeug mit zwei Starrachsen voraus. Sie ist damit auf die meisten Nutz- und Geländefahrzeuge anwendbar. Personenkraftwagen haben vorn immer und hinten meistens Einzelradaufhängungen. Auch dafür lassen sich die Berechnungen aus Abschn. 43 anwenden, allerdings mit einigen noch zu behandelnden Modifikationen.

Die Bestimmung der Höhen p_V, p_H der Momentanzentren MZ_V, MZ_H ist einfach bei ebenen Radaufhängungen, wie anhand von Bild 42.1 gezeigt wurde. Für andere Konstruktionen hilft Tabelle 45.1. Bei räumlichen Radaufhängungen, bei denen die Lenkerachsen windschief im Raum stehen, ist die Ermittlung schwieriger.[7,8] Aus einer gemessenen Spurweitenänderungskurve kann man die Höhe nach Bild 45.1 entnehmen.

Weiterhin ist zu beachten, daß das Momentanzentrum in Bild 42.1 zu Beginn der Wankbewegung, also bei der Querbeschleunigung Null, ermittelt wurde. Mit der Aufbauneigung ändert sich die Lage des Momentanzentrums, siehe Bild 45.2.

Der Abstand h' des Aufbauschwerpunktes SP_A von der Momentanachse berechnet sich mit den p_V und p_H, der Höhe h_A des Schwerpunkts SP_A über der

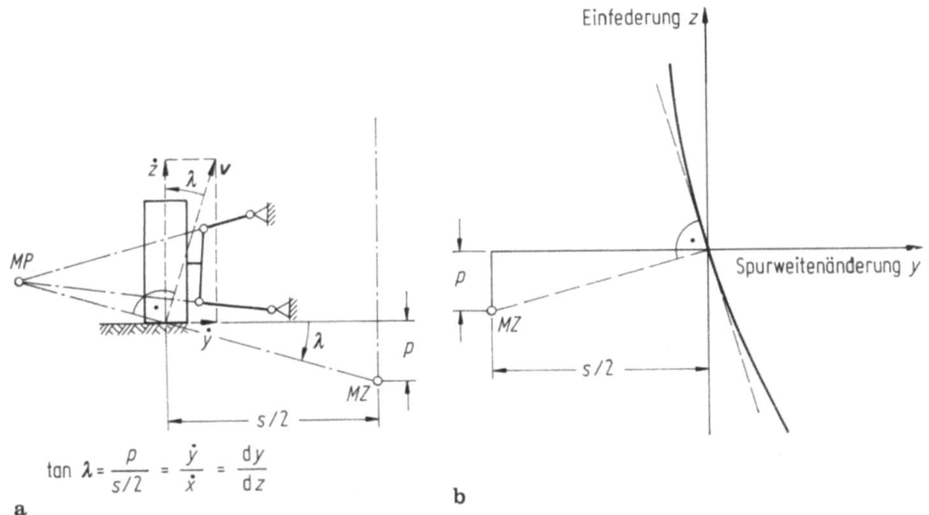

Bild 45.1. Ermittlung der Höhe p des Momentanzentrums MZ aus der gemessenen Spurweitenänderungskurve nach **b**.
(Bussien: Automobiltechnisches Handbuch, Ergänzungsband 18. Auflage, 1979, dort Zomotor, S. 534)

---

[7] Eghtessad, M.: Kinematik und Dynamik räumlicher Getriebe an Beispielen der Einzelradaufhängungen, Dissertation TU Braunschweig (1978).

[8] Matschinsky, W.: Die Radführungen der Straßenfahrzeuge, Fahrzeugtechnische Schriftenreihe, Herausgeber Mitschke, M., und Frederich, F., Verlag TÜV Rheinland, Köln (1987).

Tabelle 45.1. Wankfederkonstanten und Lage der Momentanzentren für verschiedene Radaufhängungen

Radaufhängung	Höhe des Momentanzentrums MZ	Wankfederkonstante $C_\mathrm{j} = M_{\mathrm{Fj}}/\varkappa =$
Doppelquerlenkerachse 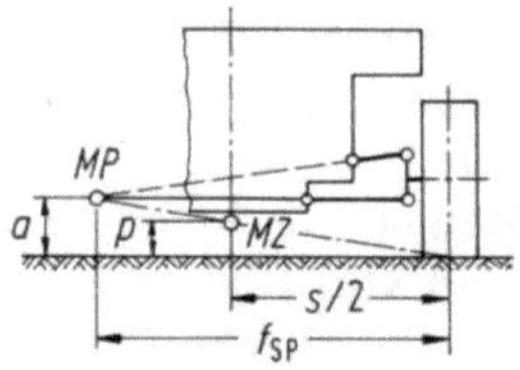	aus Zeichnung Lage von MP entnehmen $p = a\,\dfrac{s/2}{f_{SP}}$	
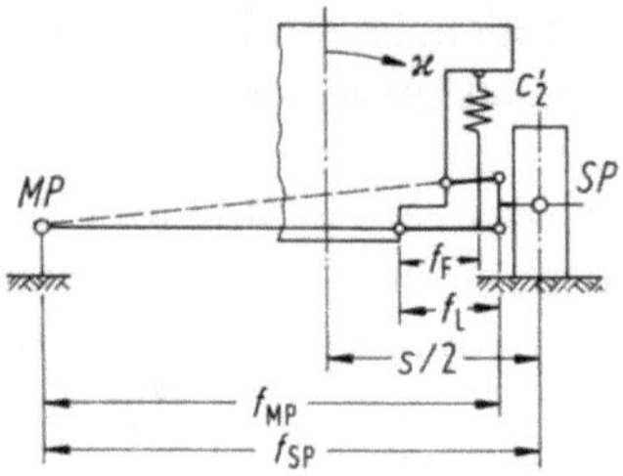		$2c_2'\left(\dfrac{s}{2}\right)^2\left(\dfrac{f_F}{f_L}\right)^2\left(\dfrac{f_{MP}}{f_{SP}}\right)^2$ $\approx 2c_2'\left(\dfrac{s}{2}\right)^2\left(\dfrac{f_F}{f_L}\right)^2$
Mc Pherson-Achse 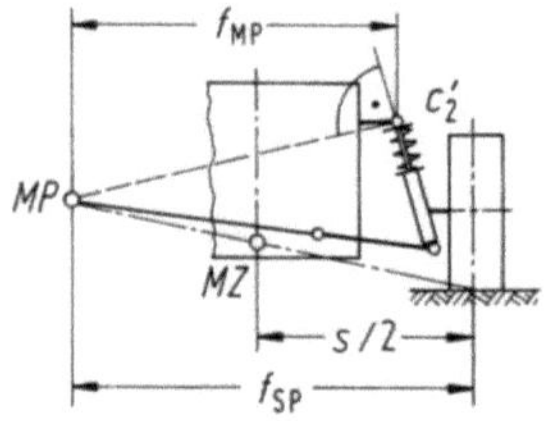		$2c_2'\left(\dfrac{s}{2}\right)^2\left(\dfrac{f_{MP}}{f_{SP}}\right)^2$
Doppelkurbelachse 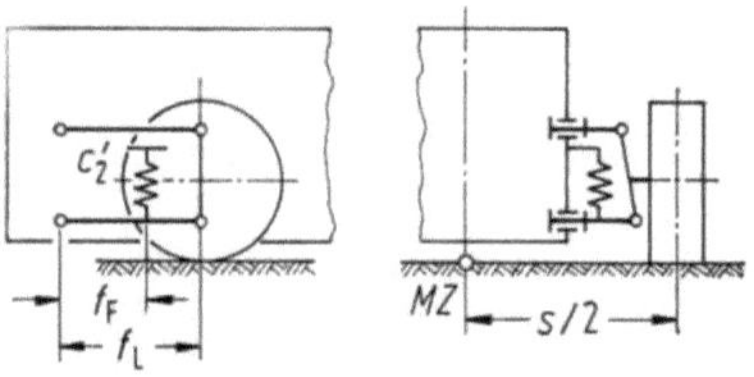		$2c_2'\left(\dfrac{s}{2}\right)^2\left(\dfrac{f_F}{f_L}\right)^2$
Starrachse, an Blattfedern geführt 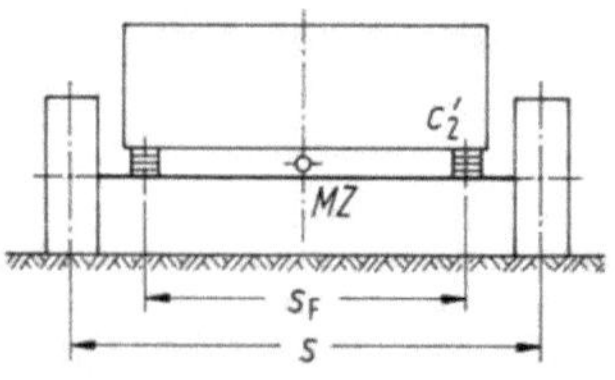	MZ liegt zwischen den Blattfederbefestigungen	$2c_2'\left(\dfrac{s_F}{2}\right)^2$ Verdrehsteifigkeit der Blattfedern nicht berücksichtigt

(Tabelle 45.1.1. Fortsetzung)

Radaufhängung	Höhe des Momentanzentrums MZ	Wankfederkonstante $C_j = M_{Fj}/\varkappa =$
Starrachse, durch Panhardstab seitl. geführt 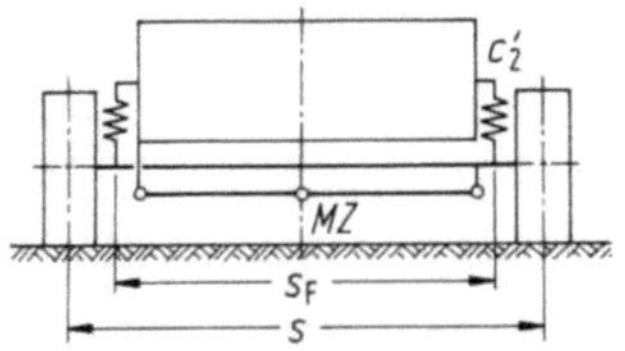	MZ in Höhe Panhardstab	$2c_2'\left(\frac{s_F}{2}\right)^2$
Starrachse mit vier Längslenkern 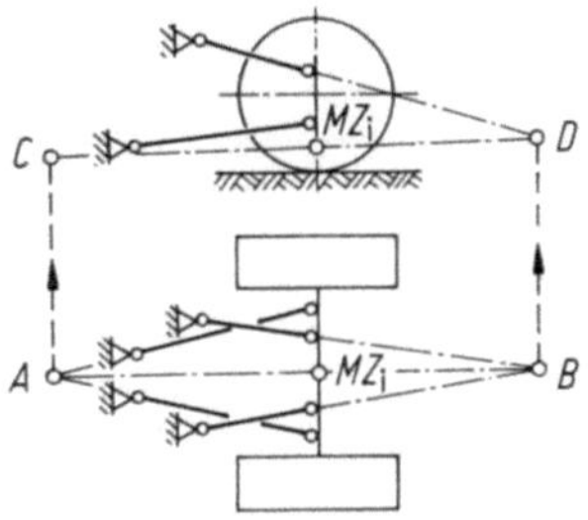	siehe nebenstehende Konstruktion	
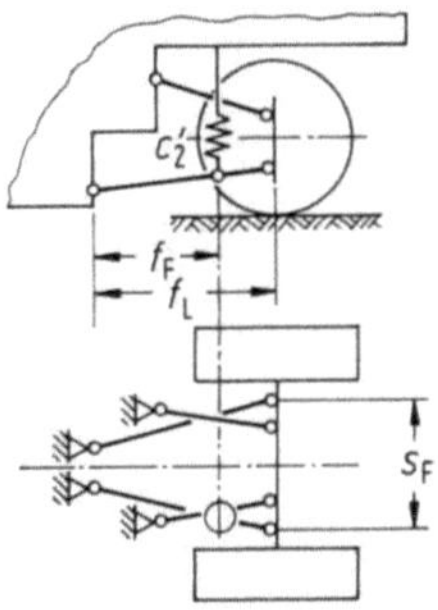		$2c_2'\left(\frac{s_F}{2}\right)^2\left(\frac{f_F}{f_L}\right)^2$
Verkürzte Pendelachse 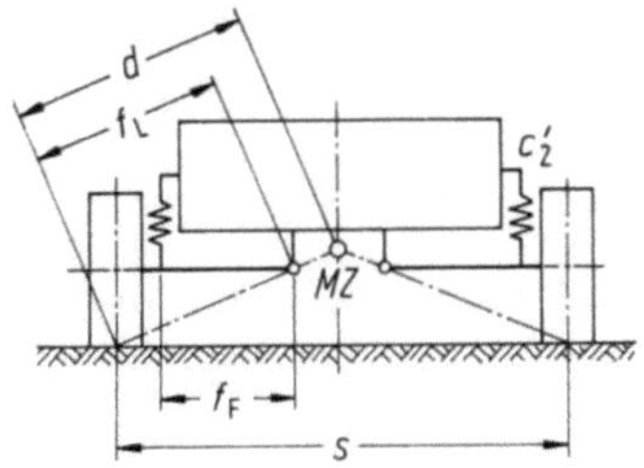	Bei der Eingelenkpendelachse ist $f_L \approx d$	$2c_2' d^2\left(\frac{f_F}{f_L}\right)^2$

(Tabelle 45.1. 2. Fortsetzung)

Radaufhängung	Höhe des Momentanzentrums MZ	Wankfederkonstante $C_j = M_{Fj}/\varkappa =$
Schräglenkerachse 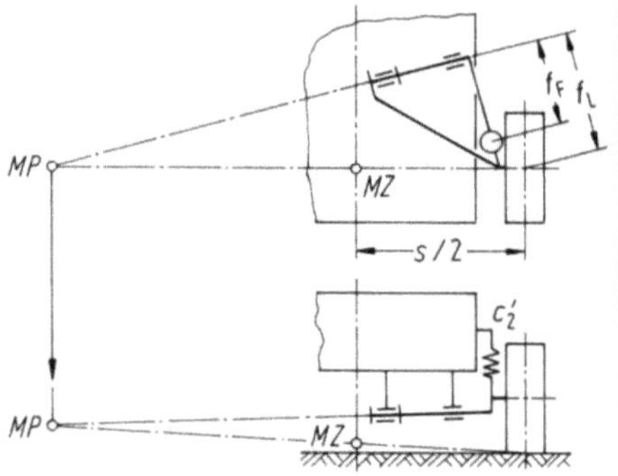	siehe nebenstehende Konstruktion	$2c_2'\left(\dfrac{s}{2}\right)^2\left(\dfrac{f_F}{f_L}\right)^2$
Längslenkerachse 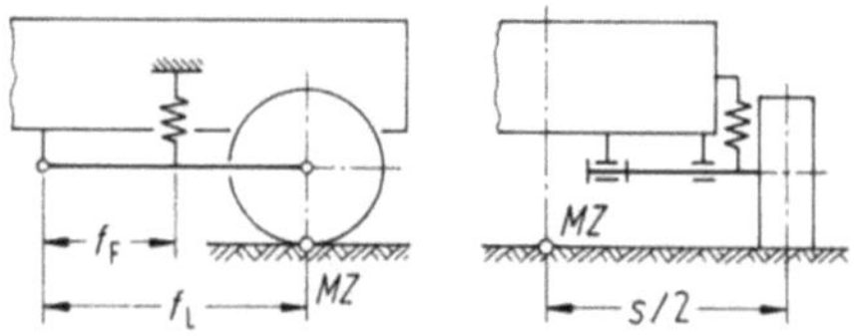		$2c_2'\left(\dfrac{s}{2}\right)^2\left(\dfrac{f_F}{f_L}\right)^2$
Verbundlenkerachse 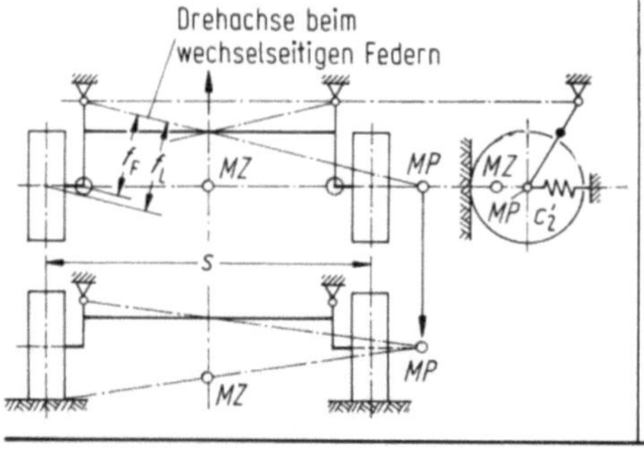		$2c_2'\left(\dfrac{s}{2}\right)^2\left(\dfrac{f_F}{f_L}\right)^2$ Torsionssteifigkeit der Verbindung nicht berücksichtigt

Fahrbahn und seinen Abständen zur Vorder- und Hinterachse l_{VA} und l_{HA} aus Bild 45.3 zu

$$h' = h_A - \frac{p_V l_{HA} + p_H l_{VA}}{l}. \tag{45.1}$$

Der Zusammenhang zwischen Gesamt- und Einzelmassen sowie Gesamt- und Einzelschwerpunktlagen ist (siehe Band A, Abschn. 25 und Bild 45.3) nach

$$Gh = G_A h_A + (G_V + G_H)\, r, \tag{45.2}$$

$$Gl_H = G_V l + G_A l_{HA}, \tag{45.3}$$

$$Gl_V = G_H l + G_A l_{VA}. \tag{45.4}$$

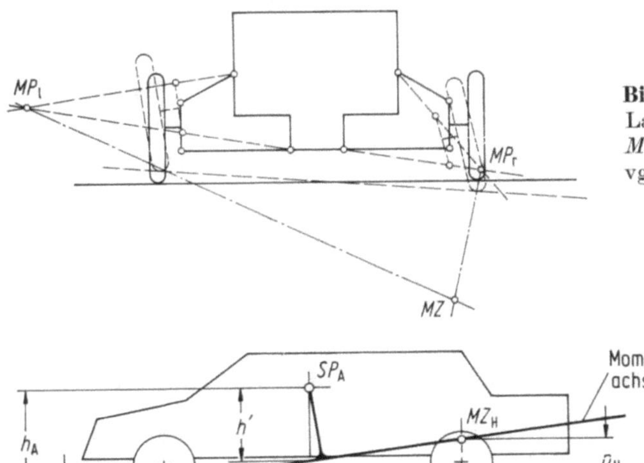

Bild 45.2. Veränderung der Lage des Momentanzentrums MZ mit der Aufbauneigung, vgl. Bild 42.1

Bild 45.3. Lage der die Momentanzentren MZ_V und MZ_H an Vorder- und Hinterachse verbindenden Momentanachse, um die der Aufbau wankt

(Die Schwerpunktshöhe der Achsmassen ist näherungsweise gleich dem statischen Reifenhalbmesser r gesetzt.)

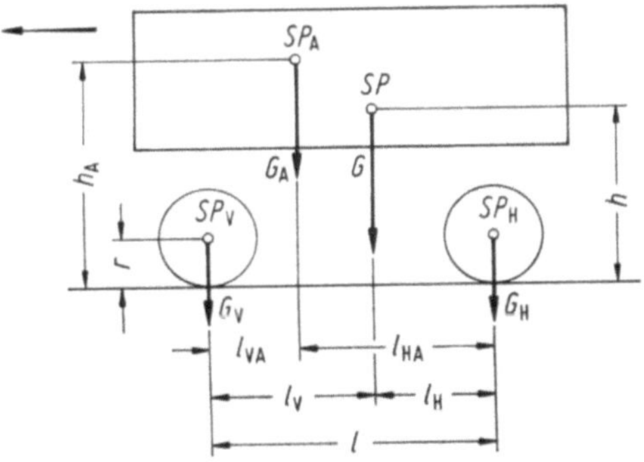

Bild 45.4. Zur Ermittlung der Lage des Gesamtschwerpunktes SP aus den Einzelschwerpunkten SP_A, SP_V und SP_H

Vernachlässigt man die Wirkung der Fliehkräfte der Räder auf die Aufbauneigung, die bei unabhängigen Radaufhängungen im Gegensatz zur Starrachse vorhanden ist[9] (wenn auch klein), und berücksichtigt man die Wirkung von Stabilisatoren an Vorder- und/oder Hinterachse, so ist der Wankwinkel, vgl. (43.3),

$$\varkappa = \frac{G_\mathrm{A} h'}{C_\mathrm{V} + C_\mathrm{H} + C_\mathrm{StV} + C_\mathrm{StH} - G_\mathrm{A} h'} \frac{v^2}{\varrho g}. \tag{45.5}$$

Die Radlaständerungen an Vorder- und Hinterrädern lauten (entsprechend (43.5) und (43.6) wurde wieder die Wirkung der Fliehkräfte der Räder, hier auf die

---

[9] Ausführliche Behandlung siehe [4] und [8].

Radlasten, vernachlässigt)

$$\Delta F_{zV} = G_A \left(\frac{l_{HA}}{l} \frac{p_V}{s_V} + \frac{C_V + C_{StV}}{C_V + C_H + C_{StV} + C_{StH} - G_A h'} \frac{h'}{s_V} \right) \frac{v^2}{\varrho g}, \quad (45.6)$$

$$\Delta F_{zH} = G_A \left(\frac{l_{VA}}{l} \frac{p_H}{s_H} + \frac{C_H + C_{StH}}{C_V + C_H + C_{StV} + C_{StH} - G_A h'} \frac{h'}{s_H} \right) \frac{v^2}{\varrho g}. \quad (45.7)$$

Die dafür notwendigen Wankfederkonstanten C_V und C_H stehen ebenfalls in Tabelle 45.1; dabei wurden die Bezeichnungen aus Abschn. 48 in Band B übernommen. Die Definition für die Stabilisator-Federkonstante C_{St} steht in (44.1).

46 Kinematik und Elasto-Kinematik der Radaufhängungen

Zur Erläuterung des Einflusses der Radlaständerung an einer Achse wurde bisher vereinfachend angenommen, daß die Vorderräder gleich eingeschlagen sind, die Hinterräder gar nicht und daß an allen Rädern kein Sturz herrscht. Die Wirklichkeit sieht anders aus, was im folgenden erläutert werden soll. Dabei muß auf kinematische und elastische Eigenschaften von Radaufhängungen eingegangen werden.

Nach Bild 46.1 sind alle vier Räder verschieden eingeschlagen. δ_{Vi}, δ_{Va}, δ_{Hi}, δ_{Ha},

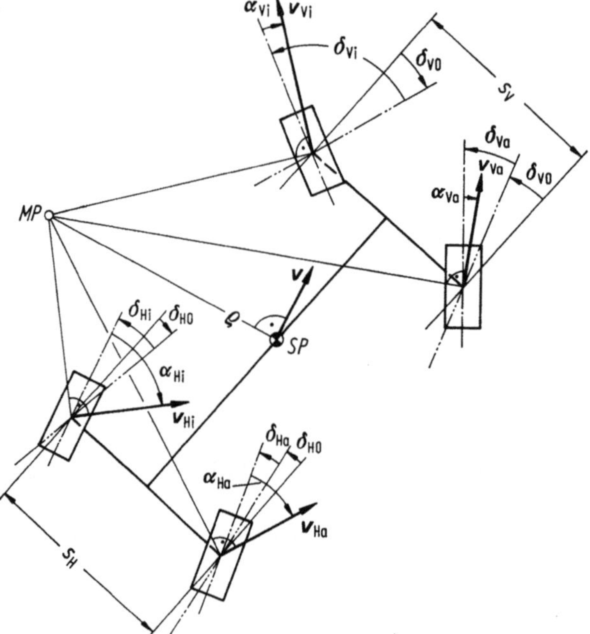

Bild 46.1. Kinematische Größen am Zweispurmodell (vgl. Bild 7.2)
—··—··— Lage der Radmittelebene bei Geradeausfahrt.
       Die Räder sind gegenüber der Fahrzeuglängsachse um die Vorspurwinkel δ_{V0} bzw. δ_{H0} eingeschlagen.
—·—·— Lage der Radmittelebene bei Kurvenfahrt.
       Die Räder sind gegenüber der Geradeausfahrt um δ_{Va}, δ_{Vi}, δ_{Ha}, δ_{Hi} eingeschlagen.

wobei an Vorder- und Hinterrädern Vorspurwinkel δ_{V0}, δ_{H0} berücksichtigt wurden. Die Winkelbeziehungen lauten, entsprechend (7.6),

$$\tan\left(\delta_{V_{\substack{i\\a}}} \mp \delta_{V0} - \alpha_{V_{\substack{i\\a}}}\right) = \frac{v\sin\beta + l_V\dot\psi}{v\cos\beta \mp \dfrac{s_V}{2}\dot\psi},$$

$$\tan\left(\delta_{H_{\substack{i\\a}}} \mp \delta_{H0} - \alpha_{H_{\substack{i\\a}}}\right) = \frac{v\sin\beta - l_H\dot\psi}{v\cos\beta \mp \dfrac{s_H}{2}\dot\psi},$$

bzw. linearisiert, was für die Winkel auch bei hohen Querbeschleunigungen statthaft ist, vgl. (7.7),

$$\delta_{V_{\substack{i\\a}}} \mp \delta_{V0} - \alpha_{V_{\substack{i\\a}}} = \beta + \frac{l_V}{v}\dot\psi, \qquad\qquad (46.1\,\mathrm{a})$$

$$\delta_{H_{\substack{i\\a}}} \mp \delta_{H0} - \alpha_{H_{\substack{i\\a}}} = \beta - \frac{l_H}{v}\dot\psi. \qquad\qquad (46.1\,\mathrm{b})$$

Durch Addition der Gleichungen in (46.1 a) und (46.1 b) und durch die Abkürzungen

$$\delta_V = \frac{1}{2}(\delta_{Vi} + \delta_{Va}); \qquad \alpha_V = \frac{1}{2}(\alpha_{Vi} + \alpha_{Va}), \qquad (46.2\,\mathrm{a})$$

$$\delta_H = \frac{1}{2}(\delta_{Hi} + \delta_{Ha}); \qquad \alpha_H = \frac{1}{2}(\alpha_{Hi} + \alpha_{Ha}) \qquad (46.2\,\mathrm{b})$$

wird

$$\delta_V - \alpha_V = \beta + \frac{l_V}{v}\dot\psi, \qquad\qquad (46.3\,\mathrm{a})$$

$$\delta_H - \alpha_H = \beta - \frac{l_H}{v}\dot\psi. \qquad\qquad (46.3\,\mathrm{b})$$

Deren Summe ergibt schließlich

$$\delta_V = \frac{l}{v}\dot\psi + (\alpha_V - \alpha_H) + \delta_H. \qquad\qquad (46.4)$$

Für die Kreisfahrt mit konstanter Fahrgeschwindigkeit gilt nach (9.2) $\dot\psi = v/\varrho$, und aus (46.4) wird

$$\delta_V = \frac{l}{\varrho} + (\alpha_V - \alpha_H) + \delta_H. \qquad\qquad (46.5)$$

Gegenüber den früheren Gleichungen (9.19) bzw. (28.2) ist der resultierende Hinterradeinschlagswinkel δ_H dazugekommen.

Die Radeinschläge setzen sich aus verschiedenen Anteilen zusammen:

a) Die Kinematik des Lenkgestänges ergibt Funktionen zwischen dem Einschlagwinkel des Zwischenhebels δ_{VL} und den Winkeln der Räder δ_{Va} und δ_{Vi}, siehe Bild 46.2a (entspricht Bild 5.1, nur daß genauer als dort zwischen den drei Winkeln unterschieden wird und daß an den Rädern zusätzlich Umfangskräfte angreifen). Sie werden $\Delta\delta_{Vi}(\delta_{VL})$ und $\Delta\delta_{Va}(\delta_{VL})$ genannt. Bei Berücksichtigung der Vorspurwinkel lauten dann die Vorderradeinschläge

$$\delta_{Vi \atop a} = \delta_{VL} \pm \delta_{V0} + \Delta\delta_{Vi \atop a}(\delta_{VL}). \tag{46.6}$$

Sind die Vorderräder von Seiten- und Umfangskräften sowie Rückstellmomenten nicht belastet (Räder stehen auf reibungsfreien Drehtellern), so ist

$$\delta_{VL} = \delta_L^* = \delta_L/i_L.$$

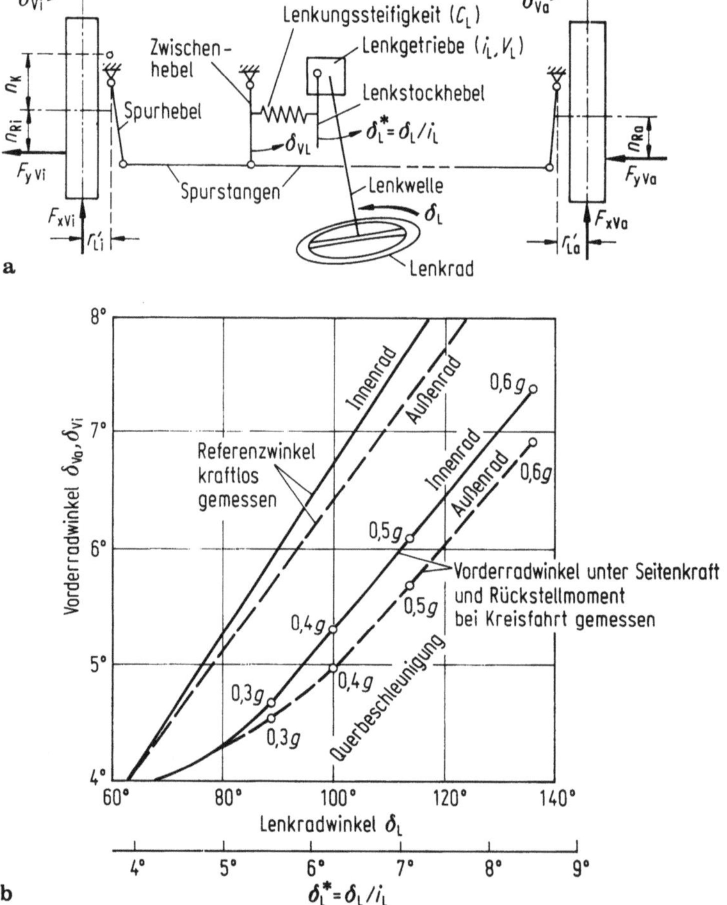

Bild 46.2. a Schematischer Aufbau einer Lenkung (vgl. Bild 5.1); **b** Vorderradeinschläge als Funktion des Lenkradeinschlags (Bussien: Automobiltechnisches Handbuch, Ergänzungsband zur 18. Aufl.; Abschn. Zomotor, A.: Lenkung, siehe S. 606)

Bei belasteten Rädern hingegen muß wieder der Einfluß der Lenkungssteifigkeit berücksichtigt werden (Unterschied siehe Bild 46.2b), und es ergibt sich analog (28.1)

$$\delta_{VL} = \delta_L^* - \frac{M_L^*}{C_L} = \frac{\delta_L}{i_L} - \frac{M_L^*}{C_L} \tag{46.7}$$

mit

$$M_L^* = M_L i_L V_L = M_{L.Fx} + (F_{yVi} + F_{yVa})\,n_K + F_{yVi}n_{Ri} + F_{yVa}n_{Ra}$$

$$= M_{L,Fx} + (F_{yVi} + F_{yVa})\,n_K + M_{zVi} + M_{zVa}. \tag{46.8}$$

Das Moment aus den Umfangskräften wird in Abschn. 47.2 definiert. Bei nur vorderradgelenkten Fahrzeugen gibt es einen entsprechenden Anteil an den Hinterrädern nicht.

b) Über die Kinematik der Radaufhängung ergeben sich bei starren Lagern und Gelenken zusätzliche Radeinschläge, die im allgemeinen als Funktion der Ein-/Ausfederung dargestellt werden, siehe Bild 46.3. (In diesen Diagrammen wurden die Vor-/Nachspurwinkel in der Konstruktionslage, also bei Ein-/Ausfederung gleich Null, herausgenommen, weil diese z. B. schon in (46.6) als

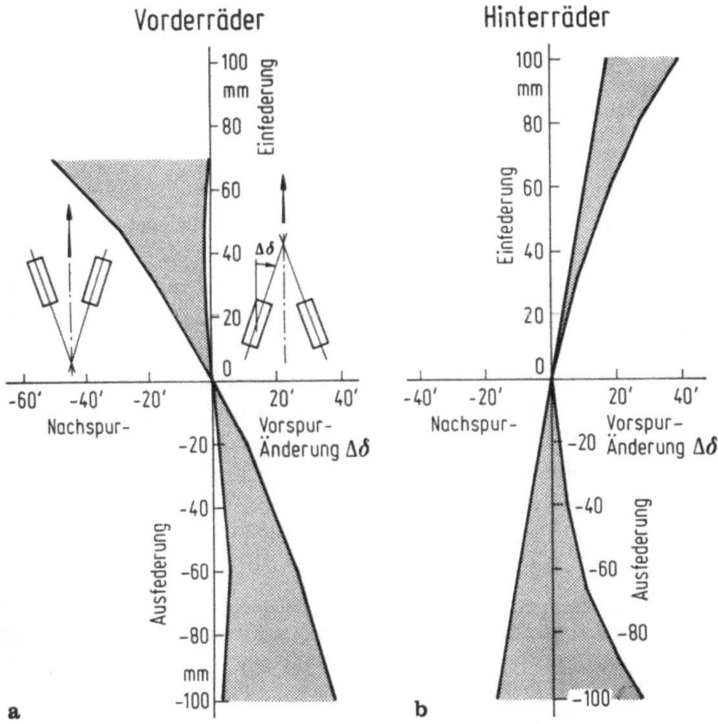

Bild 46.3. Vor-/Nachspuränderung als Funktion von Ein-/Ausfederung für Pkw der Baujahre 1978···1985. Vorspur in Konstruktionslage nicht berücksichtigt

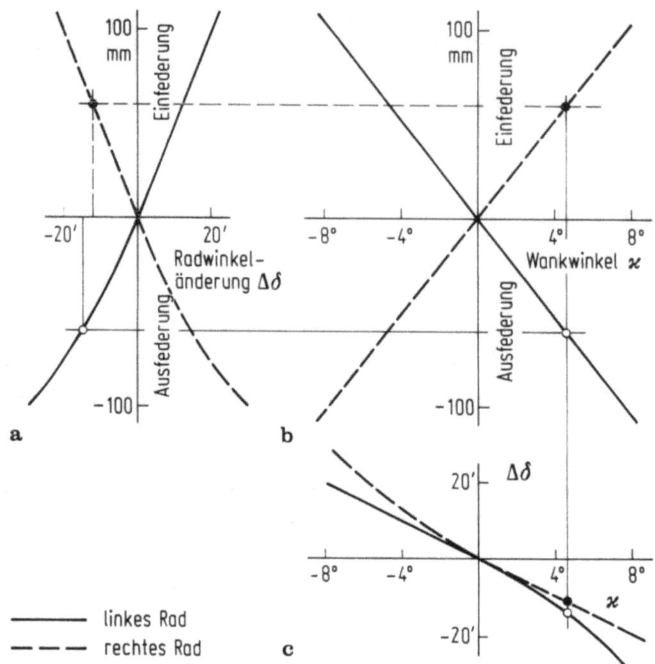

Bild 46.4. Zur Umrechnung der (gemessenen) Radwinkeländerung $\Delta\delta$ als Funktion von Ein-/Ausfederung (**a**) über dem Wankwinkel (**b**) in Abhängigkeit $\Delta\delta = f(\varkappa)$ (**c**). Die Punkte gehören zu folgendem Beispiel: Bei positivem Wankwinkel $\varkappa$ federt das linke = kurveninnere Rad aus ($\bigcirc$), das rechte = kurvenäußere ein ($\bullet$)

$\mp\delta_{\mathrm{V0}}$ berücksichtigt werden.) Die gewünschte Umrechnung als Abhängigkeit vom Wankwinkel wird anhand von Bild 46.4 gezeigt. Dabei ist zuvor eine Vorzeichenregelung zu vereinbaren. Bei einer Kurvenfahrt nach links (positive Gierwinkelgeschwindigkeit $\dot{\psi}$) wankt der Aufbau nach rechts (positiver Wankwinkel $\varkappa$). Das linke, kurveninnere Rad federt aus, geht z. B. nach Bild 46.3a in Vorspur, dreht also nach innen, was einem negativen Einschlagwinkel entspricht (Punkt $\bigcirc$ in Bild 46.4a). Das rechte, kurvenäußere Rad federt ein, geht nach Bild 46.3a in Nachspur, dreht nach außen, was ebenfalls einen negativen Radeinschlag ergibt (Punkt $\bullet$ in Bild 46.4a). In Bild 46.4b ist der Zusammenhang zwischen dem Wankwinkel $\varkappa$ und dem Federweg aufgetragen. Aus den Diagrammen a und b ergibt sich in c der gesuchte Verlauf der Radeinschläge über dem Wankwinkel. Daraus ergeben sich Funktionen $\Delta\delta_{\mathrm{Vi}}(\varkappa), \ldots$ Man spricht hier von *Wank- bzw. Rollenken.*

Durch die Änderung der Momentanzentrumslage und/oder durch nichtlineare Federkennlinien kann zusätzlich ein paralleles Ein-/Ausfedern auftreten, was dann an den Rädern einer Achse bei einem um die Längsachse symmetrischen Fahrzeug nur gegenläufige Vorspuränderungen hervorrufen kann.

c) Bei elastischen (Gummi-) Lagern — u. a. aus Geräuschgründen wichtig — ergeben sich weitere Einschlagwinkel $\Delta\delta$, wie Bild 46.5a anhand eines Federmodells für das Lager veranschaulicht. $\Delta\delta$ ist abhängig von der Seiten- und

Umfangskraft F_y und F_x (Bild 46.5b), dazu noch von dem Rückstellmoment M_z, das aber nach Abschn. 27 über die Reifenkurven wieder mit F_y und F_x zusammenhängt. Dieses Seitenkraft- bzw. Umfangskraftlenken wird durch $\delta_{Vi}(F_y), \ldots, \delta_{Vi}(F_x), \ldots$ beschrieben.

Insgesamt ergeben sich aus den drei Anteilen a) bis c) die Vorderradeinschläge zu

$$\delta_{Vi} = \delta_{VL} + \Delta\delta_{Vi}(\delta_{VL}) + \Delta\delta_{Vi}(\varkappa) + \Delta\delta_{Vi}(F_{yVi}) + \Delta\delta_{Vi}(F_{xVi}) \qquad (46.9)$$

$$\underbrace{\underbrace{\text{Lenkung} \quad \underbrace{\text{Radaufhäng-} \atop \text{ung starr}}}_{\text{Kinematik}} \quad \underbrace{\text{Radaufhängung} \atop \text{elastisch}}}_{\text{Elasto-Kinematik}}$$

Die Größe der ersten drei Glieder hängt von der Geometrie der Lenkanlage und der Radaufhängung ab, die letzten beiden Glieder von den elastischen Eigenschaften der Gummilager und deren Anordnung. Das zweite und dritte Glied faßt man meistens unter *Kinematik* zusammen, das zweite bis fünfte unter *Elasto-Kinematik*.

Entsprechend gilt für die Hinterräder

$$\delta_{Hi} = +\Delta\delta_{Hi}(\varkappa) + \Delta\delta_{Hi}(F_{yHi}) + \Delta\delta_{Hi}(F_{xHi}). \qquad (46.10)$$

Für den Sturz, der nach Abschn. 50 die Größe des Schräglaufwinkels am Reifen mitbestimmt, kann man ähnliche Gleichungen formulieren:

$$\gamma_{Vi} = \pm\gamma_{V0} + \Delta\gamma_{Vi}(\delta_{VL}) + \Delta\gamma_{Vi}(\varkappa) + \Delta\gamma_{Vi}(F_{yVi}) + \Delta\gamma_{Vi}(F_{xVi}), \qquad (46.11)$$

$$\gamma_{Hi} = \pm\gamma_{H0} + \Delta\gamma_{Hi}(\varkappa) + \Delta\gamma_{Hi}(F_{yHi}) + \Delta\gamma_{Hi}(F_{xHi}). \qquad (46.12)$$

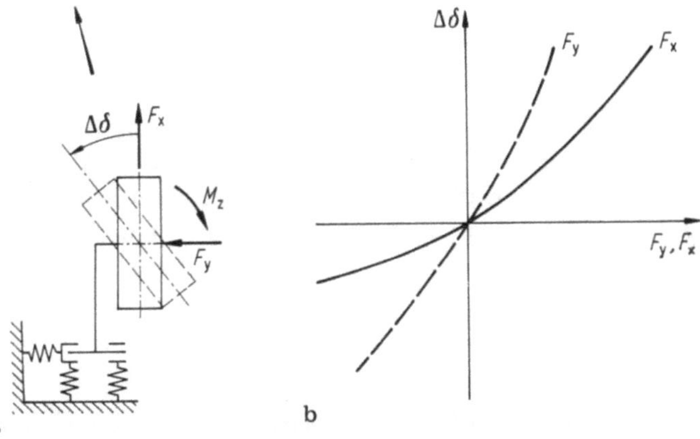

Bild 46.5. a Radeinschlag $\Delta\delta$ infolge Seitenkraft F_y, Umfangskraft F_x und Rückstellmoment M_z durch elastische Radaufhängung; **b** funktionaler Zusammenhang

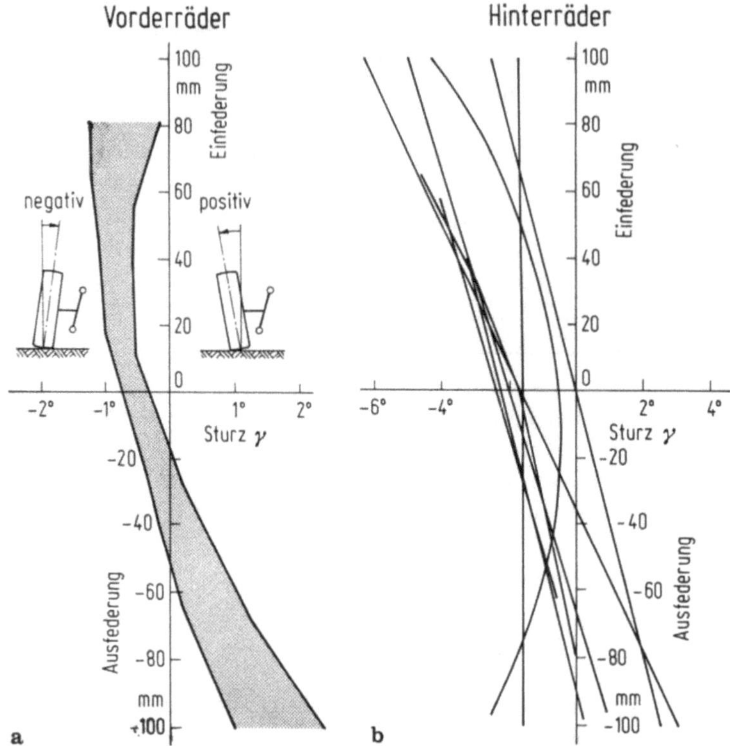

Bild 46.6. Sturzwinkel γ als Funktion von Ein-/Ausfederung für Pkw der Baujahre 1978 bis 1985

In Bild 46.6 sind für verschiedene Pkw die Sturzwinkel γ als Funktion von Ein-/ Ausfederung dargestellt. Daraus sind sowohl γ_{V0} bzw. γ_{H0} zu entnehmen als auch entsprechend Bild 46.4 die Funktionen $\Delta\gamma_1(\varkappa)$ zu berechnen.

47 Lenkung

In den Bildern 5.1 und 46.2a wurde die Lenkung den jeweiligen Anforderungen entsprechend möglichst einfach erklärt. Nun sind im vergangenen Abschnitt weitere Größen wie Lenkrollhalbmesser, die Veränderung der Radeinschläge und der Sturzwinkel mit dem Lenkradeinschlag hinzugekommen, auf die im folgenden eingegangen werden muß.

47.1 Geometrische Beziehungen

Bild 47.1 zeigt an einem rechten Vorderrad die geometrischen Daten. Die Gerade, um die das Rad eingeschlagen wird, Lenkachse, Lenkzapfen oder Achsschenkelbolzen genannt, ist gegenüber der Fahrbahn um den Spreizungswinkel σ und den

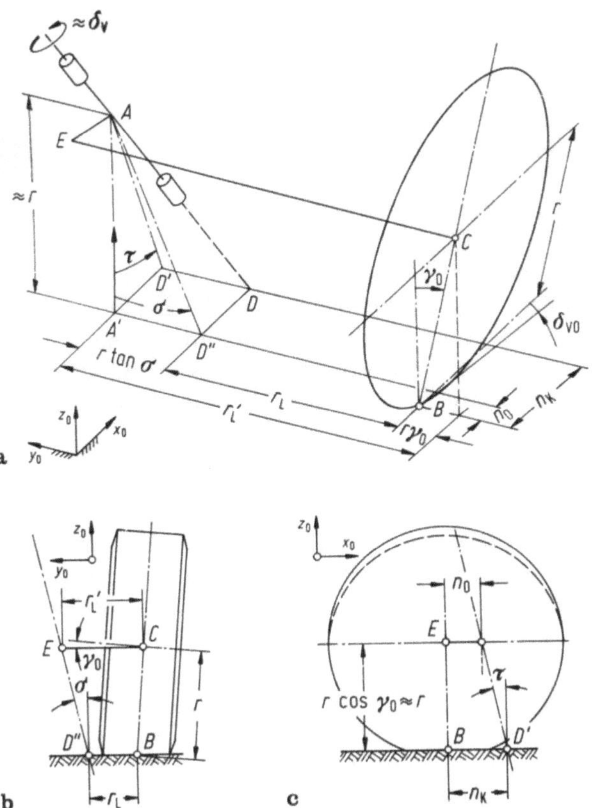

Bild 47.1. Geometrie am Lenkzapfen (Achsschenkelbolzen) und linkem Vorderrad

Nachlaufwinkel τ geneigt. Das Rad ist bei Geradeausstellung um den Sturzwinkel γ_0 und den Vorspurwinkel δ_{V0} geneigt. Der konstruktive Nachlauf n_K ergibt sich aus dem Nachlaufversatz n_0 und aus dem Anteil vom Nachlaufwinkel τ zu

$$n_K(\delta_V) = n_{K0} + r[\tan\sigma\sin\delta_V - (1 - \cos\delta_V)\tan\tau] \tag{47.1}$$

mit

$$n_{K0} = n_K(\delta_V = 0) = n_0 + r\tan\tau. \tag{47.2}$$

Der Lenkrollhalbmesser lautet

$$r_L(\delta_V) = r_{L0} + n_0\sin\delta_V \tag{47.3}$$

mit

$$r_{L0} = r_L(\delta_V = 0) = r_L' - r(\tan\sigma + \gamma_0) \tag{47.4}$$

und dem sog. Störkrafthebelarm r_L'.

Beim Schwenken wird das Rad angehoben um

$$\Delta z(\delta_V) = r_{L0}[(\cos\delta_V - 1)\tan\tau + \sin\delta_V\tan\sigma]$$
$$- n_{K0}[\sin\delta_V\tan\tau - (\cos\delta_V - 1)\tan\sigma]. \tag{47.5}$$

Der Sturzwinkel ändert sich zu

$$\gamma(\delta_V) = \gamma_0 - \sin\delta_V \tan\tau. \tag{47.6}$$

47.2 Lenkmoment bei schneller Kurvenfahrt

Für diesen Fall gilt (46.8), nur muß man bei der Behandlung von Umfangskräften zwischen Antreiben und Bremsen sorgfältig unterscheiden.

Zunächst sollen die Antriebskräfte F_x betrachtet werden. Obwohl sie in der Radaufstandsfläche angreifen, liegt ihre Wirkungslinie für die Lenkung in der Radmitte, da das Antriebsmoment $F_x \cdot r$ nicht über die Radaufhängung bzw. die Lenkung, sondern durch die Gelenkwellen abgestützt wird, siehe Bild 47.2a. So entstehen an jedem Vorderrad Momente $F_x \cdot r'_L$, die nach Bild 47.2b folgendes Gesamtmoment ergeben:

$$M_{LFx} \sim (F_{x\,i}i_i - F_{xa}i_a)\, r'_L. \tag{47.7}$$

Bei Antriebskräften ist der Störkrafthebelarm r'_L, nicht der Lenkrollhalbmesser r_L von Bedeutung. Ist $F_{xa} = F_{xi}$ (reibungsfreies Differential), dann ist zu berücksichtigen, daß die Übersetzungen des Lenkgestänges bei eingeschlagenen Vorder-

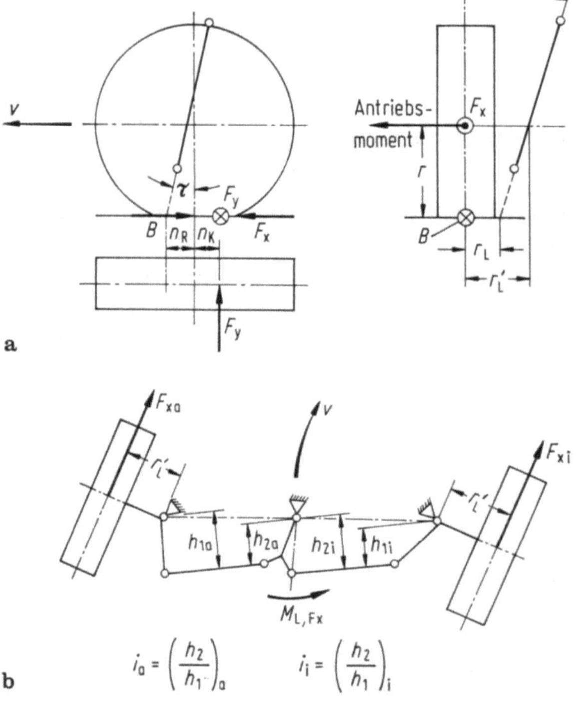

Bild 47.2. Schemata zum Aufbau der Lenkmomentanteile. **a** am einzelnen Rad; **b** an der Gesamtlenkung

rädern aufgrund der Trapezanordnung rechts und links verschieden sind ($i_\mathrm{i} > i_\mathrm{a}$),
Bild 46.2 b. Diese Tatsache führt dazu, daß das Lenkmoment des Frontantriebs
bei Kurvenfahrt durch die Antriebskräfte vergrößert wird. Diese Komponente
des Lenkmomentes kann nicht ausgeschaltet werden, da ein Störkrafthebelarm
$r'_\mathrm{L} = 0$ bei heute üblichen Radaufhängungen nicht realisierbar ist und eine
Parallellenkung ($i_\mathrm{a} = i_\mathrm{i}$) ausscheidet, weil dadurch andere Eigenschaften stark
verschlechtert werden.

Für Bremskräfte $-F_\mathrm{x} = B$ wirkt der Lenkrollhalbmesser r_L als Hebelarm,
da die Bremsen heute üblicherweise an der Radaufhängung befestigt sind und das
Bremsmoment darüber abgestützt wird. Für das Lenkmoment infolge von
Bremskräften gilt dann analog zu (47.7)

$$M_{\mathrm{LB}} \sim (B_\mathrm{a} i_\mathrm{a} - B_\mathrm{i} i_\mathrm{i})\, r_\mathrm{L}. \tag{47.8}$$

Eine Beeinflussung des Lenkmomentes kann durch Verwendung eines Lenkroll-
halbmessers $r_\mathrm{L} = 0$ verhindert werden. Diese Forderung läßt sich bei Vorder- und
Hinterradantrieb gleichermaßen erfüllen.

47.3 Lenkmoment bei langsamer Kurvenfahrt, Ackermann-Lenkung, Rückstellverhalten

Bei langsamer Kurvenfahrt, z. B. beim Einparken, ist die Fliehkraft praktisch
Null und damit auch die Summe der Seitenkräfte am Fahrzeug, aber dafür die
Radeinschläge sehr groß. Sollen auch die Seitenkräfte an den einzelnen Rädern
Null sein, so müssen die einzelnen Schräglaufwinkel ebenfalls Null sein, und die
Vorderräder müssen so eingeschlagen werden, daß sich die Verlängerungen ihrer
Achsen auf der Verlängerung der Hinterräder treffen, Bild 47.3 (vgl. Bild 9.4
beim Einspurmodell). Aus der sog. *Ackermann-Lenkung* ergibt sich für die Vor-
derräder die Beziehung

$$\cot \delta_{\mathrm{Va}} - \cot \delta_{\mathrm{Vi}} = \frac{s_\mathrm{L}}{l}. \tag{47.9}$$

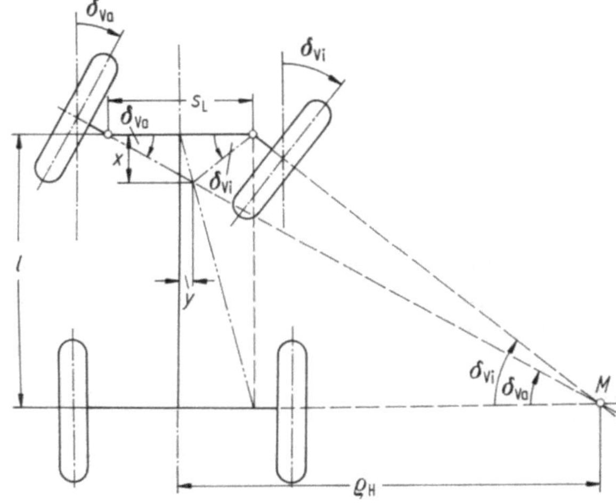

Bild 47.3. Auslegung der Vor-
derradeinschläge für seiten-
kraftfreies Rollen (Schräglauf-
winkel $\alpha = 0$).
Zeichnerische Überprüfung der
Lenkgeometrie (die (—·—)-
Geraden müssen sich auf der
(—··—)-Geraden treffen)

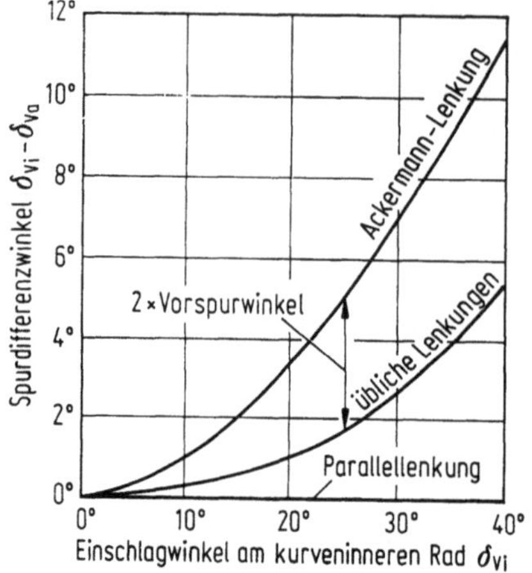

Bild 47.4. Änderung der Spurdifferenzwinkel mit dem Radeinschlag bei der Ackermann-Lenkung und heute üblichen Auslegungen. (Krummel, J.; Stockmar, J.; Behles, F.: Fahrverhalten und Lenkung bei Frontantrieb, VDI-Berichte 418, S. 245–252)

Bei den heutigen Lenkungen schlägt das kurvenäußere Rad stärker, das kurveninnere schwächer ein, so daß der Differenzwinkel $\delta_{Vi} - \delta_{Va}$ kleiner als bei der Ackermann-Lenkung ist, Bild 47.4. Dies läßt, wie in Abschn. 48 gezeigt wird, höhere Seitenbeschleunigungen zu[10], erfordert einen geringeren Platzbedarf für das kurveninnere Rad und bringt meistens geringere kinematische Probleme mit dem Lenkgestänge mit sich[9]. Durch diese Abweichung von der Ackermann-Lenkung entstehen Zwangsschräglaufwinkel, die bei fliehkraftfreier Kurvenfahrt zu gleich großen, aber entgegengesetzt zur Fahrzeugmitte hin gerichteten Seitenkräften an den Vorderrädern führen. Mit steigender Fliehkraft wächst F_{ya}, während F_{yi} kleiner wird und schließlich das Vorzeichen umkehrt. Bis zu einer bestimmten Grenze führen diese Zusammenhänge zu einem eindrehenden Lenkmoment.[11]

Dies sollte aber aus Sicherheitsgründen vermieden werden, denn die Lenkung sollte in allen Fahrsituationen selbsttätig in Geradeausrichtung zurückstellen. Hier hilft die *Gewichtsrückstellung*. Nach (47.5) wird durch die Radeinschläge der Vorderwagen um Δz angehoben, was das Lenkrad gegen das o. g. eindrehende Moment und gegen die immer vorhandene Reibung in der Lenkung in die Nullage zurückdrückt. Dies gelingt nach (47.5) nur, wenn näherungsweise

$$r_{L0} \tan \sigma - n_{K0} \tan \tau > 0 \tag{47.10}$$

ist.

47.4 Lenkmoment im Stand

Wird ein nichtrollendes Rad um die Lenkachse eingeschlagen, so tritt an den Reifen ein — bisher noch nicht behandeltes — Schwenkmoment M_{Sch} auf, die einzelnen Latschpunkte gleiten auf der Fahrbahn.

---

[10] Fiala, E.: Kraftkorrigierte Lenkgeometrie, Lenkgeometrie unter Berücksichtigung des Schräglaufwinkels, ATZ 61 (1959). S. 29–32.

[11] Mitschke, M.: Dynamik der Kraftfahrzeuge. Berlin: Springer, 1. Auflage, 1972, Kap. XVII.

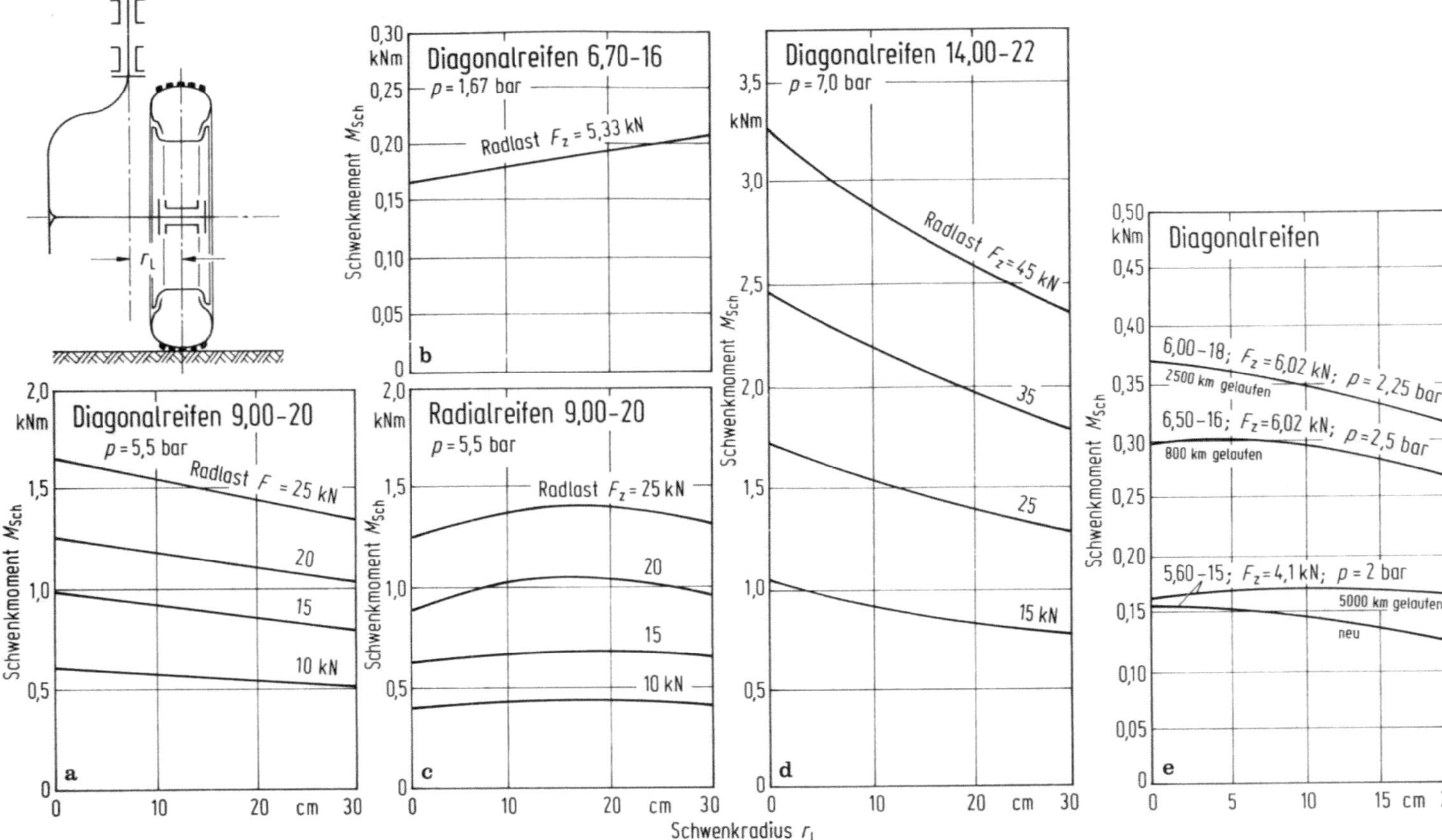

Bild 47.5. Abhängigkeit des Schwenkmomentes von dem Schwenkradius, der Radlast und dem Reifeninnendruck. a bis d aus Freudenstein, G.: zum Verhalten von Luftreifen auf Vorderachsen, ATZ 65 (1963) Nr. 5, S. 121—127. e aus Perret, W.: Diss., Stuttgart 1964

Bild 47.5 zeigt Meßergebnisse für das Schwenkmoment verschiedener Reifen und die Einflüsse von Radlast F_z, Reifeninnendruck p und Schwenkradius r_L. Danach hat r_L in den Variationsgrenzen, die durch andere Auslegungskriterien vorgegeben sind (einige Millimeter), nahezu keinen Einfluß auf die Größe des Momentes. Demgegenüber steigt M_{Sch} deutlich mit wachsender Radlast und abnehmendem Reifeninnendruck. Diese Abhängigkeiten werden durch folgende empirisch ermittelte Gleichung[12] beschrieben:

$$M_{Sch} \sim \mu \, \frac{F_z^{1.5}}{\sqrt{p}}, \tag{47.11}$$

mit dem Reibbeiwert μ zwischen Reifen und Fahrbahn.

Die Größe des Schwenkmomentes ist meistens bestimmend für den Einbau einer Hilfskraftlenkung.

48 Einfluß von Vorspur und Umfangskraftlenken

In diesem und in den folgenden Abschnitten werden die Einflüsse von Radeinschlägen und Sturzwinkel, die nach Abschn. 46 durch kinematische und elastische Wirkungen entstehen, auf das Fahrverhalten diskutiert.

Vorspur und Umfangskraftlenken können deshalb gemeinsam beurteilt werden, weil sowohl bei der Vorspur die Radeinschläge an einer Achse gleich groß, aber entgegengesetzt sind, als auch beim Umfangskraftlenken, wenn die Antriebskräfte (durch ein reibungsfreies Differential) an beiden Rädern gleich sind.

Zur Erklärung wird von den Gleichungen (46.1a, b), (46.9) und (46.10) ausgegangen. Danach ist

$$\alpha_{Vi} - \alpha_{Va} = -2\delta_{V0} + [\Delta\delta_{Vi}(\delta_{VL}) - \Delta\delta_{Va}(\delta_{VL})]$$
$$+ [\Delta\delta_{Vi}(F_{xVi}) - \Delta\delta_{Va}(F_{xVa})], \tag{48.1}$$

$$\alpha_{Hi} - \alpha_{Ha} = -2\delta_{H0} + [\Delta\delta_{Hi}(F_{xHi}) - \delta_{Ha}(F_{xHa})]. \tag{48.2}$$

Nun werden zwei Annahmen getroffen: Schlagen die Räder durch das Lenkgestänge parallel ein, wird die erste eckige Klammer in (48.1) zu Null. Gehen die Räder durch gleiche Antriebskräfte $F_{xi} = F_{xa}$ (reibungsfreies Differential) in Vorspur, so ist

$$\Delta\delta_a(F_x) = -\Delta\delta_i(F_x).$$

Aus (48.1) und (48.2) wird dann eine Gleichung

$$\alpha_a = \alpha_i + 2\delta_0 + \Delta\delta(F_x). \tag{48.3}$$

Vorspur δ_0 und Umfangskraftlenken $\Delta\delta(F_x)$ sind, wie oben gesagt, also gleich zu behandeln. Im weiteren wird deshalb nur der Einfluß der Vorspur δ_0 gezeigt.

---

[12] Buschmann, H.; Koeßler, P.: Handbuch für den Kraftfahrzeugingenieur. Stuttgart: Deutsche Verlagsanstalt (1963).

Ohne Vorspur sind bei gegebener Achsseitenkraft $F_y = F_{yi} + F_{ya}$ und bekannten Radlasten F_{zi} und F_{za} die Schräglaufwinkel an den Rädern $\alpha_i = \alpha_a$. Dieser Fall wurde in Bild 40.3a behandelt. Tritt jetzt an jedem Rad ein Vorspurwinkel δ_0 auf, ist nach (48.3) $\alpha_a = \alpha_i + 2\delta_0$. Nimmt man nun an, daß der Schräglaufwinkel des äußeren Rades sich aus dem Schräglaufwinkel ohne Vorspur (das ist nach (46.2) gleich dem Schräglaufwinkel der Achse) und der Vorspur δ_0 zusammensetzt, $\alpha_a = \alpha + \delta_0$, für das innere Rad analog $\alpha_i = \alpha - \delta_0$, entsteht ein Fehler, der sich in Bild 48.1 in einer zu großen Seitenkraftsumme an der Stelle *1* zeigt. Die Ursache ist: An der Stelle *2* ist wegen der höheren Radlast der Seitenkraftgewinn größer als der Seitenkraftverlust an der Stelle *3*. Das Ergebnis ist: Die Vorspur vermindert den Schräglaufwinkel der Achse bei Kurvenfahrt. Im gleichen Sinn gilt das nach (48.3) für die Spuränderungen durch die Antriebskraft.

Für das Lenkverhalten bedeutet das:

— Vorspur an den Vorderrädern und Vorspuränderung durch Antriebskraft an den Vorderrädern (Frontantrieb) verringern den Schräglaufwinkel vorn: Nachspur an den Hinterrädern und Nachspuränderung durch Antriebskraft an den Hinterrädern (Heckantrieb) vergrößern den Schräglaufwinkel hinten und ergeben eine Änderung des Lenkverhaltens in Richtung Übersteuern bzw. verringertem Untersteuern. Die jeweiligen Gegenteile ergeben Änderungen in Richtung Untersteuern.

— Verringerte Schräglaufwinkel erhöhen nach Abschn. 40.1 die Grenzbeschleunigung, und insofern ist die Vorspur als positiv anzusehen.

Anhand von Bild 47.4 wurde erwähnt, daß ein geringerer Spurdifferenzwinkel $\delta_{vi} - \delta_{va}$ eine höhere Seitenbeschleunigung zuläßt als die Ackermann-Lenkung[10]. Dies läßt sich nun leicht nachvollziehen: Kleinerer Differenzwinkel entspricht in der ersten eckigen Klammer von (48.1) einem negativen Wert und damit einem Vorspurwinkel δ_{V0}.

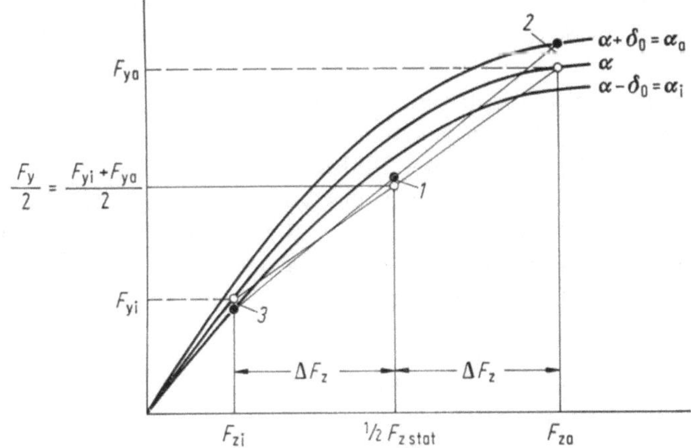

Bild 48.1. Zur Auswirkung des Vorspurwinkels δ_0 auf die Schräglaufwinkel ($F_{z\,stat}$ = Achslast bzw. $F_{z\,stat}/2$ = statische Radlast, F_y = Achsseitenkraft) $\bigcirc$ = ohne Vorspur δ_0, $\bullet$ = mit Vorspur δ_0

49 Einfluß von Wank- und Seitenkraftlenken

Durch die zusätzlichen Radeinschläge an Vorder- und Hinterrädern verändert sich nach Bild 46.1 die Lage des Kreismittelpunktes MP und damit die Größe des Radius ϱ oder bei einem gegebenen ϱ die Größe des Lenkradeinschlags δ_L.

Setzt man in (46.7) für δ_{VL} (46.9) ein, für $(\delta_{\mathrm{Vi}} + \delta_{\mathrm{Va}})$ über (46.2a) Gleichung (46.5) ein und für δ_H (46.2b) und (46.10) ein, so ergibt sich der Lenkradeinschlag δ_L zu

$$\delta_\mathrm{L}^* = \frac{\delta_\mathrm{L}}{i_\mathrm{L}} = \frac{l}{\varrho} + (\alpha_\mathrm{V} - \alpha_\mathrm{H}) + \frac{M_\mathrm{L}^*}{C_\mathrm{L}} + (\Delta\delta_\mathrm{H} - \Delta\delta_\mathrm{V}). \tag{49.1}$$

Die ersten drei Summanden sind bekannt, vgl. (40.8), (26.1), (5.5) mit (9.19), d. h. die bisherigen Ergebnisse aus den Kapiteln IV, III und I gelten (mit den jeweiligen Vereinfachungen) nach wie vor. Neu hinzugekommen ist der vierte Summand. Er lautet mit

$$\Delta\delta_\mathrm{V} = \frac{1}{2}\left[\Delta\delta_{\mathrm{Vi}}(\varkappa) + \Delta\delta_{\mathrm{Va}}(\varkappa)\right] + \frac{1}{2}\left[\Delta\delta_{\mathrm{Vi}}(F_{\mathrm{yVi}}) + \Delta\delta_{\mathrm{Va}}(F_{\mathrm{yVa}})\right], \tag{49.2}$$

$$\Delta\delta_\mathrm{H} = \frac{1}{2}\left[\Delta\delta_{\mathrm{Hi}}(\varkappa) + \Delta\delta_{\mathrm{Ha}}(\varkappa)\right] + \frac{1}{2}\left[\Delta\delta_{\mathrm{Hi}}(F_{\mathrm{yHi}}) + \Delta\delta_{\mathrm{Ha}}(F_{\mathrm{yHa}})\right], \tag{49.3}$$

Die Differenz wird

$$2(\Delta\delta_\mathrm{H} - \Delta\delta_\mathrm{V}) = \underbrace{\Delta\delta_{\mathrm{Hi}}(\varkappa) - \Delta\delta_{\mathrm{Vi}}(\varkappa) + \Delta\delta_{\mathrm{Ha}}(\varkappa) - \Delta\delta_{\mathrm{Va}}(\varkappa)}_{\text{Wanklenken}}$$

$$+ \underbrace{\Delta\delta_{\mathrm{Hi}}(F_{\mathrm{yHi}}) - \Delta\delta_{\mathrm{Vi}}(F_{\mathrm{yVi}}) + \Delta\delta_{\mathrm{Ha}}(F_{\mathrm{yHa}}) - \Delta\delta_{\mathrm{Va}}(F_{\mathrm{yVa}})}_{\text{Seitenkraftlenken}}.$$

$$\tag{49.4}$$

Die Differenz der Zusatzwinkel $\Delta\delta_\mathrm{H} - \Delta\delta_\mathrm{V}$ hängt also nach (49.4) einmal vom Wankwinkel $\varkappa$ ab (erste Zeile) und wird *Wanklenken* (oder *Rollenken*) genannt und zum anderen von den Seitenkräften F_y (zweite Zeile) und wird deshalb mit *Seitenkraftlenken* bezeichnet.

Diese Differenz kann man dazu benutzen, um einem Fahrzeug z. B. einen bestimmten Unter-/Übersteuer-Verlauf zu geben. Dies soll an einem Beispiel für die Fahrt auf trockener Fahrbahn an Hand des Bildes 49.1 erklärt werden. Nach Diagramm a soll die starke Untersteuertendenz des vorderrad- und die Übersteuertendenz des hinterradangetriebenen Fahrzeugs (beide ohne Wank- und Seitenkraftlenken) auf ein gewünschtes Untersteuerverhalten mittels zusätzlicher Radeinschläge geändert werden. Der gewünschte bezogene Lenkradeinschlag ist nach (49.1)

$$\delta_\mathrm{L\,Wunsch}^* = \frac{l}{\varrho} + (\alpha_\mathrm{V} - \alpha_\mathrm{H}) + \frac{M_\mathrm{L}^*}{C_\mathrm{L}} + (\Delta\delta_\mathrm{H} - \Delta\delta_\mathrm{V})$$

und der der bisherigen Fahrzeuge

$$\delta_\mathrm{L}^* = \frac{l}{\varrho} + (\alpha_\mathrm{V} - \alpha_\mathrm{H}) + \frac{M_\mathrm{L}^*}{C_\mathrm{L}}.$$

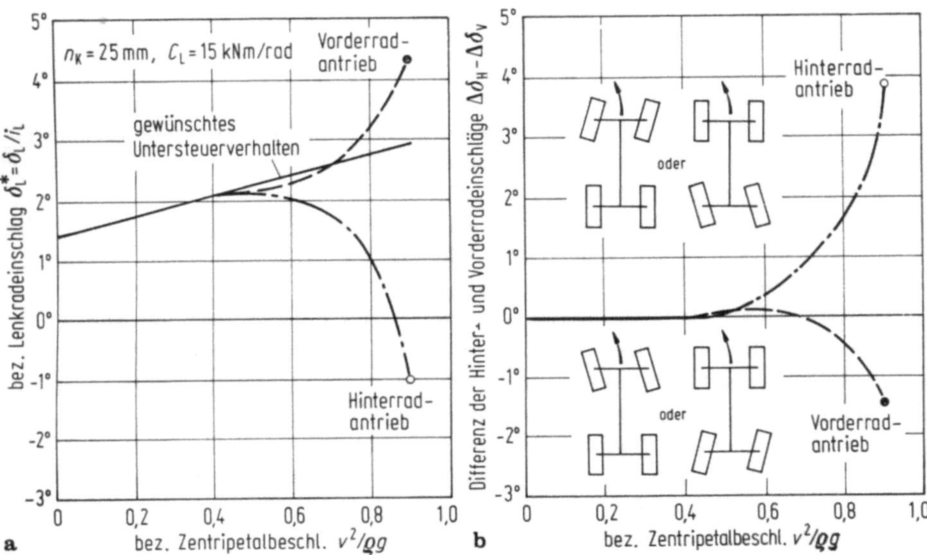

Bild 49.1. Einfluß von Wank- und Seitenkraftlenken auf Unter-/Übersteuern bei Fahrt auf trockener Straße. **a** Vorder- und Hinterradantrieb aus Bild 28.8a und b. Gewünschter Verlauf für beide Antriebsarten wurde angenommen; **b** sich daraus ergebendes Lenken an Vorder- und Hinterrädern für Vorder- und Hinterradantrieb

Damit gilt für die zu verwirklichende Differenz

$$\delta_{L\ \text{Wunsch}}^* - \delta_L^* = \Delta\delta_H - \Delta\delta_V.$$

Sie ist in Diagramm b aufgetragen. Da nach a der vorhandene Untersteuergradient von Front- und Heckantrieb bis $v^2/\varrho g \approx 0{,}4$ mit dem gewünschten übereinstimmt, ist das erforderliche Zusatzlenken Null. Erst bei höheren Querbeschleunigungen muß die Differenz beim Vorderradantrieb negativ und beim Hinterradantrieb positiv sein. Die Bedeutung des Vorzeichens ist jeweils an zwei gezeichneten Beispielen verdeutlicht. Gegen dieses streng aufgabenbezogene Beispiel kann man einwenden

— die Differenz $\Delta\delta_H - \Delta\delta_V$ ist viel zu groß und
— sie verändert sich in Wirklichkeit nicht erst ab einer bestimmten Querbeschleunigung — hier ab $\approx 0{,}4g$ —, sondern schon ab Null, wie aus den Bildern 46.3 und 46.4c hervorgeht.

Prinzipiell lassen sich hieraus einige wichtige Konstruktionshinweise ableiten:

1. Mit Hilfe des Wank- und Seitenkraftlenkens läßt sich das Fahrverhalten im Kreis und auch das instationäre Fahrverhalten verändern.
2. Bei Fahrten auf geringeren Reibbeiwerten, z. B. auf Eis, wirkt hingegen das korrigierende Zusatzlenken wegen des kleinen Wankwinkels und wegen der kleineren Reifenseitenkräfte in dem Beispiel nicht, weil es erst ab $v^2/\varrho g = 0{,}4$ einsetzt, während die Kraftschlußgrenze bei 0,2 (vgl. Bild 29.2) liegt.

Aber auch wenn das Zusatzlenken schon ab $v^2/\varrho g = 0$ einsetzt, ist dessen Einfluß aus den gleichen Gründen gering. Das heißt, beim hinterradangetriebenen Fahrzeug kann bei Fahrt auf trockener Straße aus einem übersteuernden und damit instabilen Fahrzeug durch Zusatzlenken ein untersteuerndes und stabiles gemacht werden, auf vereister Straße bleibt es ein übersteuerndes. Beim Frontantrieb kann auf trockener Straße die Untersteuerung reduziert werden, auf vereister nicht.

3. So gut das Wank- und Seitenkraftlenken (und später der Sturz) für die Fahrt auf ebener Straße sein mag, für die Geradeausfahrt auf unebener Straße, für den sog. Geradeauslauf ist es schlecht. Durch die von den Unebenheiten angeregten Fahrzeugschwingungen treten Relativbewegungen zwischen den Rädern und der Karosse auf und damit Wankbewegungen, Radeinschläge, Sturzänderungen, Spuränderungen, Seitenkräfte. Obgleich der Fahrer das Lenkrad geradeaus hält, weicht das Fahrzeug seitlich ab.[13]

4. Eine Allrad*lenkung*, das heißt eine zusätzliche Hinterradlenkung als Funktion des Reibbeiwertes und unabhängig von Fahrzeugschwingungen könnte vorteilhaft sein.

5. Das Fahrverhalten mit Allrad*antrieb* nach Bild 28.8c kommt dem gewünschten Untersteuerverhalten nach Bild 48.1a sehr nahe, so daß nur ein geringes Zusatzlenken erforderlich ist.

50 Einfluß des Sturzes

50.1 Reifenkennlinien

Bisher stand das Rad senkrecht auf der Fahrbahn. Wird der Reifen jedoch nach Bild 50.1 um den Winkel γ geneigt, man sagt *gestürzt*, dann verändern sich die Funktionen $F_y = f(\alpha)$ und $M_z = f(\alpha)$ nach den Bildern 50.2a und b.

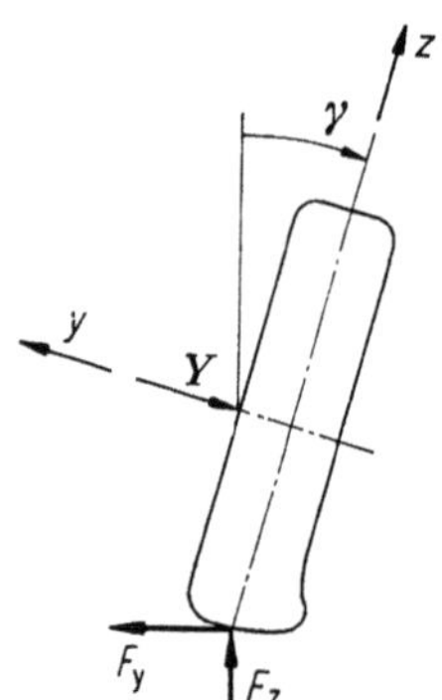

Bild 50.1. Kräfte und Koordinaten am gestürzten Rad

[13] Deppermann, K.-H., Fahrversuche und Berechnungen zum Geradeauslauf von Personenkraftwagen, Dissertation TU Braunschweig (1989).

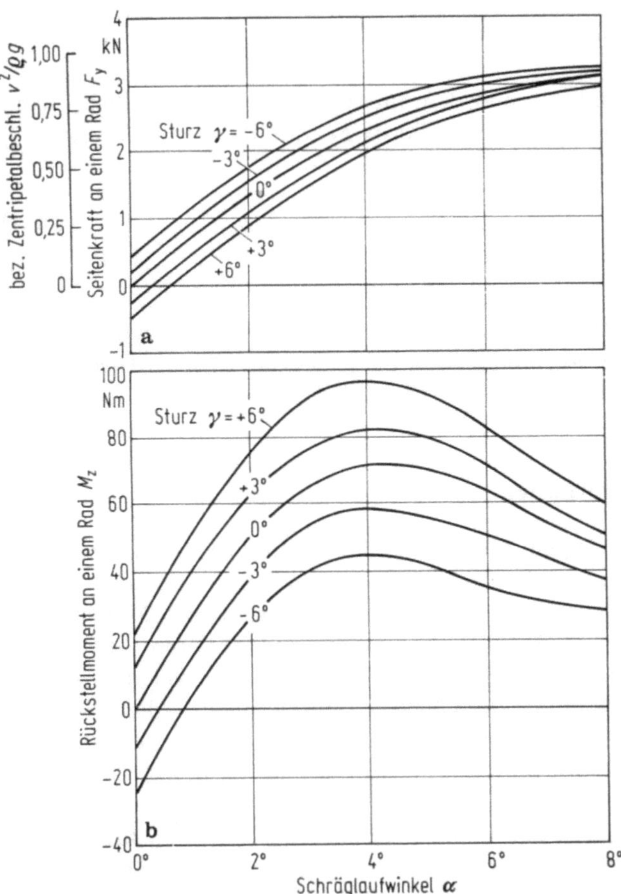

Bild 50.2. Einfluß des Sturzwinkels γ auf Seitenkraft und Rückstellmoment in Abhängigkeit vom Schräglaufwinkel (Reifen 185 HR 14, Felge 6J × 14 H2), Radlast $F_z = 3,5$ kN, Reifeninnendruck $p_L = 2,3$ bar. (Nach Messungen der Universität Karlsruhe 1968)

Bei gleicher Seitenkraft wird bei positivem Sturz der Schräglaufwinkel α größer als bei $\gamma = 0$, bei negativem Sturz kleiner. Das Reifenrückstellmoment vergrößert sich bei konstantem Schräglaufwinkel mit positivem γ.

Die Bezeichnung „positiv" ist hier durch das Koordinatensystem begründet, positiver Sturz ergibt eine positive Drehung um die x-Achse. Physikalisch bedeutet diese Festlegung folgendes: Das Rad in Bild 50.1 gehöre zu einem Fahrzeug, das in die Papierebene mit einer Linkskurve hineinfährt. Die nach rechts zeigende Fliehkraft, von der ein Teil die Kraft Y ist, ergibt die nach links gerichtete Seitenkraft als Reaktion. Wird nun das Rad nach der kurvenäußeren Seite gestürzt (also positiv), dann vergrößert sich der Schräglaufwinkel. Wird hingegen das Rad nach der kurveninneren Seite gestürzt (demnach negativ) — dies entspricht dem In-die-Kurve-Legen des Zweiradfahrzeugs —, so wird der Schräglaufwinkel kleiner als bei $\gamma = 0$.

Die Ausdrücke positiver und negativer Sturz werden irreführenderweise beim Kraftfahrzeug auch für die Kennzeichnung der relativen Lage der beiden Räder einer Achse zueinander benutzt. Ist im Stand oder bei Geradeausfahrt der Abstand der Räder oberhalb der Achse größer als auf der Fahrbahn, dann haben die Räder einen positiven Sturz oder „sie stehen O-beinig da". Im umgekehrten Fall ist der Sturz negativ bzw. „die Stellung ist X-beinig".

Bei kleinem Schräglaufwinkel α und dem immer kleinen Sturzwinkel γ kann man die linearisierten Gleichungen für Seitenkraft F_y und M_z nach (4.5) und (4.7) erweitern zu

$$F_y = c_\alpha \alpha - c_\gamma \gamma \,, \tag{50.1}$$

$$M_z = c_{M\alpha} \alpha + c_{M\gamma} \gamma \,. \tag{50.2}$$

Bei großen Schräglaufwinkeln wird mit negativem Sturz die maximal übertragbare Seitenkraft etwas größer als ohne Sturz, bei positivem kleiner. Dies gilt für trockene Straße, z. T. auch für nasse[14], nicht für Eis[15].

50.2 Einfluß auf das Fahrverhalten

An einem relativ einfachen Beispiel soll der alleinige Einfluß des Sturzes erläutert werden. Der Sturz γ verändere sich von Null ausgehend proportional der bezogenen Zentripetalbeschleunigung $v^2/\varrho g$ so, daß er etwa bei dessen Maximalwert einmal $+6°$ (gestrichelte Linie in Bild 50.3a) erreicht, zum anderen $-6°$ (strichpunktierte Linie). Dabei wurden die Radlaständerungen an kurvenäußeren und -inneren Rädern vernachlässigt ($F_z = 3{,}5\,\text{kN} = \text{const}$), ebenso die Umfangskräfte ($F_x = 0$, Raketenantrieb), weiterhin haben die Räder einer Achse gleiche Einschlagwinkel (z. B. $\delta_{Va} = \delta_{Vi}$) und gleiche Sturzwinkel (z. B. $\gamma_{Va} = \gamma_{Vi}$), der Schwerpunkt liege in Radstandsmitte.

Den Verlauf des Schräglaufwinkels α über der bezogenen Zentripetalbeschleunigung $v^2/\varrho g$ zeigt Bild 50.3b. Bei positivem Sturz sind die Schräglaufwinkel größer als bei Sturz Null, bei negativem kleiner. Daraus ergibt sich der Vorderradeinschlag δ_V — berechnet nach (28.2) — für verschiedene Kombinationen der Sturzänderungen an Vorder- und Hinterrädern (Diagramm c). Zur Berechnung des Lenkradeinschlags δ_L wird nach (28.1) dann das Rückstellmoment eines Vorderreifens $M_{zV}/2$ (Diagramm d) und das bezogene Lenkmoment M_L^* (Diagramm e) benötigt. In f ist schließlich der bezogene Lenkradeinschlag δ_L^* über $v^2/\varrho g$ dargestellt.

Das Gesamtergebnis lautet:

— Negativer Sturz (entspricht dem In-die-Kurve-Legen des Motorrads) erhöht die maximal übertragbare Seitenkraft bzw. vermindert bei gegebener Seitenkraft und damit bei gegebener Zentripetalbeschleunigung den Schräglaufwinkel (Bild 50.3b).

— Damit verändert sich der Schwimmwinkel β mit $v^2/\varrho g$ bei positivem Sturz an den Hinterrädern stärker als ohne Sturz, bei negativem schwächer.

---

[14] Gengenbach, W.: Das Verhalten von Kraftfahrzeugreifen auf trockener und insbesondere nasser Fahrbahn. Dissertation Universität Karlsruhe (1967).

[15] Weber, R.: Der Kraftschluß von Fahrzeugreifen und Gummiproben auf vereister Oberfläche. Dissertation Universität Karlsruhe (1970).

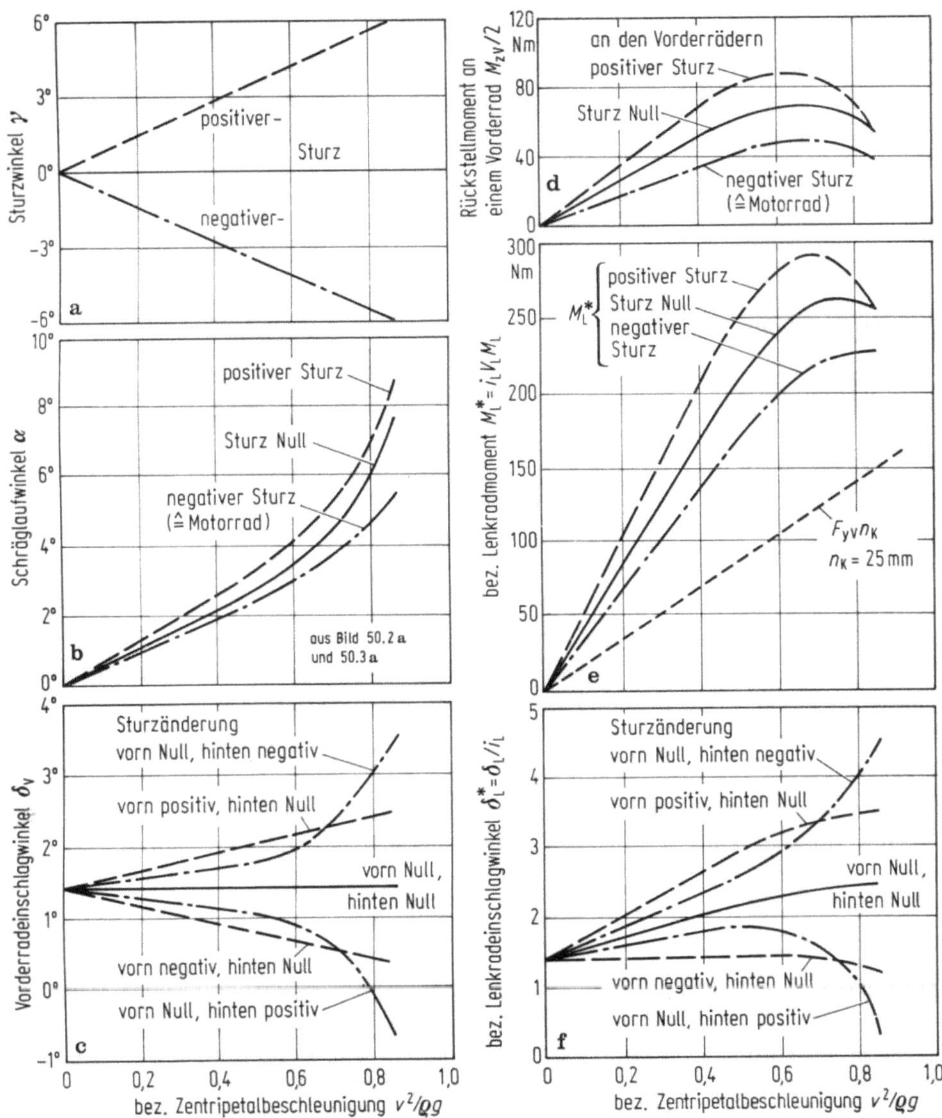

Bild 50.3. Einfluß des Sturzes auf Lenkmoment M_L und Unter-/Übersteuern

— Eine positive Sturzänderung an den Vorderrädern erhöht das Lenkradmoment gegenüber Sturz Null, eine negative verringert es (Bild 50.3e). Soll dies nicht eintreten, so muß bei positivem Sturz zur Kompensation des größeren Reifennachlaufs der konstruktive Nachlauf n_K verkleinert werden, bei negativem vergrößert werden.

— Mit der Sturzänderung als Funktion der Zentripetalbeschleunigung (oder der Wankneigung oder der Seitenkraft) läßt sich die Unter-/Übersteuertendenz eines Fahrzeugs beeinflussen. So ergibt bei niedrigen Zentripetalbeschleuni-

gungen die Kombination vorn positive Sturzänderung/hinten Null oder vorn
Null/hinten negative Änderung ein verstärktes Untersteuern, in den umgekehrten Fällen ein verringertes Untersteuern. Bei höheren Querbeschleunigungen tritt bei Sturz vorn negativ/hinten Null ein leichtes Übersteuern, bei
vorn Null/hinten positiv ein stärkeres Übersteuern ein.

Die Berechnung und damit auch das Fahrverhalten reagieren sehr empfindlich auf
kleine Änderungen in der Seitenkraftkurve bei hohen Schräglaufwinkeln (Bild 50.2a), weil
dort die Neigung der $F_\mathrm{y}-\alpha$-Kurve sehr flach ist.

51 Einfluß des Wankens

51.1 Größe des Wankwinkels (der Fahrzeugquerneigung)

Der stationäre Wankwinkel

$$\varkappa = \frac{v^2}{\varrho g}\,\frac{G_\mathrm{A}h'}{C - G_\mathrm{A}h'} = \frac{1}{\dfrac{C}{G_\mathrm{A}h'} - 1}\,\frac{v^2}{\varrho g} \tag{51.1}$$

hängt nach (45.5) ab von der auf die Erdbeschleunigung bezogenen Zentripetalbeschleunigung $v^2/\varrho g$, dem Aufbaugewicht G_A, dem Abstand h' (Aufbauschwerpunkt zur Momentanachse) und von der gesamten Wanksteife

$$C = C_\mathrm{V} + C_\mathrm{H} + C_\mathrm{StV} + C_\mathrm{StH} \tag{51.2}$$

d. h. Summe der Wankfedersteifigkeiten der Vorder- und Hinterachse sowie den
Stabilisatorsteifigkeiten). Mit (45.1) ergibt sich der in (51.1) wichtige Quotient zu

$$\frac{G_\mathrm{A}h'}{C} = \frac{G_\mathrm{A}}{C}\left[h_\mathrm{A} - p_\mathrm{V} + (p_\mathrm{V} - p_\mathrm{H})\,\frac{l_\mathrm{VA}}{l}\right]. \tag{51.3}$$

Die Gleichungen (51.1) und (51.3) sind in Bild 51.1 ausgewertet. Einige Beispiele
sollen die Diagramme erläutern. Liegt die Momentanachse auf der Fahrbahn,
$p_\mathrm{V} = p_\mathrm{H} = 0$ und ist $C = 30\;\mathrm{kN/rad}$, so wird nach Diagramm b der Quotient
$C/G_\mathrm{A}h' = C/G_\mathrm{A}h_\mathrm{A} = 6,24$ und nach a der bezogene Wankwinkel $\varkappa/v^2/\varrho g = 10,9°/g$.
Ist dieser Wert zu hoch, und soll er deshalb auf einen üblichen Wert von $8°/g$
reduziert werden, dann muß $C/G_\mathrm{A}h' = 8,16$ betragen. Um dies zu erreichen, gibt
es zwei prinzipielle Lösungen:

a) Entweder wird bei konstant gelassenem C der Abstand h', Aufbauschwerpunkt zur Momentanachse, verringert, also bei gegebener Schwerpunktshöhe
   h_A die Momentanachse angehoben (z. B. auf $p_\mathrm{V} = 0,1$ m und $p_\mathrm{V} - p_\mathrm{H} = -0,1$ m
   oder auf $p_\mathrm{V} = 0,2$ m und $p_\mathrm{V} - p_\mathrm{H} \approx +0,15$ m) oder
b) bei niedrig liegendem Momentanzentrum muß die Wankfedersteifigkeit C
   härter ausgelegt werden (z. B. bei $p_\mathrm{V} = 0$, $p_\mathrm{V} - p_\mathrm{H} \approx 0,25$ von $C = 30$ auf
   $40\;\mathrm{kNm/rad}$).

Nach Band B, S. 188, sieht man häufig als nicht zu überschreitenden Wert

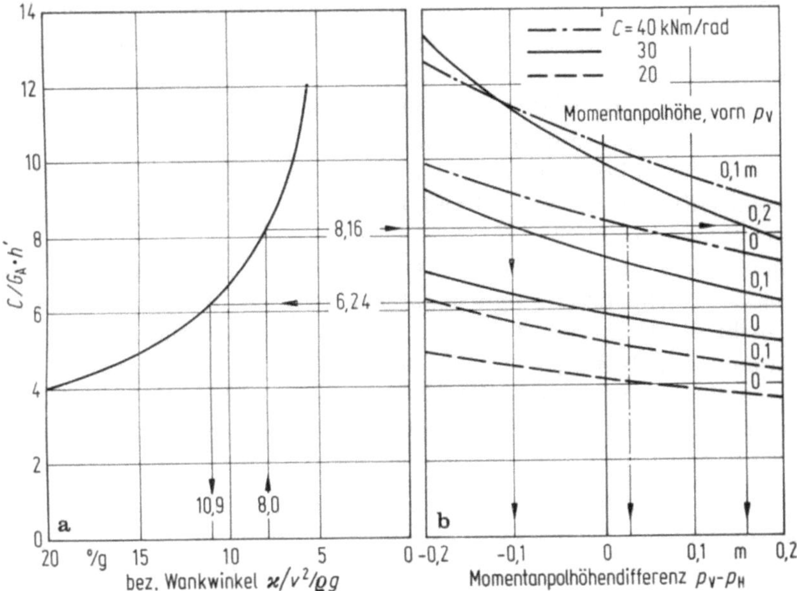

Bild 51.1. Wankwinkel $\varkappa$ bezogen auf die Zentripetalbeschleunigung v^2/ϱ und Erdbeschleunigung g als Funktion der gesamten Wankfedersteifigkeit C, dem Aufbaugewicht G_A und dem Abstand h'. Schwerpunktshöhe zu Momentanachse (**a**) und den Momentanzentrumshöhen p_V und p_H an Vorder- und Hinterachse (**b**), dazu gehören die Werte $G_A = 9250$ N, $h_A = 0{,}52$ m, $l_{VA}/l = 0{,}38$

beim leeren Fahrzeug $8°/g$ und beim beladenen $11°/g$ Kurvenneigung an. Das ergibt nach (51.1)

$$\frac{C}{G_A h'} = \frac{v^2/\varrho g}{\varkappa} + 1 \approx 8{,}2 \cdots 6{,}2 .$$

51.2 Auswirkungen auf Fahrzeugschwingungen und Reifenverschleiß

Die oben genannten zwei Lösungen können nicht frei gewählt werden, denn die Wankfedersteifigkeit C und die Momentanpolhöhen p_V und p_H beeinflussen das Schwingungsverhalten des Fahrzeugs bei Geradeausfahrt, siehe Band B, Kap. VI mit den Abschnitten 44 (Wankschwingungen) und 45 (Stabilisatoren) sowie Band B, Kap. VII mit dem Abschn. 51 (Radaufhängungen, Wankschwingungen Seitenkräfte, Schüttelschwingungen). Zusammengefaßt kann folgendes wiederholt werden:

a) Bei der Erhöhung der Wanksteife muß zwischen Fahrzeugen mit und ohne Stabilisator(en) unterschieden werden.

— Soll bei Fahrzeugen ohne Stabilisator(en) die Wanksteife erhöht werden, wird gleichzeitig die Hubsteife erhöht und damit der kleinere Wankwinkel bei Kurvenfahrt durch geringeren Komfort bei Fahrt auf unebener Straße erkauft.

— Bei Fahrzeugen mit Stabilisator(en) kann zwischen Hub-/Nickschwingungen und Wankbewegungen unterschieden werden. Der Komfort auf unebenen Straßen wird nach Band B, Abschn. 45 nur geringfügig schlechter, der Wankwinkel bei Kreisfahrt hingegen wesentlich kleiner.

b) Auch bei Geradeausfahrt auf unebenen Straßen treten durch Spur- und Sturzänderungen Seitenkräfte auf. Sie sind um so geringer, je kleiner die Höhe der Momentanzentren p ist, siehe Band B, Abschn. 51.7. Damit verringert sich auch der Reifenverschleiß.

c) Die Radkinematik verursacht auch bei Geradeausfahrt Seitenschwingungen des Aufbaus, sog. Schüttelschwingungen, siehe Band B, Abschn. 51.6. Hier ist primär nicht die Höhe des Momentanzentrums MZ wichtig, sondern die Lage des Momentanpols MP, siehe Tabelle 45.1, Doppelquerlenkerachse. Ist dessen Höhe a gleich dem statischen Reifenhalbmesser und ist dessen Abstand f_{SP} zum Rad groß, so sind die Schüttelschwingungen klein. Sekundär bedeutet das gleichzeitig, daß p klein sein muß.

Zusammengefaßt ist also die Verwendung von Stabilisator(en) und niedrige Momentanzentrumshöhen zu empfehlen.

51.3 Maximale Querbeschleunigung

Durch größere Wankwinkel wird der Aufbauschwerpunkt stärker nach kurvenaußen verlagert, siehe (43.1) bzw. Bild 43.1a. Die Radlastunterschiede zwischen den kurvenäußeren und -inneren Rädern werden dadurch größer, als Folge auch die Schräglaufwinkel, und damit wird die Kraftschlußgrenze früher erreicht als bei kleinerem Wankwinkel. Bild 51.2 zeigt die maximale Querbeschleunigung $v^2/\varrho g$ über der schon bekannten Kenngröße $G_{\mathrm{A}}h'/C$ bzw. über dem bezogenen Wankwinkel $\varkappa/v^2/\varrho g$.

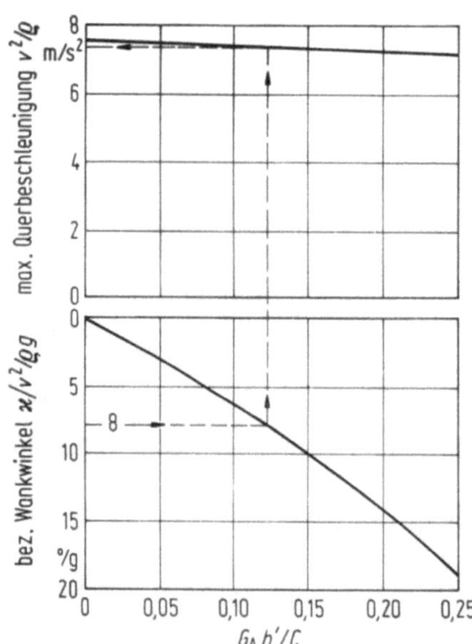

Bild 51.2. Zusammenhang zwischen maximaler Querbeschleunigung und bezogenem Wankwinkel

Ein Fahrzeug mit 8°/g Wankwinkel/Seitenbeschleunigung erreicht etwa um 5% weniger Querbeschleunigung als ein Fahrzeug ohne Wanken. Damit ist aber nicht gesagt, daß dieses Fahrzeug sicherer ist. Es erreicht zwar höhere Querbeschleunigungen, aber der Fahrer hat durch das fehlende Wanken eine Information weniger für die Annäherung an die Kraftschlußgrenze.

Die Verteilung der Wankfedersteife auf Vorder- und Hinterachse beeinflußt ebenfalls die erreichbare Querbeschleunigung, siehe Abschn. 40.3 und Bild 51.3. Bei dem hier angenommenen Beispiel eines leicht frontlastigen Fahrzeugs muß die Wankfedersteife hinten etwas größer sein, damit beiden Achse bei schneller Kurvenfahrt gleichzeitig wegrutschen: Dies ist dann der Punkt der größten erreichbaren Querbeschleunigung (Punkt A). Soll das Fahrzeug im Grenzbereich untersteuern (die Wankfedersteifenverteilung beeinflußt das Steuerverhalten insbesondere im Grenzbereich), muß die Wankfedersteife an der Vorderachse gegenüber Punkt A vergrößert werden (Punkt B).

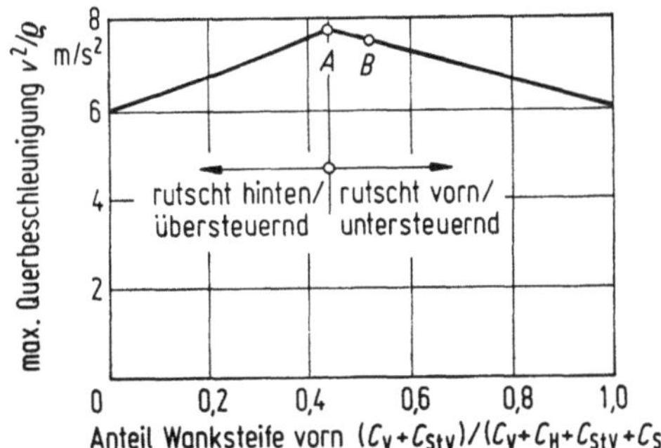

Bild 51.3. Verteilung der Wanksteife auf Vorder- und Hinterachse und ihr Einfluß auf die maximal erreichbare Querbeschleunigung

Ab hier muß nun wieder wie in Abschn. 51.2 unterschieden werden: Bei Fahrzeugen ohne Stabilisator(en) beeinflußt die Wanksteifenverteilung den Komfort bei Geradeausfahrt auf unebener Straße, bei Fahrzeugen mit Stabilisator(en) dagegen kaum. Das heißt, bei Fahrzeugen mit Stabilisator(en) kann die Wanksteifenverteilung nach reinen Kurshaltungsgesichtspunkten vorgenommen werden, es braucht kein Kompromiß eingegangen zu werden. Bei Fahrzeugen ohne Stabilisatoren muß ein Kompromiß gefunden werden.

IV.B Instationäre Fahrt

Für den allgemeinen Fall, bei dem im Gegensatz zur bisher behandelten Kreisfahrt die Fahrgeschwindigkeit $v \neq$ const und der Krümmungsradius $\varrho \neq$ const sind, sollen nun einige Ergebnisse instationärer Fahrten berechnet werden. Außerdem sollen Einflüsse von Fahrzeugdaten gezeigt werden, die bisher noch nicht erfaßt wurden. Zuvor gibt es Hinweise auf die mathematische Beschreibung des Fahrzeugs und der Reifenkennlinien.

52 Fahrzeugsystem

Mit der Steigerung der Rechenleistung von kleinen, mittleren bis zu den elektronischen Großrechnern sind in den letzten Jahren auch die Modelle für die Kurshaltung umfangreicher geworden. Bei den großen Fahrdynamikprogrammen[16] gibt es die Tendenz, die von jedem Automobilhersteller selbstentwickelten Programme zu verlassen und auf kommerzielle, sehr allgemein einsetzbare Software-Pakete überzugehen und sie problemorientiert zu ergänzen. Die meistverwendeten Starrkörperprogramme stellen die sowohl bezüglich der Bewegungen als auch der Kräfte nichtlinearen Bewegungsgleichungen selbst auf und lösen sie im Zeitbereich. Aus diesem Grund erscheint es dem Autor nicht mehr wichtig, die Differentialgleichungen zu nennen; es werden nur ein paar Hinweise gegeben. Zuvor sei aber noch darauf hingewiesen, daß nach wie vor noch einfachere Modelle angewendet werden. Sie können für bestimmte dynamische Vorgänge maßgeschneidert werden, und sie benötigen nicht die Kenntnis der zahlreichen Fahrzeugdaten der großen Modelle. Hier ist immer Genauigkeit und Aufwand gegeneinander abzuwägen. Begnügt man sich nicht nur mit den Ergebnissen, sondern sucht auch ein tieferes fahrzeugtechnisches Verständnis, so sollte man kleine und große Programme parallel laufen lassen (natürlich nur bis zu dem Punkt, bis zu dem das kleine Modell für die Interpretation noch hilfreich ist).

52.1 Koordinatensysteme

Um die absoluten Bewegungen des Fahrzeugs im Raum, aber auch Relativbewegungen darstellen zu können, ist die Einführung mehrerer Koordinatensysteme zweckmäßig.

Bild 52.1a zeigt in räumlicher Darstellung das Wesentliche eines zweiachsigen Kraftfahrzeugs. Der Aufbau mit dem Schwerpunkt SP_A bewegt sich um die ideelle Momentanachse und stützt sich über Federn und Dämpfer an den Rädern ab. Die Radaufhängungen werden an allen vier Rädern durch schwarze Kästen (black boxes) symbolisiert, die die elastischen und kinematischen Daten beinhalten. Die Lenkungsanlage entspricht dem in Bild 48.2a gezeigten Schema, nur wurde außer der die Lenkungselastizität repräsentierenden Feder zusätzlich ein Lenkungsdämpfer eingeführt. Die Räder werden, um doppelte Indizes wie V, 1 für vorn, links zu sparen, mit 1···4 durchnumeriert.

In Bild 52.1a ist weiterhin das aufbaufeste Koordinatensystem x_A, y_A, z_A mit den Einheitsvektoren i_A, j_A und k_A eingezeichnet, dessen Koordinatenanfangspunkt mit dem Schwerpunkt SP_A zusammenfällt. i_A liegt in Fahrzeuglängsachse, und k_A steht, wenn sich der Aufbau in der Nullage befindet, senkrecht zur Fahrbahnebene. Bei $\varkappa = 0$ ist $0'$ der Fußpunkt des Lotes von SP_A auf die Momentanachse und $0''$ der des entsprechenden Lotes auf die Fahrbahnebene. $0''$ ist der Koordinatenanfangspunkt eines fahrbahngebundenen Systems i_F, j_F, k_F, bei dem i_F immer in Fahrzeuglängsachse zeigt und k_F senkrecht auf der Fahrbahn steht. i_0, j_0, k_0 ist das raumfeste Koordinatensystem.

---

[16] Mehrere werden genannt in: Berechnung im Automobilbau. VDI-Bericht 537/1984. 613/1986, 699/1988, VDI-Verlag Düsseldorf.

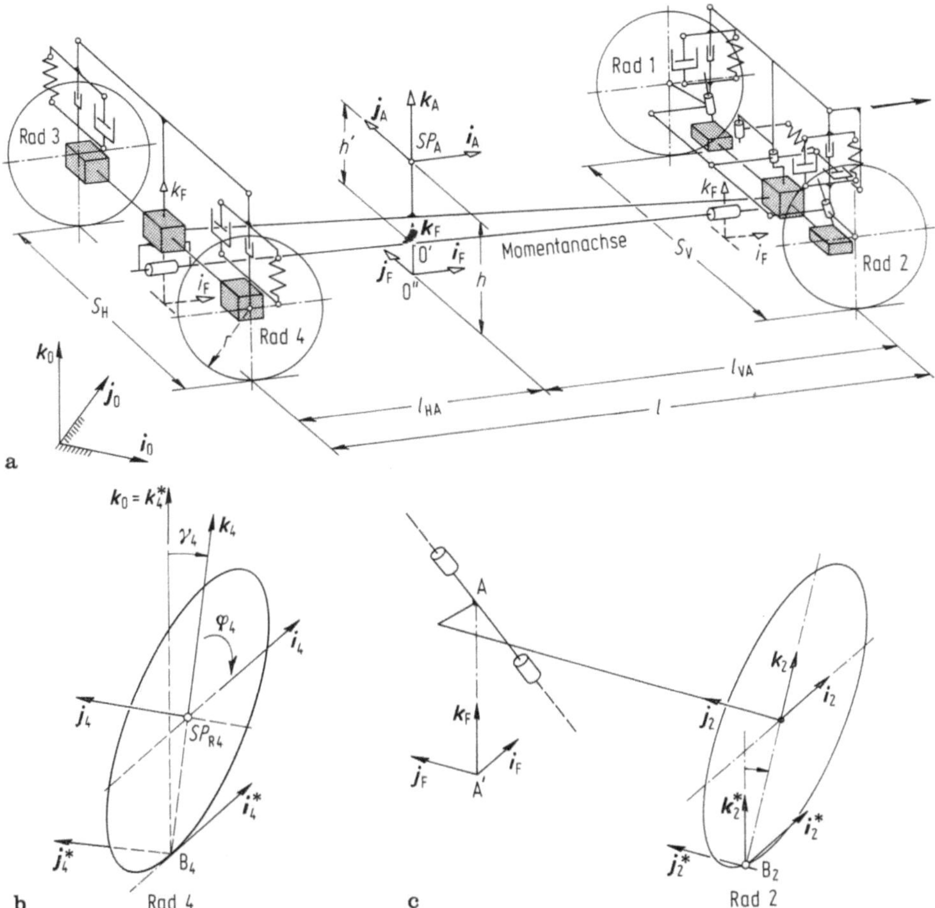

Bild 52.1. Zur Erläuterung für die zweckmäßige Einführung von Koordinatensystemen

Die vorderen und hinteren rechten Räder, Räder 2 und 4 nach Bild 52.1b und c, haben die Einheitsvektoren $\mathbf{i}_{2,4}$, $\mathbf{j}_{2,4}$, $\mathbf{k}_{2,4}$, wobei $\mathbf{j}$ in der Drehachse des Rades verläuft, während die beiden anderen, in der Radscheiben-Mittelebene liegend, nicht mit umlaufen; es ist ein sog. schleifendes Koordinatensystem. Zur besseren Kennzeichnung der im Latschmittelpunkt $B_{2,4}$ wirkenden Kräfte und Momente wird zusätzlich ein fahrbahngebundenes Koordinatenystem mit den Einheitsvektoren $\mathbf{i}_{2,4}^{*}$, $\mathbf{j}_{2,4}^{*}$, $\mathbf{k}_{2,4}^{*}$ eingeführt, wobei z. B. $\mathbf{i}_{2}^{*} = \mathbf{i}_{2}$ uns $\mathbf{k}_{2}^{*} = \mathbf{k}_{2}$ ist.

52.2 Programmaufbau

Das Gesamtprogramm sollte in einzelne Programme für Aufbau, Räder, Reifen, Lenkung, Radaufhängungen usw. unterteilt werden. Dies ist vorteilhaft, weil dann einzelne Unterprogramme übernommen oder durch inzwischen verbesserte ausgetauscht werden können. Ein Beispiel zur Berechnung der Lastwechsel-reaktion[17] zeigt Bild 52.2.

---

[17] Otto, H.: Lastwechselreaktionen von Pkw bei Kurvenfahrt. Dissertation TU Braunschweig (1987).

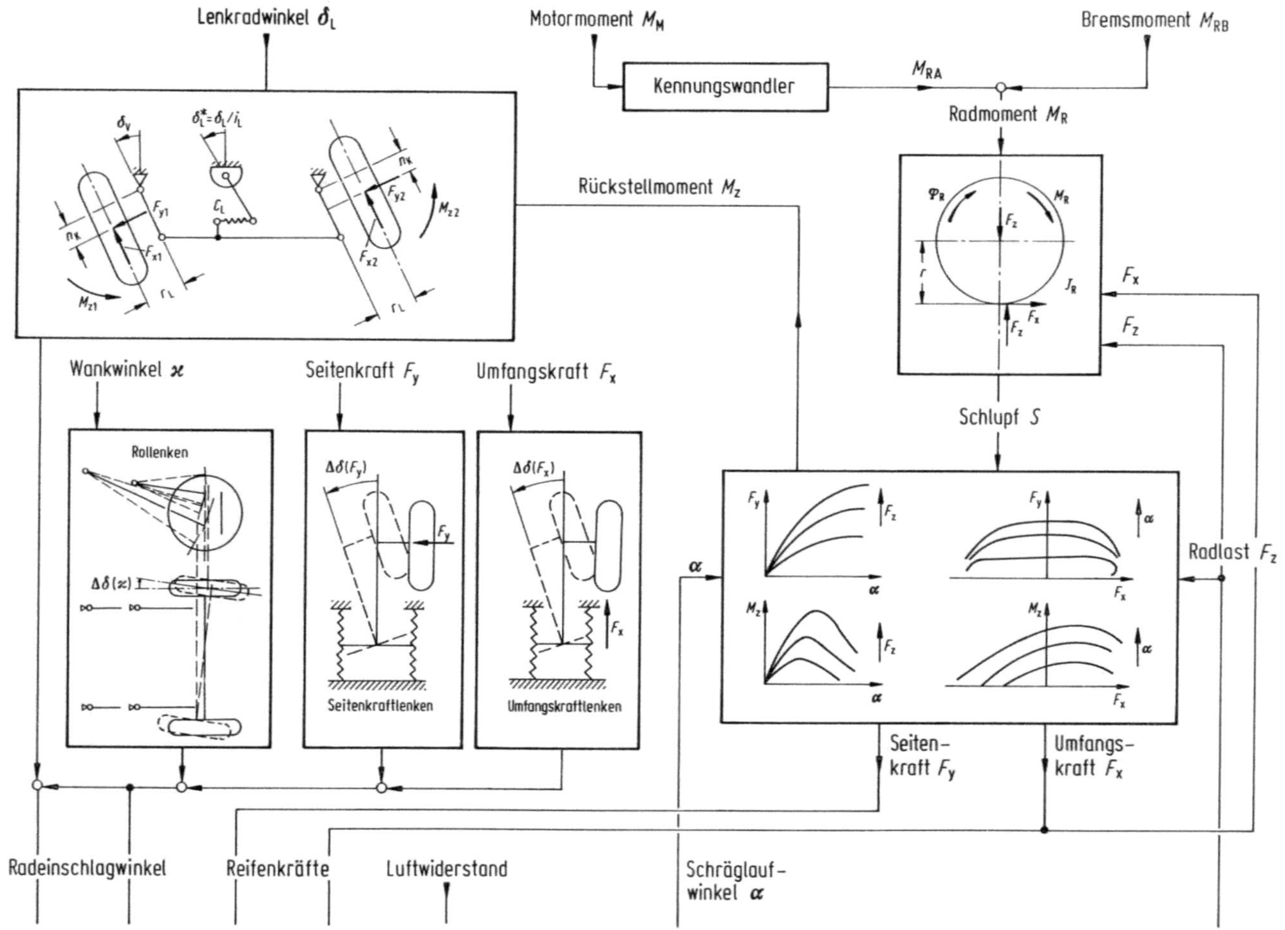

Lenkradwinkel δ_L
Motormoment M_M
Bremsmoment M_{RB}
Kennungswandler
M_{RA}
Radmoment M_R
Rückstellmoment M_z
δ_v
$\delta_L^* = \delta_L / i_L$
n_K
F_{y1}
c_L
F_{y2}
M_{z2}
n_K
F_{x1}
F_{x2}
M_{z1}
r_L
r_L
Φ_R
M_R
F_z
r
J_R
F_x
F_z
F_x
F_z
Wankwinkel $\varkappa$
Seitenkraft F_y
Umfangskraft F_x
Schlupf S
Rollenken
$\Delta\delta(F_y)$
$\Delta\delta(F_x)$
$\Delta\delta(\varkappa)$
F_y
F_x
Seitenkraftlenken
Umfangskraftlenken
F_y
F_z
F_y
α
α
M_z
F_z
M_z
α
α
F_x
F_x
Radlast F_z
Seiten-kraft F_y
Umfangs-kraft F_x
Radeinschlagwinkel
Reifenkräfte
Luftwiderstand
Schräglauf-winkel α

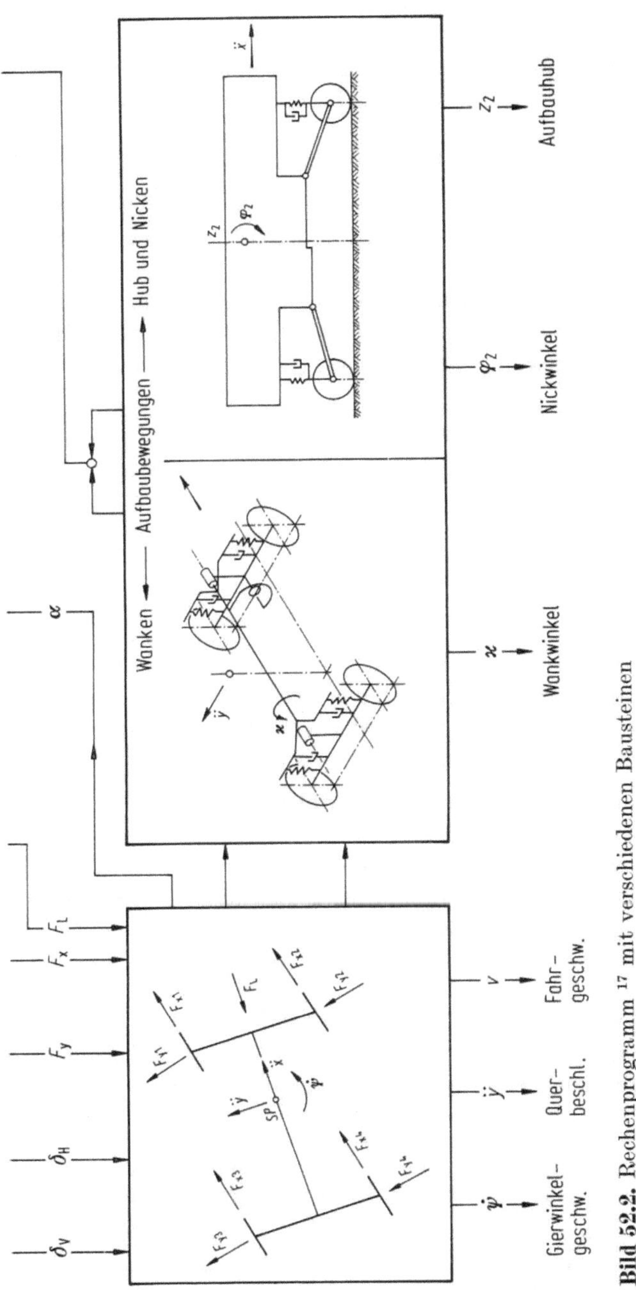

Bild 52.2. Rechenprogramm [17] mit verschiedenen Bausteinen

53 Reifenkennlinien

Für die schnelle, theoretische Ermittlung der Kurshaltung müssen in den Rechnern die Reifenkennlinien gespeichert sein. Sie lassen sich einmal mit Hilfe einer Datenbank beschreiben, indem Meßergebnisse abgelegt werden oder zum anderen, indem die Kennlinien durch ein Reifenmodell näherungsweise mathematisch beschrieben werden.

Meistens wird mit einem Reifenmodell gearbeitet,

— weil sehr häufig gemessene Reifenkennlinien nicht zur Verfügung stehen, besonders nicht für verschiedene äußere Bedingungen (trockene, nasse, vereiste Straße) und
— weil ein auf fahrzeugtechnischen Grundlagen beruhendes Modell einen Einblick in die Zusammenhänge und Abhängigkeiten zwischen den einzelnen Größen (Kräften, Schräglaufwinkeln, Umfangsschlupf, usw.) gibt.

Ein Nachteil der Reifenmodelle ist, daß auch hier für die Berechnung der Kennlinien eine Anzahl von Konstanten bekannt sein muß. Außerdem kann zwar häufig z. B. die berechnete Seitenkraft-Schräglaufwinkel-Kurve gut mit den gemessenen Kurven in Übereinstimmung gebracht werden kann, aber nicht die Rückstellmomenten-Kurven.

53.1 Reifenmodell

Das HSRI-Modell[18] wurde von Wiegner[19] und Chen[20] um das Reifenrückstellmoment und von Uffelmann[21] um den Einfluß der Radlaständerungen erweitert. Der Berechnung liegt die Verformung im Latsch zugrunde, siehe Bild 53.1a. Sie wird angenähert nach b

— durch Parallelverschiebung der Karkasse (Gürtel bei heutigen Radialreifen) zum Rad im Latschbereich,
— durch Aufteilung in einen Haft- und Gleitbereich, wobei die Auslenkung des Reifenprofils im Haftbereich durch den Schräglaufwinkel α bestimmt wird und die im Gleitbereich parallel zur Karkasse verläuft.

Außerdem wird angenommen:

— konstante Flächenpressung über den gesamten Latsch.

In Tabelle 53.1 sind die Gleichungen zusammengestellt. Im Haftbereich sind sie praktisch gleich den linearisierten Gleichungen in Abschn. 4.3.

---

[18] Dugoff, H.; Fancher, P. S.; Segel, L.: Tire performance characteristics affecting vehicle response to steering and braking control inputs. Highway Safety Research Institute. University of Michigan, Ann Arbor (1969), Final Report National Bureau of Standards Contract CST-460.

[19] Wiegner, P.: Über den Einfluß von Blockierverhinderern auf das Fahrverhalten von Personenkraftwagen bei Panikbremsungen. Dissertation TU Braunschweig 1974.

[20] Chen, Z.: Regelkreis Fahrer—Fahrzeug für Längs- und Querdynamik. Diplomarbeit, Institut für Fahrzeugtechnik. TU Braunschweig (1987).

[21] Uffelmann, F.: Berechnung des Lenk- und Bremsverhaltens von Kraftfahrzeugzügen auf rutschiger Fahrbahn. Dissertation TU Braunschweig 1980.

Tabelle 53.1. Flußdiagramm für Reifenmodell und Abkürzungen

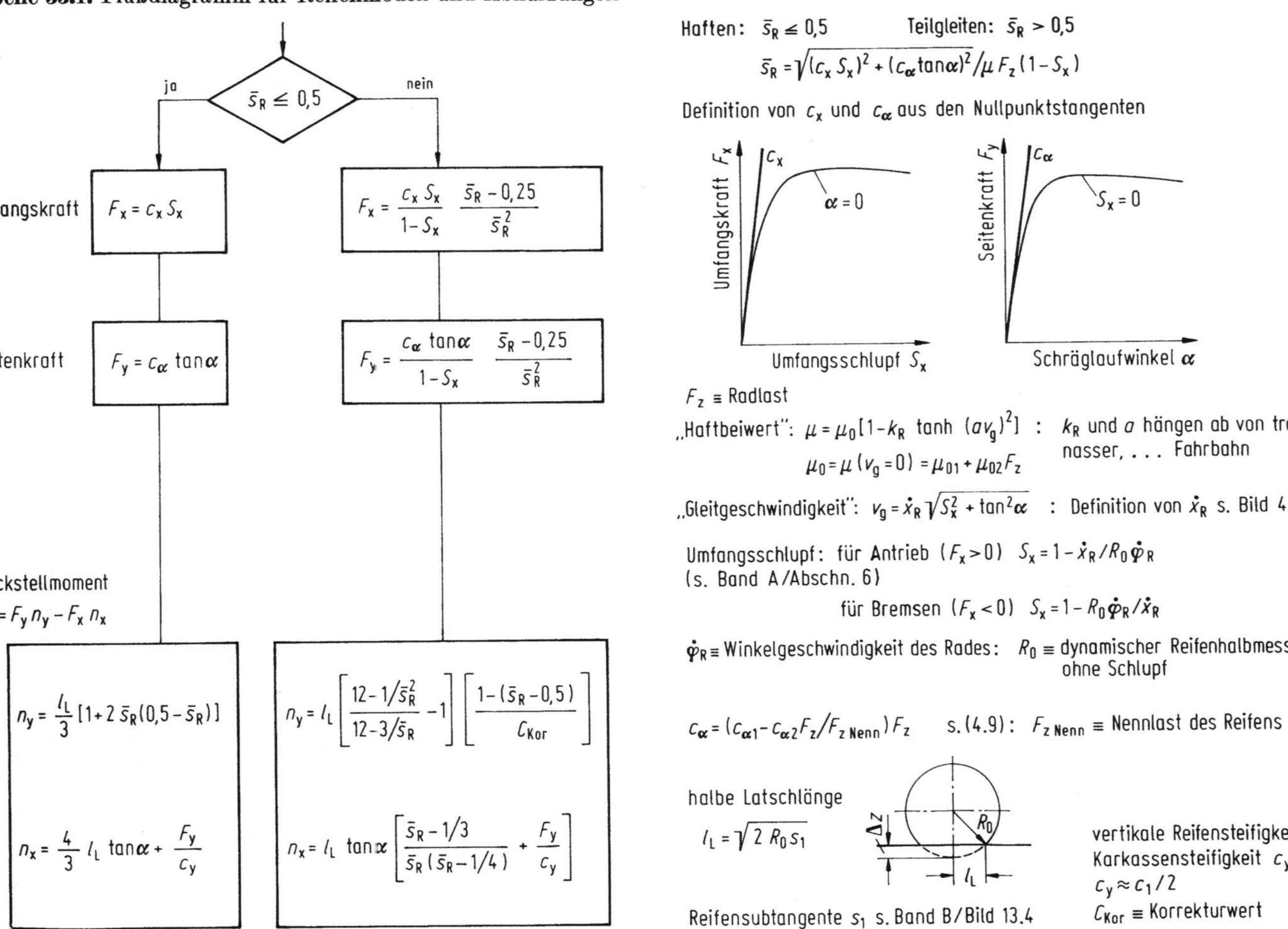

Haften: $\bar{s}_R \leq 0,5$ Teilgleiten: $\bar{s}_R > 0,5$

$$\bar{s}_R = \sqrt{(c_x S_x)^2 + (c_\alpha \tan\alpha)^2}\,/\mu\, F_z(1 - S_x)$$

Definition von c_x und c_α aus den Nullpunktstangenten

$F_z \equiv$ Radlast

„Haftbeiwert": $\mu = \mu_0[1 - k_R \tanh(a v_g)^2]$: k_R und a hängen ab von trockener, nasser, ... Fahrbahn

$$\mu_0 = \mu(v_g = 0) = \mu_{01} + \mu_{02} F_z$$

„Gleitgeschwindigkeit": $v_g = \dot{x}_R \sqrt{S_x^2 + \tan^2\alpha}$: Definition von $\dot{x}_R$ s. Bild 4.2

Umfangsschlupf: für Antrieb $(F_x > 0)$ $S_x = 1 - \dot{x}_R/R_0\dot{\varphi}_R$
(s. Band A/Abschn. 6)

für Bremsen $(F_x < 0)$ $S_x = 1 - R_0\dot{\varphi}_R/\dot{x}_R$

$\dot{\varphi}_R \equiv$ Winkelgeschwindigkeit des Rades: $R_0 \equiv$ dynamischer Reifenhalbmesser ohne Schlupf

$$c_\alpha = (c_{\alpha 1} - c_{\alpha 2} F_z/F_{z\,Nenn}) F_z \quad \text{s.}(4.9): \quad F_{z\,Nenn} \equiv \text{Nennlast des Reifens}$$

halbe Latschlänge
$$l_L = \sqrt{2\,R_0 s_1}$$

vertikale Reifensteifigkeit c_1
Karkassensteifigkeit c_y
$c_y \approx c_1/2$
$C_{Kor} \equiv$ Korrekturwert

Reifensubtangente s_1 s. Band B/Bild 13.4

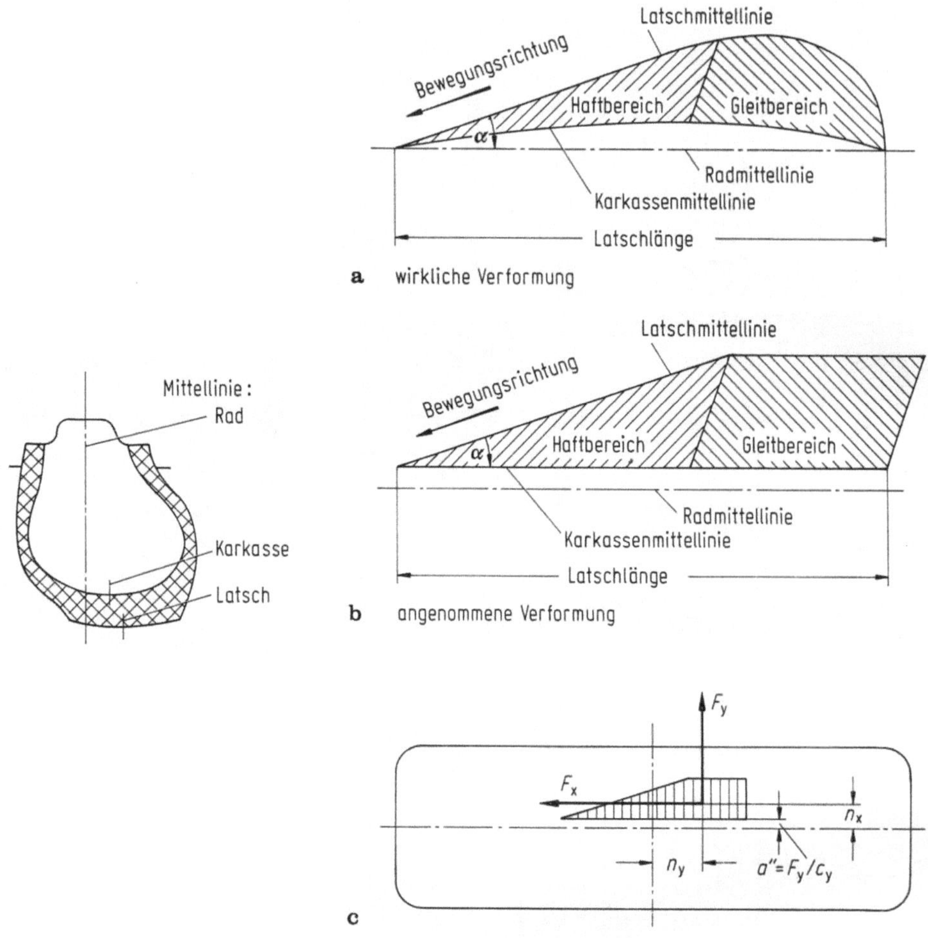

Bild 53.1. Erklärung zur Ableitung des erweiterten HSRI-Modells

Der Einfluß des Sturzes wird meistens vereinfachend linearisiert nach (50.1)
und (50.2) addiert. Eine genauere Ableitung des instationären Reifenverhaltens,
einschließlich Sturz, Einlaufverhalten und dynamische Radlastschwankung
(durch Unebenheitsanregung) gibt Laermann.[22]

53.2 Einlaufverhalten des Reifens

Die bisherigen Betrachtungen an Seitenkraft-Schräglaufwinkel-Diagrammen
in den Abschnitten 4, 27, 50, 53.1 galten für stationäre Fälle, also für $\alpha(t) =$ const
bzw. $F_y(t) =$ const. Ändert sich hingegen α mit der Zeit, so geben die genannten

---

[22] Laermann, F.-J.: Seitenführungsverhalten von Kraftfahrzeugreifen bei schnellen Radlaständerungen. Dissertation TU Braunschweig (1986). VDI-Fortschrittberichte Reihe
12, Nr. 73, VDI-Verlag, 1986.

Diagramme falsche Angaben. Dies kann man sich am einfachsten anhand des Bildes 4.6a klarmachen, wenn man annimmt, daß ein Reifen schräg auf die noch stehende Trommel aufgesetzt wird. Dann gibt es zwar nach Definition einen Schräglaufwinkel α; da sich aber die Latschteile noch nicht verspannt haben, kann noch keine Seitenkraft F_y auftreten. Bewegt sich die Trommel, so beginnen sich die Reifenteile zu verformen, und es baut sich nach Bild 53.2 die Seitenkraft F_y auf. Sie erreicht nach etwa einer Umdrehung den Wert, den man aus dem Seitenkraftschaubild kennt. Dieses instationäre Verhalten wurde von Schlippe-Dietrich[23] durch die Differentialgleichung

$$\dot{F}_y + \frac{c_y}{c_\alpha} v F_y = c_y(v\alpha - l_L \dot{\alpha} - \dot{y}_R) \tag{53.1}$$

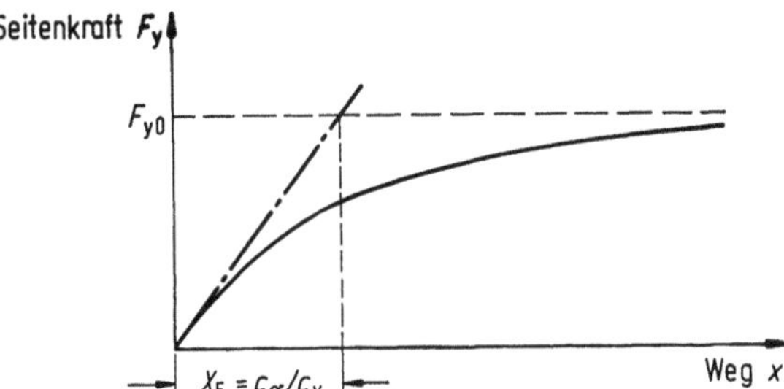

Bild 53.2. Zur Erklärung des Einlaufverhaltens eines Reifens

beschrieben. c_y ist die seitliche Reifenfederkonstante, c_α der Seitenkraft-Schräglaufwinkel-Beiwert, l_L die halbe Latschlänge und $\dot{y}_R$ die seitliche Felgengeschwindigkeit (siehe auch Band B, Abschn. 47 und Böhm[24] sowie Laermann[22]). Das Einlaufverhalten nach Bild 53.2 kann über (53.1) für $\alpha = \alpha_0$ berechnet werden,

$$F_y = c_\alpha\alpha_0(1 - e^{-(c_y/c_\alpha)vt}) = F_{y0}(1 - e^{-x/X_E}). \tag{53.2}$$

Der Einlaufvorgang ist nicht zeit-, sondern wegabhängig, da das im Exponenten stehende Produkt vt gleich dem zurückgelegten Weg x ist. Den Ausdruck

$$X_E = c_\alpha/c_y,$$

der in Bild 53.2 dargestellt ist, nennt man Einlauflänge.

54 Zwei Beispiele für Fahrt bei hohen Querbeschleunigungen

In Bild 54.1 werden zwei Fahrzeuge verglichen: beim Eingang Lenkwinkelrampe (Diagramm a), bei hoher Ausgangsfahrgeschwindigkeit (b) und bei konstanter Fahrpedalstellung (d. h. die Radumfangskraft erhöht sich mit abnehmender Fahrgeschwindigkeit nach Bild 36.1) (Diagramm c). Die beiden Fahrzeuge unter-

---

[23] Schlippe, B.; v. Dietrich, R.: Zur Mechanik des Luftreifens. Zentrale für wiss. Berichtswesen der Luftfahrtforschung, Berlin 1942.
[24] Böhm, F.: Zur Mechanik des Luftreifens. Habilitationsschrift. TH Stuttgart 1966.

Lenkradwinkel δ_L
80°
60°
40°
20°
0°
h = 0
h > 0
a
Fahrgeschwindigkeit v
120
km/h
80
40
0
b
Radumfangskraft F_x
1,0
kN
0,5
0
c
Radlasten F_z
8
kN
6
4
2
0
Hr
Vr
Hl
Vl
d
Schräglaufwinkel α_V, α_H
12°
8°
4°
0°
α_V
α_H
α_V
α_H
e
0   1   2   3   4   5 s 6
Zeit t
Gierwinkelgeschwindigkeit $\dot{\psi}$
30
°/s
20
10
0
f
Querbeschleunigung $\ddot{y}$
10
m/s²
8
6
4
2
0
g
Schwimmwinkel β
15°
0°
-15°
h
Krümmung $1/\varrho$
0,016
1/m
0,012
0,008
0,004
0
i
Wankwinkel $\varkappa$
8°
4°
0°
k
0   1   2   3   4   5 s 6
Zeit t

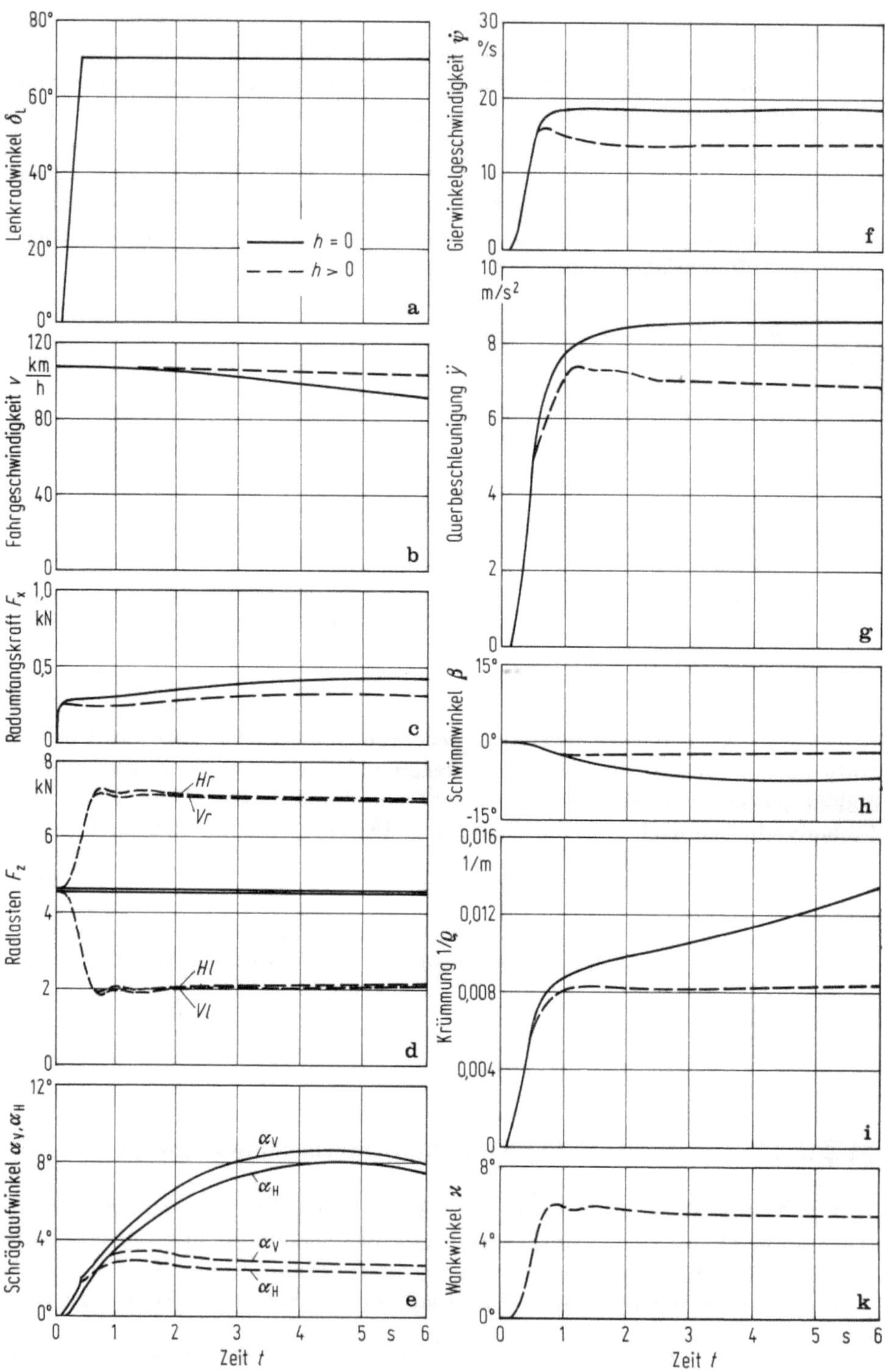

Bild 54.1.

scheiden sich nur in der Schwerpunktslage, bei dem einen liegt der Schwerpunkt auf der Fahrbahn ($h = 0$), bei dem anderen in der üblichen Höhe ($h > 0$) (Unterschied zwischen Kap. IV und III!). Der Unterschied ist sofort in den Radlast-Zeit-Schrieben (d) und im Wankwinkel (k) zu erkennen, die bei $h = 0$ konstant bzw. Null sind und bei $h > 0$ nicht. Die Radlastschwankungen und die Wankschwingungen sind etwa in Phase.

Überraschend ist zunächst, daß bei $h = 0$ größere Schräglaufwinkel auftreten als bei $h > 0$ (e), obwohl dies doch nach der Diskussion bei der stationären Kreisfahrt gerade umgekehrt sein sollte, denn nach Bild 40.4 vergrößern Radlaständerungen an den Rädern einer Achse die Schräglaufwinkel. Der Grund ist aus Diagramm i zu erkennen: Die Krümmung bei $h = 0$ ist größer, der Krümmungsradius kleiner und die Querbeschleunigung nach Diagramm g größer, was größere Seitenkräfte und damit größere Schräglaufwinkel hervorruft.

Durch das Anheben des Schwerpunkts hat sich die Beziehung zwischen Lenkradeinschlag und Querbeschleunigung geändert. Um das auszugleichen, müßte beim Fahrzeug mit $h > 0$ die Lenkübersetzung i_L verringert werden.

55 Einfluß des dynamischen Wankens

In Abschn. 51 wurde schon für die stationäre Kreisfahrt die Größe des Wankwinkels und dessen Einfluß diskutiert. Bei der instationären Kreiseinfahrt, beim Lenkwinkelsprung, spielt neben der Wankfederung noch die Wankdämpfung eine Rolle. Sie ist neu und muß behandelt werden. Zum Zweiten wird sich das Aufbauwanken auf den zeitlichen Verlauf der Gierwinkelgeschwindigkeit, speziell auf die zugehörige Peak-Response-Time auswirken, und zum Dritten wird in diesem Abschnitt noch eine neue Beurteilungsgröße vorgeschlagen.

55.1 Einfluß von Wankfederung und -dämpfung

Nach Bild 55.1b besitzt die Wankfederung praktisch keinen Einfluß auf die Größen der Peak-Response-Time und des Überschwingfaktors der Gierwinkelgeschwindigkeit (beide Begriffe sind in Abschn. 13.3 erklärt). Dabei wurde die Wanksteifenverteilung entsprechend Punkt B in Bild 51.3 vorgenommen, weil das dort gezeigte leichte Untersteuern im Grenzbereich beibehalten wurde. Die Wankwinkel nach Diagramm c sind natürlich entsprechend der stark unterschiedlichen Wanksteife stark verschieden.

Eine Veränderung der gesamten Wankdämpfung bei gleichmäßiger Aufteilung auf die Achsen hat praktisch keinen Einfluß auf den Gierwinkelgeschwindigkeit-

---

Bild 54.1. Vergleich des Fahrverhaltens zweier Fahrzeuge bei Lenkwinkelrampe und konstanter Fahrpedalstellung. (Wichtigste Fahrzeugdaten: $m = 1\,887$ kg, $J_z = 3\,657$ kgm, $J_x = 611$ kgm, $l = 2{,}837$ m, $l_V/l = 0{,}5$, $p_V = p_H = 0$, $s_V = s_H = 1{,}5$ m, $C_V = C_H = 36342$ Nm/rad, $K_V = K_H = 2396$ Nms/rad, $n_K = 0{,}0147$ m, $r = h_V = h_H = 0{,}295$ m, $C_L = 9720$ Nm/rad, $i_L = 19$, Hinterradantrieb, Unterschiede bei $h = 0$ ist $m_V = m_H = 0$, bei $h > 0$ ist $h = 0{,}5$ m, $m_V = m_H = 100$ kg)

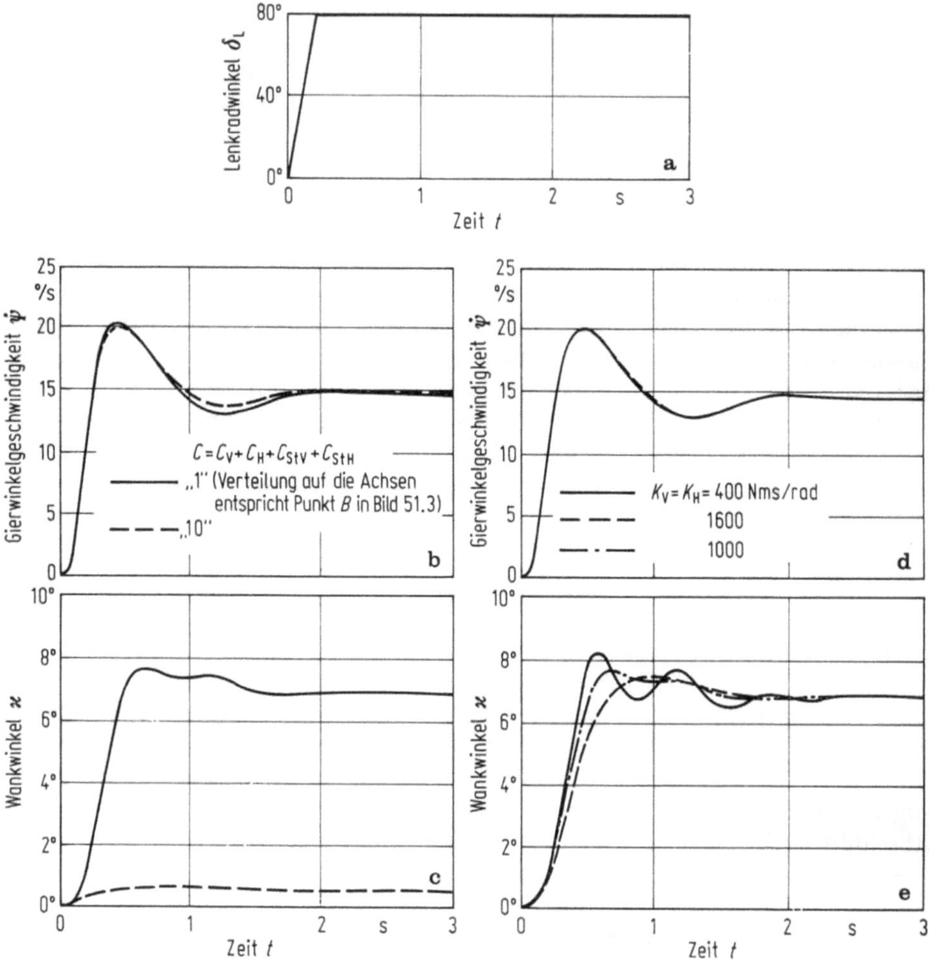

Bild 55.1. **b** und **c** Einfluß verschiedener Wankfedersteifigkeiten auf die Fahrzeugreaktionen bei Kreiseinfahrt nach **a**; **d** und **e** Einfluß verschiedener Wankdämpfung

Zeit-Verlauf, siehe Bild 55.1d. Beim Wankwinkel hingegen gibt es nach Diagramme deutliche Unterschiede, bei der kleinen Dämpfung ein deutliches Nachschwingen, bei der großen nur ein aperiodisches Einlaufen auf den Stationärwert.

In Bild 55.2 wurden die Wankdämpfungen auf die Achsen bei konstanter Gesamtdämpfung verschieden aufgeteilt. Je größer der Anteil auf der Vorderachse ist, um so kleiner werden Peak-Response-Time und Überschwingfaktor, was um so günstiger ist. Dies rührt von den größeren Radlastunterschieden links/rechts an der Vorderachse her. Der Wankwinkel-Zeit-Verlauf ist von der Aufteilung unabhängig, da bei starrer Karosserie nur die Gesamtdämpfung eingeht.

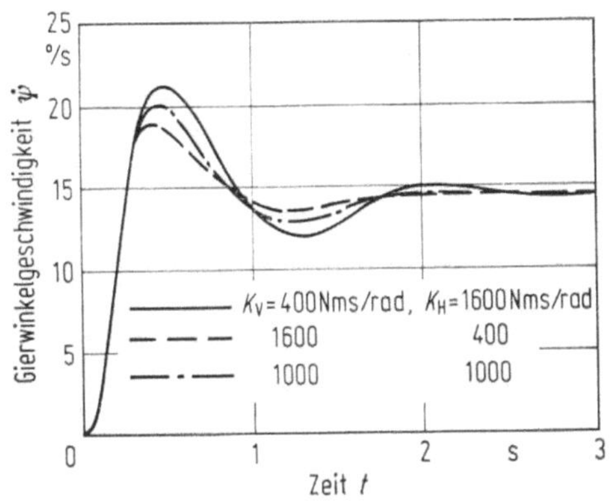

Bild 55.2. Einfluß der Verteilung der Wankdämpfung auf Vorder- und Hinterachse auf die Gierwinkelgeschwindigkeit bei Kreiseinfahrt

55.2 Querbeschleunigung in Kopfhöhe

Der Wankwinkel wird meistens als Komfortgröße betrachtet, er kann aber auch — wie in Abschn. 51.3 angedeutet — zur Beurteilung des Fahrverhaltens mit dienen. Aber dies gilt vielleicht nicht nur (das ist eine Hypothese) für den Wankwinkel oder die Wankwinkelbeschleunigung, sondern auch für die Querbeschleunigung in Kopfhöhe. Da sich das Vestibulärsystem des Menschen, mit dem er Querbeschleunigung fühlen kann, im Kopf befindet, ist für den Fahrer also die dort auftretende Beschleunigung und nicht diejenige im Fahrzeugschwerpunkt maßgebend. Es soll deshalb die erstere zusätzlich betrachtet werden.[25]

Als erstes Beispiel werden die Fahrzeuge mit verschiedener Wankfedersteifigkeit nach Bild 55.1b betrachtet, die ja bezüglich der Giergeschwindigkeit kaum Unterschiede zwischen wankweicher und wanksteifer Version zeigten. Wie in Bild 55.3a zu sehen ist, sind solche Unterschiede bezüglich der Querbeschleunigung in

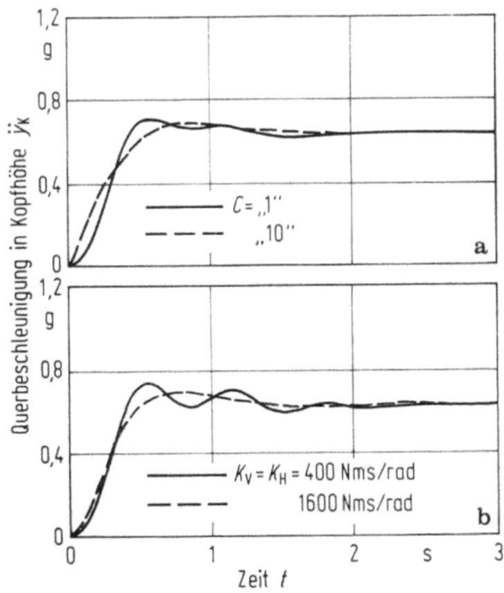

Bild 55.3. Einfluß von Wanksteifigkeit (a) und Wankdämpfung (b) auf die als Fahrerinformation dienende Querbeschleunigung in Kopfhöhe bei Kreiseinfahrt vgl. Bild 55.1c und e

---

[25] Nach einer Anregung von Babbel, E., IfF, 1986.

Kopfhöhe durchaus vorhanden: Während beim wanksteifen Fahrzeug der Anstieg sofort beginnt und der Stationärwert fast ohne Überschwingen erreicht wird, setzt der Anstieg bei der wankweichen Version verzögert ein, um danach ein deutliches Überschwingen zu zeigen. Beim wankweichen Fahrzeug erfährt der Fahrer zum einen die Rückmeldung auf seine Lenkradwinkeländerung verzögert, was vielleicht zu einem zu großen Lenkwinkel führt, und zum anderen könnte er durch das Überschwingen zu einer an sich nicht notwendigen Korrektur am Lenkrad angeregt werden.

Ähnliches gilt für die Fahrzeuge mit verschiedenen Dämpfern. Auch hier dürfte das Überschwingen durch die kleine Dämpfung den Fahrer irritieren (Bild 55.3 b).

56 Lastwechselverhalten bei Kurvenfahrt

Im folgenden wird ein weiteres Beispiel für instationäre Kurvenfahrt behandelt, bei der sich Fahrgeschwindigkeit und Querbeschleunigung des Fahrzeugs merklich ändern.

Kurvenunfälle sind, wie Unfallstatistiken zeigen, meistens auf überhöhte Fahrgeschwindigkeit zurückzuführen. In diesen Fahrsituationen reagieren die Fahrer normalerweise zuerst mit Gaswegnehmen. Dieser Übergang vom Antrieb des Fahrzeugs zur Motorbremsung bewirkt eine Richtungsumkehr der an den Antriebsrädern wirkenden Umfangskräfte und eine Radlastverlagerung von den Hinterrädern auf die Vorderräder. Die dadurch hervorgerufenen Schräglaufwinkel- und Einschlagwinkeländerungen der Räder bewirken Kursänderungen und im Extremfall Fahrzeugschleuderbewegungen, die von vielen Fahrern nicht beherrscht werden. Ergebnisse aus Fahrversuchen bei festgehaltenem Lenkrad zeigen, daß

— Pkw nach dem Gaswegnehmen aus stationärer Kreisfahrt die Ausgangskreisbahn zur Kurveninnenseite verlassen,
— die Stärke dieser Kursänderung von der Fahrzeugquerbeschleunigung vor dem Lastwechsel abhängt,
— Fahrzeuge, die hohe Kurvengrenzbeschleunigungen erreichen, besonders heftig reagieren.

In Bild 56.1 wird das Lastwechselverhalten beschrieben. Bei dem *Open-loop-Verhalten* nach den Diagrammen b ist der Lenkradwinkel δ_L (nahezu) konstant. Die Fahrzeuglängsgeschwindigkeit $\dot{x}_\mathrm{F}$ fällt von ca. 60 km/h vor dem Lastwechsel nach Einsetzen der Motorbremsung innerhalb von 3 s auf etwa 50 km/h ab. Die

Bild 56.1. Zur Beschreibung des Lastwechselvorgangs. **a** Maßgebende Größen; **b** Open-loop-Verhalten ($\delta_\mathrm{L} \approx$ const): Meßgrößen und Referenzwerte beim Gaswegnehmen aus stationärer Kreisfahrt (Kreisbahnradius $\varrho_\mathrm{stat} = 40$ m, Fahrzeugdaten: Gesamtmasse $m = 1\,369$ kg, Schwerpunktrücklage $l_\mathrm{V}/l = 0{,}495$, Frontantrieb); **c** Closed-loop-Verhalten: Zusammenhang zwischen Lenkkorrektur $\Delta\delta_\mathrm{L}$, Kursabweichung Δy und Gierdrehung $\Delta\psi_\mathrm{Ref}$, $\Delta\dot{\psi}_\mathrm{Ref}$. Meßbeispiel beim Gaswegnehmen aus stationärer Kreisfahrt (Kreisradius $\varrho = 40$ m, Ausgangsquerbeschleunigung: $\ddot{y}_\mathrm{stat} \approx 7{,}8$ m/s^2)
(Otto, H.: Lastwechselreaktion von Pkw bei Kurvenfahrt. Dissertation TU Braunschweig, 1987)

ẋ_F
ẍ_F
Sollkurs
x_F
ψ
δ_L
ÿ_F
y_F
x_0
y_0
Δy
ϱ_stat
x_0 - y_0 raumfeste
x_F - y_F fahrzeugfeste Koordinaten
a
Closed-Loop-Verhalten
Lenkbeginn
Open-Loop-Verhalten
stat.
Kreisfahrt | Motorbremsung
Lenkradwinkel δ_L
180°
90°
0°
Fahrzeuglängs- geschwindigk. ẋ_F
80
km/h
40
0
Lenkrad- winkel δ_L
0°
-90°
-180°
Fahrzeuglängs- beschleunigung ẍ_F
0
m/s²
-1
-2
Kursab- weichung Δy
1,0
m
0,5
0
-0,5
Fahrzeugquer- beschleunigung ÿ_F
10
m/s²
5
0
Meßwert ÿ_F
Referenzwert ÿ_Ref = v²(t)/ϱ_stat
Gierwinkel- differenz Δψ = ψ - ψ_Ref
6°
3°
0°
-3°
Gierwinkel- geschwindigkeit ψ̇
40
°/s
20
0
Meßwert ψ̇
Referenzwert ψ̇_Ref = v(t)/ϱ_stat
Gierwinkelgeschw.- differenz Δψ̇ = ψ̇ - ψ̇_Ref
10
°/s
0
-10
-20
Kursab- weichung Δy
4
m
2
0
zur Kurven- innenseite
0   1   2   s   3
Zeit t
c
0   1   2   s   3
Zeit t
b

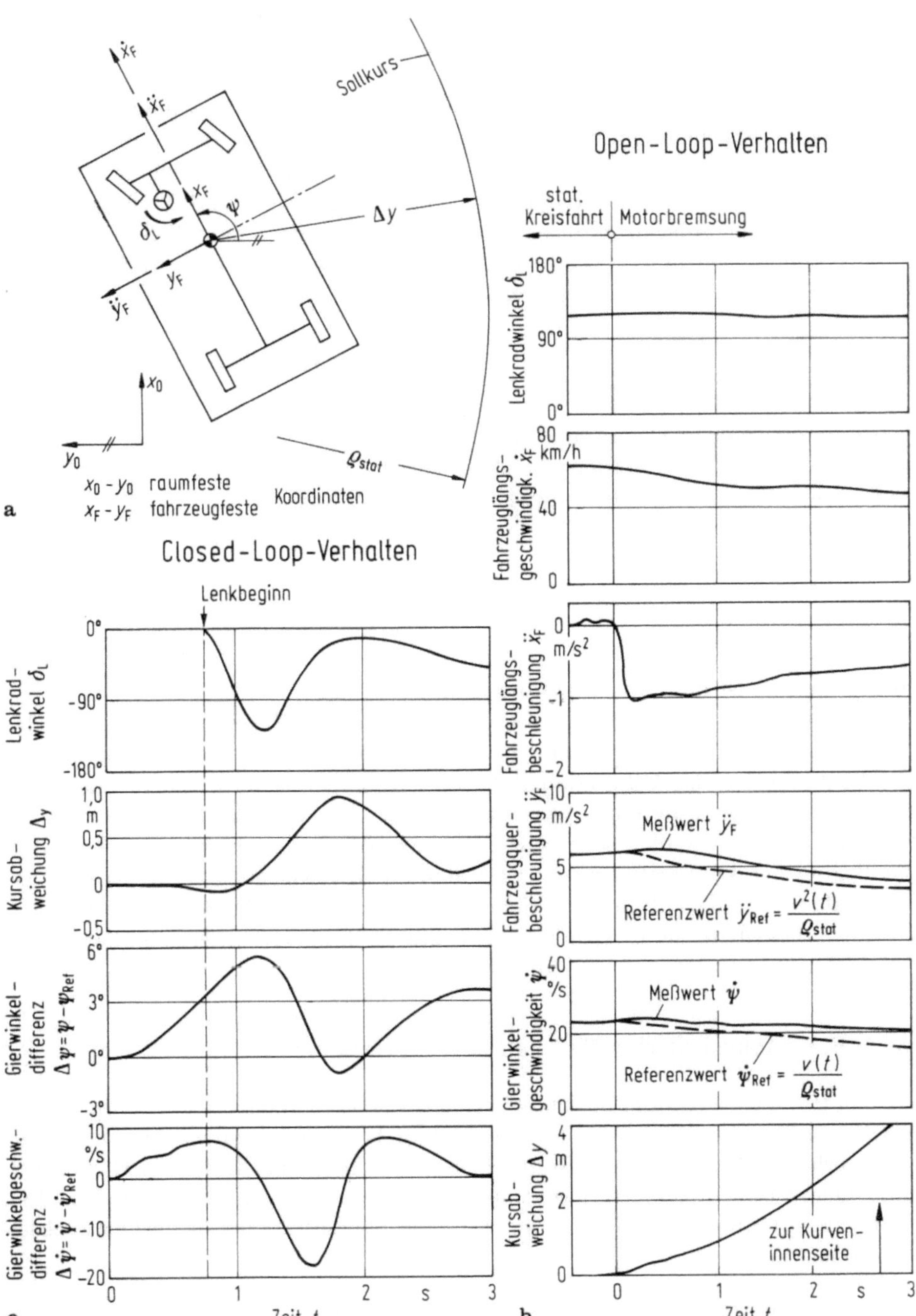

Bild 56.1.

Fahrzeugverzögerung in Längsrichtung steigt schnell nach der Gaswegnahme auf $\approx 1 \text{ m/s}^2$ an und wird dann kleiner, weil das Motorbremsmoment mit der Fahrgeschwindigkeit kleiner wird.

Der dabei auftretende Kurs wird durch Gierwinkelgeschwindigkeit $\dot{\psi}$ und Fahrzeugquerbeschleunigung $\ddot{y}_F$ erfaßt. Zur Bewertung des Kurshaltungs-Verhaltens müssen diese Größen mit einem Idealverhalten verglichen werden. Dieses wird folgendermaßen definiert: Der Fahrzeugschwerpunkt bleibt genau auf dem Radius der Ausgangskreisbahn ϱ_{stat}, und der stationäre Schwimmwinkel β_{stat} verändert sich nicht ($\dot{\beta}_{\text{stat}} = 0$). Damit ergeben sich die als Referenzwerte bezeichneten Größen $\dot{\psi}_{\text{Ref}}$ und $\ddot{y}_{\text{Ref}}$ zu

$$\dot{\psi}_{\text{Ref}}(t) = v(t)/\varrho_{\text{stat}}, \tag{56.1}$$

$$\ddot{y}_{\text{Ref}}(t) = v^2(t)/\varrho_{\text{stat}}. \tag{56.2}$$

(siehe entsprechende Diagramme in Bild 56.1 b.) Zur Kennzeichnung der Kurshaltungseigenschaften werden die Differenzen zwischen Meß- und Referenzwerten der Gierwinkelgeschwindigkeit

$$\Delta\dot{\psi} = \dot{\psi} - \dot{\psi}_{\text{Ref}} \tag{56.3}$$

und der Querbeschleunigung

$$\Delta\ddot{y} = \ddot{y} - \ddot{y}_{\text{Ref}} \tag{56.4}$$

angegeben. Δy ist dann die Kursabweichung.

Die Diagramme in Bild 56.1 c beschreiben das *Closed-loop-Verhalten*, also das Fahrzeug- und Fahrerverhalten. Zur Erläuterung, welche Fahrzeugbewegung die Lenkreaktion des Fahrers auslöst, werden neben der ausgeführten Lenkradwinkeländerung δ_L, die Kursabweichung Δy, die Gierwinkeldifferenz $\Delta\psi$ und die Gierwinkelgeschwindigkeitsdifferenz $\Delta\dot{\psi}$ angegeben. Hierbei wird deutlich, daß zu Beginn der Lenkreaktion praktisch keine Kursabweichung Δy vorhanden ist. Der Fahrer wird darauf nicht reagieren. Meßbar ist jedoch bereits die Gierwinkelgeschwindigkeitsdifferenz $\Delta\dot{\psi}$ mit ca. 8 °/s und die daraus resultierende Gierwinkelabweichung vom Referenzwert von $\Delta\psi \approx 3°$.

56.1 Bewertungskriterien für das Fahrzeugverhalten

Wie in früheren Fällen, z. B. bei der Peak-Response-Time (Abschn. 13.3), werden auch hier aus den Zeitfunktionen bestimmte Werte entnommen, die das Fahrzeugverhalten kennzeichnen. Rompe[26] benutzt die beiden Kriterien Gierwinkel- und Querbeschleunigungsdifferenz bei 1 s, also $\Delta\dot{\psi}$ $(t = 1 \text{ s})$ und $\Delta\ddot{y}$ $(t = 1 \text{ s})$. Otto[17] benutzt zur Beurteilung von kritischen Fahrsituationen beim Lastwechselverhalten die

$$\text{Bewertungsgröße} = \frac{\Delta\dot{\psi}_{\text{Ref m}}}{0{,}75} + \ddot{\psi}_{\text{m}} \leqq 5°/\text{s}^2, \tag{56.5}$$

---

[26] Rompe, K.; Heißing, B.: Objektive Testverfahren für die Fahreigenschaften von Kraftfahrzeugen. Quer- und Längsdynamik, Fahrzeugtechnische Schriftenreihe, Verlag TÜV Rheinland (1984).

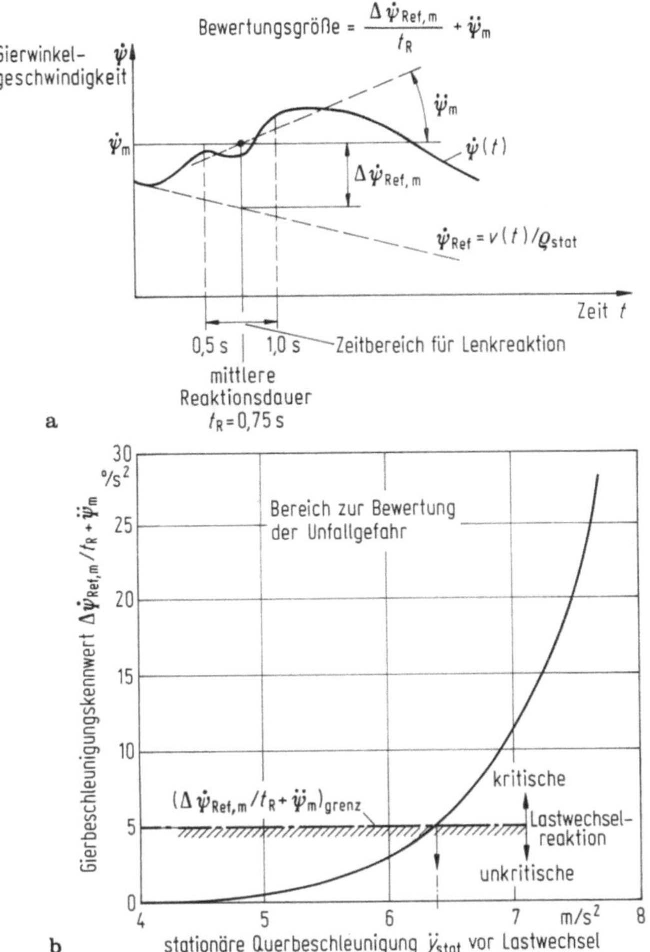

Bild 56.2. a Objektive Bewertungsgröße für die Lastwechselreaktion von Pkw bei Kurvenfahrt; **b** Anwendungsbeispiel zu **a**

siehe Bild 56.2a. Dabei wurde als mittlere Reaktionsdauer für die Fahrer t_R = 0,75 s eingesetzt. Aus Versuchen wurde als kritische Größe 5°/s² ermittelt, für die sich aus Bild 56.2b die stationäre Querbeschleunigung vor dem Lastwechsel ablesen läßt.

56.2 Vorüberlegungen

Zunächst soll prinzipiell auf die Veränderungen durch den Lastwechselvorgang bei Kurvenfahrt eingegangen werden. In Bild 56.3 ist ein vorderradangetriebenes Fahrzeug in Seitenansicht gezeigt. Bei der stationären Kurvenfahrt nach a wirkt an den Rädern der Antriebsachse eine positive Umfangskraft, nach dem Last-

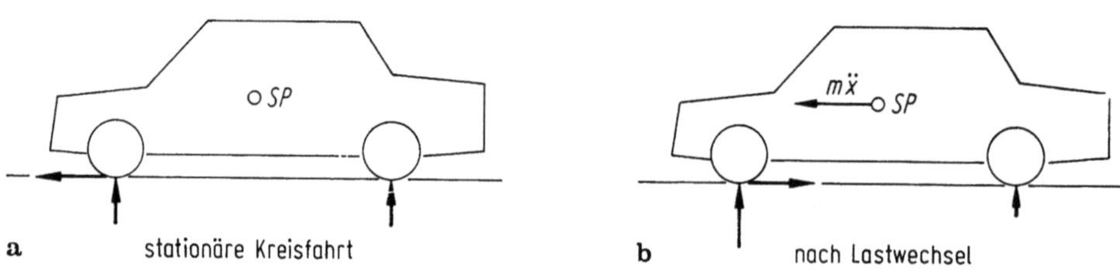

Bild 56.3. Unterschiede vor und nach dem Lastwechsel am Beispiel eines vorderradangetriebenen Fahrzeugs

wechsel (b) bremst der Motor (und die sonstigen Widerstände) das Fahrzeug ab, die Umfangskraft wird nun negativ. Gleichzeitig entsteht durch die Verzögerung die Massenkraft $m\ddot{x}$ im Schwerpunkt, wodurch sich vorn die Achslast erhöht und hinten um den gleichen Betrag vermindert. Damit ist gleich festzuhalten, beim Lastwechselvorgang ändert sich nicht nur die Richtung der Umfangskraft, sondern auch die Größe der Achs- bzw. Radlasten.

Die Höhe der Verzögerung hängt nach Bild 56.4 vom Bremsmoment des Motors als Funktion seiner Drehzahl (a) sowie von der Getriebeübersetzung und damit von der Fahrgeschwindigkeit (b) ab.

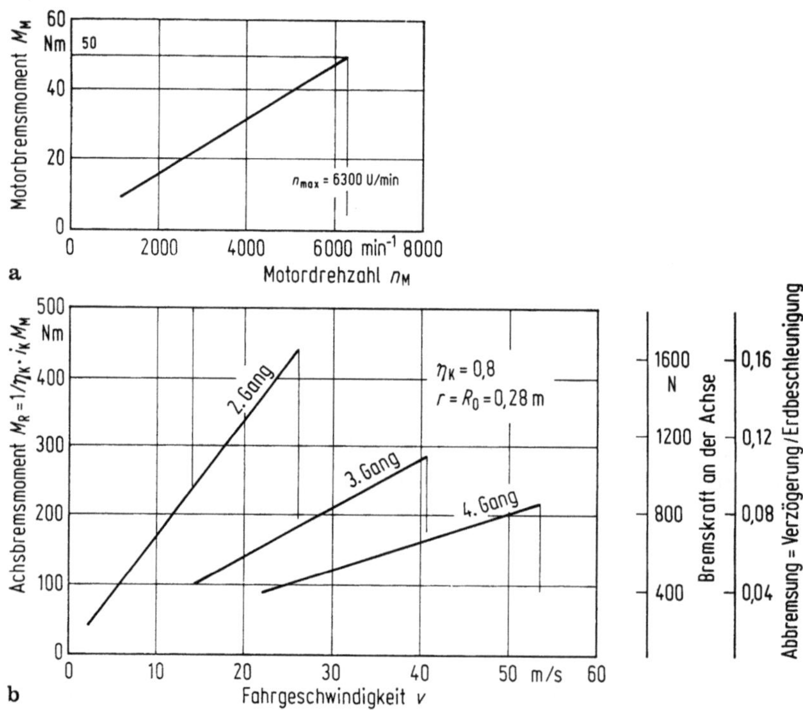

Bild 56.4. Motorbremsmoment über der Motordrehzahl (**a**) und Radbremsmoment als Funktion der Fahrgeschwindigkeit (**b**); i_K = Gesamtübersetzung zwischen Motor und Antriebsrädern

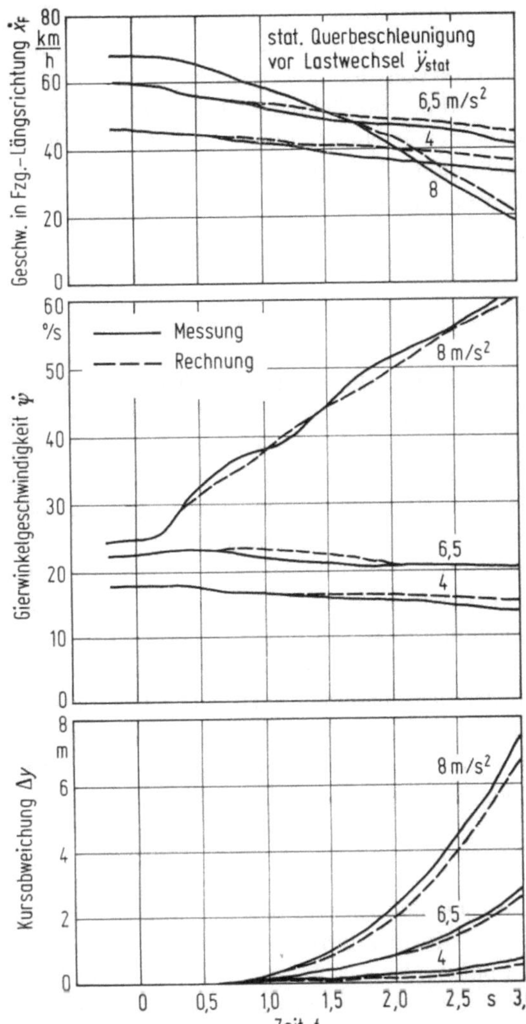

Bild 56.5. Meß- und Rechenergebnisse für einen Lastwechsel aus stationärer Kreisfahrt[27] (Radius der Ausgangskreisbahn $\varrho_{\text{stat}} = 40$ m, 2. Gang, wichtigste Fahrzeugdaten: $m = 1\,369$ kg, $l_V/l = 0,495$, 175/70 S 13)

Ein Ergebnis aus drei Versuchen mit unterschiedlichen Ausgangsquerbeschleunigungen von $\ddot{y}_{\text{stat}} = 4$ m/s², 6,5 m/s² und 8 m/s² zeigt Bild 56.5. Die Fahrzeuglängsgeschwindigkeit $\dot{x}_F$ nimmt nach dem Gaswegnehmen infolge der aus dem Motorbremsmoment sowie dem Kurven-, Luft- und Rollwiderstand resultierenden Verzögerungen ab. Der starke Abfall von $\dot{x}_F(t)$ bei Fahrt mit hoher Ausgangsquer-

---

[27] Die Beschleunigung $\ddot{x}_F \approx 0,6$ m/s² bei stationärer Kreisfahrt resultiert aus der unterschiedlichen Richtung der Bahntangentialbeschleunigung $\ddot{x}_F$ in Fahrzeuglängsrichtung. Die Beschleunigung $\ddot{x}_F$ ist abhängig vom Schwimmwinkel β und der Bahnnormalbeschleunigung $\ddot{y}$ (siehe Bild 7.2)

$$\ddot{x}_F = \ddot{x} \cos \beta + \ddot{y} \sin \beta$$

und weicht somit nur bei Kreisfahrt mit hoher Querbeschleunigung $\ddot{y}$ und großem Schwimmwinkel β deutlich von der Bahntangentialbeschleunigung $\ddot{x}$ ab.

beschleunigung $\ddot{y}_{\text{stat}} = 8$ m/s², ist weiterhin noch mit der zunehmenden Drehung des Fahrzeugs um seine Hochachse zu erklären. Hierdurch weicht die Bewegungslängsrichtung des Fahrzeugschwerpunkts von der Meßrichtung von $\dot{x}_{\text{F}}$ in Fahrzeugrichtung ab, so daß nur noch ein Teil der tatsächlichen Fahrgeschwindigkeit v gemessen wird. Bei der hohen Ausgangsquerbeschleunigung tritt eine starke Schleuderbewegung $\dot{\psi}$ und Kursabweichung Δy des Pkw auf. Im folgenden wird der Einfluß verschiedener Fahrzeuggrößen behandelt.

56.3 Einfluß der Achslaständerung

Wie anhand von Bild 56.3 beschrieben, wird nach dem Lastwechsel die Achslast vorn erhöht, die hintere vermindert. Im folgenden wird die Auswirkung dieser Achslaständerung, die — wie noch gezeigt wird — entscheidend für die Lastwechselreaktion auf trockener Straße ist, allein behandelt. Alle anderen Einflußgrößen, wie z. B. Umfangskraft und Radaufhängungselastizitäten, werden zu Null gesetzt, was ja in der Theorie möglich ist (Beispiele siehe[17]).

Aus dem Beschleunigungsverlauf $\ddot{x}(t)$ ist nach Bild 56.6a zu entnehmen, daß das Fahrzeug vor dem Gaswegnehmen ($t < 0$) in Richtung seiner Längsachse mit $\ddot{x}_{\text{F}} \approx 0,6$ m/s² beschleunigt[27] und danach mit $\ddot{x}_{\text{F}} \approx -1$ m/s² verzögert wird. Dieser Beschleunigungssprung von $\Delta\ddot{x}_{\text{F}} \approx -1,6$ m/s² führt zu einem Abfall der Achslast hinten und zu einem ebenso starken Anstieg derselben vorn, siehe Diagramm d. Die Achslaständerung ΔF_{z} ergibt sich — nach dem Abklingen der dynamischen Radlastschwankungen ($\Delta t > 0,5$ s) — aus der Fahrzeugmasse m, der Schwerpunktshöhe h, dem Radstand l und der Beschleunigungsdifferenz $\Delta\ddot{x}_{\text{F}}$ zu

$$\Delta F_{\text{z}} = |\Delta F_{\text{zVa}} + \Delta F_{\text{zVi}}| = |\Delta F_{\text{zHa}} + \Delta F_{\text{zHi}}| = mh/l \cdot \Delta\ddot{x}_{\text{F}}. \tag{56.6}$$

Hieraus resultiert nach e und f eine unterschiedlich starke Änderung der Schräglaufwinkel α_{V} und α_{H} an Vorder- und Hinterrädern sowie eine Änderung des Reifenrückstellmomentes M_{zV} an den beiden Vorderrädern.[28]

Dies wird anhand des Bildes 56.7 erklärt. Darin wurden aus dem Beispiel in Bild 56.6 Zeitwerte der maßgebenden Größen F_{z}, α und M_{z} vor ($t \leq 0$), und 1 s nach dem Lastwechsel ($t = 1$ s) entnommen und in Bild 56.7 eingetragen. Danach sind die Schräglaufwinkel vor dem Lastwechsel an den Vorder- und Hinterrädern mit $\alpha_{\text{V}} \approx \alpha_{\text{H}} \approx 6,3°$ in etwa gleich groß, die Seitenkräfte und Radlasten hingegen — wie aus Bild 40.3 bekannt — verschieden. Eine Sekunde nach dem Lastwechsel sind α_{V} auf 7,7° und α_{H} auf 9,8° angewachsen. Der dabei durch die Radlastverringerung $\Delta F_{\text{zHi}} = -380$ N (zu entnehmen aus Bild 56.6d) hervorgerufene Abfall der Seitenkraft $\Delta F_{\text{yHi}} = -270$ N am kurveninneren Hinterrad wird durch die von der Schräglaufwinkelvergrößerung $\Delta\alpha_{\text{H}} = 3,5°$ bewirkte ebenso große Seitenkraftzunahme am kurvenäußeren Hinterrad ausgeglichen ($\Delta F_{\text{yHa}} \approx -\Delta F_{\text{yHi}}$, siehe Bild 56.7a).

---

[28] Auf die Auswirkungen der Rückstellmomentenänderung ΔM_{zH} an den Hinterrädern braucht wegen der gegenüber der Vorderachse fehlenden Lenkungselastizität nicht eingegangen zu werden.

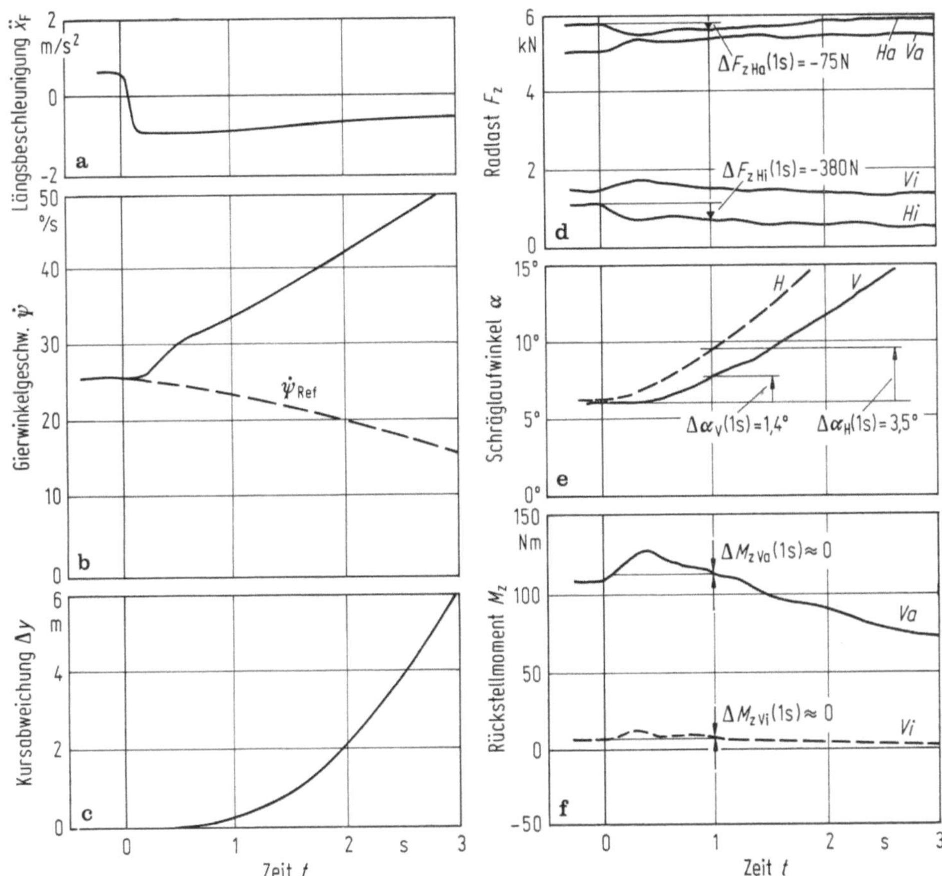

Bild 56.6. Rechenbeispiel[17] zu den Auswirkungen der Achslaständerungen beim Lastwechsel aus stationärer Kreisfahrt. (Kreisbahnradius $\varrho = 40$ m, Ausgangsquerbeschleunigung $\ddot{y}_{stat} = 7.5$ m/s²)

Die Erhöhung der Seitenkraft $\Delta F_{y\,IIa}$ am kurvenäußeren Hinterrad ist deshalb möglich, weil

— dort im Gegensatz zum kurveninneren Rad bei ansteigendem Schräglaufwinkel α_H die Seitenkraftaufnahme $F_{y,Ha}$ noch erhöht werden kann ($dF_{y,Ha}/d\alpha_H > 0$, $dF_y/_{Hi}/d\alpha_H \approx 0$ für $\alpha > 6°$) und weil

— die Entlastung des kurvenäußeren Hinterrades mit $\Delta F_{zHa} = -75$ N nur ca. 20% von derjenigen des kurveninneren Hinterrades beträgt. (Durch die nach dem Lastwechsel ansteigende Fahrzeugquerbeschleunigung $\ddot{y}_F$ ergibt sich eine Radlastverlagerung von den kurveninneren auf die kurvenäußeren Räder.)

Maßgebend für die Schräglaufwinkelvergrößerung $\Delta\alpha_H$ ist somit die Größe von α_H vor dem Lastwechsel. Liegt der Schräglaufwinkel der Hinterräder α_H dann bereits im degressiven Bereich der Seitenkraft-Schräglaufwinkel-Kennlinie des kurvenäußeren Hinterrades, so kann der Seitenkraftverlust am kurveninneren Hinterrad $\Delta F_{y\,Hi}$ nur durch eine große Schräglaufwinkelerhöhung $\Delta\alpha_H$ und den

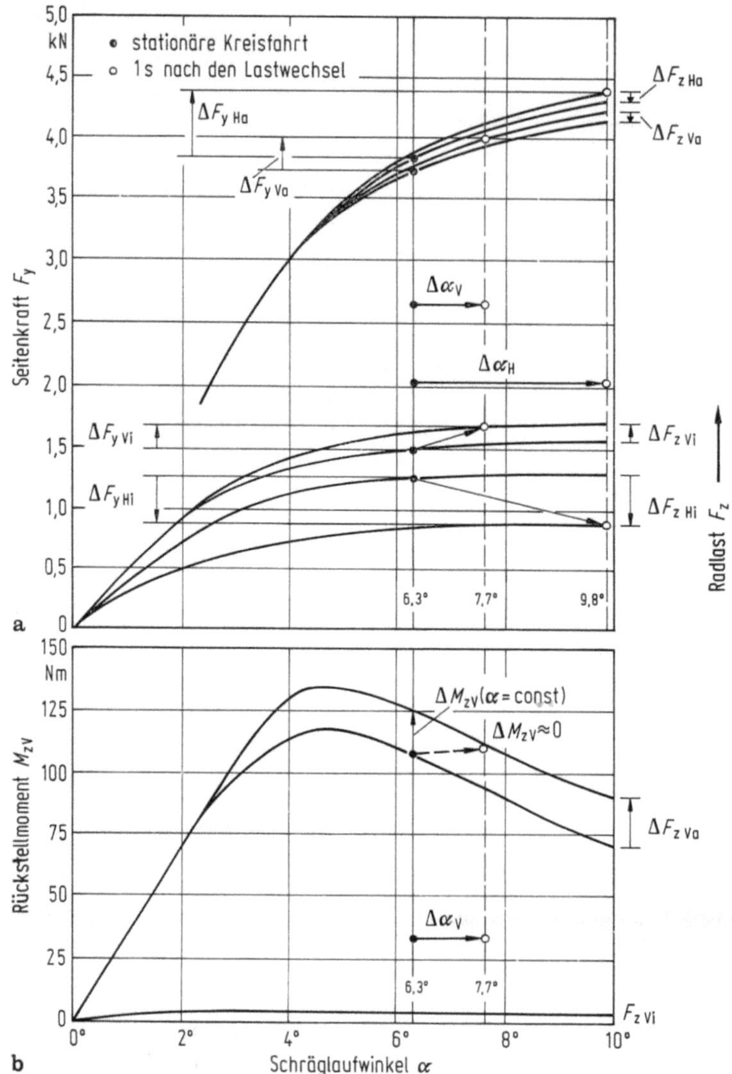

Bild 56.7. Rechenbeispiel[17] zur Erklärung des Radlasteinflusses F_z auf Seitenkräfte F_y. Schräglaufwinkel α und Rückstellmomente M_z, gezeigt an gemessenen Reifenkurven. Eingetragen sind Zeitwerte der Bewegungsgrößen α, M_z und F_z aus Bild 56.6, und zwar vor dem Lastwechsel ($t \leqq 0$) und 1 s danach ($t = 1$ s). (Reifendaten: Stahlgürtel. 175/70 SR 13. Innendruck 2 bar, für Umfangskraft $F_x = 0$)

damit verbundenen starken Anstieg der Seitenkraftaufnahme $\Delta F_{y\,Ha}$ am kurven-äußeren Rad aufgefangen werden.

Insgesamt wird durch die Vergrößerung des Schräglaufwinkels α_H eine Gier-drehung und eine Kursabweichung des Fahrzeugs zur Kurveninnenseite hin verursacht. Dies ist dem Verlauf der Gierwinkelgeschwindigkeit $\dot{\psi}(t)$, die größer als der zugehörige Referenz- oder Sollwert $\dot{\psi}(t)_{\text{Ref}}$ ist, und dem Verlauf der Kursabweichung $\Delta y(t)$ in Bild 56.6 b und c zu entnehmen. Drei Sekunden nach dem Lastwechsel beträgt die Gierwinkelgeschwindigkeitsdifferenz $\Delta\dot\psi$ ca. 35°/s, und die Kursabweichung Δy ist auf über 6 m angewachsen.

Die Veränderung des momentanen Kreisradius $\varrho(t)$ läßt sich nach (46.5) direkt aus den Schräglaufwinkeln α_V und α_H abschätzen,

$$\varrho = \frac{l}{\delta_V - \delta_H - (\alpha_V - \alpha_H)}. \tag{56.7}$$

Bei Fahrt mit konstanten Radeinschlagwinkeln (δ_V und δ_H = const) ist in dem vorstehenden Rechenbeispiel die Schräglaufwinkeldifferenz $\alpha_V - \alpha_H$ vor dem Lastwechsel gleich Null und der Kreisradius ϱ beträgt 40 m. Eine Sekunde nach dem Lastwechsel ist $\alpha_V - \alpha_H = -2,1°$, und der momentan befahrene Kreisradius hat sich damit auf $\varrho = 24,4$ m verringert. Mit dem daraus resultierenden Anstieg der Fahrzeugquerbeschleunigung $\ddot y = v^2/\varrho$ und der damit verbundenen Erhöhung der Achsseitenkraft $F_{yV} = l_H/l(mv^2/\varrho)$ ist auch der Anstieg des Schräglaufwinkels an den Vorderrädern von $\alpha_V = 6,3°$ auf 7,7° zu erklären.

Das Reifenrückstellmoment M_{zV} aufgetragen über dem Schräglaufwinkel α mit der Radlast F_z als Parameter wird nach Bild 56.7 b durch die Radlaständerung nicht verändert. Am kurvenäußeren Vorderrad wird der Rückstellmomentenanstieg $\Delta M_{zVa}(\alpha = $ const) infolge Radlastzuwachs $\Delta F_{zVa} = 75$ N durch den Abfall infolge Schräglaufwinkelvergrößerung von $\Delta\alpha_V = 1,4°$ gerade ausgeglichen. Am kurveninneren Vorderrad ist das Rückstellmoment klein und nahezu unabhängig von Radlast und Schräglaufwinkel.

Der Einfluß der Radlastschwankungen, die durch den zeitlichen Aufbau der Verzögerung und damit der Massenkraft entstehen und die meistens mit einer Fahrzeugnickschwingung gekoppelt sind, kann vernachlässigt werden.

56.4 Einfluß der Umfangskraft, Lage der Antriebsachse, Sperrdifferential

Auf der trockenen Fahrbahn ist der Einfluß der Umfangskraft wesentlich schwächer als die eben beschriebene Achslaständerung, s. Bild 56.8. Auf Fahrbahnen mit niedrigem Reibbeiwert hingegen, z. B. auf vereister Straße, ist der Einfluß der Umfangskraft von entscheidender Bedeutung und damit auch die Lage der Antriebsachse.

Bei Vorderradantrieb rutscht nach Bild 56.9 a der PKW nach dem Gaswegnehmen aus stationärer Kreisfahrt (Ausgangsquerbeschleunigung $\ddot y_{stat} = 1,5$ m/s², Ausgangskreisbahnradius $\varrho = 150$ m) in Richtung der Kurvenaußenseite der Fahrbahn. Nach 4 s beträgt die Kursabweichung des Fahrzeugschwerpunktes Δy ($t = 4$ s) $\approx 1,5$ m, und die kurvenäußeren Räder haben den Fahrstreifenrand bereits überschritten. Bei Hinterradantrieb ist im gezeigten Rechenbeispiel der Betrag der Kursabweichung mit Δy ($t = 4$ s) $\approx 1,2$ m fast ebenso groß, doch bewegt sich hier das Fahrzeug in Richtung der Kurveninnenseite und erfährt dabei eine starke Gierdrehung nach kurveninnen. Der bei dieser Schleuderbewegung auftretende Schwimmwinkel β beträgt nach 4 Sekunden ca. 35°. Beim frontangetriebenen Pkw bleibt die Gierstabilität dagegen erhalten, der Schwimmwinkel ist in etwa 0°.

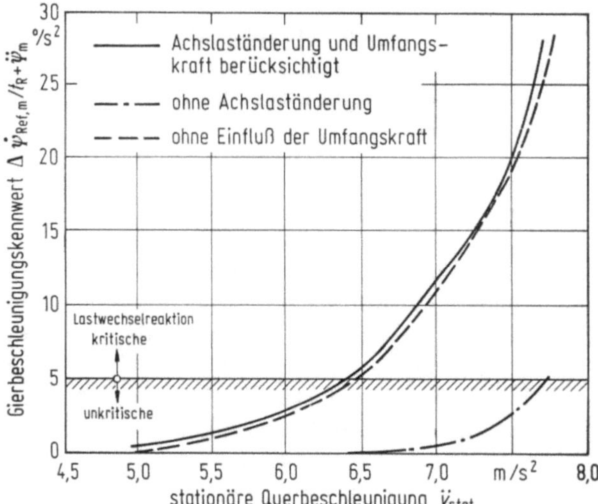

Bild 56.8. Einfluß der Radlast- und Umfangskraftänderung bei Lastwechsel aus stationärer Kreisfahrt auf trockener Fahrbahn. Radius der Ausgangskreisbahn $\varrho = 40$ m

Zur Erklärung dieser Fahrzeugreaktionen sind in Bild 56.9b und c auch die Zeitverläufe der Umfangskraft an der jeweiligen Antriebsachse und die Schräglaufwinkel an Vorder- und Hinterrädern aufgetragen. Aus dem Verlauf der Umfangskräfte $F_x(t)$ ist zu entnehmen, daß die Antriebskräfte bei stationärer Kreisfahrt mit $F_x \approx 120$ N vom Betrag her deutlich kleiner sind als die maximalen Bremskräfte von $B = -F_x \approx 400$ N nach dem Lastwechsel. Dementsprechend ist auch der Einfluß der Umfangskraft vor dem Lastwechsel geringer als danach, so daß sich nach dem Gaswegnehmen der Fahrzustand ändert. Nach Bild 29.1 vergrößert die Umfangskraft bei konstanter Seitenkraft den Schräglaufwinkel an den Antriebsrädern. Beim hinterradangetriebenen Pkw führt dies nach (56.7) bei unveränderten Radeinschlagswinkeln δ_V und δ_H zu einer Verringerung des momentanen Bahnkreisradius ϱ und damit zu einem Anstieg der Querbeschleunigung $\ddot{y}$ sowie der Achsseitenkräfte F_y und somit zu einer fortlaufenden Vergrößerung der Schräglaufwinkel. Anders ist dies beim frontangetriebenen Pkw. Hier wird zunächst der vordere Schräglaufwinkel α_V vergrößert, nach (56.7) damit auch der Radius, wodurch sich als Folge, die Querbeschleunigung $\ddot{y}$ verringert, entsprechend auch die Seitenkräfte F_y und die Schräglaufwinkel.

Beim Lastwechsel aus stationärer Kreisfahrt auf vereister Fahrbahn reagieren also vorder- und hinterradangetriebene Fahrzeuge grundsätzlich unterschiedlich.

Bisher wurde vorausgesetzt, daß die Umfangskräfte an den beiden Rädern der Antriebsachse gleich sind, d. h., das Fahrzeug besitzt ein reibungsfreies Differential. Ist das nicht der Fall bzw. ist ein Sperrdifferential eingebaut, dann werden beim Antrieb am schneller drehenden Rad kleinere Umfangskräfte übertragen als am langsamer drehenden Rad. Beim Bremsen ist dies umgekehrt. Hier nimmt das schneller drehende Rad die größten Bremskräfte auf.

Da am kurveninneren Rad die Geschwindigkeit aufgrund der engeren Bahn-

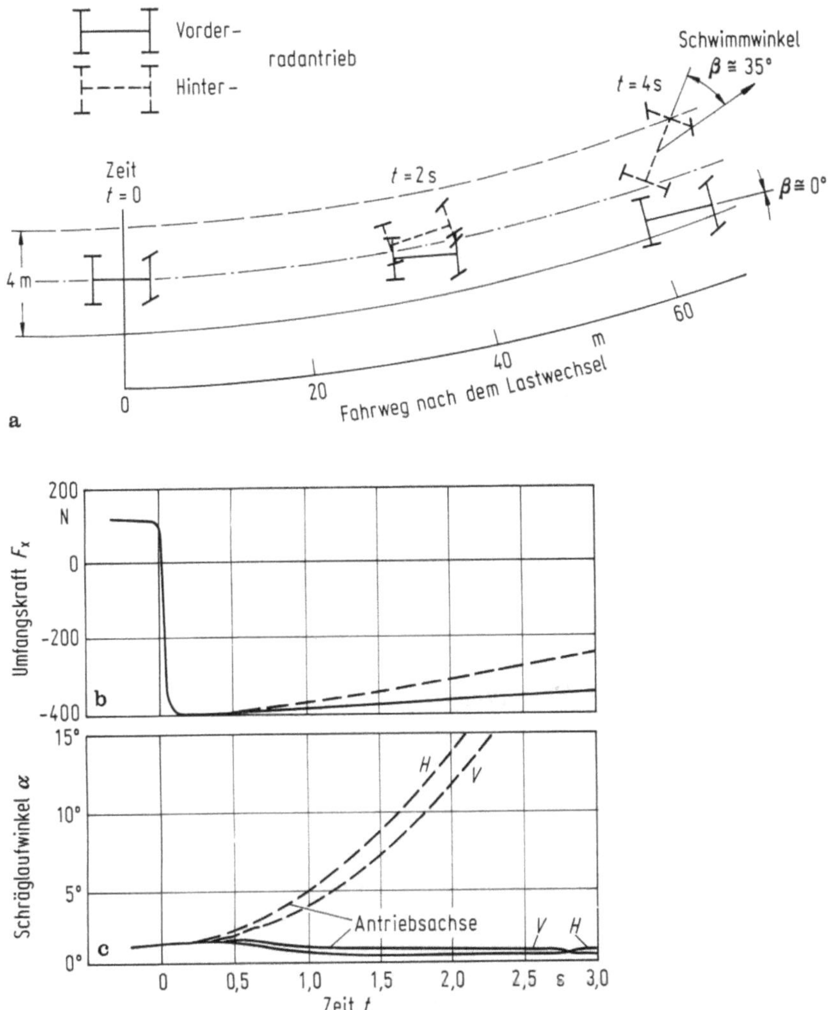

Bild 56.9. Zum Verhalten von Pkw mit Vorder- und Hinterradantrieb beim Lastwechsel aus stationärer Kreisfahrt auf vereister Fahrbahn (Ausgangsquerbeschleunigung $\ddot{y}_{\text{stat}}$ = 1,5 m/s²; Ausgangskreisbahnradius $\varrho = 150$ m; $v = 15$ m/s, Haftbeiwert zwischen Reifen und Fahrbahn: $\mu_{\text{h}} = 0,2$)

kurve kleiner ist und außerdem der Bremsschlupf wegen der Radentlastung größer ist als am kurvenäußeren Rad, dreht das kurveninnere Rad langsamer. Es kann somit weniger Bremskraft aufnehmen als das kurvenäußere Rad. Wird die Reibung im Ausgleichsgetriebe künstlich durch ein selbstsperrendes Differential erhöht, so dreht sich das Fahrzeug durch das um die Hochachse wirkende Moment aus den ungleichen Bremskräften an den Antriebsrädern aus der Kurve heraus, verkleinert damit das Hineindrehen und verringert somit die Lastwechselreaktion. Bild 56.10 zeigt die Änderung des Lastwechselverhaltens durch ein selbstsperrendes Ausgleichsgetriebe, wenn 20% des Bremsmomentes der langsamer drehenden Seite weggenommen und der schneller drehenden Seite zugeschlagen wird.

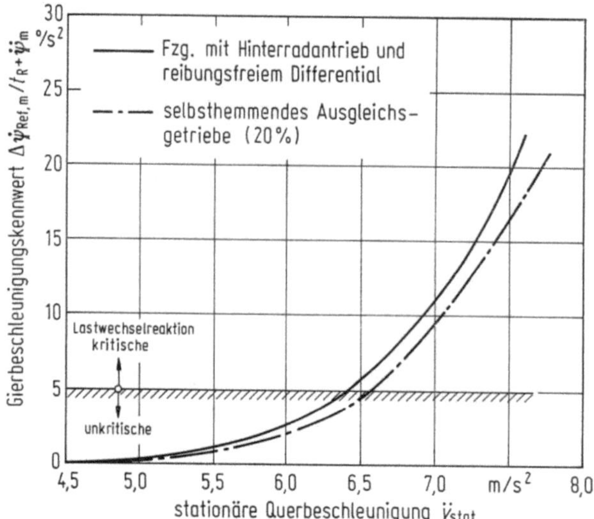

Bild 56.10. Einfluß von selbstsperrendem Ausgleichsgetriebe auf die Fahrzeugreaktion beim Gaswegnehmen aus stationärer Kreisfahrt (Radius der Ausgangskreisbahn: $\varrho = 40$ m, trockene Straße)

56.5 Einfluß von Umfangskraftlenken

In Abschn. 48 wurde dieser Einfluß schon behandelt, allerdings ohne auf die Änderungen von Radlast und Umfangskraft einzugehen. Hier sollen sie berücksichtigt werden. Durch die unterschiedlich gerichteten Umfangskräfte vor und nach dem Lastwechsel gibt es dann auch unterschiedlich gerichtete Radeinschlagswinkel. Dies soll am Beispiel eines hinterradangetriebenen Fahrzeugs mit gezogenen Längslenkern nach Bild 56.11a erläutert werden. Durch die Wirkung von Antriebskräften wird somit das kurveninnere Hinterrad nach kurvenaußen und das kurvenäußere im gleichen Maße nach kurveninnen eingeschlagen. Beim Übergang vom Antrieb zum Bremsen, also bei der Richtungsumkehr der Umfangskräfte, erfolgt eine Radeinschlagsänderung in jeweils entgegengesetzter Richtung. Das heißt, daß beim Antrieb die Hinterräder in Vorspur und beim Bremsen in Nachspur laufen. Wenn links und rechts gleiche Umfangskräfte (reibungsfreies Differential) und symmetrische Radaufhängungen vorausgesetzt werden, sind die Änderungen der Radeinschläge entgegengesetzt gerichtet und gleich groß. Ein Lenkeffekt wird somit ausgeschlossen.

Trotzdem führt das sogenannte Umfangskraftlenken zu Kursänderungen, die durch die ungleichen Lasten am kurveninneren und -äußeren Rad verursacht werden. Der Radlasteinfluß läßt sich anhand der Reifenseitenkraft-Schräglaufwinkel-Kennlinie erklären, Bild 56.11b. Aufgetragen sind allgemein Kurven gleicher Radlast F_z, und speziell die für das kurveninnere und das kurvenäußere Hinterrad, also F_{zHi} und F_{zHa}. Der Schräglaufwinkel am kurveninneren Rad ist beim Antrieb kleiner als beim Bremsen $\alpha_{Hi\,An} < \alpha_{Hi\,Br}$, da beim Antrieb das Rad in Richtung des Radgeschwindigkeitsvektors $\dot{x}_R$ eingeschlagen wird. Durch die Ver-

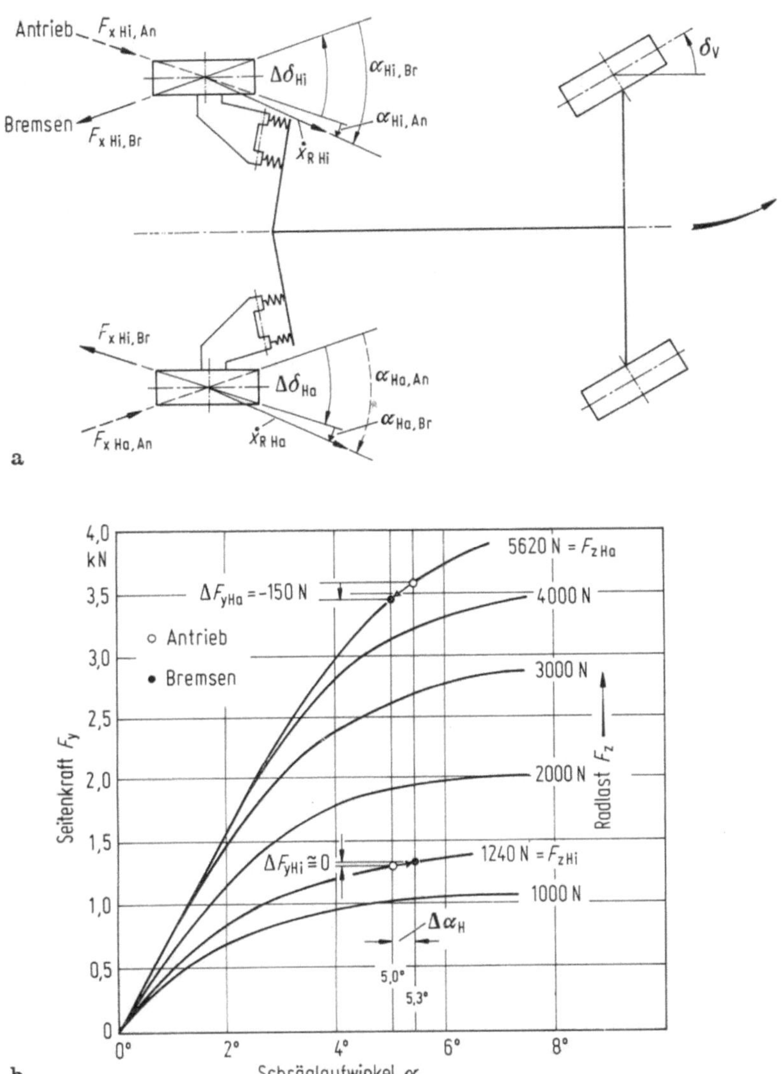

Bild 56.11. Auswirkung des Umfangskraftlenkens bei hinterradangetriebenen Pkw. **a** auf Radeinschlagwinkel δ_{Hi}, δ_{Ha}; **b** auf Schräglaufwinkel α_{Hi}, α_{Ha} und Seitenkräfte $F_{y,Hi}$, $F_{y,Ha}$ Kreisbahnradius: $\varrho = 40$ m; Ausgangsquerbeschleunigung: $\ddot{y}_{stat} = 7$ m/s²; Antriebskräfte: $F_{xHi\,An} = F_{xHa\,An} = 500$ N; Bremskräfte: $F_{xHi\,Br} = F_{xHa\,Br} = -500$ N; Radaufhängungselastizität: $\Delta\delta_H = (\mathrm{d}\delta/\mathrm{d}F_x)_H \cdot F_{xH}$; $(\partial\delta/\partial F_x)_H = 5 \cdot 10^{-6}$rad/N)

größerung des Schräglaufwinkels α_{Hi} beim Lastwechsel wächst auch die Seitenkraft F_{yHi}. Am kurvenäußeren Rad wird der Schräglaufwinkel α_{Ha} beim Lastwechsel verringert und entsprechend die Seitenkraft F_{yHa}. Wegen der ungleichen Steigung der Seitenkraft-Schräglaufwinkel-Kurven bei unterschiedlichen Radlasten ist der Seitenkraftverlust ($\Delta F_{yHa} = -150$ N) am kurvenäußeren Rad größer als der Seitenkraftzuwachs (hier: $\Delta F_{yHi} \approx 0$) am kurveninneren Rad. Insgesamt

ist die mögliche Seitenkraftaufnahme an der Hinterachse damit kleiner als vor dem
Lastwechsel. Ist die auf die Hinterachse einwirkende Seitenkraft infolge gleicher
Fahrzeugquerbeschleunigung nach dem Lastwechsel aber ebenso groß wie vorher,
so muß der Verlust an möglicher Seitenkraftaufnahme durch eine Vergrößerung
der Schräglaufwinkel an beiden Hinterrädern α_H ausgeglichen werden. Die für
den Lastwechsel typische Fahrzeugdrehung nach kurveninnen wird damit durch
Umfangskraftlenken also verstärkt. (Die durch den Lastwechsel bewirkte Entlastung der Hinterräder wurde eben nicht berücksichtigt. Sie vergrößert — wie
aus Abschn. 56.3 bekannt — noch zusätzlich den Hinterradschräglaufwinkel.)

Wird hingegen ein negativer Umfangskraftlenkbeiwert $(\partial\delta/\partial F_x)_H$ verwirklicht,
dann wird die Lastwechselreaktion abgeschwächt. Die bekannteste Version einer
derartigen Ausführung ist die *Weissach-Achse* (Bild 56.12b), bei der der Momen-

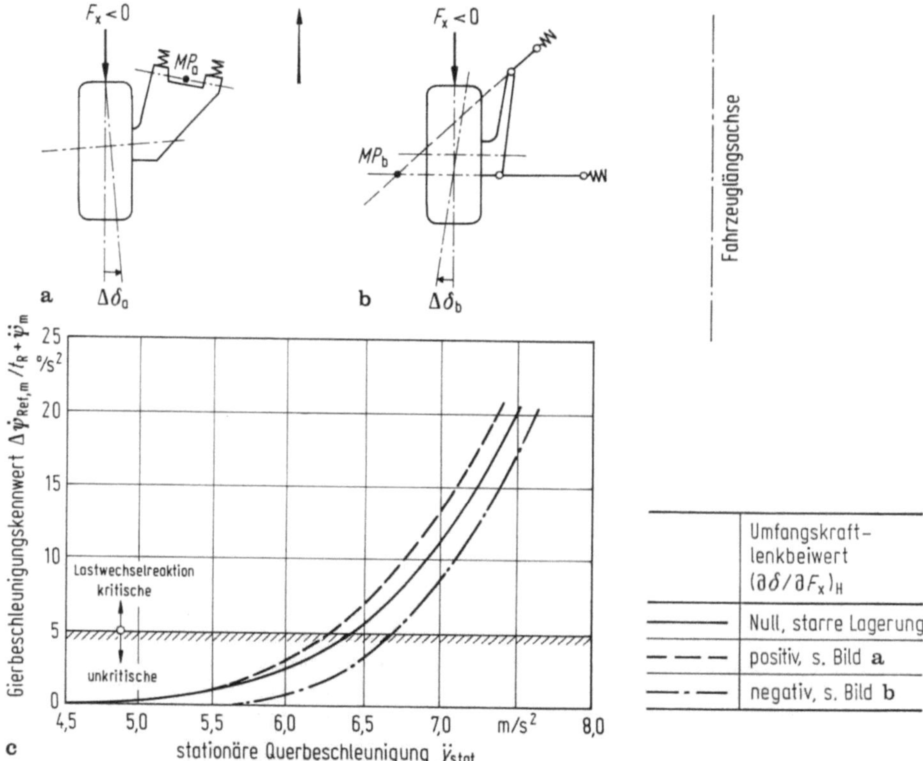

Bild 56.12. Eine Maßnahme zur Abschwächung der Lastwechselreaktion durch Veränderung der elastokinematischen Lenkeigenschaften der Hinterräder. **a** übliche Lenkeranord-
nung: Momentanpol der Lenkbewegung MP_a innerhalb der Spurweite; **b** Weissach-Achse:
Momentanpol der Lenkbewegung MP_b außerhalb der Spurweite (Bantle, M., Braess, H. H.:
Fahrwerksauslegung des Porsche 928, ATZ 79 (1977) 9, S. 369—378); **c** Auswirkungen auf
die Lastwechselreaktion.
Fall I: Ohne Umfangskraftlenken, Fall II: Mit Umfangskraftlenken bei üblicher Radaufhängung, bei der die Lenkpole innerhalb der Fahrspur liegen, siehe a, Fall III: Lenkpole außerhalb der Fahrspur (Weissach-Achse), siehe b; $\Delta\delta_H = (d\delta/dF_x)_H \cdot F_{xH}$

tanpol der Radlenkbewegung nach außerhalb der Spurweite gelegt wurde. Die
Auswirkungen dieser Maßnahme zeigt Bild 56.12c. Die kritische Bewertungsgröße
von $5°/s^2$ wird bei höheren Ausgangsquerbeschleunigungen erreicht als bei dem
Fahrzeug ohne (I) und üblichem positivem (II) Umfangskraftlenken.

Im Gegensatz zu hinterradangetriebenen Pkw führt bei frontangetriebenen
Pkw, bei denen die Momentanpole der Radlenkbewegung innerhalb der Fahrspur
liegen, das Umfangskraftlenken zu einer Abschwächung der Lastwechselreaktion.
Hier wird — analog zu den hinterradangetriebenen Pkw — der Schräglaufwinkel
an den Antriebsrädern, also α_V, vergrößert. Dies führt zu einer Vergrößerung der
Schräglaufwinkeldifferenz $\alpha_V - \alpha_H$ und damit entsprechend (56.7), im Gegensatz
zu hinterradangetriebenen Pkw, zu einer Vergrößerung des Kreisbahnradius ϱ.
Bei frontangetriebenen Pkw wird die in Fahrversuchen festgestellte typische
Lastwechselreaktion — Kursabweichung und Gierdrehung zur Kurveninnenseite
hin — durch Umfangskraftlenken, also nicht verstärkt, sondern abgeschwächt.

56.6 Vergrößerung der Untersteuertendenz

In Abschn. 56.5, besonders anhand des Bildes 56.7, wurde erläutert, daß kritische
Fahrzeugreaktionen auf trockener Straße und bei hohen Ausgangsquerbeschleunigungen um so stärker sind, je größer der Schräglaufwinkel der Hinterräder α_H
vor dem Lastwechsel ist. Entsprechende Gegenmaßnahmen müssen somit das
Ziel verfolgen, bei vorgegebener stationärer Querbeschleunigung $\ddot{y}_{stat}$ den Schräglaufwinkel α_H zu verkleinern bzw. die Schräglaufwinkeldifferenz $\alpha_V - \alpha_H$ zu vergrößern. Allerdings darf dabei nicht die Untersteuertendenz über das in Abschn. 10
genannte übliche Maß ansteigen.

Die Maßnahmen hierzu können aus den bisherigen Ergebnissen des Buches
schnell genannt werden:

— Verlagerung des Schwerpunkts in Richtung Vorderachse (siehe Abschn. 11.4
  und Bild 11.1, III d);
— Erhöhung der Radlaständerung kurveninnen/-außen an der Vorderachse bzw.
  Verminderung an der Hinterachse (z. B. durch Veränderung der Wankfedersteife mittels Stabilisatoren, Veränderung der Momentanpolhöhen usw., siehe
  (45.6) und (45.7)).

56.7 Zusammenfassung von Abschnitt 56

— Pkw verlassen nach dem Gaswegnehmen bei stationärer Kreisfahrt die Ausgangskreisbahn zur Kurveninnenseite. Diese Lastwechselreaktion ist um so
  heftiger, je größer die Fahrzeugquerbeschleunigung und die Fahrzeuglängs-
  verzögerung sind.
— Zur Bewertung der Lastwechselreaktion dient das Kriterium nach (56.5) und
  Bild 56.2.
— Bei Fahrt auf trockener Fahrbahn wird die Lastwechselreaktion hauptsächlich
  durch die Radlaständerung infolge der Fahrzeugverzögerung verursacht. Die

Auswirkungen der Umfangskraftänderung an der Antriebsachse hingegen sind gering und damit auch der Einfluß von Vorder- oder Hinterradantrieb.

— Der Einfluß der Umfangskraft ist vor allem bei Fahrt auf Fahrbahnen mit niedriger Oberflächengriffigkeit, insbesondere auf vereister Fahrbahn, von Bedeutung und damit auch die Art des Antriebs. Durch die Umfangskraftänderung wird bei frontangetriebenen Fahrzeugen die Untersteuerneigung verstärkt, und bei hinterradangetriebenen Pkw, deren Fahrverhalten bei Fahrt mit konstanter Fahrgeschwindigkeit untersteuernd ist, wird die Steuertendenz übersteuernd.

Die Fahrt auf niedrigen Reibbeiwerten ist für die Normalfahrer auch deshalb gefährlicher, weil sie den Kraftschluß stärker ausnutzen als auf der trockenen Straße, was dann zu größerer Unfallhäufigkeit führt, siehe Abschn. 8.3.

— Durch die Umfangskraft werden aber nicht nur die Reifeneigenschaften beeinflußt, sondern es entstehen durch sie an den elastisch gelagerten Rädern auch Radeinschlagswinkeländerungen. Dieser Lenkeffekt — als Umfangskraftlenken bezeichnet — führt bei hinterradangetriebenen Pkw mit üblicher Radaufhängung (Momentanpole der Räder innerhalb der Fahrspur) zu einer Verstärkung der Lastwechselreaktion. Außerhalb liegende Pole verringern die Reaktion.

— Auf trockener Straße und bei hohen Ausgangsquerbeschleunigungen reagieren die Fahrzeuge stärker, die vor dem Lastwechsel, also bei stationärer Kreisfahrt, einen großen Hinterradschräglaufwinkel aufweisen. Durch Verlagerung des Schwerpunkts nach vorn, Vergrößerung der Wankfedersteife an der Vorderachse gegenüber der der Hinterachse und durch Anheben des Wankmomentanpols an der Vorderachse kann die Lastwechselreaktion verringert werden.

57 Zusammenfassung von Kapitel IV

Es werden der Einfluß der Radlaständerung und des Wankwinkels bei Kurvenfahrt behandelt, dazu eine Reihe von Sekundäreffekten, die fast alle mit der Radaufhängung zusammenhängen wie Sturz, Elastokinematik, Lenkung, Stabilisator usw.

Das Verhältnis Schwerpunktshöhe zur Spurweite bestimmt in erster Linie die zusätzliche Belastung der kurvenäußeren und die Entlastung der kurveninneren Räder. Größere Belastungsunterschiede an einer Achse verteilen ungleichmäßig Seitenkräfte und Rückstellmomente auf die Räder, vergrößern die Schräglaufwinkel und erniedrigen damit die maximale Querbeschleunigung. Mittels der Radaufhängung und der Lenkung sind zusätzliche Radeinschläge und Sturzwinkel zu erzielen, die zur Feinabstimmung des Fahrzeugverhaltens genutzt werden können.

Verschiedene Belastungsunterschiede an Vorder- und Hinterachse — zu erreichen durch Verschiebung der Schwerpunktslage in Längsrichtung, durch die Lage der Momentanzentren, der Momentanachse oder durch Einbau von Stabilisatoren — beeinflussen Unter-/Übersteuern, Schwimmwinkel, Lastwechselreaktion, Rutschgrenze an den einzelnen Achsen.

Während die bisher genannten Größen die Abhängigkeit von der Querbeschleunigung v^2/ϱ (v = Fahrgeschwindigkeit, ϱ = Krümmungsradius) beeinflussen, ist der Auftrieb nur proportional v^2. Spoiler haben die Aufgabe, Achslastunterschiede, Schräglaufwinkel, Rutschgrenzen bei verschiedenen Fahrgeschwindigkeiten wenig zu verändern.

Der Wankwinkel und die Wankwinkelgeschwindigkeit beeinflussen kaum die Kurshaltung des Kraftfahrzeugs, informieren den Fahrer aber zusätzlich über den Fahrzustand und wirken sich über die Radaufhängung auf den Reifenverschleiß aus.

V Sonstiges

In diesem Kapitel werden free control und Allradlenkung behandelt, die in die vorausgegangenen Kapitel nicht so recht hineinpaßten.

58 Fahrverhalten bei losgelassenem Lenkrad (free control)

Bisher war immer der Lenkradeinschlag δ_L vorgegeben, entweder war $\delta_L = 0$, sog. fixed control, oder es wurde beim idealen Fahrer, bei der antizipatorischen Steuerung oder bei der Regelung eine bestimmte Lenkradwinkel-Zeit-Funktion bestimmt.

Es gibt aber noch den Fall, daß der Fahrer am Ausgang einer Kurve das Lenkrad nicht zurückstellt, sondern es frei bzw. gegen die Reibung der am Lenkrad angelegten Hände zurücklaufen läßt. Bei dem üblichen Testverfahren wird das Fahrzeug zunächst auf einen bestimmten Kreisradius mit einer bestimmten Fahrgeschwindigkeit, also auf eine bestimmte Querbeschleunigung gebracht, dann läßt der Fahrer das Lenkrad los. Nach den Meßergebnissen in Bild 58.1 ergeben sich abklingende Schwingungen.

Diesen Vorgang bezeichnet man allgemein als *free control*. Er wird im folgenden anhand linearer Differentialgleichungen beschrieben.

58.1 Bewegungsgleichungen

Das Fahrzeugsystem besteht aus dem Einspurmodell nach Bild 3.1 mit (7.9), (7.10) und dem Lenkungsmodell nach Bild 5.1. Die Differentialgleichungen lauten für $v = \text{const}$ und bei Vernachlässigung der seitlichen Anströmung:

$$m v \dot{\beta} + (c_{\alpha V} + c_{\alpha H}) \beta + \left(m v + \frac{c_{\alpha V} l_V - c_{\alpha H} l_H}{v} \right) \dot{\psi} - c_{\alpha V} \delta_V = 0, \quad (58.1)$$

$$(c_{\alpha V} l_V - c_{\alpha H} l_H) \beta + J_z \ddot{\psi} + \frac{c_{\alpha V} l_V^2 + c_{\alpha H} l_H^2}{v} \dot{\psi} - c_{\alpha V} l_V \delta_V = 0, \quad (58.2)$$

$$-C_L \delta_V + i_L J_L \ddot{\delta}_L + R_L \, \text{sgn} (\dot{\delta}_L) + \frac{C_L}{i_L} \delta_L = 0, \quad (58.3)$$

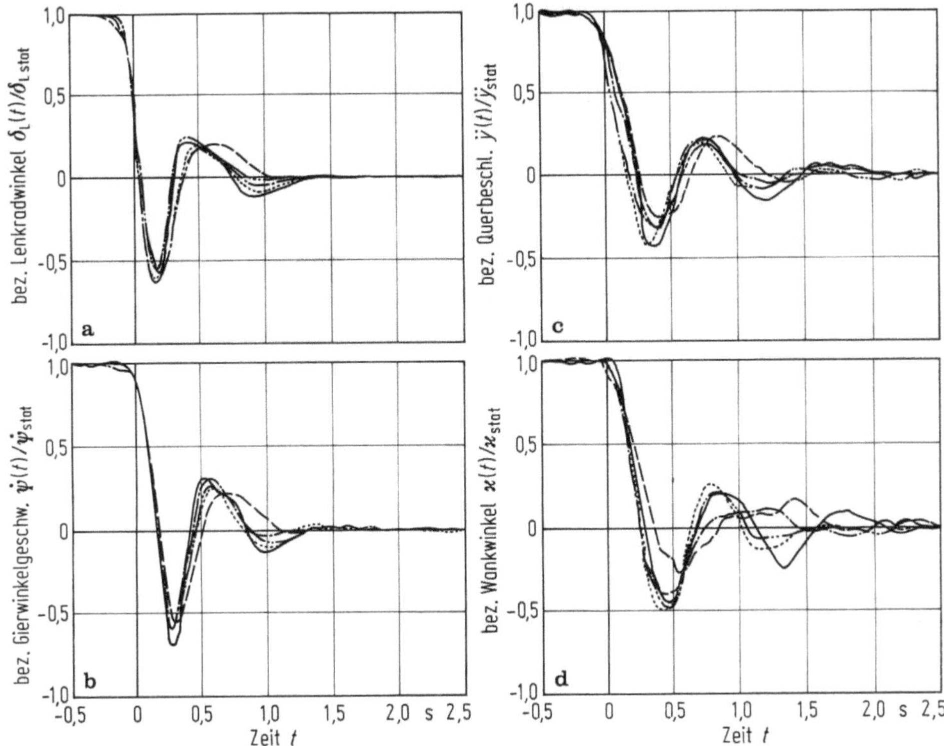

Bild 58.1. Meßergebnisse für free-control an fünf vorderradangetriebenen Pkw ($m \approx 1000\,\text{kg}$), IfF. Vergleich der auf die stationären Anfangswerte normierten Zeitschriebe des Lenkwinkels, der Giergeschwindigkeit, der Querbeschleunigung und des Wankwinkels. Randbedingungen: Rechtskurve, $v = \text{const}$, $\ddot{y}_{\text{stat}} = 0{,}4\,g$

$$-c_{\alpha V} n_V \beta + J_A \ddot{\psi} - \frac{c_{\alpha V} n_V l_V}{v}\,\dot{\psi} + J_A \ddot{\delta}_L + K_A\,\dot{\delta}_V + (C_L + c_{\alpha V} n_V)\,\delta_V$$

$$-\frac{C_L}{i_L}\,\delta_L = 0. \tag{58.4}$$

Neu hinzugekommen sind das Trägheitsmoment des Lenkrads J_L, das beider Vorderräder um die Lenkachse J_A, die Dämpfungskonstante K_A eines linear von der Relativgeschwindigkeit abhängigen Lenkungsdämpfers und die Reibungskonstante R_L im Lenkgetriebe, in der Lenkwellenlagerung und eventuell durch die an das Lenkrad aufgelegten Fahrerhände.

58.2 Einfluß von Fahrzeugdaten

Der Einfluß dieser neu hinzugekommenen Daten auf das Fahrverhalten wird in den folgenden Diagrammen gezeigt. Ausgegangen wird von dem schon so häufig benutzten Fahrzeug 1.

In Bild 58.2 wurden die Dämpfungen variiert. Hat die Lenkung überhaupt keine Dämpfung ($K_A = 0$, $R_L = 0$), erkennt man sowohl im Lenkradwinkel-Zeit-Schrieb als auch bei der Gierwinkelgeschwindigkeit sehr deutlich die abklingende Schwingung des Gesamtsystems, deren Frequenz ungefähr 1 Hz beträgt.

Wird in das Fahrzeug ein Lenkungsdämpfer eingebaut ($K_A = 125$ Nms/rad, entspricht einem Dämpfungsmaß $D_A = K_A/2\sqrt{(C_L + c_{a\mathrm{V}}n_\mathrm{V})\,J_A} = 1/\sqrt{2}$), so klingt die Schwingung am Lenkrad wesentlich schneller ab und dementsprechend auch die Bewegung des Fahrzeugs. Das Ganze wird noch besser, wenn eine Reibungsdämpfung R_L hinzukommt. Sie darf allerdings nicht zu groß sein, weil das Lenkrad bei Reibung nicht in die Nullstellung zurückkehrt und das Fahrzeug dann nicht

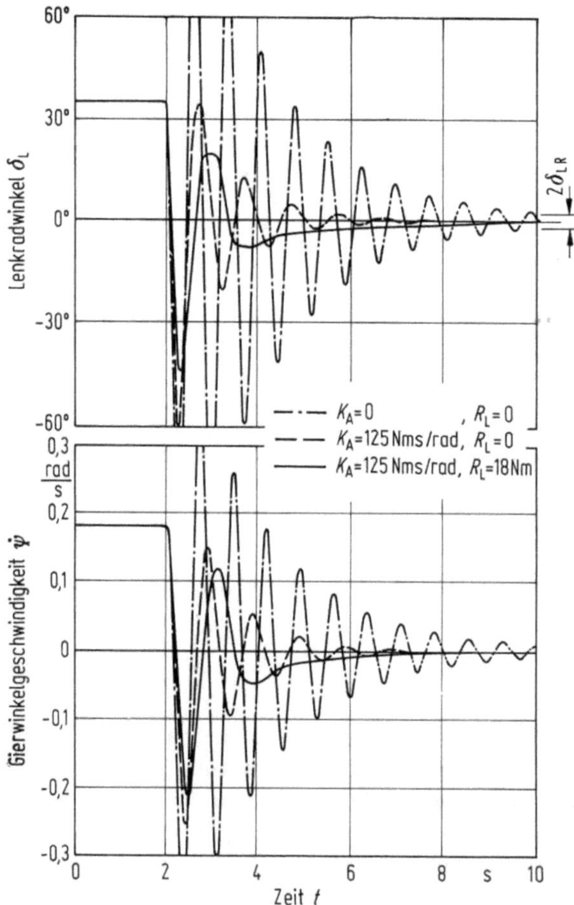

Bild 58.2. Ergebnisse für free-control bei verschiedenen Dämpfungen mit der Dämpfungskonstante K_A eines hydraulischen Lenkungsdämpfers und mit der Reibungsdämpfung R_L im Lenkgetriebe, an der Lenkwelle und an den am Lenkrad reibenden Händen. Fzg. 1 (Tabelle 11.1), $J_L = 0{,}045$, $J_A = 0{,}060$ kgm². Querbeschleunigung bei der Kreisfahrt, bevor die Hände das Lenkrad freigeben $\ddot y(t = 0) = 4$ m/s², $v = 22{,}22$ m/s = 80 km/h ($\varrho = 123$ m), $R_L = 18$ Nm entspricht nach (58.5) $\delta_\mathrm{LR} = \pm\,2°$

geradeausfährt. Der Bereich, in dem das Lenkrad steckenbleibt, beträgt nach (58.3)

$$\delta_{\mathrm{LR}} = \pm \frac{R_{\mathrm{L}} i_{\mathrm{L}}}{C_{\mathrm{L}}}. \tag{58.5}$$

Nach Bild 58.3 klingt bei höherer Fahrgeschwindigkeit v die Schwingung langsamer ab. Größeres Lenkradträgheitsmoment J_{L} nach Bild 58.4 verkleinert die Dämpfung, weil im Lenkrad mehr Energie gespeichert werden kann.

In Bild 58.5 wurde der Nachlauf n_{V} variiert, wodurch sich bei gleicher Ausgangsquerbeschleunigung $\ddot{y}(t = 0) = \mathrm{const}$ auch der Ausgangslenkwinkel $\delta_{\mathrm{L}}(t = 0)$ verändert. Kleinerer Nachlauf gibt kleinere rückstellende Momente an den Vorderrädern, und das Lenkrad geht schneller in die Nullstellung (bis auf den durch die Coulombsche Reibung bewirkten Resteinschlag) zurück. Bei $n_{\mathrm{V}} = 0$ wird allerdings überhaupt nicht zurückgestellt.

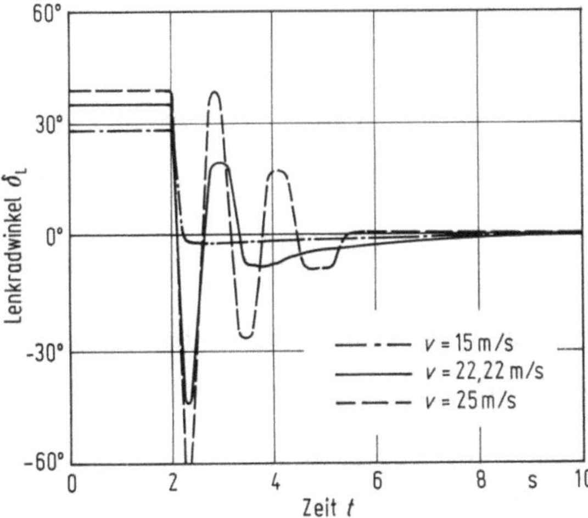

Bild 58.3. Ergebnisse für free-control bei Fahrt aus gleichen Kurvenradien ϱ ($= 123$ m) für verschiedene Fahrgeschwindigkeiten v. Fzg. 1 (Tabelle 11.1), $J_{\mathrm{L}} = 0{,}045$, $J_{\mathrm{A}} = 0{,}60$ kg m², $K_{\mathrm{A}} = 125$ Nms/rad, $R_{\mathrm{L}} = 18$ Nm

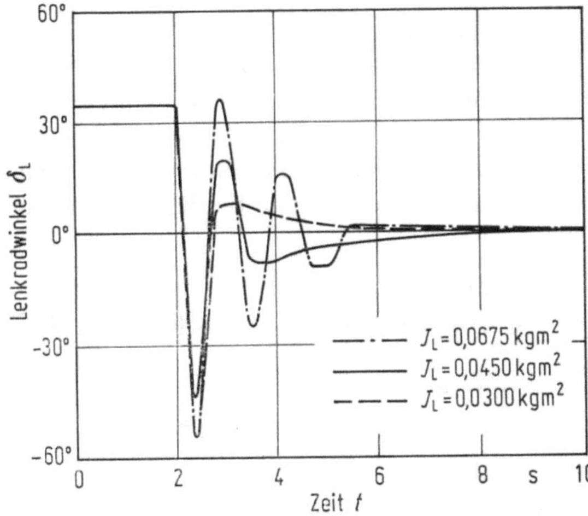

Bild 58.4. Einfluß des Lenkradträgheitsmomentes J_{L} auf freecontrol. Fzg. 1 (Tabelle 11.1), $J_{\mathrm{A}} = 0{,}60$ kgm², $K_{\mathrm{A}} = 125$ Nms/rad, $R_{\mathrm{L}} = 18$ Nm, $\ddot{y}(t = 0) = 4$ m/s², $v = 22{,}22$ m/s

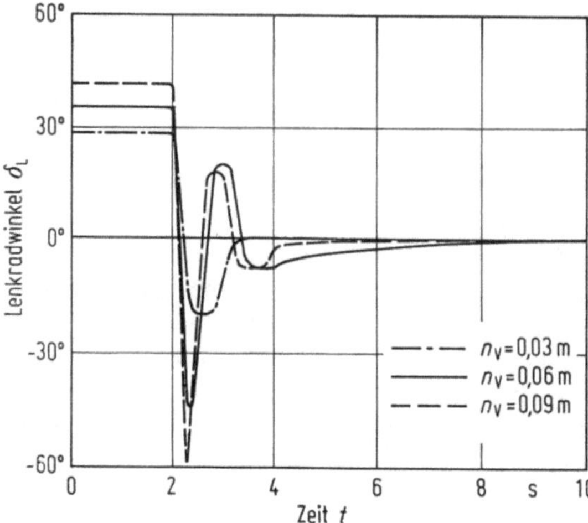

Bild 58.5. Einfluß des Gesamt-nachlaufs n_V auf free-control. Fzg. 1 (Tabelle 11.1) bis auf n_V, $J_L = 0{,}045$, $J_A = 0{,}60$ kgm², $K_A = 125$ Nms/rad, $R_L = 18$ Nm, $\ddot{y}(t = 0) = 4$ m/s², $v = 22{,}22$ m/s

Das System free control kann instabil werden (hier nicht gezeigt); dies tritt z. B. bei manchen vorderradangetriebenen Fahrzeugen während der Beschleunigung in Längsrichtung (Gasgeben) auf.

59 Allrad- (Vierrad-) Lenkung

Mit einer Hinterradlenkung zusätzlich zur Vorderradlenkung werden angestrebt:

1. ein kleinerer Wenderadius (besseres Parkieren) bzw. kleinerer Breitenbedarf und
2. eine Verbesserung des Fahrverhaltens.

In diesem Abschnitt soll der zweite Punkt, also die Fahrdynamik mit Allrad-lenkung, anhand eines Einspurmodells im linearen Bereich (auf trockener Straße bis 0,3 bzw. 0,4g Querbeschleunigung) behandelt werden. Hierbei wird unter Hinterradlenkung der Einschlag der Hinterräder mittels eines Stellgliedes (z. B. Lenkgetriebe, Stellmotor) verstanden — auch *aktive Hinterradlenkung* genannt. Der Einschlagwinkel der Hinterräder durch Elasto-Kinematik (vgl. Abschn. 46) ist dagegen nicht gemeint; dieser wird auch als *passive Hinterradlenkung* be-zeichnet.

Ob ein Fahrzeug mit zusätzlicher Hinterradlenkung das Fahrverhalten ver-bessert, kann man mit Hilfe der vielen in diesem Buch genannten Kriterien unter-suchen. Es sind:

— bestimmter Untersteuergradient (Abschn. 10.1),
— kleiner Schwimmwinkel, kleine Schwimmwinkeländerung (Abschn. 10.2),
— Stabilität (Abschn. 12),
— Peak-Response-Time (Abschn. 13.3 und 19),
— nicht zu starke Veränderung des Frequenzgangs mit der Frequenz

    • im Amplitudenverlauf (Abschn. 14.2ff),
    • besonders im Phasenverlauf (Abschn. 14.2ff und Kap. II).

59.1 Hinterradeinschlag

In den Bewegungsgleichungen für das Einspurmodell (7.13) und (7.14) gibt es die Variablen Lenkradeinschlag δ_L bzw. den bezogenen Wert $\delta_L^* = \delta_L/i_L$, Schwimmwinkel β sowie $\dot\beta$, Gierwinkelgeschwindigkeit $\dot\psi$ sowie $\ddot\psi$ und Querbeschleunigung $v^2/\varrho = \ddot y = v(\dot\beta + \dot\psi)$. Für eine allgemeine Formulierung kann man nun annehmen, daß der für die Allradlenkung neu hinzukommende Hinterradeinschlagwinkel δ_H eine Funktion dieser angegebenen Variablen ist. Nimmt man der Einfachheit halber eine lineare Funktion, so ist

$$\delta_H = H_{\delta L}\delta_L^* + H_{\dot\psi}\dot\psi + H_{\ddot\psi}\ddot\psi + H_{\ddot y}\ddot y \tag{59.1}$$

mit den Konstanten $H_{\delta L}$, $H_{\dot\psi}$, $H_{\ddot\psi}$, $H_{\ddot y}$.
Die Abhängigkeit von δ_L^* kann man sich mechanisch verwirklicht denken, während bei den letzten drei Abhängigkeiten zunächst $\dot\psi$, $\ddot\psi$ oder $\ddot y$ gemessen werden müssen und dann diese Größen über einen z. B. elektrischen oder hydraulischen Stellmotor die Hinterräder einschlagen. (In (59.1) wurden β und $\dot\beta$ als zu ungenau zu messende Größen nicht berücksichtigt.)

59.2 Bewegungsgleichungen

Für $v = $ const und bei Vernachlässigung der seitlichen Anströmung ergeben sich mit den Kräfte- und Momentenbeziehungen (3.3), (3.4), (5.1), (5.3), (7.5) und den Schräglaufwinkeln (46.1) die Differentialgleichungen

$$A_{\ddot\psi}\ddot\psi + A_{\dot\psi}\frac{\dot\psi}{v} + A_{\dot\beta}\dot\beta + A_\beta\beta = A_{\delta L}\delta_L^*, \tag{59.2}$$

$$B_{\ddot\psi}\ddot\psi + B_{\dot\psi}\frac{\dot\psi}{v} + B_{\dot\beta}\dot\beta + B_\beta\beta = B_{\delta L}\delta_L^*. \tag{59.3}$$

Die Koeffizienten $A_{\ddot\psi}, \ldots$ sind der Tabelle 59.1 zu entnehmen. Nach Bild 59.1 ist δ_H positiv, wenn die Einschlagwinkelrichtung gleich der des Vorderrades ist

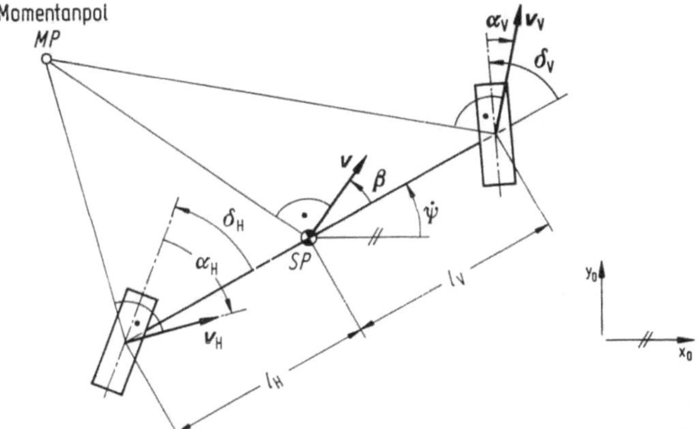

Bild 59.1. Kinematische Größen am Einspurmodell mit Allradlenkung (vgl. Bild 7.2)

(gleichphasiges Lenken, Synchronlenkung), bei entgegengesetztem Einschlag (gegenphasiges Lenken, Kontersteuerung) ist δ_H negativ. In den folgenden Abschnitten werden einige Funktionen für die Hinterradeinschläge diskutiert.

Tabelle 59.1. Koeffizienten der Differentialgleichungen (59.2) und (59.3) bzw. (7.13) und (7.14)

Diff.-Gl.	Koeffizienten		Konventionelles Fahrzeug, $\delta_H = 0$	Fahrzeug mit Allradlenkung (Zusatzglieder)
	von	genannt		
(59.2)	$\ddot{\psi}$	$A_{\ddot{\psi}}$	0	$-c_{\alpha H}H_{\ddot{\psi}}$
	$\dot{\psi}/v$	$A_{\dot{\psi}}$	$mv^2 - (c_{\alpha H}l_H - c'_{\alpha V}l_V)$	$-vc_{\alpha H}H_{\dot{\psi}} - v^2 c_{\alpha H}H_{\ddot{y}}$
	$\dot{\beta}$	$A_{\dot{\beta}}$	mv	$-vc_{\alpha H}H_{\ddot{y}}$
	β	A_{β}	$c'_{\alpha V} + c_{\alpha H}$	0
	δ_L^*	$A_{\delta L}$	$c'_{\alpha V}$	$+c_{\alpha H}H_{\delta L}$
(59.3)	$\ddot{\psi}$	$B_{\ddot{\psi}}$	J_z	$+c_{\alpha H}l_H H_{\ddot{\psi}}$
	$\dot{\psi}/v$	$B_{\dot{\psi}}$	$c'_{\alpha V}l_V^2 + c_{\alpha H}l_H^2$	$+vc_{\alpha H}l_H H_{\dot{\psi}} + v^2_{\alpha H}l_H H_{\ddot{y}}$
	$\dot{\beta}$	$B_{\dot{\beta}}$	0	$+vc_{\alpha H}l_H H_{\ddot{y}}$
	β	B_{β}	$-(c_{\alpha H}l_H - c'_{\alpha V}l_V)$	0
	δ_L^*	$B_{\delta L}$	$c'_{\alpha V}l_V$	$-c_{\alpha H}l_H H_{\delta L}$

59.3 $\delta_H = H_{\delta L}\delta_L^*$ bei gleichem Untersteuergradienten

Bei Einführung einer zusätzlichen Hinterradlenkung[1] ändert sich das gesamte Fahrverhalten, es ändern sich Kreisfahrtwerte, die Antwortfunktionen auf die Lenkwinkelrampe, die Frequenzgänge. Um eine gewisse Ordnung in die Parameterdiskussion zu bringen, kann man versuchen, eine oder mehrere Bedingungen konstant zu halten.

Als erstes wird der Hinterradeinschlag δ_H in Abhängigkeit vom Lenkradeinschlag δ_L bzw. $\delta_L^* = \delta_L/i_L$ und damit näherungsweise vom Vorderradeinschlag δ_V untersucht, und zwar unter der Nebenbedingung, alle Fahrzeuge sollen bei Kreisfahrt den gleichen Lenkradwinkel-Querbeschleunigungs-Verlauf $\delta_L = f(v^2/\varrho)$ haben.

Aus (59.2) und (59.3) ergibt sich für die stationäre Kreisfahrt

$$\delta_L = \frac{i_L}{(1 - H_{\delta L})}\left[\frac{l}{\varrho} + m\,\frac{c_{\alpha H}l_H - c'_{\alpha H}l_V}{c'_{\alpha V}c_{\alpha H}l}\,\frac{v^2}{\varrho}\right]. \tag{59.4}$$

---

[1] Furukawa, Y.; Nakaya, H.: Effects of steering response characteristics on control performance of driver-vehicle system. JSAE Review, April 1985.

Bild 59.2. Allradlenkung. Hinterradwinkel δ_H proportional dem Lenkwinkel δ_L. Lenkübersetzung i_L so angepaßt, daß stationärer Lenkwinkelverlauf nach **a** immer gleich ist (Fzg. 1/ Tab. 11.1)

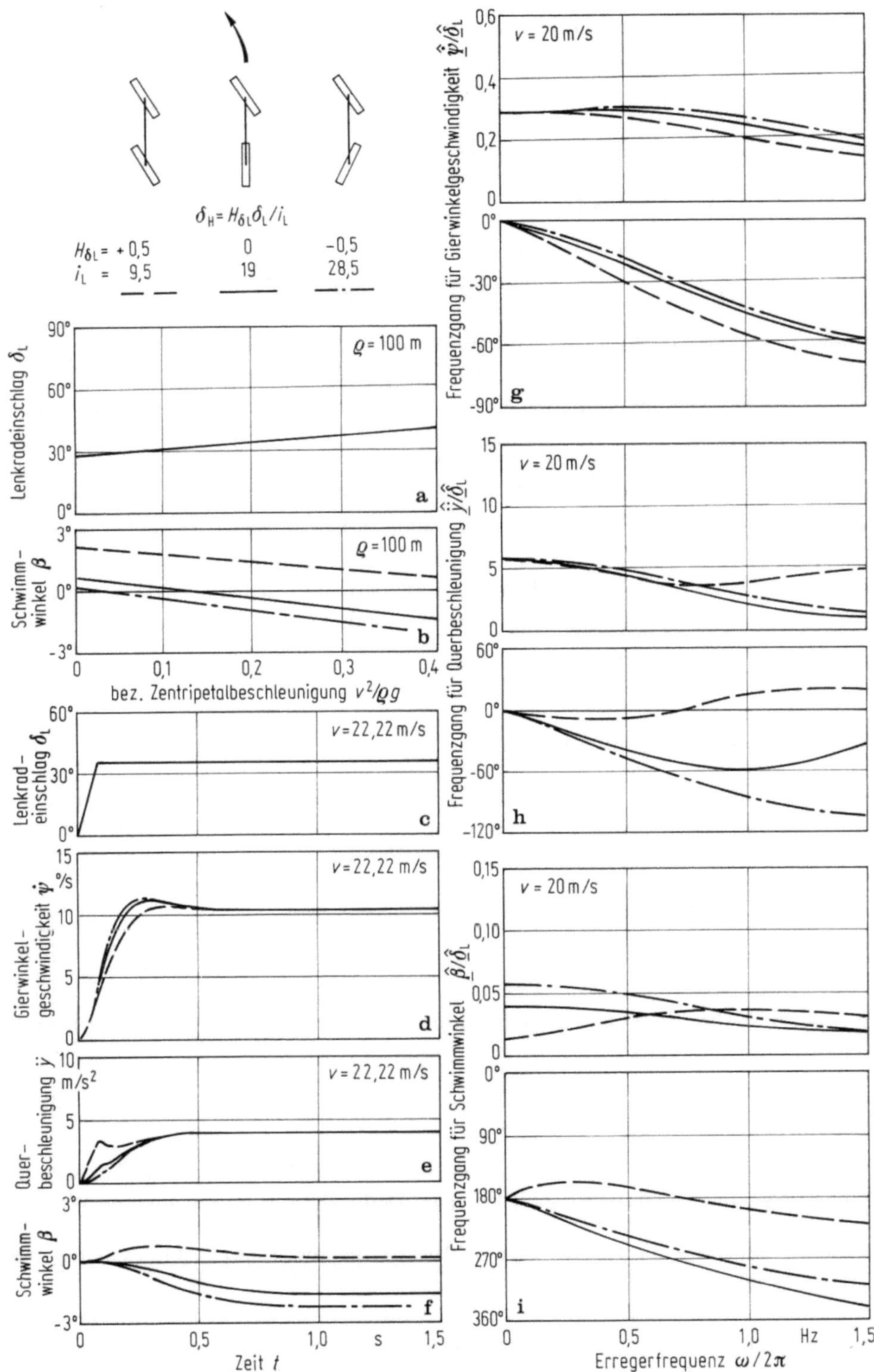

$\delta_H = H_{\delta L}\,\delta_L / i_L$
$H_{\delta L} = +0,5 \quad 0 \quad -0,5$
$i_L = 9,5 \quad 19 \quad 28,5$

90° Lenkradeinschlag δ_L
$\varrho = 100$ m
60°
30°
0°
a

3° Schwimm-winkel β
$\varrho = 100$ m
0°
-3°
b
0   0,1   0,2   0,3   0,4
bez. Zentripetalbeschleunigung $v^2/\varrho g$

60° Lenkrad-einschlag δ_L
$v = 22,22$ m/s
30°
0°
c

15 Gierwinkel-geschwindigkeit $\dot\psi$ °/s
$v = 22,22$ m/s
10
5
0
d

10 Quer-beschleunigung $\ddot y$ m/s²
$v = 22,22$ m/s
e

3° Schwimm-winkel β
0°
-3°
f
0   0,5   1,0   s   1,5
Zeit t

0,6 Frequenzgang für Gierwinkelgeschwindigkeit $\hat{\dot\psi}/\hat{\underline\delta}_L$
$v = 20$ m/s
0,4
0,2
0
0°
-30°
-60°
-90°
g

15 Frequenzgang für Querbeschleunigung $\hat{\ddot y}/\hat{\underline\delta}_L$
$v = 20$ m/s
10
5
0
60°
0°
-60°
-120°
h

0,15 Frequenzgang für Schwimmwinkel $\hat{\underline\beta}/\hat{\underline\delta}_L$
$v = 20$ m/s
0,10
0,05
0°
90°
180°
270°
360°
i
0   0,5   1,0   Hz   1,5
Erregerfrequenz $\omega/2\pi$

Wenn alle Fahrzeuge — wie gesagt — den gleichen $\delta_\mathrm{L} = f(v^2/\varrho)$-Verlauf haben sollen, muß

$$i_\mathrm{L}/(1 - H_{\delta\mathrm{L}}) = \mathrm{const} \tag{59.5}$$

sein, oder, anders ausgedrückt, die Lenkungsübersetzung i_L muß dem Hinterradeinschlag entsprechend angepaßt werden, siehe Beispiele in Bild 59.2.

Der Schwimmwinkelverlauf

$$\beta = \frac{1}{1 - H_{\delta\mathrm{L}}}\left[\frac{l_\mathrm{H} + l_\mathrm{V}H_{\delta\mathrm{L}}}{\varrho} - m\,\frac{c'_{\alpha\mathrm{V}}l_\mathrm{V} - c_{\alpha\mathrm{H}}l_\mathrm{H}H_{\delta\mathrm{L}}}{c'_{\alpha\mathrm{V}}c_{\alpha\mathrm{H}}l}\,\frac{v^2}{\varrho}\right] \tag{59.6}$$

ändert sich aber mit $H_{\delta\mathrm{L}}$, siehe Bild 59.2b. Mit gleichphasigem Lenken ($H_{\delta\mathrm{L}} > 0$) wird der Winkel β insgesamt größer, bei gegenphasigem Lenken ($H_{\delta\mathrm{L}} < 0$) kleiner.

Bei der Lenkwinkelrampe nach Diagramm c ist die Peak-Response-Time der Gierwinkelgeschwindigkeit (d) bei gegenphasiger Hinterrad-Lenkung etwas größer. Im Diagramm e fällt auf, daß bei gleichphasiger Lenkung die Querbeschleunigung schnell ansteigt. Das schnelle seitliche Ausweichen des Fahrzeugs erkennt man auch aus dem Phasenwinkel-Verlauf von $\hat{\ddot{y}}/\hat{\delta}_\mathrm{L}$ in h. Die Phase ist gegenüber dem nur vorderradgelenkten Fahrzeug und erst recht gegenüber dem gegenphasig hinterradgelenkten wesentlich kleiner. Das schnelle seitliche Ansprechen z. B. bei einem Ausweichmanöver wird bei den Fahrzeugen mit Synchronlenkung gelobt.

59.4 $\delta_\mathrm{H} = H_{\delta\mathrm{L}}\delta_\mathrm{L}^*$ bei Schwimmwinkel Null

In Abschn. 10.2 wurde schon erwähnt, daß für die Auslegung der Hinterradlenkung häufig die Bedingung $\beta = 0$ gefordert wird. Bei dem nur vorderradgelenkten Fahrzeug ist das nur bei einer bestimmten Fahrgeschwindigkeit der Fall (nicht Querbeschleunigung!).

$$v^2(\beta = 0) = \frac{c_{\alpha\mathrm{H}}ll_\mathrm{H}}{ml_\mathrm{V}} = v'^2. \tag{59.7}$$

Soll bei der Allradlenkung für jede Fahrgeschwindigkeit $\beta = 0$ sein, dann muß gelten[2]

$$H_{\delta\mathrm{L}} = \frac{c'_{\alpha\mathrm{V}}}{c_{\alpha\mathrm{H}}}\,\frac{mv^2l_\mathrm{V} - c_{\alpha\mathrm{H}}ll_\mathrm{H}}{mv^2l_\mathrm{H} + c'_{\alpha\mathrm{V}}ll_\mathrm{V}}. \tag{59.8}$$

(Siehe Bild 59.3a.) Bei diesem Beispiel ist bis $v = v' \approx 11$ m/s das Hinterradlenken gegenphasig, darüber gleichphasig. Dadurch werden ein kleiner Wende-

---

[2] Irle, N.; Shibahata, Y.; Ito, H.; Uno, T.: Hicas — improvement of vehicle stability and controllability by rear suspension steering characteristics. SAE-865114.

Bild 59.3. Allradlenkung. Hinterradwinkel δ_H proportional dem Lenkwinkel δ_L. Schwimmwinkel bei stationärer Kreisfahrt nach **b** immer Null. (Fzg. 1/Tab. 11.1)

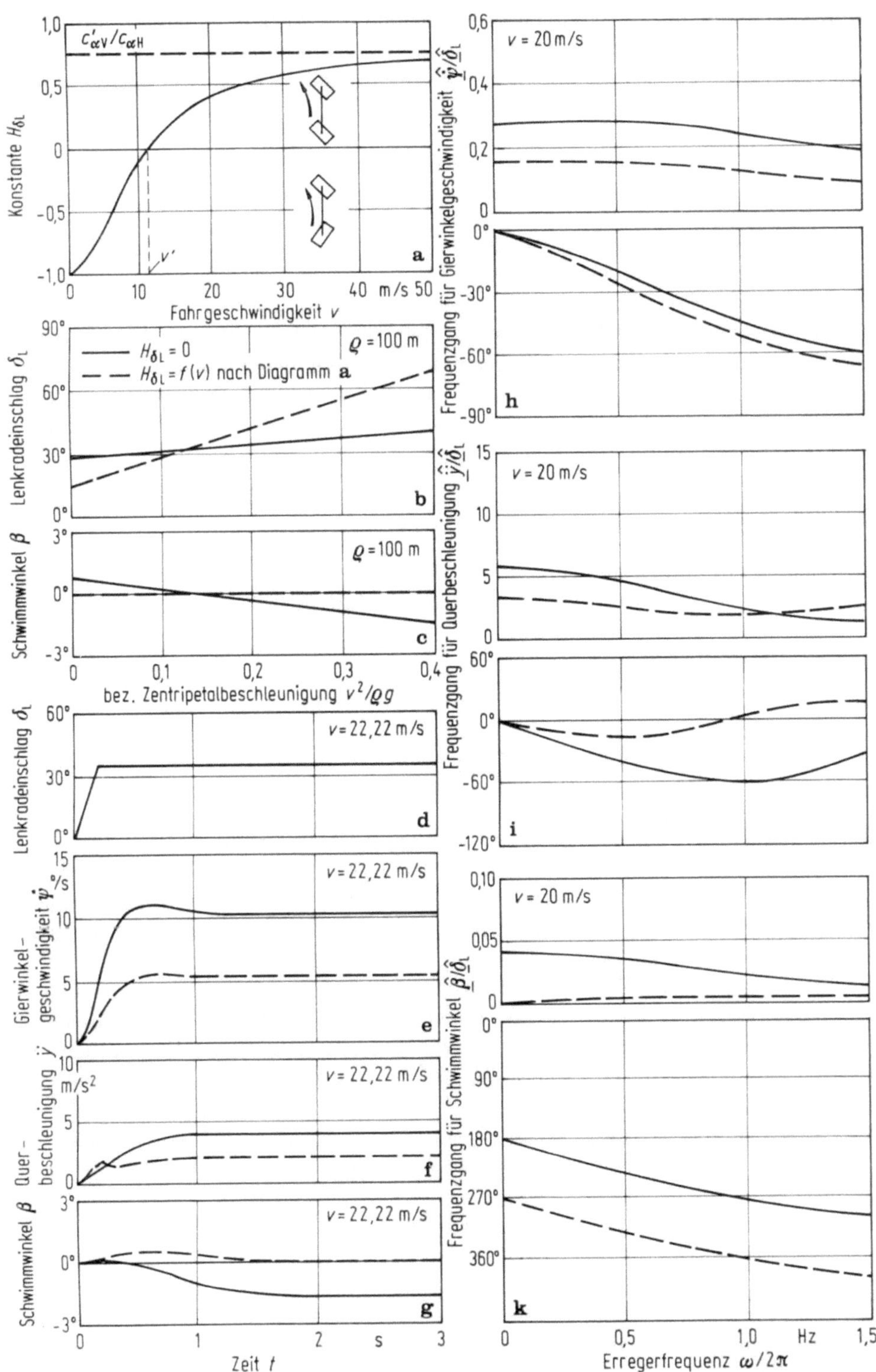
Konstante $H_{\delta L}$
$c'_{\alpha V}/c'_{\alpha H}$
v'
Fahrgeschwindigkeit v
m/s
Lenkradeinschlag δ_L
$H_{\delta L} = 0$
$H_{\delta L} = f(v)$ nach Diagramm a
$\varrho = 100\ m$
b
Schwimmwinkel β
$\varrho = 100\ m$
c
bez. Zentripetalbeschleunigung $v^2/\varrho g$
Lenkradeinschlag δ_L
$v = 22{,}22\ m/s$
d
Gierwinkelgeschwindigkeit $\dot{\psi}$ %/s
$v = 22{,}22\ m/s$
e
Querbeschleunigung $\ddot{y}$ m/s^2
$v = 22{,}22\ m/s$
f
Schwimmwinkel β
$v = 22{,}22\ m/s$
g
Zeit t
s
Frequenzgang für Gierwinkelgeschwindigkeit $\hat{\dot{\psi}}/\hat{\delta}_L$
$v = 20\ m/s$
h
Frequenzgang für Querbeschleunigung $\hat{\ddot{y}}/\hat{\delta}_L$
$v = 20\ m/s$
i
Frequenzgang für Schwimmwinkel $\hat{\beta}/\hat{\delta}_L$
$v = 20\ m/s$
k
Erregerfrequenz $\omega/2\pi$
Hz

radius und ein kleiner Breitenbedarf bei kleinen Geschwindigkeiten mit schnellem seitlichem Ansprechen bei hoher Geschwindigkeit kombiniert. Leider ändert sich der Lenkradwinkel-Querbeschleunigungs-Verlauf sehr stark, wie Diagramm b zeigt und wie man aus der Beziehung

$$\delta_{\mathrm{L}}^{*} = \frac{l_{\mathrm{V}}}{\varrho} + m\,\frac{l_{\mathrm{H}}}{lc_{\alpha\mathrm{V}}'}\,\frac{v^2}{\varrho} \tag{59.9}$$

entnimmt. Diese wesentlich stärkere Untersteuertendenz ist gegenüber den heutigen Fahrzeugen ungewöhnlich.

Ansonsten erkennt man an den Diagrammen g und k, daß auch bei dynamischen Vorgängen der Schwimmwinkel klein ist, also nicht nur bei stationärer Kreisfahrt, und daß nach Diagramm i der Phasenwinkel beim Frequenzgang der Querbeschleunigung $\hat{\underline{\ddot{y}}}/\hat{\underline{\delta}}_{\mathrm{L}}$ für $v = 20$ m/s — also bei gleichphasigem Lenken — sehr klein ist.

59.5 $\delta_{\mathrm{H}} = H_{\dot{\psi}}\dot{\psi}$

Als Beispiel für die Abhängigkeit der Hinterradlenkung von einer Bewegungsgröße des Fahrzeugs wird die Gierwinkelgeschwindigkeit $\dot{\psi}$ genommen.[3] Mit

$$\delta_{\mathrm{H}} = H_{\dot{\psi}}\dot{\psi} \tag{59.10}$$

lautet der Lenkradeinschlag für die stationäre Kreisfahrt

$$\delta_{\mathrm{L}}^{*} = \frac{l}{\varrho} + m\,\frac{v^2}{\varrho}\,\frac{c_{\alpha\mathrm{H}}l_{\mathrm{H}} - c_{\alpha\mathrm{V}}'l_{\mathrm{V}}}{c_{\alpha\mathrm{V}}'c_{\alpha\mathrm{H}}l} + H_{\dot{\psi}}\,\frac{v}{\varrho}. \tag{59.11}$$

Die Abhängigkeit von der Querbeschleunigung ist also nicht mehr linear, siehe Bild 59.4a. Der Untersteuergradient wird bei $H_{\dot{\psi}} > 0$ vergrößert, der Lenkradwinkel ist bis auf $v^2/\varrho = 0$ größer, so daß die Lenkübersetzung i_{L} verkleinert werden sollte. (Der Fall $H_{\dot{\psi}} = -0{,}2$ s wird im folgenden nicht weiter diskutiert, weil das Fahrzeug übersteuert und ab $v^2/\varrho g \approx 0{,}275$ instabil ist.)

Der Schwimmwinkel nach Bild 59.4b ist zwar nicht wie im vorigen Unterabschnitt Null, aber klein und fast konstant. Das ergibt auch nach dem Lenkwinkelsprung einen günstigen Schwimmwinkel-Zeit-Verlauf nach Diagramm f und kleine Phasenwinkel beim Frequenzgang $\hat{\underline{\ddot{y}}}/\hat{\underline{\delta}}_{\mathrm{L}}$ nach Diagramm h.

---

[3] Sato, H.; Hirota, A.; Yanagisawa, H.; Fukushima, T.: Dynamic characteristics of a whole wheel steering vehicle with yaw velocity feedback rear wheel steering. IME-Paper C124/83.

Bild 59.4. Allradlenkung. Hinterradwinkel δ_{H} proportional der Gierwinkelgeschwindigkeit $\dot{\psi}$. (Fzg. 1/Tab. 11.1)

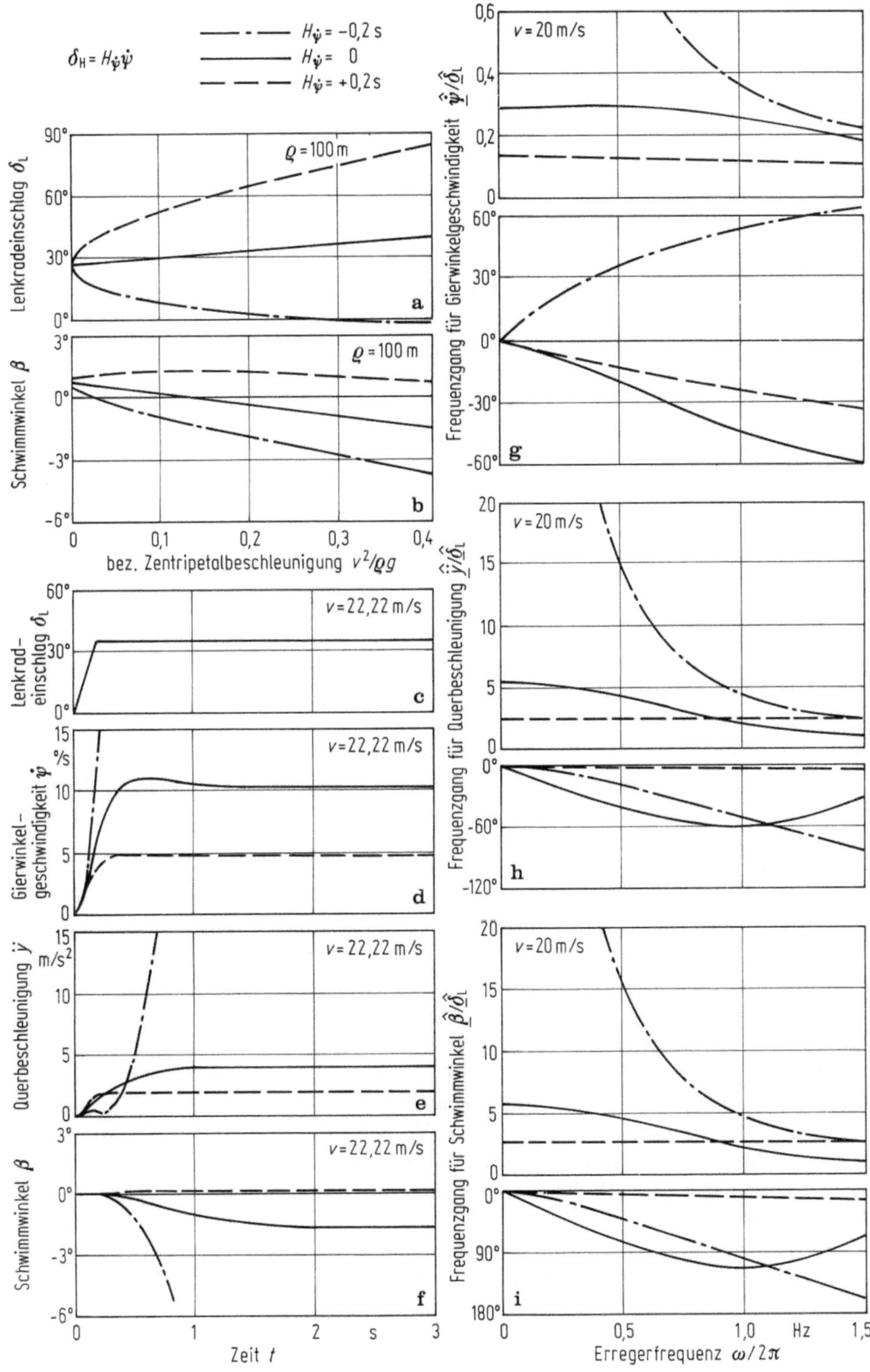
δ_H = H_ψ̇ ψ̇
H_ψ̇ = -0,2 s
H_ψ̇ = 0
H_ψ̇ = +0,2 s
ϱ = 100 m
Lenkradeinschlag δ_L
90°
60°
30°
0°
a
Schwimmwinkel β
3°
0°
-3°
-6°
ϱ = 100 m
b
0   0,1   0,2   0,3   0,4
bez. Zentripetalbeschleunigung v²/ϱg
v = 22,22 m/s
Lenkrad-einschlag δ_L
60°
30°
0°
c
Gierwinkel-geschwindigkeit ψ̇
15 °/s
10
5
0
v = 22,22 m/s
d
Querbeschleunigung ÿ
15 m/s²
10
5
0
v = 22,22 m/s
e
Schwimmwinkel β
3°
0°
-3°
-6°
v = 22,22 m/s
f
0   1   2 s   3
Zeit t
v = 20 m/s
Frequenzgang für Gierwinkelgeschwindigkeit ψ̂/δ̂_L
0,6
0,4
0,2
0
60°
30°
0°
-30°
-60°
g
v = 20 m/s
Frequenzgang für Querbeschleunigung ŷ̈/δ̂_L
20
15
10
5
0
0°
-60°
-120°
h
v = 20 m/s
Frequenzgang für Schwimmwinkel β̂/δ̂_L
20
15
10
5
0
0°
90°
180°
i
0   0,5   1,0 Hz   1,5
Erregerfrequenz ω/2π

VI Zusammenfassung

In 59 Abschnitten, unterteilt auf fünf Kapitel, wurde versucht, einen Einblick
in das Gebiet des Fahrverhaltens der Kraftfahrzeuge zu geben. Den Schluß des
Buches bildet eine Übersicht über seinen Inhalt.

Dabei sei hingewiesen auf die Abschnitte

— 17 Zusammenfassung von Kap. I,
— 24 Zusammenfassung von Kap. II,
— 39 Zusammenfassung von Kap. III,
— 57 Zusammenfassung von Kap. IV.

In Kap. I stehen die für das Verständnis wichtigen Grundlagen über das
Fahrverhalten. Auch wenn die Ergebnisse wegen der linearen Gleichungen nur
für Normalsituationen (z. B. auf trockener Straße nur bis maximal $0{,}4g$ Querbeschleunigung) gelten, erkennt man doch den Einfluß der wesentlichen Fahrzeuggrößen wie Fahrzeugmasse, -trägheitsmoment um die Hochachse, Schwerpunktslage in Längsrichtung, Reifen, Lenkung, Lage des Druckmittelpunkts.
Weiterhin wurden objektive und subjektive Beurteilungsgrößen und deren Wertebereiche für das Fahrverhalten zusammengestellt.

In Kap. II wurde das Zusammenwirken von Fahrer und Fahrzeug — ebenfalls
linearisiert — behandelt, unterteilt in eine Steuer- und Regelebene. Dadurch
konnten einige subjektive Beurteilungsgrößen erklärt werden.

In Kap. III wurde das nichtlineare Reifenverhalten eingeführt, wodurch das
Fahrverhalten bis zur Rutschgrenze beschrieben werden kann. Um nicht alles
auf einmal diskutieren zu müssen, wurden die Radlaständerungen am kurvenäußeren und -inneren Rad vernachlässigt (d. h. der Schwerpunkt des Fahrzeugs
liegt in Fahrbahnhöhe). Dabei wird deutlich, daß nun zusätzlich ein Krümmungswiderstand auftritt, der erhöhte Umfangskräfte bedingt, wodurch sich Vorder-,
Hinter- und Allradantrieb im Fahrverhalten unterscheiden.

In Kap. IV wurde der Fahrzeugschwerpunkt auf die richtige Höhe angehoben
und damit das „echte" Fahrzeug beschrieben. Jetzt treten eine Fülle weiterer
Fahrzeugdaten hinzu wie Spurweiten, Momentan- (Roll-) zentren, Momentan-
(Roll-) achse, Federung, Dämpfung, Wanken des Aufbaus, Sturz der Räder,
Elasto-Kinematik der Radaufhängungen, Auftrieb, Motorbremsmoment beim
Lastwechsel usw.

In Kap. V wurden abschließend zwei spezielle Lenkungseigenschaften ab-
gehandelt, das Rücklaufverhalten (sog. free control) und die Allradlenkung.

Sachverzeichnis

Fett gedruckte Zahlen bezeichnen die Seiten, auf denen das betreffende Stichwort ausführlicher behandelt wird.